普通高等教育"十三五"规划教材

机械与压力容器安全

Safety of Mechanical and Pressure Vessels

郭泽荣 袁梦琦 ◎ 编著

北京理工大学出版社
BEIJING INSTITUTE OF TECHNOLOGY PRESS

内 容 简 介

机械与压力容器安全以在生产过程中使用机械与压力容器出现的安全问题为主线，介绍各类危险机械和压力容器的组成、工作原理及作业场所的环境；识别机械危险有害因素和作用机理，压力容器在内压作用下的应力分布及特点，压力容器使用中的危险有害因素，全面地体现出机械安全技术体系和内容。兼顾理论性与实用性、经典性与时代性、深度与易读性，力争全面而系统地介绍机械与压力容器安全的基本概念、基本理论、基本方法及案例分析等内容，编成一部理论框架完整、内容条理清晰、叙述通俗易懂的教材，便于本科生深入地熟悉机械与压力容器安全。

图书在版编目（CIP）数据

机械与压力容器安全 / 郭泽荣，袁梦琦编著. —北京：北京理工大学出版社，2017.1
ISBN 978-7-5682-3612-6

Ⅰ. ①机…　Ⅱ. ①郭…　②袁…　Ⅲ. ①机械设备-安全技术-高等学校-教材　②压力容器安全-高等学校-教材　Ⅳ. ①TH

中国版本图书馆 CIP 数据核字（2017）第 002919 号

出版发行 / 北京理工大学出版社有限责任公司
社　　址 / 北京市海淀区中关村南大街 5 号
邮　　编 / 100081
电　　话 /（010）68914775（总编室）
（010）82562903（教材售后服务热线）
（010）68948351（其他图书服务热线）
网　　址 / http://www.bitpress.com.cn
经　　销 / 全国各地新华书店
印　　刷 / 三河市华骏印务包装有限公司
开　　本 / 787 毫米×1092 毫米　1/16
印　　张 / 18.75
字　　数 / 437 千字
版　　次 / 2017 年 1 月第 1 版　2017 年 1 月第 1 次印刷
定　　价 / 48.00 元

责任编辑 / 封　雪
文案编辑 / 党选丽
责任校对 / 周瑞红
责任印制 / 王美丽

前言

PREFACE

安全生产事关人民群众的生命财产安全，事关改革发展和社会稳定大局。搞好安全生产工作是企业生存与发展的基本要求，是全面建设小康社会、统筹经济社会全面发展的重要内容，是贯彻落实科学发展观、实施可持续发展及建设和谐社会的重要组成部分，也是政府履行社会管理和市场监督职能的基本任务。

随着生产力的发展与科技的进步，机械设备已成为现代生产中各行各业不可缺少的设备，不仅工业生产要用到它，其他行业不同程度上也用到它，它是解放劳动力、提高生产率的有力工具，也是现代工业的基础。各种机械设备已悄然进入我们日常生产、生活的各个角落，日益广泛地影响着我们的生产、生活安全，充分地实现这些机械设备的效能就成了必然之需，我们对它们的安全使用也必须深入了解。在使用各类机械设备的过程中，它们的本质安全正在成为企业发展和家庭文明以及社会和谐的重要要求。

当前，由于企业形式的多样化，机械设备呈现出手工操作、半手工操作、机械化作业、智能化生产同时并存的现状。由于人的不安全行为和物的不安全状态引发的机械伤害事故屡见不鲜，因机械故障造成的经济损失也时有发生。因此，很有必要强化机械设备安全管理，普及机械设备安全技术。

鉴于机械设备种类繁多、性能各异，本书不可能涉及所有的机械设备，只能讲解通用的机械安全技术，以及预防机械事故的一般原则和安全要求，重点介绍危险机械安全技术及压力容器安全技术。

为了提高安全工程专业本科毕业生对生产、生活场所安全状况的深入把握，提高其掌握解决复杂安全技术问题的能力，特开设机械与压力容器安全课程。本课程主要讲授机械制造业中危险机械安全及特种设备中的压力容器安全。

危险机械是危险性较大、人工上下料的机械，事故率高，是事故隐患比较集中的行业。危险机械安全以危险辨识和本质安全为主线，主要介绍金属冷、热加工机械和木工机械等机械制造过程中的安全技术。

压力容器是一类广泛使用的特种设备，所承载的压力和复杂介质构成危险源，一旦发生事故，必将导致恶劣的事故。在压力容器的设计、制造、安装、使用、检修和改造等众多环节中存在的缺陷都可能成为引发事故的潜在隐患。因此，压力容器安全一直是安全领域的重点研究内容和管理对象。压力容器安全从本质安全的角度着手，主要从压力容器的强度设计着手，研究压力容器工作过程中的应力分析及强度设计、安全附件等安全技术。

在本书编写过程中力图实现既注重基础又突出实用目的，根据安全工程专业本科生的基础知识，适度介绍了相关领域的基础理论，主要侧重于通用性知识与技能的介绍。

本书在编写过程中参阅了大量的资料，在此，谨对原作者表示最真诚的谢意。

编　者

目 录
CONTENTS

模块Ⅰ 机械安全基础知识

模块Ⅱ　危险机械安全

模块Ⅲ　压力容器安全

模块 I　机械安全基础知识

第一章
绪　论

学习指导

1. 熟悉安全科学技术的一些基本概念。
2. 掌握本质安全及实现本质安全的措施。

第一节　安全与安全科学技术概述

一、危险及危险源

1. 危险

危险是系统、产品、设备或操作的内部和外部的一种潜在的状态，其发生可能造成人身伤害、职业病、财产损失、作业环境破坏等的状态。

危险由危险性表征，指造成人身伤亡和物质损失的可能性。它是由危险严重程度及危险概率表示的可能损失，是表征潜在的危险后果。危险概率是指危险转变成事故的可能性，即频度或单位时间危险发生的次数。危险严重程度是指每次危险发生导致的伤害程度或损失大小。它们之间的关系为：

$$D=PC \tag{1-1}$$

式中　D——危险；

P——危险概率；

C——危险严重程度。

危险同时具备发生的可能性和后果的严重性两个特点，即有发生事故的可能性和造成人员伤亡、财产损失和环境破坏的潜在隐患。如果发生危险的概率为100%，但危险的严重程度不会造成人员伤亡、财产损失和环境破坏，那么不存在危险；如果危险的严重程度很高，但发生危险的概率为0，那么也不存在危险。

2. 危险源

危险源是指可能导致人员伤害或疾病、物质财产损失、工作环境破坏或这些情况组合的根源或状态因素。在《职业健康安全管理体系要求》（GB/T 28001—2011）中的定义为：可能导致人身伤害和（或）健康损害的根源、状态或行为，或其组合。危险源由三个要素构成：潜在危险性、存在条件和触发因素。工业生产作业过程的危险源一般分为七类：化学品类、辐射类、生物类、特种设备类、电气类、土木工程类和交通运输类。

危险货物根据所具有的不同危险性或最主要的危险性分为九大类，爆炸品，气体，易燃液体，易燃固体、易于自燃的物质、遇水放出易燃气体的物质，氧化性物质和有机过氧化物，毒性物质和感染性物质，放射性物质，腐蚀性物质，杂项危险物质和物品[《危险货物分类和品名编号》(GB 6944—2012)]。

具体地说，危险源是一个系统中具有潜在能量和物质释放危险的，可造成人员伤害，在一定的触发因素作用下可转化为事故的部位、区域、场所、空间、岗位、设备及其位置。它的实质是具有潜在危险的源点或部位，是爆发事故的源头，是能量、危险物质集中的核心，是能量传出或爆发的地方。危险源存在于确定的系统中，不同的系统范围，危险源的区域也不同。例如，从全国范围来说，对于危险行业（如石油、化工等）中具体的一个企业（如炼油厂）就是一个危险源；而从一个企业系统来说，可能某个车间、仓库就是危险源；可能一个车间系统的某台设备是危险源；可能某台设备的某个运动部件是危险源。因此，分析危险源应按系统的不同层次来进行。一般来说，危险源可能存在事故隐患，也可能不存在事故隐患，对于存在事故隐患的危险源一定要及时加以整改，否则，随时都可能导致事故。

危险源即危险的根源，在系统安全研究中，认为危险源的存在是事故发生的根本原因，防止事故就是消除、控制系统中的危险源。

各种事故的致因因素都是危险源。事故致因的因素种类繁多，根据危险源在事故发生、发展中的作用，将其划分为两大类。

1）第一类危险源

根据能量意外释放论，事故是能量或危险物质的意外释放，作用于人体的、过量的能量或干扰人体与外界能量交换的危险物质，是造成人身伤害的直接原因。于是，把系统中存在的、可能发生意外释放能量的能源、载体或危险物质称作第一类危险源。

2）第二类危险源

在生产和生活中，为了利用能量，让能量按照人们的意图在系统中流动、转换和做功，必须采取措施约束、限制能量，即必须控制危险源。约束、限制能量的屏蔽应该可靠地控制能量，防止能量意外释放。实际上，绝对可靠的控制措施并不存在。在许多因素的复杂作用下，约束、限制能量的控制措施可能失效，能量屏蔽可能被破坏而发生事故。导致约束、限制能量措施失效、故障或破坏的各种不安全因素称为第二类危险源。它包括人、物、环境三个方面的问题，即物的故障、人为失误和环境因素。

一起伤亡事故的发生往往是两类危险源共同作用的结果。第一类危险源是伤亡事故发生的能量主体，决定事故后果的严重程度；第二类危险源是第一类危险源造成事故的必要条件，决定事故发生的可能性。

二、事故与事故特征

1. 事故

事故是发生于预期之外的造成人身伤害，财产、经济损失和环境破坏等的事件，是发生在人们的生产、生活活动中的意外事件。

在事故的种种定义中，伯克霍夫（Berckhoff）的定义最为著名。伯克霍夫认为，事故是人（个人或集体）在为实现某种意图而进行的活动过程中突然发生的、违反人的意志的、迫使活动暂时或永久停止或迫使之前存续的状态发生暂时或永久性改变的事件。

事故是一种动态事件，它开始于危险的激化，并以一系列原因使事件按一定的逻辑顺序流经系统而造成损失，即事故是指造成人员伤害、死亡、职业病或设备设施等财产损失和其他损失的意外事件。

若以人为中心，按事故后果，事故可分为一般事故和伤亡事故。

1）一般事故（无伤害事故）

一般事故是指人身没受到伤害或微伤，停工短暂或与人的生理机能障碍无关的未遂事故。无伤害事故占事故的90%。

2）伤亡事故

《企业职工伤亡事故分类》（GB/T 6441—1986）规定，伤亡事故是指企业职工在生产劳动过程中发生的人身伤害（伤害）、急性中毒（中毒）。伤亡事故按是否在生产区域中发生和是否与生产有关分为工伤事故和非工伤事故。

工伤事故是指企业在生产活动中所涉及的区域内，在生产过程中，在生产时间内，在生产岗位上，与生产直接有关的伤亡事故；在生产过程中存在的有害物质在短期内大量侵入人体，使职工工作立即中断并需进行急救的中毒事故；不在生产和工作岗位上，但由于企业设备或劳动条件不良而引起的职工伤亡。

2. 伤亡事故的分类

1）按伤害程度划分

（1）轻伤。轻伤是指损失工作日低于105日的失能伤害。

（2）重伤。重伤是指造成职工肢体残缺或视觉、听觉等器官受到严重损伤，一般能导致人体功能障碍长期存在，或损失工作日等于或超过105日而小于6 000日，劳动能力有重大损失的失能伤害事故。

（3）死亡。死亡是指事故发生后当即死亡（含急性中毒死亡）或负伤后在30天内死亡。损失工作日定为6 000日。

2）按事故严重程度划分

（1）轻伤事故。轻伤事故是指只有轻伤的事故。

（2）重伤事故。重伤事故是指有重伤而无死亡的事故。

（3）死亡事故。死亡事故是指事故发生后当即死亡（含急性中毒死亡），或负伤后30天内死亡的事故。死亡的损失工作日为6 000日（这是根据我国职工的平均退休年龄和平均死亡年龄计算出来的）。

3）按伤害方式划分

伤亡事故可划分为20种：物体打击、车辆伤害、机械伤害、起重伤害、触电、淹溺、灼烫、火灾、高处坠落、坍塌、冒顶片帮、透水、放炮、火药爆炸、瓦斯爆炸、锅炉爆炸、容器爆炸、其他爆炸、中毒和窒息、其他伤害。

上述三种划分方法在《企业职工伤亡事故分类》（GB/T 6441—1986）中有明确规定。

4）按伤亡事故的等级划分

自2007年6月1日起施行的《生产安全事故报告和调查处理条例》将伤亡事故分为以下几种：

（1）特别重大事故。特别重大事故是指造成30人以上（包括本数）死亡，或者100人以上重伤（包括急性工业中毒，下同），或者1亿元以上直接经济损失的事故。

（2）重大事故。重大事故是指造成 10 人以上 30 人以下（不包括本数）死亡，或者 50 人以上 100 人以下重伤，或者 5 000 万元以上 1 亿元以下直接经济损失的事故。

（3）较大事故。较大事故是指造成 3 人以上 10 人以下死亡，或者 10 人以上 50 人以下重伤，或者 1 000 万元以上 5 000 万元以下直接经济损失的事故。

（4）一般事故。一般事故是指造成 3 人以下死亡，或者 10 人以下重伤，或者 1 000 万元以下直接经济损失的事故。

5）按事故发生的原因划分

（1）直接事故。直接事故是指机械、物质或环境的不安全状态，人的不安全行为。

（2）间接事故。间接事故是指技术上和设计上有缺陷，教育培训不够，劳动组织不合理，对现场工作缺乏检查或指导错误，没有安全操作规程或规程不健全，没有或不认真实施事故防范措施，对事故隐患整改不力等。

3. 事故的特性

为了积极预防事故发生，安全发展，需要注重深入研究事故的特性。

1）因果性

因果性是指某一现象作为另一现象发生依据的两种现象之间的关联性。事故是相互联系的诸原因的结果。事故这一现象都和其他现象有着直接或间接的联系。在这一关系上看来是“因”的现象，在另一关系上却是以“果”的形式出现，反之亦然。

事故的因果关系有继承性，即多层次性：第一阶段的结果往往是第二阶段的原因。

给人造成伤害的直接原因易于掌握，因为它所产生的某种后果显而易见。然而，要寻找出究竟是何种间接原因，又是经过何种过程而造成事故，却非易事。因为随着时间的推移，会有种种因素同时存在，有时诸因素之间的关系相当复杂，还有某种偶然因素存在。因此，在制定事故预防措施时，应尽最大努力掌握造成事故的直接和间接原因，深入剖析事故根源，防止同类事故重演。

2）偶然性

从本质上讲，事故的发生是一个随机事件，即使完全掌握了事故的原因，也不可能保证绝对不发生事故。这种偶然性表现在：对特定的事故，其发生的时间、地点、状态等均无法预测（如地震、洪水等）；事故是否产生后果，以及后果的大小如何都难以预测；反复发生的同类事故并不一定产生相同的后果。

3）必然性

事故是一系列因素互为因果、连续发生的结果。事故因素及其因果关系的存在决定事故或迟或早必然要发生。事故的必然性中包含着规律性，既为必然，就有规律可循。必然性来自因果性，深入探查、了解事故的因果关系，就可以发现事故发生的客观规律，从而为防止事故发生提供依据。

4）规律性

在一定范围内，随着科学技术的发展，可以找出事故的近似规律，从外部和表面上的联系找到内部的决定性的主要关系。从事故的偶然性找出必然性，认识事故发生的规律性，使事故消除在萌芽状态之中，变不安全条件为安全条件，化险为夷。

5）潜在性

事故在未发生和造成损失之前，有一个孕育发展的过程，这就是事故的潜在性（事故的发生是突然的，但是导致事故发生的因素是早就存在的，如煤与瓦斯的突发事故）。

6）再现性

如果没有真正地了解事故发生的原因，并采取有效措施去消除这些原因，就会再次出现类似的事故，即事故具有再现性的现象，但完全相同的事故不会再次出现。

基于事故后现场分析及破坏效应评价，对事故前状态进行反演，在此基础上基于计算机模拟仿真等手段，将事故发生的起因、过程及效应等进行重复再现，对事故调查分析和事故预防及制定应急方案提供技术支撑。

7）预测性

事故是可以预测的。根据对过去事故所积累的经验和知识，以及对事故规律的认识，并使用科学的方法和手段，可以对未来可能发生的事故进行预测。

三、安全与安全科学技术

1. 安全

1）传统意义

“安”字指不受威胁、没有危险等，可谓无危则安；“全”字指完满、完整、齐备或指没有伤害、无残缺、无损坏、无损失等，可谓无损则全。显然，“安全（safety）”通常是指免受人身伤害、疾病或死亡，或引起设备、财产破坏或损失，或危害环境的状态。

《韦氏大词典》中“安全”的解释为：不遭受危害、伤害或损失，或免于危害、伤害或损失的威胁。

《现代汉语词典》中“安全”的解释为：没有危险，平安。

《辞海》中“安全”的解释为：没有危险，不受威胁，不出事故，如安全生产、交通安全，保护，保全。

平常人们讲到的安全，通常是指各种事物对人不产生危害、不导致危险、不造成损失、不发生事故、运行正常、进展顺利等安顺祥和、国泰民安之意。

狭义的安全是指在劳动生产过程中，消除可能导致人身伤亡，职业危害或设备、财产损失的因素，保障人身安全、健康和资产安全，也就是通常所说的安全生产。

广义的安全除了指生产安全外，还包括人们从事生产、生活的一切活动领域中的所有安全问题，如生活安全、家庭安全、公共安全、旅游安全、消防安全和生存安全（各种自然灾害的防范）等。

2）科学意义

安全是相对的，安全并非绝对无事故，它是指在生产活动过程中，能将人身或财产损失控制在可接受水平的状态；安全意味着人身或财产遭受损害的可能性是可以接受的，当这种可能性超过了可接受的水平时，即为不安全。安全不能被人直接感知，能被人直接感知的是：危险、事故、灾害、损失、伤害。

3）安全性

工程中用概率上的近似客观量来衡量安全程度。安全性是产品在存放和使用过程中，不导致人身伤亡、不危害健康及环境、不给设备或财产造成破坏或损伤的能力。安全是一个相对的概念，它是一种模糊数学的概念，危险性是对安全性的隶属度，当危险性低于某种程度时，人们认为是安全的，安全性（S）与危险性（D）互为补数。它们之间的关系为：

$$S=1-D \tag{1-2}$$

安全工作贯穿于系统的整个寿命期间。在新系统的构思、可行性认证、设计、建造、试运行、运行、维修直到报废的各个阶段都要辨识、评价、控制系统中的“危害”与“危险”，预测和消除“危险源”，全方位地贯彻预防为主的安全生产方针。

2. 安全的特性

安全具有相对性。世界上只有相对安全，没有绝对安全；只有暂时安全，没有永恒安全。

安全活动是为了获得安全而进行的一种投资活动，但这种投资的特殊性在于：安全投入（安全费用）是确定的，而安全产出则是不确定的，其直接产出只是事故发生的可能性降低，事故间隔期延长，其间接产出是人们心理上的安全感增强。作为安全投资决策的重要依据，安全活动投入产出比（安全效益）很难准确计算。安全投资决策不能仅仅考虑或主要考虑经济效益，必须把社会效益放在首位。

3. 安全科学技术

安全科学技术是研究人类生存条件下人–机–环–管之间的相互作用，保障人类生产与生活安全的科学与技术，或者说是研究风险导致的事故和灾害的发生和发展规律，以及为防止意外事故或灾害发生所需的科学理论和技术方法。它是一门新兴的交叉科学，具有系统的科学知识体系。

20 世纪 70 年代以来，科学技术飞速发展，随着生产的高度机械化、电气化和自动化，高新技术应用中潜在的危险常常突然引发事故，使人类生命和财产遭到巨大损失。因此，保障安全，预防灾害事故从被动、孤立、就事论事的低层次研究，逐步发展到系统的、综合的、较高层次的理论研究，最终促成了安全科学的问世。

安全科学技术是一门新兴的边缘科学，已从多学科分散研究发展为系统的整体研究，从一般工程应用研究提高到技术科学层次和基础科学层次的理论研究。安全学科这门交叉的学科，涉及社会科学和自然科学的多门学科，涉及人类生产和生活的各个方面。我国进入 20 世纪 80 年代后，安全科学学科建设和理论研究得到迅速发展。国家标准《学科分类与代码》（GB/T 13745—1992）中已将安全科学技术列为一级学科，并于 2009 年进行了修改。从学科角度上看，安全科学技术研究的主要内容如表 1–1 所示。

表 1–1　安全科学技术研究的主要内容

620	安全科学技术	主要内容
62010	安全科学技术基础学科	安全哲学；安全史；安全科学；灾害学（包括灾害物理、灾害化学、灾害毒理等）；安全学；安全科学技术基础学科其他学科
62021	安全社会科学	安全社会学；安全法学；安全经济学；安全管理学；安全教育学；安全伦理学；安全文化学；安全社会科学其他学科
62023	安全物质学	
62025	安全人体学	安全生理学；安全心理学；安全人机学；安全人体学其他学科
62027	安全系统学	安全运筹学；安全信息论；安全控制论；安全模拟与安全仿真学；安全系统学其他学科

续表

620	安全科学技术	主要内容
62030	安全工程技术科学	安全工程理论；火灾科学与消防工程；爆炸安全工程；安全设备工程（含安全特种设备工程）；安全机械工程；安全电气工程；安全人机工程；安全系统工程（含安全运筹工程、安全控制工程、安全信息工程）；安全工程技术科学其他学科
62040	安全卫生工程技术	防尘工程技术；防毒工程技术；通风与空调工程；噪声与振动控制；辐射防护技术；个体防护工程；安全卫生工程技术其他学科
62060	安全社会工程	安全管理工程；安全经济工程；安全教育工程；安全社会工程其他学科
62070	部门安全工程理论	各部门安全工程有关学科
62080	公共安全	公共安全信息工程；公共安全风险评估与规划；公共安全检测检验；公共安全监测监控；公共安全预测预警；应急决策指挥；应急救援；公共安全其他学科
62099	安全科学技术其他学科	

安全科学技术横跨自然科学和社会科学领域，近几十年发展很快，直接影响着经济和社会的发展。随着安全科学学科的全面确立，人们更深刻地认识了安全的本质及其变化规律，用安全科学的理论指导人们的实践活动，保护职工安全与健康，提高工效，发展生产，创造物质和精神文明，推动社会发展。

4. 安全工程技术科学

要实现安全生产，预防事故，既要靠管理，同时又离不开技术，不懂技术的管理是瞎指挥，作为安全生产管理者，必须掌握扎实的安全工程技术，才能实现安全发展。

生产过程中往往存在着一些不安全的因素，危害着工人的身体健康和生命安全，同时也造成生产被动或发生各种事故。为了预防或消除对工人健康的有害影响、避免各类事故的发生、改善劳动条件而采取的各种工程技术措施和组织措施的综合，叫作安全工程技术。

安全工程技术主要是运用工程技术手段消除物的不安全因素，实现生产工艺和机械设备等生产条件的本质安全。在生产中，应用安全工程技术对不安全因素进行预测、评价、控制和消除，以防止事故发生，保证安全生产。

安全工程技术的作用在于消除生产过程中的各种不安全因素，保护劳动者的安全和健康，预防伤亡事故和灾害性事故的发生。采取以防止工伤事故和其他各类生产事故为目的的工程技术措施的内容包括以下几方面：

（1）使生产装置本质安全化的直接安全工程技术措施。

（2）间接安全工程技术措施，如采用安全保护和保险装置等。

（3）提示性安全工程技术措施，如使用警报信号装置、安全标志。

（4）特殊安全措施，如限制自由接触的工程技术设备等。

（5）其他安全工程技术措施，如预防性实验、作业场所的合理布局、个人防护设备等。

安全工程技术所阐述的问题和采取的措施，是以工程技术为主，借安全工程技术来达到劳动保护的目的，同时也要涉及劳动保护法规和制度、组织管理措施等方面的问题，因此，安全工程技术对于实现安全生产、保护职工的安全和健康发挥着重要作用。

第二节 本质安全

本质安全源于20世纪50年代世界宇航技术的发展，主要是指电气系统具备防止可能导致可燃物质燃烧所需能量释放的安全性，这一概念的广泛接受是和人类科学技术的进步以及对安全文化的认识密切相连的，是人类在生产、生活实践的发展过程中，对事故由被动接受到积极事先预防，以实现从源头杜绝事故和人类自身安全保护需要，在安全认识上取得的一大进步。

我国本质安全源于按GB 3836.1—2000标准生产专供煤矿井下使用的防爆电器设备的分类，防爆电器分为隔爆型、增安型、本质安全型等种类，本质安全型电器设备的特征是其全部电路均为本质安全电路，即在正常工作或规定的故障状态下产生的电火花和热效应均不能点燃规定的爆炸性混合物的电路。也就是说，该类电器不是靠外壳防爆和充填物防爆，而是其电路在正常使用或出现故障时产生的电火花或热效应的能量小于 0.28 mJ，即瓦斯浓度为8.5%（最易爆炸的浓度）的最小点燃能量。

一、本质安全的含义

狭义的本质安全：通过设计等手段使设备、设施和技术工艺等含有内在的能够从根本上防止发生事故的功能，即本身具有安全性能。设备、设施和技术工艺等物的方面和物质条件能够自动防止操作失误或引发事故。在这种条件下，即使一般水平的操作人员发生人为的失误或操作不当等不安全行为，也能够保障人身、设备和财产的安全。

广义的本质安全：包括“人–机–环–管”这一系统表现出的安全性能，通过优化资源配置和提高其完整性，使整个系统安全可靠。基于这一系统工程和安全管理体系的本质安全理念认为，所有事故都是可以预防和避免的。

二、本质安全具有的特征

1. 人的安全可靠性

不论在何种作业环境和条件下，都能按规程操作，杜绝“三违”（违法指挥、违法操作、违反劳动纪律），实现个体安全。

2. 物的安全可靠性

不论在动态过程中，还是在静态过程中，物始终处在能够安全运行的状态。

3. 系统的安全可靠性

在日常安全生产中，不因人的不安全行为或物的不安全状况而发生重大事故，形成“人机互补、人机制约”的安全系统。

4. 管理规范和持续改进

通过规范制度、科学管理，杜绝管理上的失误，在生产中实现零缺陷、零事故。

三、本质安全管理的目标

通过以预防控制为核心的、持续的、全面的、全过程的、全员参加的、闭环式的安全管理活动，在生产过程中做到人员无失误、设备无故障、系统无缺陷、管理无漏洞，进而实现人员、机械设备、环境、管理的本质安全，切断安全事故发生的因果链，最终实现杜绝已知规律的、酿成重大人员伤亡的生产事故发生。

四、本质安全的安全功能

1. 失误–安全功能

失误–安全功能是指操作者即使操作失误，也不会受到伤害或发生其他事故，或自动阻止误操作的功能。

2. 故障–安全功能

故障–安全功能是指设备、设施或生产技术工艺发生故障时，能暂时维持正常工作或自动转变为安全状态的功能。

这两种安全功能均是设备、设施和生产技术工艺本身固有的，即在它们的设计阶段就被考虑加入其中。

五、实现本质安全的途径

本质安全是“人–机–环–管”这一系统表现出的安全性能，因此，本质安全可从人、机、环、管这四个方面实现。

1. 实现人员本质安全

人员本质安全的内涵就是人员做到“想安全、会安全、能安全”，想安全就是职工时刻关注安全；会安全就是职工具有驾驭安全的熟练技能；能安全就是现场作业环境、措施能够有效地保障职工的安全。这是指操作者完全具有适应生产系统要求的生理、心理条件，具有在生产全过程中很好地控制各个环节安全运行的能力，具有正确处理系统内各种故障及意外情况的能力。要具备这样的能力，首先要提高职工的职业理想、职业道德、职业技能和职业纪律；其次要开展安全教育，实现由“要我安全”到“我要安全”的转变，有目的地培养提升职工的安全自身意识、自觉行为、自身素质；最后要提高职工的政策法制观念、安全技术素质和应变能力。

要塑造本质安全人员，就要把工作重点放在提高人员自身安全意识及安全技能上，严格安全培训，强化行为养成。要把安全培训放在更加突出的位置来抓，加强培训的软硬件建设，突出抓好班组长培训、应知应会标准培训和安全技能培训，注重培训效果，提高职工现场作业水平和应急处置能力。只有提高施工管理人员和工程施工人员的安全意识，才会有他们的安全行为；有了他们的安全行为，才能保证工程施工的安全进行。因此，在安全管理当中，提高安全意识，使人员都具有对施工安全的自觉能动性，就变得尤为重要。

（1）抓好新进场人员的安全培训。良好的安全教育会在施工人员头脑中留下最深刻的印象，会使其在今后的工作中对安全有足够的重视，做到时刻想到安全。搞好安全，是每一名人员的职责。

（2）班组安全活动要如期进行，包括每天的班前会及班组安全会议。班组安全活动是提高员工安全意识的手段。安全活动的内容主要是预知当天作业活动的危险因素及相应的预防措施，学习上级有关安全施工的文件，针对近期的工作重点学习规程的有关部分，对本班组一周来的安全情况进行分析、总结，从而使每个人都能对危险因素做到心中有数，对安全形势有全面的了解。

（3）加强安全的宣传力度。安全的宣传是多方面的，要不断地对现场施工情况进行分析总结，不断使施工人员认识到安全不仅是企业的事，也是自己的事，对好的进行奖励，对不好的进行处罚，做到奖惩分明，从而使其在工作中做到自觉注意安全。“安全为天”对个人来讲，就是要把自己的生命和他人的生命看作天大的事情。使每个人都认识到，对他们的父母、妻儿、家庭来说，他们就是天。如果他们出了事，那就是天塌下来了，从而使他们树立正确的安全观，这不仅仅是对自己负责，还是对家庭负责，对社会负责。

2. 实现机械设备运行本质安全

实现机械设备运行本质安全，首先在设计和制造环节上都要考虑应具有较完善的防护功能，以保证设备和系统能够在规定的运转周期内安全、稳定、正常地运行；这是防止事故的主要手段。其次是保障设备的运行是正常的、稳定的，并且自始至终都处于受控状态。

从根本上消除发生事故的条件。许多机械事故是由于人体接触了危险点，因此将危险操作采用自动控制或用专用工具代替人手操作，实现机械化等都是保证人身安全的有效措施。

设备能自动防止操作失误和设备故障。设备应有自动防范措施，以避免发生事故。这些措施应能达到：即使操作失误，也不会导致设备发生事故；即使出现故障，也能自动排除，切换或安全停机；当设备发生故障时，不论操作人员是否发现，设备应能自动报警，并做出应急反应；更理想的是，还能显示设备发生故障的部位。常用的措施有以下几种：

（1）实现机械化、自动化和遥控技术。

（2）采用可靠性设计，提高机械设备的可靠性。

（3）采用安全防护装置，当无法消除危险因素时，采用安全防护装置隔离危险因素是最常用的技术措施。

（4）安装保险装置，保险装置又叫故障保险装置。这种装置的作用与安全防护装置稍有不同，它能在设备产生超压、超温、超速、超载、超位等危险因素时，进行自动控制并消除或减弱上述危险。安全阀、单向阀、超载保护装置、限速器、限位开关、爆破片、熔断器、保险丝、极限位置限制器等都是常用的保险装置。

（5）采用自监测、报警和处理系统，利用现代化仪器仪表对运行中的设备状态参数进行在线监测和故障诊断。

（6）采用冗余技术。冗余技术是可靠性设计常采用的一种技术，即在设计中增加冗余元件或冗余设备，平时只用其中一个，当发生事故时，冗余设备或冗余元件能自动切换。

（7）采用传感技术。在危险区设置光电式、感应式、压力传感式传感器，当人进入危险区时，机械设备可立即停机，终止危险运动。

（8）安装紧急停车开关。

（9）向操作者提供机械关键部位安全功能是否正常（设备的自检功能）的信息。

（10）设计程序联锁开关，设计对出现错误指令时禁止启动的操纵器，这些关键程序只有在正常操作指令下才能启动机械。

（11）配备使操作者容易观察的、能显示设备运行状态和故障的显示器。

（12）采用多重安全保障措施。对于危险性大的作业，要求设备运行绝对安全可靠。

3. 实现环境本质安全

这里所说的环境包括空间环境、时间环境、物理化学环境、自然环境和作业现场环境。环境要符合各种规章制度和标准：实现空间环境的本质安全，应保证企业的生产空间、平面布置和各种安全卫生设施、道路等都符合国家有关法规和标准；实现时间环境的本质安全，必须做到按照设备使用说明物理化学和设备定期试验报告来决定设备的修理和更新，同时，必须遵守劳动法，使人员在体力能承受的法定工作时间内从事工作；实现物理化学环境的本质安全，就要以国家标准作为管理依据，对采光、通风、温湿度、噪声、粉尘及有毒有害物质采取有效措施，加以控制，以保护劳动者的健康和安全；实现自然环境的本质安全，就是要提高装置的抗灾防灾能力，搞好事故灾害的应急预防对策的组织落实。

4. 实现管理本质安全

安全管理就是管理主体对管理客体实施控制，使其符合安全生产规范，达到安全生产的目的。安全管理的成败取决于能否有效控制事故的发生。当前，安全管理要从传统的问题发生型管理逐渐转向现代的问题发现型管理。为此，必须运用安全系统工程原理，进行科学分析，做到超前预防。

危险源辨识及风险评价就是一种预防性的手段和现代化的管理方法。所谓危险源辨识，就是采用系统分析的科学方法，确认系统中危险因素的存在，并根据其形成事故的风险大小，采取相应的安全措施，进行系统安全的过程评定或全面评定。也可以这样说，安全性评价就是指对系统存在的危险性因素进行定性和定量分析，得出系统发生危险的可能性及其程度的评价，其目的就是寻求最低的事故率、最小的损失和最优的安全投资效益。安全性评价是运用安全系统工程的方法进行自我诊断的手段，是掌握企业事故发展趋势和客观规律，提高反事故工作的预见性，超前控制事故的一个重要途径。

第三节　研究的内容与任务

《机械与压力容器安全》主要研究的内容是以安全系统的基础理论和安全工程技术人员应具备的思维方式为主线，在阐述各类机械在安全生产方面的基础知识和共性、规律性问题的基础上，以危险性较大的机械以及相应生产过程，压力容器设计、制造、安装、使用、检修和改造等过程为主要对象，介绍各类机械设备的组成及工作原理，识别机械危险有害因素及作用机理，分析机械事故发生的原因、条件、过程及规律，研究进行机械安全评价的理论与程序，其重点是从本质安全的角度着手，研究压力容器工作过程中的应力分析及强度设计、安全附件等安全技术。

机械与压力容器安全的主要任务，是在使学生掌握机械安全基础概念、原理和方法的基础上探讨机械设备的设计、制造和使用等全寿命周期各环节应遵守的安全卫生原则，研究实现机械本质安全的基本途径，根据不同机械的特点，有针对性地提出控制事故的手段和方法，以及应急救援和安全运行的对策和措施。

本教材的学习方法主要是通过课堂讲授、综合实验和课程设计等教学环节，培养学生建立安全系统的理念和思维方法，运用所学的知识和技能，增强安全意识、掌握安全技能、了解安全法规，提高学生的综合安全素质和分析、解决机械安全复杂问题的能力。

思 考 题

1. 危险及危险源有哪些？
2. 事故、伤亡事故及其分类有哪些？事故的特征是什么？
3. 安全及其特性有哪些？
4. 本质安全及实现本质安全的措施有哪些？

第二章
机械安全基础

学习指导

1. 了解机械系统的优点、功能，熟悉机械设备的分类。
2. 理解事故致因理论的形成与发展，学会用安全系统的认识方法解决机械安全问题。
3. 熟悉20类危险因素，重点掌握机械伤害类型。

第一节　机　　械

机械设备是现代生产中各行各业不可缺少的设备，不仅工业生产要用到它，其他行业也不同程度地用到它，它是各行各业解放劳动力、提高生产率的有力工具，是制造业的基础。在生产的人–机–环系统中，机械设备与人相比，具有不可替代的优点。

一、机械系统的优点

（1）输出功率大，可长期稳定工作，不易疲劳，生产率高。

（2）准确性和速度比人好。

（3）灵敏度和反应能力高。

（4）耐用性强，可在人不适宜的环境下操作。

（5）可靠性高，不会受外界因素的影响。

（6）运转速度快，可连续运行。

（7）能同时完成多种作业，适应性强。

但是，由于机械设备仍需人的操纵、监控和维护，故机械设备的运转是处于人机环境之中的，从生产安全的角度出发，要保证人、机、环境的安全，就必须协调人机关系，保证人、机的本质安全，遵循人机之间的安全规律，保证系统安全。

二、机械及其功能

1. 机械

机械是由若干相互联系的零部件按一定规律装配起来的，其中至少有一个零件是运动的，并且具有制动、控制和动力系统等，能够完成一定功能的装置。一般机械装置由电气元件实现自动控制。很多机械装置采用电力驱动。

机械是现代生产和生活中必不可少的装备。机械在给人们带来高效、快捷和方便的同时，在其制造及运行、使用过程中，也会带来撞击、挤压、切割等机械伤害和触电、噪声、高温等非机械伤害。

1）机械的涵盖范围

机械包括单台机械、有联系的一组机械或大型成套设备及可更换设备。

（1）单台机械。单台机械指目的唯一的机械设备，如金属切削机床、木材加工机械、消防设备等。

（2）有联系的一组机械或大型成套设备。有联系的一组机械或大型成套设备指为同一目的，由若干台机械组合成的综合整体，如自动生产线、加工中心、组合机床等。

（3）可更换设备。可更换设备指可以改变机械功能的、可拆卸更换的非备件或工具设备，这些设备可自备动力或不具备动力，如装在机床上的车端面装置。

2）机构、机器与机械

机构、机器与机械在使用上既有联系又有区别。

（1）机构。机构一般指机器的某组成部分，可传递、转换运动或实现某种特定运动，如四连杆机构、传动机构等。

（2）机器。机器常常指某种具体的机械产品，如起重机、数控车床、注塑机等。

（3）机械。机械是机器、机构等的泛称，往往指一类机器，如工程机械、加工机械、化工机械、建筑机械等。此外，一些具有安全防护功能的零部件组成的装置也属广义的机械，如确保双手控制安全的逻辑组件、过载保护装置等。

从安全角度，可以对机构、机器和机械三者不进行严格区分。生产设备是更广义的概念，指生产过程中，为生产、加工、制造、检验、运输、安装、储存、维修产品而使用的各种机器、设施、工机具、仪器仪表、装置和器具的总称。

2. 机械的功能

机械的功能主要指机械的使用功能，可以概括为制造和服务两个功能。

1）机械的制造功能

机械的制造功能是指利用机械通过加工和装配手段，改变物料的尺寸、形态、性质或相互配合位置的功能，如制造汽车、修铁路、盖房子等。用来制造其他机器的机械常称为工作母机或工具机，如各种金属切削机床等。

2）机械的服务功能

机械的服务功能是指机械可以完成某种非制造作业，虽然没有改变作用对象的性质，但提供了某种服务，如运输、包装、信息传输、检测等。

3. 机械的安全性

一切机械在规定的使用条件下和寿命期间内，应该满足可靠性要求；在按使用说明书规定的方法进行操作，在执行其预定使用功能和进行运输、安装、调整、维修、拆卸及处理等时，不应该使人身受到损伤或危害人身健康。

有些机械或装置本身就是专门为保障人的身心安全健康发挥作用的，它们的使用功能同时也就是它们的安全功能，如安全防护装置、检测检验设备等。

4. 机械的分类

出发点不同，机械设备的分类方法也不一样。从不同的角度，机械设备可有多种分类方法。

1）按机械设备的使用功能分类

从行业部门管理角度，机械设备通常按特定的功能用途分为十大类。

（1）动力机械。例如，锅炉、汽轮机、水轮机、内燃机、电动机等。

（2）金属切削机床。例如车床、铣床、磨床、刨床、齿轮加工机床等。

（3）金属成型机械。例如锻压机械（包括各类压力机）、铸造机械、辊轧机械等。

（4）起重运输机械。例如起重机、运输机、卷扬机、升降电梯等。

（5）交通运输机械。例如汽车、机车、船舶、飞机等。

（6）工程机械。例如挖掘机、推土机、铲运机、压路机、破碎机等。

（7）农业机械。农业机械是指用于农、林、牧、副、渔业各种生产中的机械。例如插秧机、联合收割机、园林机械、木材加工机械等。

（8）通用机械。通用机械是指广泛用于生产各个部门甚至生活设施中的机械。例如泵、阀、风机、空压机、制冷设备等。

（9）轻工机械。例如纺织机械、食品加工机械、造纸机械、印刷机械、制药设备等。

（10）专用设备。各行业生产中专用的机械设备。例如冶金设备、石油化工设备、矿山设备、建筑材料和耐火材料设备、地质勘探设备等。

2）按能量转换方式不同分类

（1）产生机械能的机械。例如蒸汽机、内燃机、电动机等。

（2）转换机械能为其他能量的机械。例如发电机、泵、风机、空压机等。

（3）使用机械能的机械。这是应用数量最大的一类机械。例如起重机、工程机械等。

3）按设备规模和尺寸大小分类

按设备规模和尺寸大小可分为中小型、大型、特重型三类机械设备。

4）从安全卫生的角度分类

根据我国对机械设备安全管理的规定，借用欧盟机械指令危险机械的概念，从机械使用安全卫生的角度，可以将机械设备分为三类。

（1）一般机械。一般机械是指事故发生概率很小、危险性不大的机械设备。例如自行车、数控机床、加工中心等。

（2）危险机械。危险机械是指危险性较大的、人工上下料的机械设备。例如金属切削机床、木工机械、冲压剪切机械、塑料（橡胶）射出或压缩成型机械等。

（3）特种设备。中华人民共和国主席令第 4 号《中华人民共和国特种设备安全法》规定：特种设备是指对人身和财产安全有较大危险性的锅炉、压力容器（含气瓶）、压力管道、电梯、起重机械、客运索道、大型游乐设施、场（厂）内专用机动车辆，以及法律、行政法规规定适用本法的其他特种设备。特种设备安全工作应当坚持安全第一、预防为主、节能环保、综合治理的原则。

第二节　机械安全的认识过程

以科学技术和生产力发展水平以及相应的生产结构为标准，人类社会可划分为农业社会、工业社会和信息社会三个发展阶段。工业革命经历了四个时代：工业 1.0 实现了“大规模生产”（即蒸汽机的发明和运用）；工业 2.0 实现了“电气化生产”（即电力的广泛应用），工业

3.0 实现了“自动化生产”（即产品的标准化）；工业 4.0 将实现“定制化生产”。人类对安全的认识与社会经济发展的不同时代和劳动方式密切相关，经历了自发认识和自觉认识两个时代的四个认识阶段，即安全自发认识阶段、安全局部认识阶段、系统安全认识阶段和安全系统认识阶段。机械是进行生产经营活动的主要工具，各阶段由于人类对机械安全有相应的认识而表现出不同的特点。

一、安全自发认识阶段

在自然经济（农业经济）时期，人类的生产活动方式是劳动者个体使用手用工具或简单机械进行家庭或小范围的生产劳动，绝大部分机械工具的原动力是劳动者自身，由手工生物能转化为机械能，人能够主动对工具的使用进行控制，但是，无论是石器、木器，还是金属工具的使用都存在一定的危险。在这个时期，人类不是有意识地专门研究机械和工具的安全，而是在使用中不自觉附带解决了安全问题（如刀具中刀刃和刀柄的分离）。这个阶段人们对机械安全的认识存在很大的盲目性，处于自发和凭经验的认识阶段。

二、安全局部认识阶段

第一次工业革命时代，蒸汽机技术直接使人类经济从农业经济进入工业经济，人类从家庭生产进入工厂化、跨家庭的生产方式。机器代替手用工具，原动力变为蒸汽机，人被动地适应机器的节拍进行操作，大量暴露的传动零件使劳动者在使用机器过程中受到危害的可能性大大增加。卓别林的著名电影《摩登时代》反映的劳动情节正是那个时期工业生产的真实写照。为了解决机械使用安全，针对某种机器设备的局部、针对安全的个别问题，采取专门技术方法去解决，例如锅炉的安全阀、传动零件的防护罩等，从而形成机械安全的局部专门技术。

三、系统安全认识阶段

当工业生产从蒸汽机进入电气、电子时代，以制造业为主的工业出现标准化、社会化以及跨地区等生产特点，生产更细的分工使专业化程度提高，形成了分属不同产业部门相对稳定的生产结构系统。生产系统高效率、高质量和低成本的目标，对机械生产设备专用性和可靠性提出更高要求，从而形成了从属于生产系统并为其服务的机械系统安全。例如，起重机械安全、化工机械安全、建筑机械安全等，其特点是，机械安全围绕防止和解决生产系统发生事故的问题，为企业的主要生产目标服务。

在系统安全认识阶段，安全科学技术和安全科学技术应用理论进入了高速发展期，探索事故的发生及预防规律，阐明事故的发生机理，防止事故发生的事故致因理论经历了早期的事故致因理论、第二次世界大战后的事故致因理论、近代事故致因理论三个阶段。

事故致因理论已有近百年历史，它是生产力发展到一定水平的产物。在生产力发展的不同阶段，生产过程中出现的安全问题有所不同，特别是随着生产方式的变化，人在生产过程中所处的地位发生变化，从而引起人们安全观念的变化，产生了反映安全观念变化的不同的事故致因理论。

1. 早期事故致因理论

一般认为事故的发生仅与一个原因或几个原因有关。20 世纪初期资本主义工业的飞速发展，使得蒸汽动力和电力驱动的机械取代了手工作坊中的手工工具，这些机械的使用大大提高了劳动生产率，但也增加了事故的发生率。当时设计的机械很少或者根本不考虑操作的安全和方便，几乎没有什么安全防护装置；工人没有受过培训，操作不熟练，加上长时间的疲劳作业，伤亡事故自然频繁发生。

1）事故频发倾向概念

1919 年英国的格林伍德（M. Greenwood）和伍慈（H. H. Woods）对许多工厂里的伤亡事故数据中的事故发生次数按不同的统计分布进行了统计检验。结果发现，工人中某些人较其他人更易发生事故。后来法默（Farmer）等人提出了事故频发倾向的概念。所谓事故频发倾向是指个别人容易发生事故的、稳定的、个人的内在倾向。

因此，防止企业雇用事故频发倾向者是预防事故的基本措施。一方面，通过严格的生理、心理检验等，从众多的求职者中选择身体、智力、性格特征及动作特征等方面优秀的人才就业；另一方面，一旦发现事故频发倾向者就将其解雇。显然，由优秀人员组成的工厂是比较安全的。

2）海因里希事故法则

美国安全工程师海因里希（Heinrich）1941 年通过统计 55 万件机械事故，得出其中死亡、重伤事故 1 666 件，轻伤 48 334 件，其余则为无伤事故的数据，从而得出了一个重要结论，即在机械事故中，死亡、重伤事故与轻伤和无伤害事故的比例为 1:29:300。国际上把这一法则叫事故法则。这个法则说明，在机械生产过程中，每发生 330 起意外事件，有 300 件未产生人员伤害，29 件造成人员轻伤，1 件导致重伤或死亡。对于不同的生产过程，不同类型的事故，上述比例关系不一定完全相同，但这个统计规律说明了在进行同一项活动中，无数次意外事件必然导致重大伤亡事故的发生。要防止重大事故的发生，必须减少和消除无伤害事故，要重视事故的苗子和未遂事故，否则终会酿成大祸。

海因里希的工业安全理论是该时期的代表性理论。海因里希认为，人的不安全行为、物的不安全状态是事故的直接原因，企业事故预防工作的中心就是消除人的不安全行为和物的不安全状态。

研究表明：大多数的工业伤害事故都是由于工人的不安全行为引起的。即使一些工业伤害事故是由于物的不安全状态引起的，物的不安全状态的产生也是由于工人的缺点、错误造成的。因而，海因里希理论也和事故频发倾向论一样，把工业事故的责任归因于工人。从这种认识出发，海因里希理论进一步追究事故发生的根本原因，认为人的缺点来源于遗传因素和人员成长的社会环境。

2. 第二次世界大战后的事故致因理论

第二次世界大战时期，已经出现了高速飞机、雷达和各种自动化机械等，为防止和减少飞机飞行事故而兴起的事故判定技术及人机工程等，对后来的工业事故预防产生了深刻的影响。事故判定技术最初被用于确定军用飞机飞行事故原因的研究。研究人员用这种技术调查飞行员在飞行操作中的心理学和人机工程方面的问题，然后针对这些问题采取改进措施，以防止发生操作失误。战后，这项技术被广泛应用于工业事故预防工作中，作为一种调查研究不安全行为和不安全状态的方法，使不安全行为和不安全状态在引起事故之前被识别和改正。

第二次世界大战使用的军用飞机的操纵装置和仪表设计非常复杂，飞机操纵装置和仪表的设计超出人的能力范围，或者容易引起驾驶员误操作而导致严重事故。为防止飞行事故，飞行员要求改变那些看不清楚仪表的位置、改变与人的能力不适合的操纵装置和操纵方法，这些要求推动了人机工程学的研究。

人机工程学是研究如何使机械设备、工作环境适应人的生理、心理特征，使人员操作简便、准确、失误少、工作效率高的学问。人机工程学的兴起标志着工业生产中人与机械关系的重大变化：以前是按机械的特性训练工人，让工人满足机械的要求，工人是机械的奴隶和附庸；现在是在设计机械时要考虑人的特性，使机械适合人的操作。从事故致因的角度来看，机械设备、工作环境不符合人机工程学要求可能是引起人失误、导致事故的原因。

第二次世界大战后，越来越多的人认为，不能把事故的责任简单地说成是工人的不注意，而应该注重机械的、物质的危险性质在事故致因中的重要地位。于是，在事故预防工作中比较强调实现生产条件、机械设备的安全。先进的科学技术和经济条件为此提供了物质基础和技术手段。

3. 近代事故致因理论

1）能量转移理论

事故能量转移理论是美国的安全专家哈登（Haddan）于1966年提出的一种事故控制论。其理论的立论依据是对事故本质的定义，即事故是能量的不正常转移。这样，研究事故控制理论就从事故的能量作用类型出发，即研究机械能（动能和势能）、电能、化学能、热能、声能、辐射能等的转换规律。研究能量转移作用的规律，即从能级的控制技术，研究能量转移的时间和空间规律。预防事故的本质是能量控制，可通过对系统能量的消除、限值、疏导、屏蔽、隔离、转移、距离控制、时间控制、局部弱化、局部强化、系统闭锁等技术措施来控制能量的不正常转移。

能量在人类的生产、生活中是必不可少的，人类利用各种形式的能量做功以实现预定的目的。人在进行生产、生活活动时消耗能量，当人体与外界的能量交换受到干扰时，人体不能进行正常的新陈代谢，人体将受到伤害，甚至死亡。人体因超过其承受能力的各种形式能量作用而受到的伤害情况见表2–1。

表2–1　能量类型与伤害

能量类型	产生的伤害	事故类型
机械能	刺伤、割伤、撕裂、挤压皮肤和肌肉、骨折、内部器官损伤	物体打击、车辆损伤、机械伤害、起重伤害、高处坠落、坍塌、放炮、火药爆炸等
热　能	皮肤发炎、烧伤、烧焦、焚化、伤及全身	灼伤、火灾
电　能	干扰神经–肌肉功能、电伤	触电
化学能	化学性皮炎、化学性烧伤、致癌、致遗传性突变、致畸胎、急性中毒、窒息	中毒和窒息、火灾

大多数伤亡事故都是因为过量的能量，或干扰人体与外界正常能量交换的危险物质的意

外释放引起的。并且几乎毫无例外，这种过量的能量或危险物质的释放都是由于人的不安全行为或物的不安全状态造成的。即人的不安全行为或物的不安全状态使得能量或危险物质失去了控制，是能量或危险物质释放的导火索。

从能量转移论出发，预防伤害事故就是防止能量或危险物质的意外转移，防止人体与过量的能量或危险物质接触。人们把约束、限制能量，防止人体与能量接触的措施叫作屏蔽。所以，在工业生产中，经常采用防止能量转移的屏蔽措施预防事故发生。

2）事故综合原因论

事故综合原因论简称综合论，它是综合论述事故致因的现代理论。综合论认为，事故的发生绝不是偶然的，而是有其深刻原因的，包括直接原因、间接原因和基础原因。事故是社会因素、管理因素和生产中的危险因素被偶然事件触发所造成的后果。可用下列公式表达：

生产中的危险因素＋触发因素＝事故

这种模式的结构如图 2–1 所示。

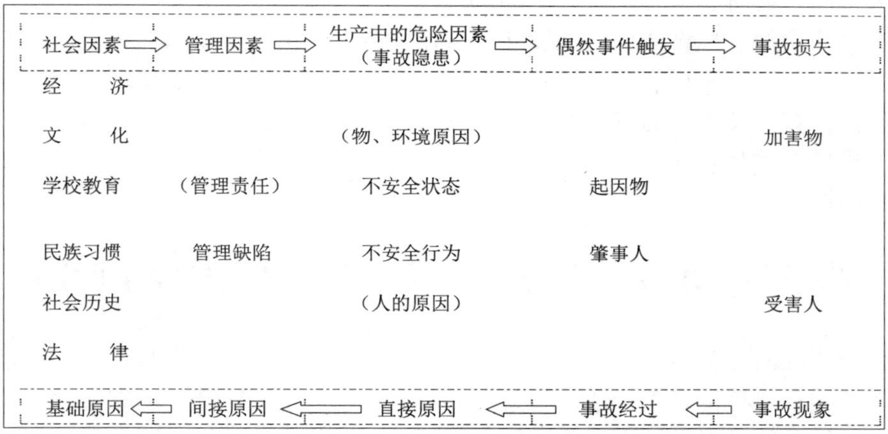

社会因素 ⇨	管理因素 ⇨	生产中的危险因素（事故隐患） ⇨	偶然事件触发 ⇨	事故损失
经　济				
文　化		（物、环境原因）		加害物
学校教育	（管理责任）	不安全状态	起因物	
民族习惯	管理缺陷	不安全行为	肇事人	
社会历史		（人的原因）		受害人
法　律				
基础原因 ⇦	间接原因 ⇦	直接原因 ⇦	事故经过 ⇦	事故现象

图 2–1　事故综合模型

事故的直接原因是指不安全状态（条件）和不安全行为（动作）。这些物质的、环境的以及人的原因构成生产中的危险因素（或称为事故隐患）。

间接原因是指管理缺陷、管理因素和管理责任。

基础原因是指造成间接原因的因素，包括经济、文化、学校教育、民族习惯、社会历史、法律等。

偶然事件触发是指由于起因物和肇事人的作用，造成一定类型的事故和伤害的过程。

事故的发生过程是由“社会因素”产生“管理因素”，进一步产生“生产中的危险因素”，通过偶然事件触发而发生伤亡和损失。

事故调查的过程则与此相反，应当通过事故现象，查询事故经过，进而依次了解其直接原因、间接原因和基础原因。

四、安全系统认识阶段

信息技术及数字化网络化的技术，把人类直接带进知识经济时代，反过来极大地改变了传统的工业和农业生产模式，解决安全问题的手段出现综合化的特点。

在工业企业里，人–机系统、安全技术、职业卫生和安全管理构成了一个安全系统。它除了具有一般系统的特点外，还有自己的结构特点。第一，它是以人为中心的人机匹配、有反馈过程的系统。因此，在系统安全模式中要充分考虑人与机器的互相协调。第二，安全系统是工程系统与社会系统的结合。在系统中处于中心地位的人要受到社会、政治、文化、经济、技术和家庭的影响，要考虑以上各方面的因素，系统的安全控制才能更为有效。第三，安全事故（系统的不安全状态）的发生具有随机性，首先是事故的发生与否呈现出不确定性；其次是事故发生后将造成什么样的后果在事先不可能确切得知。第四，事故识别的模糊性。安全系统中存在一些无法进行定量描述的因素，因此，对系统安全状态的描述无法达到明确的量化。安全系统工程活动要根据以上这些特点来开展研究工作，寻求处理安全问题的有效方法。

机械安全问题突破了生产领域的界限，机械使用领域不断扩大，融入人们生产、生活的各个角落，机械设备的复杂程度增加，出现了光机电液一体化，这就要求解决机械安全问题需要在更大范围、更高层次上，从“被动防御”转向“主动保障”，将安全工作前移。对机械全面进行安全系统的工程设计包括从设计源头按安全人机工程学要求对机械进行安全评价，围绕机械制造工艺过程进行安全、技术、经济性综合分析，识别机器使用过程中的固有危险和有害因素，针对涉及人员的特点，对其可预见的误用行为预测发生危险事件的可能性，对危险性大的机械进行从设计到使用全过程的安全监察等，即用安全系统的认识方法解决机械系统的安全问题。

第三节　用安全系统的认识方法解决机械安全问题

按照系统工程的理论，系统是指具有特定功能，由数个相互作用且依赖的要素构成的有机整体。系统的基本特征是集合性、相关性、目的性、环境适应性、动态特性、反馈特性和随机特性。机械系统是以机械为工具或手段，对作用对象实施加工或服务的系统，由机械本身（包括量、夹、刃具）、被加工工件（或物料）、操作人员及加工工艺等多个基本要素组成的相互联系、相互制约、不可分割的有机整体。系统生产过程是生产资源输入和有形财富（产品或服务）不断输出的过程，时刻伴随着物料流、信息流、能量流的运动。系统的目的是产品的优质、高产、低成本。机械系统作为存在安全问题的领域，存在着需要解决的安全问题，实现机械系统安全是安全工作的目标。

根据安全系统理论，安全系统由人、物、关系三个要素组成。具体来讲，在机械系统中，可归结为人的行为、物（机械、作用对象或物料和作业场所环境）的状态、安全管理水平三要素。人、物是安全系统过程中的直接要素；关系（以安全管理为外在表现形式）是安全的本质与核心，协调人与人、物与物、人与物之间的关系，是机械系统正常运转的必要条件，同时又是实现安全的手段。各要素在表现形式上有不同的特点，既有联系又互相制约，独立存在、互相不可取代、缺一不可，表现为动态过程的系统整体。系统的突变或某一要素的恶化往往会引起系统安全状态的劣化，进而可能导致机械伤害事故的发生。

机械系统安全是指从人的需要出发，在使用机械全过程的各种状态下，达到使人的身心免受外界因素危害的存在状态和保障条件。机械的安全性是指机器在预定使用条件下，执行其预定功能，以及在运输、安装、调整、维修、拆卸、报废处理时，不产生损伤或危害健康的能力。机械伤害事故泛指在生产经营活动中，由于技术失控或管理缺陷，机械系统能量逆流所导致的伤害事故。事故可能为人的不安全行为、机器的不安全状态和作业环境的不安全条件、安全管理缺陷，三者综合作用失衡的结果。机械安全是由组成机械的各部分及整机的安全状态，使用机械的人的安全行为，机械和人的和谐关系来保证的。简而言之，就是要用安全系统的理论和方法，从人、物以及人与物的关系三方面来解决机械系统的安全问题。

机械安全要从根源上解决安全问题，那么在设计阶段就要考虑安全问题。安全系统设计步骤如下所述。

1）定义风险等级

机械的复杂性导致潜在风险数目极大，但不可能对所有的风险都采取措施。因此，需要在设计安全相关系统之前，就明确地定义多大程度的风险可以接受，而什么样的风险必须采取措施。只有将风险等级进行明确的定义和划分，才能以此为衡量指标，在众多的潜在风险中，找到必须解决的关键风险。

2）识别所有潜在风险

定义了风险等级后，使用合理的安全评价方法对装置中可能存在的风险进行充分、彻底的识别，获得装置中每个风险发生原因和所导致后果之间的对偶关系。只有在获得所有可能的潜在风险的基础上，才能对装置进行充分、完整的防护层设计与校核。

3）校核防护层设计

针对第二步中所识别出的每一个可能的风险，考虑当前已有的保护措施对风险的降低程度，校核其是否满足在风险矩阵中定义的可接受范围。如果不能满足要求，则需要引入新的防护措施，并对引入新的防护措施后的风险降低程度重新进行计算。

4）结论审查

检查所有不可接受的风险是否都已受到防护，即所有风险的等级都在“可接受”范围内。如若不然，回到第三步重新进行防护层校核与设计。

第四节　机械伤害类型

《企业职工伤亡事故分类》（GB 6441—1986）综合起因物、诱导性原因、致害物、伤害方式，根据物的不安全状态导致的直接伤害后果，将危险因素分为20类。其中，与机械相关度比较高的危险有15种。在利用该标准对机械设备及其生产过程中存在的危险进行识别时，应注意危险因素的概念界定范围。

1. 物体打击

物体打击是指物体在重力或其他外力的作用下产生运动引发的打击伤亡事故，不包括机械设备、车辆、起重机械、坍塌引发的打击。

2. 车辆伤害

车辆伤害是指企业机动车辆在行驶中引起伤亡事故，例如人体坠落、物体倒塌、下落、挤压等，不包括起重设备提升、牵引车辆和车辆停驶时引发的车辆伤害。

3. 机械伤害

机械伤害是指机械设备运动或静止部件直接与人体接触引起伤害，例如机械零部件、工具、加工件造成的夹击、碰撞、剪切、卷入、绞、碾、割、刺等伤害，不包括车辆、起重机械引起的机械伤害。

4. 起重伤害

起重伤害是指各种起重作业（如起重、安装、拆卸、检修、试验等作业）中发生挤压、坠落、（吊具、吊重）物体打击和触电等伤害。

5. 触电

触电是指电击、电伤、雷击、静电伤害事故。

6. 灼烫

灼烫是指火焰烧伤、高温物烫伤、化学灼伤（酸、碱、盐、有机物）、物理灼伤（光、放射性物质）等，不包括电灼伤和火灾引起的烧伤。

7. 火灾

火灾包括火灾引起的烧伤和死亡。

8. 高处坠落

高处坠落是指在高处作业发生的坠落伤亡，不包括触电坠落事故。

9. 坍塌

坍塌是指物体在外力或重力作用下，超过自身强度极限或因结构稳定性被破坏而造成的事故，如土石塌方、脚手架坍塌、堆置物倒塌等，不包括矿山冒顶、片帮和车辆、起重机械、爆破引起的事故。

10. 锅炉爆炸

锅炉爆炸是指锅炉超压引起的爆炸。

11. 容器爆炸

容器爆炸是指容器内压超过设计压力引起的爆炸。

12. 其他爆炸

其他爆炸是指可燃气体、粉尘等与空气混合形成爆炸混合物，接触引爆源发生的爆炸事故。

13. 中毒和窒息

中毒和窒息包括中毒、缺氧窒息、中毒性窒息。

14. 淹溺

淹溺包括高处坠落淹溺，不包括矿山、井下透水淹溺。

15. 其他伤害

其他伤害是指除上述情况以外的伤害，如摔、扭、挫、擦等伤害。

思 考 题

1. 机械系统有哪些优点、使用功能？
2. 从安全卫生的角度来看，机械设备的分类有哪些？
3. 简述事故致因理论的主要内容。
4. 人类对机械安全的认识分为哪几个阶段？
5. 如何用安全系统方法解决机械安全问题？
6. 机械伤害类型有哪些？

模块Ⅱ　危险机械安全

第三章
危险机械安全概述

学习指导

1. 了解机械制造和使用过程中主要设备、场所危险因素的类型，了解机械的组成规律、原理和使用环节。

2. 理解危险有害因素识别及机械事故原因分析，理解机械本质安全要求和机械伤害主要类型及预防对策。

3. 掌握机械制造生产过程中工作场所的安全要求、安全防护技术及实现机械安全的途径。

机械安全包括设计、制造、安装、调试、使用、维修、拆卸等阶段的安全，是由组成机械的各部分及整机的安全状态、使用机械的人的安全行为以及由机器和人的和谐关系来保证的，可分为机械产品的制造安全和机械设备使用安全两大部分。

第一节　机械的组成及安全

工作母机是制造机器和机械的机器，如车床、铣床、刨床和磨床等，是整个工业体系的基石和摇篮，处于产业链核心环节，决定着一个国家或地区的工业发展水平和综合竞争力。

一、机械的组成规律和工作原理

了解机械的组成规律和实现使用功能的工作原理，对确定机械作业危险区，分析工艺过程中人员暴露于危险作业区的时间和频次，以及作业人员介入的操作方式和性质，从而进行危险识别、安全风险评价，采取针对性安全管理措施、提出技术整改建议都是极为重要的，也是安全工作者专业技能的基本功之一。

1. 机械的组成规律

由于应用目的的不同，不同功能的机械形成千差万别的种类系列，它们的组成结构差别很大，必须从机械最基本的特征入手，把握机械组成的基本规律。其组成结构如图 3–1 所示。

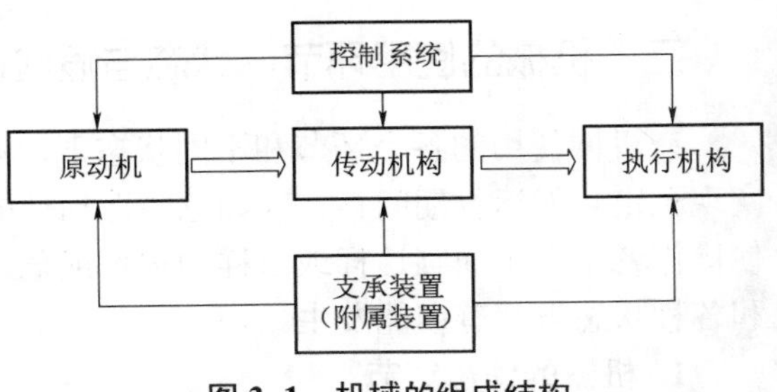

图 3–1　机械的组成结构

2. 机械的一般工作原理

机械的原动机将各种能量形式的动力源转变为机械能输入，经过传动机构转换为适宜的力、速度和运动形式，再传递给执行机构，通过执行机构与物料或作业对象的直接作用，完成制造或服务任务。控制系统对整个机械的工作状态进行控制调整，组成机械的各部分借助支承装置连接成一个有机的整体。机械各组成部分的功能如下：

1）原动机

原动机提供机械工作运动的动力源。常用的原动机有电动机、内燃机、人力或畜力（常用于轻小设备或工具，作为特殊场合的辅助动力）和其他形式等。

2）执行机构

执行机构也称为工作机构，是实现机械应用功能的主要机构。通过刀具或其他器具与物料的相对运动或直接作用，改变物料的形状、尺寸、状态或位置。执行机构是区别不同功能机械的最有特性的部分，它们之间的结构组成和工作原理往往有很大的差别。执行机构及其周围区域是操作者进行作业的主要区域，称为操作区。

3）传动机构

传动机构用来将原动机与执行机构联系起来，传递运动和力（力矩），或改变运动形式。对于大多数机械，传动机构将原动机的高转速低扭矩转换成执行机构需要的较低速度和较大的力（力矩）。常见的传动机构有齿轮传动、带传动、链传动、曲柄连杆机构等。传动机构包括除执行机构之外的绝大部分可运动零部件。不同功能机械的传动机构可以相同或类似，传动机构是机械具有共性的部分。

4）控制系统

控制系统是人机接口部位，可操纵机械的启动、制动、换向、调速等运动，或控制机械的压力、温度或其他工作状态，包括各种操纵器和显示器。显示器可以把机械的运行情况适时反馈给操作者，以便操作者通过操纵器及时、准确地控制、调整机械的状态，保证作业任务的顺利进行，防止事故发生。

5）支承装置

支承装置用来连接、支承机械的各个组成部分，承受工作外载荷和整个机械的质量，是机械的基础部分，有固定式和移动式两类。固定式支承装置与地基相连（如机床的基座、床身、导轨、立柱等），移动式支承装置可带动整个机械运动（如可移动机械的金属结构、机架等）。支承装置的变形、振动和稳定性不仅影响加工质量，还直接关系作业的安全。

附属装置包括安全防护装置、润滑装置、冷却装置、专用的工具装备等，它们对保护人员安全、维持机械的稳定正常运行和进行机械维护保养起着重要的作用。

二、机械的使用环节、状态与危险区

在机械使用的各个环节和不同状态下，都存在表现不同的危险有害因素，既可能在机械实现预定功能运行期间存在（如危险运动件的运动、焊接时的电弧等），也可能意外地出现，使操作者不得不面临这样或那样的损伤或危害健康的风险。这种风险在机械使用的任何阶段和各种状态下都有可能发生。

1. 机械的使用环节

机械的全寿命周期可以分为机械产品形成和使用两个阶段。机械安全也体现在两个方面：

一个方面是产品安全；另一个方面是使用安全。

机械产品形成阶段包括概念设计、产品设计、制造工艺设计、零件加工和装配总成。机械的使用环节不仅仅指执行预定使用功能的运转，广义的使用还包括编程和技术参数设定、示数、过程转换调整，清理、保养、查找故障和维修，由于转移作业场地而进行的拆卸、运输、安装，以及停止使用或报废处理等各个环节。机械安全的源头在设计，质量保证在制造。机械的安全性集中体现在使用阶段诸环节的各种状态。

2. 机械的状态

1）正常工作状态

人们往往存在认识的误区，认为在机械的正常工作状态不应该有危险。其实不然。在机械完成预定功能的正常运转过程中，具备运动要素并产生直接后果，运转期间仍然存在着各种不可避免的危险，例如，零部件的相互配合运动、刀具锋刃的切割、重物在空中起吊、机械运转噪声和振动等，分别存在着绞碾夹挤、切割、重物坠落、环境恶化等危险有害因素。

2）非正常工作状态

在机械作业运转过程中，多种原因会引起意外状态。有的可能是动力突然丧失，也可能是来自外界的干扰等，如意外启动或速度变化失控，外界磁场干扰使信号失灵，瞬时大风造成起重机倾覆等。机械的非正常工作状态往往没有先兆，可直接导致或轻或重的事故危害。

3）故障状态

故障状态是指机械设备或零部件丧失了规定功能的状态。设备故障会造成整个机械设备的正常运行停止，有时关键机械的局部故障会影响整个流水线运转，甚至使整个车间停产，给企业带来经济损失。

从人员的安全角度看，故障状态可能会导致两种结果。有些故障的出现，对所涉及机械的安全功能影响很小，不会出现什么大的危险。例如，当机械的动力源或某零部件发生故障时，机械就会停止运转，机械处于故障保护状态，一切由于运动所导致的危险都不存在了。而有些故障的出现，会导致某种危险状态。例如，电气开关故障会产生不能停机的危险；砂轮轴的断裂会导致砂轮飞出的危险；速度或压力控制系统出现故障会导致速度或压力失控的危险等。

4）非工作状态

非工作状态是指机器停止运转，处于静止状态。在大多数情况下，机械基本是安全的。但不排除环境照度不够导致的人员与机械悬凸结构的碰撞、跌入机坑的危险，结构坍塌，室外机械在风力作用下的滑移或倾覆，堆放的易燃易爆原材料在适宜环境条件下的燃烧爆炸等。

5）检修保养状态

检修保养状态是指维护和修理所进行的作业活动，包括保养、修理、改装、翻建、检查、状态监控和防腐润滑等。尽管检修保养一般在停机状态下进行，但其作业的特殊性往往迫使检修人员采用一些超常规的操作行为，例如，攀高、钻坑、解除安全装置，或进入正常操作不允许进入的危险区等，使维护或修理很容易出现一些在正常操作时不会出现的危险。

3. 机械的危险区

机械的危险区是指使人员面临损伤或危害健康风险的机械内部或周围的某一区域。就大多数机械而言，机械的危险区主要在传动机构和执行机构及其周围区域。

传动机构和执行机构集中了机械上几乎所有的运动零部件。它们种类繁多，运动方式各异，结构形状复杂，尺寸大小不一，即使在机械正常状态下进行正常操作时，在传动机构和执行机构及其周围区域也有可能由于机械能遗散或非正常传递而形成危险区。

由于传动机构在工作中不需要与物料直接作用，在作业前调整好后，作业过程中基本不需要操作者频繁接触，所以，常用各种防护装置隔离或封装起来，只要保证防护装置的完好状态，就可以比较好地解决防止接触性伤害的安全问题。而执行机构及周围的操作区情况较为复杂，由于在作业过程中，需要操作者根据观察机器的运行状况不断地调整机械状态，人体的某些部位不得不经常进入或始终处于操作区，使操作区成为机械伤害的高发危险区，因此，成为安全防护的重点；又由于不同种类机械的工作原理区别很大，表现出来的危险有较大差异，因此，又成为安全防护的难点。

另外，采用移动式支承装置机械的安全防护，较固定式支承装置的机械更应引起重视。

第二节　机械中危险和有害因素的识别及机械事故的原因分析

一、危险和有害因素

1. 危险和有害因素概念

《生产过程危险和有害因素分类与代码》（GB 13861—2009）中，危险和有害因素是指能对人造成伤亡或影响人的身体健康甚至导致疾病的因素。

由于危险是引起伤害的外界客观因素，所以，人们常称之为危险因素。客观危险对人身心的不利作用和影响的后果由其种类、性质状态、量值大小、作用强度以及作用时间与方式等因素决定。

根据外界因素对人的作用机理、作用时间和作用效果，在狭义概念上，通常将其分为危险因素和有害因素。

1）危险因素

危险因素是指直接作用于人的身体，可能导致人员伤亡后果的外界因素，强调危险事件的突发性和瞬间作用。例如物体打击、刀具切割、电击等。直接危害即狭义安全问题，强调突发性和瞬间作用。

2）有害因素

有害因素是指通过人的生理或心理对人的健康间接产生的危害，可能导致人员患病的外界因素。例如粉尘、噪声、振动、辐射危害等。间接危害即狭义卫生问题，强调在一定时间范围内的积累作用。

事故隐患泛指现存系统中可导致事故发生的物的危险状态以及人的不安全行为和管理上的缺陷。

机械设备及其生产过程中存在的危险因素和有害因素，在很多情况下是来自同一源头的同一因素，由于转变条件和存在状态不同、量值和浓度不同、作用的时间和空间不同等原因，其后果有很大差别。有时表现为人身伤害，这时常被视为危险因素；有时由于影响健康引发职业病，所以又被视为有害因素；有时两者兼而有之，强行区分危险因素和有害因素容易造成认识混乱，反而不利于危险因素的识别和安全风险分析评价。为便于管理，现在对此分类的趋势是对危险因素和有害因素不更加细区分而统称为危险有害因素，或将二者并为一体统称危险因素。

2. 危险和有害因素产生的原因

危险和有害因素造成事故或灾难后果，本质上是由于存在着能量和有害物质，且能量或有害物质失去控制（泄漏、散发、释放等）。因此，能量和有害物质存在并失控是危险和有害因素产生的根源。

二、危险和有害因素的分类

“危险”一词常常与其他词联合使用来限定其起源或预料其具体的损伤及危害健康的性质。但是，对危险因素表述的随意性，往往会给机械危险因素的识别工作造成混乱，所以应该按标准对其进行规范的分类。我国现行有效的相关安全标准有《生产过程危险和有害因素分类与代码》（GB 13861—2009）和《机械安全基本概念与设计通则》（GB/T 15706—2007）等。

1. 按导致事故和职业危害的原因分类

《生产过程危险和有害因素分类与代码》（GB/T 13861—2009）将生产过程中的危险和有害因素按照危险和有害因素的性质进行分类，共分为 4 大类：人的因素、物的因素、环境因素、管理因素。

1）人的因素

人的因素是指与生产各环节有关的，来自人员自身或人为性质的危险和有害因素。

2）物的因素

物的因素是指机械、设备、设施、材料等方面存在的危险和有害因素。

3）环境因素

环境因素是指生产作业环境中的危险和有害因素。

4）管理因素

管理因素是指管理和管理责任缺失所导致的危险和有害因素。

2. 按机械设备自身的特点分类

《机械安全基本概念与设计通则》（GB/T 15706—2007）根据 ISO 国际标准，参考工业发达国家的普遍做法，按机械设备自身的特点、能量形式及作用方式，将机械加工设备及其生产过程中的不利因素，分为机械的危险有害因素和非机械的危险有害因素两大类。

1）机械的危险有害因素

机械的危险有害因素是指机械设备及其零部件（静止的或运动的）直接造成人身伤亡事故的灾害性因素。例如，由钝器造成挫裂伤、锐器导致的割伤、高处坠落引发的跌伤等机械性损伤。

2）非机械的危险有害因素

非机械的危险有害因素是指机械运行生产过程及作业环境中可导致非机械性损伤事故或职业病的因素。例如，电气危险、热危险、噪声和振动危险、辐射危险，由机械加工、使用或排出的材料和物质产生的危险，在设计时由于忽略人类工效学产生的危险等。

无论是导致直接危害还是间接危害的影响因素，《机械安全基本概念与设计原则》（GB/T 15706—2007）标准不再细分危险因素与有害因素，一律称为危险因素。此标准第一次将未履行安全人机学原则产生的危险明确为危险因素之一。

三、由机械产生的危险

由机械产生的危险是指机械本身和在机械使用过程中产生的危险，可能来自机械自身、燃料原材料、新的工艺方法和手段、人对机器的操作过程，以及机械所在的场所和环境条件等多方面。根据《机械安全基本概念与设计通则》（GB/T 15706—2007）标准，由机械产生的机械危险和非机械危险主要有以下几个方面。

1. 机械危险

由于机械设备及其附属设施的构件、零件、工具、工件或飞溅的固体、流体物质等的机械能（动能和势能）作用可能产生伤害的各种物理因素，以及与机械设备有关的滑绊、倾倒和跌落危险。

2. 电气危险

电气危险的主要形式是电击、燃烧和爆炸。电气危险产生的情况有人体与带电体的直接接触或接近高压带电体，静电现象，带电体绝缘不充分而产生漏电，线路短路或过载引起的熔化粒子喷射、热辐射和化学效应，以及由于电击所导致的惊恐使人跌倒、摔伤等。

3. 温度危险

温度危险包括人体与超高温物体、材料、火焰或爆炸物接触，以及热源辐射所产生的烧伤或烫伤；高温生理反应；低温冻伤和低温生理反应；高温引起的燃烧或爆炸等。

产生温度危险的条件有环境温度，冷、热源辐射或直接接触高、低温物体（材料、火焰或爆炸物等）。

4. 噪声危险

噪声危险的主要危险源有机械噪声、电磁噪声和空气动力噪声等。

根据噪声的强弱和作用时间不同，可造成耳鸣、听力下降、永久性听力损伤，甚至爆震性耳聋等；对生理的影响（包括对神经系统、心血管系统的影响）；使人产生厌烦、精神压抑等不良心理反应；干扰语言和听觉信号，从而可能继发其他危险等。

5. 振动危险

振动危险按振动作用于人体的方式可分为局部振动和全身振动。振动可对人体造成生理和心理的影响，严重的振动可能产生生理严重失调等病变。

6. 辐射危险

辐射危险是指某些辐射源可杀伤人体细胞和机体内部的组织，轻者会引起各种病变，重者会导致死亡。各种辐射源可分为电离辐射和非电离辐射两类。

电离辐射包括 X 射线、γ 射线、α 粒子、β 粒子、质子、中子、高能电子束等。

非电离辐射包括电波辐射（低频、无线电射频和微波辐射）、光波辐射（红外线、紫外线和可见光辐射）和激光等。

7. 材料和物质产生的危险

接触或吸入有害物，可能是有毒、腐蚀性或刺激性的液、气、雾、烟和粉尘等；生物（如霉菌）和微生物（病毒或细菌）、致害动物、植物等；火灾与爆炸危险；料堆（垛）坍塌、土/岩滑动造成淹埋所致的窒息危险。

8. 未履行安全人机工程学原则产生的危险

由于机械设计或环境条件不符合安全人机工程学原则，存在与人的生理或心理特征、能力不协调之处，可能产生以下危险：

（1）对生理的影响：超负荷、长期静态或动态操作姿势、超劳动强度导致的危险。

（2）对心理的影响：由于精神负担过重而紧张、生产节奏过缓而松懈、思想准备不足而恐惧等心理作用产生的危险。

（3）对人操作的影响：表现为操作偏差或失误而导致的危险等。

（4）其他影响：不符合卫生要求的气温、湿度、气流、照明等作业环境。

9. 综合性危险

存在于机械设备及生产过程中的危险有害因素涉及面很宽，既有设备自身造成的危害，又有材料和物质产生的危险，也有生产过程中人的不安全因素，还有工作环境恶劣、劳动条件差（如负荷操作）等原因带来的灾害，表现为复杂、多样、动态、随机的特点。有些单一危险看起来微不足道，但当它们组合起来时就可能发展为严重危险。

四、机械危险的主要伤害形式和机理

1. 机械伤害

机械危险对人员造成伤害的实质，是机械能（动能和势能）的非正常做功、传递或转化，即机械能量失控导致人员伤害。机械能是物质系统由于相互之间存在作用而具有的能量。

1）动能

动能是指物体由于做机械运动而具有的能量。

单纯移动机械零件的动能可用式（3–1）计算：

$$T=\frac{1}{2}mv^2 \tag{3–1}$$

式中 T——机械零件的功能，J；

m——机械零件的质量，kg；

v——机械零件的速度，m/s。

绕定轴单纯转动机械零件的动能可用式（3–2）计算：

$$T=\frac{1}{2}J\omega^2 \tag{3–2}$$

式中 J——机械零件的转动惯量，kg・m^2；

ω——机械零件的转动角速度，rad/s。

机械既移动又转动、做复杂运动的机械零件，其总动能可用式（3–3）计算：

$$T=\frac{1}{2}mv_c^2+\frac{1}{2}J_c\omega^2 \tag{3–3}$$

式中 v_c——机械零件质心的速度，m/s；

J_c——机械零件对通过质心且垂直于运动平面的轴的转动惯量，kg・m^2。

2）势能

势能亦称位能，指物质系统由于各物体之间（或物体内各部分之间）存在相互作用而具有的能量。可分为引力势能（在重力场中也称重力势能）、弹性势能等。系统的势能由各物体的相对位置决定。

重力势能取决于位置的高度差，可用式（3–4）计算：

$$V = mgh \tag{3–4}$$

式中 g——重力加速度，m/s^2；

h——物体离坠落地的高度，m。

弹性势能是因物体发生形变而产生的能量。以弹簧为例，其弹性势能可用式（3–5）计算：

$$V = \frac{1}{2}k(l_0 - l)^2 \tag{3–5}$$

式中 k——弹簧的弹性系数，N/m；

l_0，l——分别为弹性体的弹簧变形前的长度及变形后的长度，m。

物体的动能和势能可以通过力的做功实现互相转化。无论机械伤害以什么形式存在，总是与质量、速度、运动形式、位置和相互作用力等物理量有关。

2. 机械伤害的基本类型

1）卷绕和绞缠的危险

引起这类伤害的是做回转运动的机械部件，如轴类零件，包括联轴器、主轴、丝杠等；回转件上的突出形状，如安装在轴上的凸出键、螺栓或销钉、手轮上的手柄等；旋转运动的机械部件的开口部分，如链轮、齿轮、皮带轮等圆轮形零件的轮辐，旋转凸轮的中空部位等。旋转运动的机械部件将人的头发、饰物（如项链）、手套、肥大衣袖或下摆随回转件卷绕，继而引起对人的伤害，如图 3–2 所示。

图 3–2 卷绕和绞缠的危险

2）挤压、剪切和冲击的危险

引起这类伤害的是做往复直线运动的零部件。其运动轨迹可能是横向的，如大型机床的移动工作台、牛头刨床的滑枕、运转中的带链等；也可能是垂直的，如剪切机的压料装置和刀片、压力机的滑块、大型机床的升降台等。两个物件相对运动状态可能是接近型，距离越来越近，甚至最后闭合；也可能是通过型，当相对接近时，错动擦肩而过。做直线运动特别是相对运动的两部件之间、运动部件与静止部件之间产生对人的夹挤、冲撞或剪切伤害，如图 3–3 所示。

3）引入或卷入、碾轧的危险

引起这类伤害的是相互配合的运动副，例如，啮合的齿轮之间以及齿轮与齿条之间，带与带轮、链与链轮进入啮合部位的夹紧点，两个做相对回转运动的辊子之间的夹口引发的引入或卷入；轮子与轨道、车轮与路面等滚动的旋转件引发的碾轧等，如图 3–4 所示。

4）飞出物打击的危险

引起这类伤害的是由于发生断裂、松动、脱落或弹性位能等机械能释放，使失控的物件飞甩或反弹对人造成伤害。例如，轴的破坏引起装配在其上的带轮、飞轮等运动零部件坠落或飞出；由于螺栓的松动或脱落，引起被紧固的运动零部件脱落或飞出；高速运动的零件破裂，碎块甩出；切削废屑的崩甩等。另外，还有弹性元件的位能引起的弹射，例如，弹簧、带等的断裂；在压力、真空下的液体或气体位能引起的高压流体喷射等。

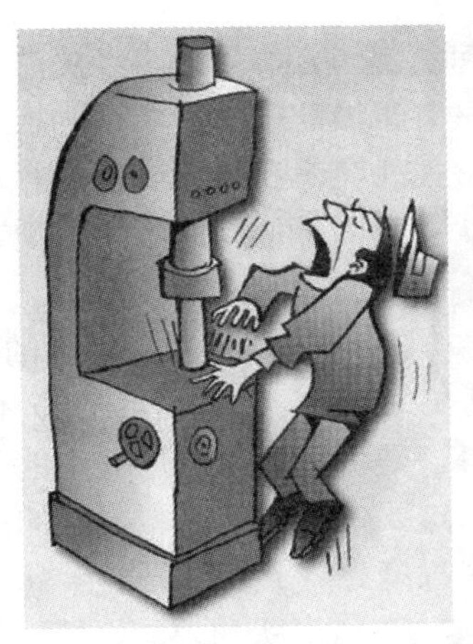

图 3–3　挤压、剪切和冲击的危险

图 3–4　引入或卷入、碾轧的危险

5）物体坠落打击的危险

引起这类伤害的是处于高位置的物体具有势能，当它们意外坠落时，势能转化为动能而造成伤害。例如，高处掉落的零件、工具或其他物体；悬挂物体的吊挂零件破坏或夹具夹持不牢引起物体坠落；由于质量分布不均衡、重心不稳，物体在外力作用下发生倾翻、滚落；运动部件运行超行程脱轨导致的伤害等。

6）切割和擦伤的危险

引起这类伤害的是切削刀具的锋刃，零件表面的毛刺，工件或废屑的锋利飞边，机械设备的尖棱、利角、锐边，粗糙的表面（如砂轮、毛坯）等，无论物体的状态是运动还是静止的，这些由于形状产生的危险都会构成潜在的危险。

7）碰撞和刮蹭的危险

引起这类伤害的是机械结构上的凸出、悬挂部分，如起重机的支腿、吊杆，机床的手柄，长、大加工件伸出机床的部分等。这些物件无论是静止的，还是运动的，都可能产生危险。

8）跌倒、坠落的危险

引起这类伤害的是地面堆物无序或地面凸凹不平导致的磕绊跌伤；接触面摩擦力过小（光滑、油污、冰雪等）造成打滑、跌倒；人从高处失足坠落，误踏入坑井坠落等。由于跌落引起二次伤害，后果将会更严重。

机械危险大量表现为人员与可运动件的接触伤害，各种形式的机械危险与其他非机械危险往往交织在一起。在进行危险识别时，应该从机械系统的整体出发，综合考虑机械的不同状态、同一危险的不同表现方式、不同危险因素之间的联系和作用，以及显现或潜在危险的不同形态等。

3. 机器产生机械危险的条件

机械能（动能和势能）传递和转化失控、运动载体或容器的破坏，以及人员的意外接触等，是机械危险事件发生的条件。在对机械本身和机械使用过程中产生的危险进行识别时，一定要分析产生机械危险的条件，从而消除产生危险的根源或降低事故发生的频率，减小伤害程度。

（1）形状和表面性能。切割要素、锐边利角部分、粗糙或过于光滑的表面。

（2）相对位置。与运动零部件可能产生接触的危险区域、相对位置或距离。

（3）质量和稳定性。重力影响下可运动零部件的位能，由于质量分布不均而造成重心不稳和失衡。

（4）质量和速度（加速度）。可控或不可控运动中的零部件的动能、速度和加速度的量。

（5）机械强度。由于机械强度不够，零（构）件断裂、容器破坏或结构件坍塌。

（6）位能积累。弹性元件（弹簧）以及在压力、真空下的液体或气体的势能。

五、事故原因分析

安全隐患可存在于机械的设计、制造、运输、安装、使用、报废、拆卸及处理等全寿命的各个环节和各种状态。机械事故的发生往往是多种因素综合作用的结果，用安全系统的认识观点，可以从物的不安全状态、人的不安全行为和安全管理上的缺陷找到原因。

1. 物的不安全状态（技术原因）

物的不安全状态构成生产中的客观安全隐患和危险是引发事故的直接原因。广义的物包括机械设备、工具，原材料、中间与最终成品、排出物和废料，作业环境和场地等。物的不安全状态可能来自机械设备寿命周期的各个阶段。

1）设计阶段

机械结构设计不合理、未满足安全人机工程学要求、计算错误、安全系数不够、对使用条件估计不足等导致的先天安全缺陷。

2）制造阶段

零件加工超差、粗制滥造，原材料以次充好、偷工减料，安装中的野蛮作业等，使机械及其零部件受到损伤而埋下隐患。

3）使用阶段

购买无生产许可的、有严重安全隐患或问题的机械设备；设备缺乏必要的安全防护装置，报废零部件未及时更换带病运行，润滑保养不良；拼设备，超机械的额定负荷、额定寿命运转，不良作业环境造成零部件腐蚀性破坏、机械系统功能降低甚至失效等。

2. 人的不安全行为

在机械使用过程中，人的不安全行为是引发事故的另一个重要的直接原因。人的行为受到生理、心理等多种因素的影响，表现是多种多样的。缺乏安全意识和安全技能差，即安全素质低下是人为引发事故的主要原因，例如，不了解所使用机械存在的危险、不按安全规程操作、缺乏自我保护和处理意外情况的能力等。指挥失误（违章指挥）、操作失误（操作差错、违章作业）、监护失误等是人的不安全行为常见的表现。在日常工作中，人的不安全行为常常表现在不安全的工作习惯上，例如，工具或量具随手乱放、测量工件不停机、站在工作台上装夹工件、越过运转刀具取送物料、攀越大型设备不走安全通道等。

3. 安全管理缺陷

安全管理是一个系统工程，包括领导者的安全意识水平，健全的安全管理组织机构和明确的安全生产责任制，对设备（特别是对危险设备和特种设备）的监管，对员工的安全教育和培训，安全规章制度的建立，制定事故应急救援预案，建立“以人为本”的职业安全卫生管理体系等。

物的不安全状态、人的不安全行为往往是事故发生的直接原因，安全管理缺陷是事故发生的间接原因，但它是深层次的原因。安全管理是生产经营活动正常运转的必要条件，同时又是控制事故、实现安全的极其重要的手段，每一起事故的发生，总可以从管理的漏洞中找到原因。

第三节　实现机械安全的途径与措施

机械设备在规定的整个使用期内，不得发生由于机械设备自身缺陷所引起的、目前已为人们认识的各类危及人身安全的事故和对健康造成损害的职业病，避免给操作者带来不必要的体力消耗、精神紧张和疲劳。

安全的机械设备必须满足下述条件：

（1）足够的抗破坏能力、良好的可靠性和对环境的适应性能。

（2）不得产生超过标准规定的有害物质。

（3）可靠有效的安全防护。

（4）履行安全人机学的要求。

（5）维修的安全性。

机械设备寿命各阶段的安全应包括设计、制造、安装、调试、使用、维修、拆卸及处理；还应考虑机械的各种状态，包括正常作业状态、非正常状态和其他一切可用的状态。决定机械产品安全性的关键首先是设计阶段采用安全措施；其次是通过使用阶段采用安全措施来最大限度地减小危险。

一、机械本质安全技术

机械本质安全技术是指在机械的功能设计中采用的、不需要额外的安全防护装置而直接把安全问题解决的措施，因此，也称为直接安全技术措施，是优先考虑的措施。

利用本质安全技术进行机器预定功能的设计和制造，不需要采用其他安全防护措施，就可以在预定条件下执行机器的预定功能时满足机器自身安全的要求。

1. 合理的结构形式

结构合理可以从设备本身消除危险和有害因素，避免由于设计的缺陷而导致发生任何可预见的与机械设备的结构设计不合理有关的危险事件。为此，机械的结构、零部件或软件的设计应该与机械执行的预定功能相匹配。

（1）在不影响预定使用功能的前提下，避免锐边、利角、粗糙和悬凸部分。

（2）不得让配合部件的不合理设计造成机械正常运行时的障碍、卡塞、松脱或连接失效。

（3）不得让软件的设计瑕疵引起数据丢失或死机。

（4）满足安全距离的原则，利用安全距离防止人体触及危险部位和进入危险区，是减小或消除机械事故的常用方法。在规定安全距离时，必须考虑使用机器时可能出现的各种状态、有关人体的测量数据、技术和应用等因素。

机械安全距离包括以下两类距离要求：

一是防止触及危险部位的最小安全距离。它是指作为机械组成部分的有形障碍物与危险区的最小距离，用来限制人体或人体的某部位的运动范围，限制其不可能触碰到机械的危险部位，从而避免危险。

二是避免受挤压或剪切的安全距离。当两移动件相向运动或移动件向着固定件运动时，人体或人体的某部位在其中可能受到挤压或剪切，这时可以通过增大运动件间的最小距离，使人的身体可以安全地进入或通过，也可以减小运动件间的最小距离，使人的身体部位伸不进去，从而避免危险。

2. 限制机械应力以保证足够的抗破坏能力

组成机械的所有零件，通过优化结构设计达到防止由于应力过大破坏或失效、过度变形，或失稳坍塌引起故障或引发事故。

1）专业符合性要求

机械设计与制造应满足专业标准或规范要求，包括选择机械的材料性能数据、设计规程、计算方法和试验规则等。

2）足够的抗破坏能力

各组成受力零部件应保证足够的安全系数，使机械应力不超过许用值，在额定最大载荷或工作循环次数下，应满足强度、刚度、抗疲劳性和构件稳定性要求。

3）可靠的连接紧固方法

诸如螺栓连接、焊接、铆接、销键连接或粘接等连接方式，设计时应特别注意提高结合部位的可靠性。可通过采用正确的计算、结构设计和紧固方法来限制应力，防止运转状态下连接松动、破坏而使紧固失效，保证结合部的连接强度及配合精度和密封要求。

4）防止超载应力

通过在传动链预先采用“薄弱环节”预防超载，如采用易熔塞、限压阀、断路器等限制超载应力，保障主要受力件避免破坏。

5）良好的平衡和稳定性

通过材料的均匀性和回转精度，防止在高速旋转时引起振动或回转件的应力加大；在正常作业条件下，机械的整体应具有抗倾覆或防风、抗滑的稳定性。

6）避免交变应力

避免在可变应力（主要是周期应力）下使零件产生疲劳。例如，钢丝绳滑轮组的钢丝绳在缠绕时，尽量避免其反向弯折导致的疲劳破坏。

3. 采用本质安全工艺过程和动力源

本质安全工艺过程和动力源是指这种工艺过程和动力源自身是安全的。

1）爆炸环境中的动力源安全

对在爆炸环境中使用的机械，应采用全气动或全液压控制操纵机构，或采用“本质安全”电气装置，避免一般电气装置容易出现火花而导致的爆炸危险。防爆电气设备的类型有本质安全型、隔爆型、增安型、充油型、充砂型、正压型、无火花型、特殊型等。

2）采用安全的电源

电气部分应符合有关电气安全标准的要求。例如，限制最大额定电压或失效情况下的最大电流、与具有较高电压的电路分开或隔离、采用保护电路或漏电保护装置、加强带电体的绝缘、手动控制或密闭容器采用特低安全电压等，预防电击、短路、过载和静电的危险。

3）防止与能量形式有关的潜在危险

采用气动、液压、热能等装置的机械，应避免与这些能量形式有关的各种潜在危险，按以下要求设计：

（1）借助限压装置防止管路或元件超压，不因压力损失、压力降低或真空度降低而导致危险。

（2）所有元件（尤其是管子和软管）及其连接密封和有效的防护，不因泄漏或元件失效而导致流体喷射。

（3）气体接吸器、储气罐或承压容器及元件，在动力源断开时应能自动卸压，提供隔离措施或局部卸压及压力指示措施，保持压力的元件提供识别排空的装置和注意事项的警告牌，以防剩余压力造成危险。

4. 控制系统的安全设计

机械在使用过程中，典型的危险工况有：意外启动、速度变化失控、运动不能停止、运动机械零件或工件掉下飞出、安全装置的功能受阻等。机械控制系统的设计应与所有电子设备的电磁兼容性相关标准一致，防止潜在的危险工况发生，例如，不合理的设计或控制系统逻辑的恶化、控制系统的元件由于缺陷而失效、动力源的突变或失效等原因导致意外启动或制动、速度或运动方向失控等。控制系统的安全设计应符合下列原则。

1）统一机构的启动、制动及变速方式

机械启动或加速运动采用施加或增大电压或流体压力，或采用二进制逻辑元件由 0 状态到 1 状态等方式去实现；制动或减速运动则采用相反的状态去实现。

2）提供多种操作模式

不仅考虑执行预定功能的正常操作需要的控制模式，还要考虑非正常作业（例如，必须移开、拆除防护装置，或抑制安全装置的功能才能进行的设定、示教、过程转换、查找故障、清理或维修等操作）需要提供的检修调整的操作模式。通过设置模式选择器来转换并锁定对应的单一操作控制模式，确保检修调整操作不出危险。

3）手动控制原则

无论是正常操作还是其他操作，当采用手动控制模式时，控制器应配置于危险区外、操作者伸手安全可达的位置，并应使操作者可以看见被控制部分，以便在发现险情时及时停机，设计和配置应符合安全人机工程学原则。

4）重新启动原则

动力中断后重新接通时，如果机械设备自动启动将会产生危险，则应采取措施使动力重新接通时机械不会自行启动，只有再次操作启动装置后，机械才能运行。这样可以防止在断电后又通电，或在停机后人员没有充分准备的情况下，由于机器的自发启动而产生危险。

5）定向失效模式

部件或系统的主要失效模式是预先已知的，而且只要失效总是这些部件或系统，那么可以事先针对其失效模式采取相应的预防措施。

6）关键件的加倍或冗余

控制系统的关键零部件，可以通过备份的方法减小机械故障率，即当一个零部件失效时，用备用件接替以实现预定功能。当与自动监控相结合时，自动监控应采用不同的设计工艺，以避免共因失效。对于设备关键部位的操纵器，一般应设电器和机械联锁装置。

7）可重新编程控制系统中的安全功能

在关键的安全控制系统中，应注意采取可靠措施防止储存程序被有意或无意改变。可能的话，应采用故障检验系统来检查由于改变程序而引起的差错。

8）自动监控

自动监控的功能是保证当部件或元件执行其功能的能力减弱或加工条件变化而产生危险时，以下安全措施开始起作用：停止危险过程，防止故障停机后自行再启动，触发报警器。

9）控制系统的可靠性

控制系统的可靠性是安全功能完备性的基础，在规定的使用期限内，控制系统的零部件应能承受在预定使用条件下各种应力和干扰作用（如静电、磁场和电场，绝缘失效，零部件功能的临时或永久失效等），不因失效使机械产生危险的误动作。

10）特定操作的控制

对于必须移开或拆除防护装置，或使安全装置的功能受到抑制才能进行的操作（如设定、示教、过程转换、查找故障、清理或维修等），为保证操作者的安全，必须使自动控制模式无效，采用操作者伸手可达的手动控制模式（如止–动、点动或双手操纵装置），或在加强安全条件下（低速、减小动力或其他适当措施）才允许危险零件运转并尽可能限制接近危险区。

5. 材料和物质的安全性

生产过程的各个环节所涉及的各类材料（包括制造机器的材料、燃料、加工材料、中间或最终产品、添加物、润滑剂、清洗剂，以及与工作介质或环境介质反应的生成物及废弃物等），只要在人员合理暴露的场所，其毒害物成分、浓度应低于安全卫生标准的规定，不得危及人员的安全或健康，不得对环境造成污染。此外，还必须满足下列要求：

（1）材料的力学性能和承载能力。如抗拉强度、抗剪强度、冲击韧性、屈服强度等，应能满足承受预定功能的载荷（诸如冲击、振动、交变载荷等）作用的要求。

（2）对环境的适应性。材料应具有良好的对环境的适应性，在预定的环境条件下工作时，应考虑温度、湿度、日晒、风化、腐蚀等环境影响，材料物质应有抗腐蚀、耐老化、抗磨损的能力，不至于因物理性、化学性、生物性的影响而失效。

（3）材料的均匀性。保证材料的均匀性，防止由于工艺设计不合理，使材料的金相组织不均匀而产生残余应力，或由于内部缺陷（如夹渣、气孔、异物、裂纹等）给安全埋下隐患。

（4）避免材料的毒性和火灾爆炸的危险。在设计和制造选材时，优先采用无毒和低毒的材料或物质；防止机械自身或在使用过程中产生的气、液、粉尘、蒸气或其他物质造成的火灾和爆炸风险；在液压装置和润滑系统中，要使用阻燃液体（特别是高温环境中的机械）和无毒介质（特别是食品加工机械）。

（5）对可燃、易爆的液体、气体材料，应设计使其在填充、使用、回收或排放时减小风险或无危险。对不可避免的毒害物（如粉尘、有毒物、辐射物、放射物、腐蚀物等），应在设计时考虑采取密闭、排放（或吸收）、隔离、净化等措施。

6. 机械的可靠性设计

机械各组成部分的可靠性都直接与安全有关，机械零件与构件的失效最终必将导致机械设备的故障。关键机件的失效会造成设备事故和人身伤亡事故，甚至大范围的灾难性后果。提高机械的可靠性可以降低危险故障率，减少查找故障和检修的次数，不因失效使机械产生危险的误动作，从而减小操作者面临危险的概率。

1）机械的可靠性概念

机械的可靠性是指机械系统或机械产品在规定的条件下和规定的时间内完成规定功能的能力。规定的条件包括产品所处的环境条件（温度、湿度、压力、振动、冲击、尘埃、日晒等）、使用条件（载荷大小和性质、操作者的技术水平等）、维修条件（维修方法、手段、设备和技术水平等）；规定的时间是广义的概念，既可以是时间，也可以用距离或循环次数等参数表示；规定的功能是指机械设备的性能指标，是该机械若干功能的总和。

机械的可靠性一般可分为结构可靠性和机构可靠性。结构可靠性主要考虑机械结构的强度以及由于载荷的影响使之疲劳、磨损、断裂等引起的失效；机构可靠性考虑的不是强度问题引起的失效，而是机构在动作过程中由于运动学问题而引起的故障。

2）机械可靠性指标

常用的机械产品可靠性指标包括产品的无故障性、耐久性、维修性、可用性和经济性等几个方面。通常用可靠度、故障率、平均寿命（或平均无故障工作时间）、维修度等指标。可靠性设计涉及两个方面：一个是机械设备要尽量少出故障；另一个是出了故障要容易修复，即设备的可靠性和维修性，这是在设计时赋予产品的。

3）可靠性设计方法

可靠性设计方法包括预防故障设计、结构安全设计、简单化和标准化设计、储备设计（冗余设计）、耐环境设计、人机工程设计、概率设计等方法。

7. 机械化和自动化技术

在生产过程中，用机械设备来补充、扩大、减轻或代替人的劳动，该过程称为机械化过程。自动化则更进了一步，即机械具有自动处理数据的功能。机械化和自动化技术可以使人的操作岗位远离危险或有害现场，从而减少工伤事故，防止职业病；同时也对操作人员提出了较全面的素质要求。

1）操作自动化

在比较危险的岗位或被迫以机械特定的节奏连续参与的生产过程，使用机器人或机械手代替人的操作，使得工作条件不断改善。

2）装卸搬运机械化

装卸机械化可通过工件的送进滑道、手动回转工作台等措施实现；搬运的自动化可通过采用工业机器人、机械手、自动送料装置等实现。这样可以限制由搬运操作产生的风险，减少重物坠落、磕碰、撞击等接触伤害。装卸应注意防止由于装置与机器零件或被加工物料之间阻挡产生的危险，以及检修故障时产生的危险。

二、履行安全人机工程学原则

工作系统是指为了完成工作任务，在所设定的条件下，由工作环境（人周围的物理的、化学的、生物的、社会的和文化的因素）、工作空间、工作过程中共同起作用的人和机械设备（工具、机器、运载工具、器件、设施、装置等）组合而成的系统。安全人机工程学是从工作系统设计的安全角度出发，运用系统工程的理论方法，研究人–机系统各要素之间的相互作用、影响以及它们之间的协调方式，通过设计使系统的总体性能达到安全、准确、高效、舒适的目的。

1. 违反安全人机工程学原则可能产生的危险

在人–机系统中，人是最活跃的因素，始终起着主导作用，但同时也是最难把握、最容易受到伤害的。据资料统计，生产中有 58%～70%的事故与忽视人的因素有关。人的特性参数包括人体特性参数（静态参数、动态参数、生理学参数和生物力学参数等）、人的心理因素（感觉、知觉和观察力、注意力、记忆和思维能力、操作能力等）及其他因素（性格、气质、需要与动机、情绪与情感、意志、合作精神等）。在机械设计时，应充分考虑人的因素，从而避免由于违反安全人机工程学原则导致的安全事故。忽略安全人机工程学原则的机械设计可能产生的危险是多方面的。

1）生理影响产生的危险

如不利于健康的操作姿势、用力过度或重复用力等体力消耗产生的疲劳所导致的危险。

2）心理–生理影响产生的危险

在对机器进行操作或维护时，由于精神负担过重、缺乏思想准备以及过度紧张，或节奏过缓造成的操作意识水平下降等原因而导致的危险。

3）人的各种差错产生的危险

受到不利环境因素的干扰、人–机界面设计不合理、多人配合操作协调不当，使人产生各种错觉引起误操作所造成的危险。

2. 人–机系统模型

在人–机系统中，显示装置将机器运行状态的信息传递给人的感觉器官，经过人的大脑对输入信息的综合分析、判断，做出决策，再通过人的运动器官反作用于机器的操作装置，实施对机器运行过程的控制，完成预定的工作目的。人与机器共处于同一环境之中。人–机系统模型如图 3–5 所示。

人–机系统的可靠性是由人的操作可靠性和机械设备的可靠性共同决定的。由于人的可靠性受人的生理和心理条件、操作水平、作业时间和环境条件等多种因素影响且变化随机，具有不稳定的特点，在机械设计时，更多地从“机宜人”理念出发，同时综合考虑技术和经济的效果，提高人–机系统的可靠性。

在机械设计中，应该履行安全人机工程学原则，通过合理分配人机功能、适应人体特性、优化人机界面、作业空间的布置和工作过程等方面的设计，提高机械的操作性能和可靠性。

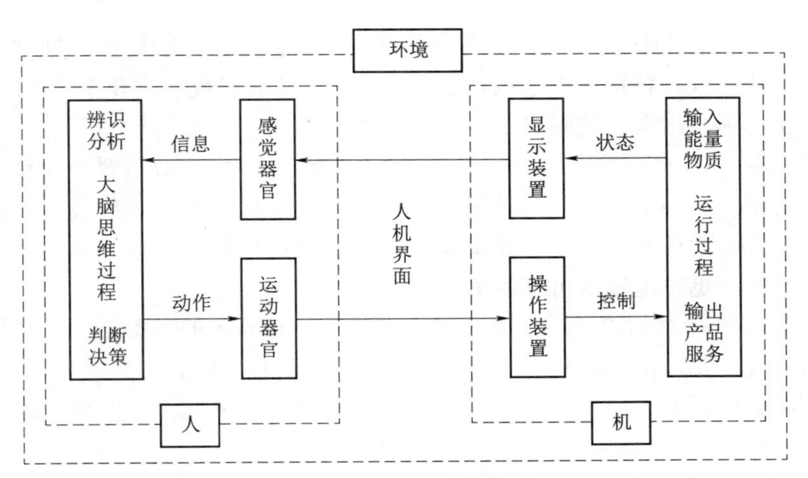

图 3–5　人–机系统模型

3. 合理分配人–机功能

人与机械的特性主要反映在对信息及能量的接受、传递、转换及控制上。在机械的整体设计阶段，通过分析比较人与机各自的特性，充分发挥各自的优势，合理分配人机功能。将笨重的、危险的、频率快的、精确度高的、时间持久的、单调重复的、操作运算复杂的、环境条件差的等机器优于人的工作，交由机器完成；把创造研究、推理决策、指令和程序的编排、检查、维修、处理故障以及应付不测等人优于机器的工作，留给人来承担。

在可能的条件下，用机械设备来补充、减轻或代替人的劳动。尽量通过实现机械化、自动化，减少操作者的干预或介入危险的机会，使人的操作岗位远离危险或有害现场，这同时也对人的知识和技能提出了较高的要求。

无论机械化、自动化程度多高，人的核心和主导地位是不变的。随着科学技术的发展，人机功能分配出现操作向机器转移，人从直接劳动者向监控或监视者转变的趋势，这将把人从危险作业环境中解脱出来，使生产过程更加安全化。

4. 友好的人机界面设计

人机界面是指在机器上设置的供人、机进行信息交流和相互作用的界面。从物理意义上讲，人机界面是人机相互作用所必需的技术方案的一部分，集中体现在为操作人员与设备之间提供直接交流的显示装置和操纵器。借助这些装置，操作人员可以安全有效地监控设备的运行。

1）显示装置的安全人机学要求

显示装置是显示机械运行状态的装置，是人们用以观察和监控系统运行过程的手段。显示装置的设计、性能和形式选择、数量和空间布局等，应符合信息特征和人的感觉器官的感知特性，保证迅速、通畅、准确地接受信息。

按人接收信息的途径不同，显示器可分为视觉装置（借助视亮度、对比度、颜色、形状、尺寸或排列传送信息）、听觉装置（通过发出声源的音调、频率和间歇变化传送信息）和触觉装置（借助表面粗糙度、轮廓或位置传送信息）。其中，由于视觉信号容易辨识、记录和储存，所以视觉装置得到了广泛的应用。听觉装置常用于报警。

显示装置应满足安全人机工程学的要求：

（1）信号和显示器的种类和设计应保证清晰易辨，指示器、刻度盘和视觉显示装置的设计应在人能感知的参数和特征范围之内；显示形式（常见的有数字式和指针式）、尺寸应便于查看；信息含义明确、耐久、清晰易辨。

（2）信号和显示器的种类和数量应符合信息的特性。种类和数量要少而精，不可过多过滥，淹没主要信息，提供的信息量应控制在不超过人能接受的生理负荷限度内；信号显示的变化速率和方向应与主信息源变化的速率和方向相一致；当显示器数量很多时，其空间配置应保证清晰、可辨，迅速地提供可靠的信息。

（3）当信号和显示器的数量较多时，应根据其功能和显示的种类不同，根据重要程度、使用频度和工艺流程要求，适应人的视觉习惯，按从左到右、从上到下或顺时针的优先顺序，布置在操作者视距和听力的最佳范围内；此外，还可依据工艺过程的机能、测定种类等划分为若干组排列。

（4）危险信号和报警装置。对安全性有重大影响的危险信号和报警装置，优先采用声、光组合信号，应考虑其强度、形状、大小、对比度、显著性和信噪比要明显区别并突出于其他信号，报警装置应与相关的操纵器构成一个整体或紧密相连，应配置在机械设备相应的易发生故障或危险性较大的部位。

（5）在以观察和监视为主的长时间工作中，应通过信号和显示器的设计和配置来避免超负荷和负荷不足的影响。

2）操纵（控制）器的安全人机工程学要求

操纵器是受到人的作用而动作的执行部件，用来对机械的运行状态进行控制。按人体执行操纵的器官不同，可分为手控、脚控和声控等多种类型。由于手比脚的动作更精细、快速、准确，所以，手控操纵器占有重要位置；脚控操纵器由于动作快速且需较大的力，一般只作为手控方式的补充。操纵器的选择、设计和配置应适合于控制任务，与人体操作部分的运动器官的运动特性相适应，与操作任务要求相适应。

操纵器应满足安全人机工程学的要求：

（1）操纵器的形状、尺寸和触感等表面特征的设计和配置应符合人体测量学指标，便于操作者的手或脚准确、快速地执行控制任务；手握操纵器与手接触部位应采用便于持握的形状，表面不得有尖角、毛刺、缺口、棱边等可能伤及手的缺陷。

（2）操纵器的行程和操作力应根据控制任务、人体生物力学及人体测量参数确定，操纵力不应过大而使劳动强度增加；行程不应超过人的最佳用力范围，避免操作幅度过大引起疲劳。

（3）在任何情况下，操纵器的布置应在操作者肢体活动范围可达区域内，重要和经常使用的操纵器应配置在易达区，使用频繁的应配置在最佳区，同时应符合操作的安全要求。

（4）当操纵器数量较多时，其布置与排列应以能够安全、准确、迅速地操作为原则进行配置。应布置为成组排列，功能相关的操纵器、显示装置应集中安放；在满足控制器功能的前提下，按重要度和使用频率、操作顺序和逻辑关系配置，同时兼顾人的操作习惯；当考虑操作顺序要求时，应按照由左向右或自上而下的顺序排列；控制动作、设备响应和信息显示应相互适应或形成对应的空间关系。

（5）各种操纵器的功能应易辨认，避免混淆，必要时应辅以符合标准、容易理解的形象符号或文字加以说明；当执行几种不同动作采用同一个操纵器时，每种动作状态应能清晰地显示；同一系统有多个操纵器时，为使操作者能够迅速准确地识别以防止误操作，应对操纵器进行识别编码。

（6）操纵器的控制功能与动作方向应与机械系统过程的变化运动方向一致，控制动作、设备的应答和显示信息应相互适应和协调；同样操作模式的同类型机械应采用标准布置，以减少操作差错，见表 3–1。

表 3–1　操纵器的控制功能与动作方向

功能 动作	开通	关闭	增加	减少	前进	后退	向左	向右	开车	刹车
向上	√		√		√		—	—	√	
向下		√		√		√	—	—		√
向前	√		√		√		—	—	√	
向后		√		√		√	—	—		√
向右	√		√		√			√	√	
向左		√		√		√	√			√
顺时针	√		√		—	—		√	√	
逆时针		√		√	—	—	√			√
提拉	√		—	—	—	—	—	—	—	—
按压		√	—	—	—	—	—	—	—	—

注：√——可实现的功能；
— ——不可实现的功能。

（7）多挡位的操纵器应有可靠的定位及自锁、联锁措施，防止操作越位、意外触碰移位或由于振动等原因自行移位；在同一平面上相邻且相互平行配置时，操纵器内侧间距应保证不产生相互干涉；在特殊条件下（如振动、冲击或颠簸环境）进行精细调节或连续调节时，应提供相应的依托支承以保证操作平稳准确；对关键控制器应有防止误动作的保护措施，使操作不会引起附加风险。

5. 工作空间的设计

工作空间是指为了完成工作任务，在工作系统中，分配给一个或多个人的空间范围。在工作空间设计时，应满足以下安全人机工程学要求：

（1）应合理布置机械设备上直接由人操作或使用的装置或器具，包括各种显示器、操纵器、照明器等。显示器的配置，应使操作者可无障碍观察；操纵器应设置在机体功能可及的范围内，并适合于人操作器官功能的解剖学特性；对实现系统目标有重要影响的显示器和操纵器，应将其布置在操作者视野和操作的最佳位置，防止或减少因误判断、误操作引起的意外伤害事故。

（2）工作空间（必要时提供工作室）的设计应考虑到工作过程对人身体的约束条件，为身体的活动（特别是头、手臂、手、腿和足的活动）提供合乎心理和生理要求的充分空间；

工作室结构应能防御外界的危险有害因素作用，其装潢材料必须是耐燃、阻燃的；有良好的视野，保证在无任何危险情况下使操作者在操作位置直接看到，或通过监控装置了解到控制目标的运行状态，并能确认没有人面临危险；存在安全风险的作业点，应留有在意外情况下可以避让的空间或设置逃离的安全通道。

（3）设计注重创造良好的与人的劳动姿势有关的工作空间。工作高度、工作面或工作台应适合于操作者的身体尺寸，并使操作者以安全、舒适的身体姿势进行作业，得到适当的支承；座位装置应可调节，适合于人的解剖、生理特点，其固定须能承受相应载荷不破坏，将振动降低到合理的最低程度，防止产生疲劳和发生事故。

（4）若操作者的工作位置在坠落基准面 2 m（含 2 m）以上，则必须考虑脚踏和站立的安全性，配置供站立的平台、梯子和防坠落的栏杆等；若操作人员经常变换工作位置，还须设置安全通道；由于工作条件所限，固定式防护不足以保证人员安全时，应同时配备防高处坠落的个人防护装备（如安全带、安全网等）；当机械设备的操作位置高度在 30 m 以上（含 30 m）时，必须配置安全可靠的载人升降设备。

6. 工作过程的设计

工作过程是指在工作系统中，人、机械设备、材料、能量和信息在时间和空间上相互作用的工序过程。工作过程设计、操作的内容和重复程度，以及操作者对整个工作过程的控制，应避免超越操作者生理或心理的功能范围，保持正确、稳定的操作姿势，保护作业人员的健康和安全。当工作系统的要求与操作者的能力之间不匹配时，可通过修改工作系统的作业程序，或要求其适合操作者的工作能力，或提供相应的设施以适应工作要求等多种途径，将不匹配现象减少到最低限度，从而提高作业过程的安全性。

1）负载限度

减少操作时来回走动的距离和身体扭转或摆动的幅度，使操作时动作的幅度、强度、速度、用力互相协调，避免用力过度、频率过快或超载使人产生疲劳，也要防止由于工作负载不足或动作单调重复而降低对危险的警惕性。

2）工作节奏

应遵循人体的自然节奏来设计操作模式或动作，避免将操作者的工作节奏强制与机器的自动连续节拍相联系，使操作者处于被动配合状态，防止由于工作节奏过分紧张产生疲劳而导致危险。

3）作业姿势

身体不应由于长时间的静态肌肉紧张而引起疲劳，机械设备上的操作位置，应能保证操作者可以变换姿势，交替采用坐姿和立姿。若两者必择其一，则优先选择坐姿，并配备带靠背的座椅以供坐姿操作；身体各动作间应保持良好的平衡，提供适宜的工作平台，防止失稳或立面不足跌落，尤其是在高处作业时要特别注意。

7. 工作环境的设计

工作环境是指在工作空间中，人周围物理的、化学的、生物学的诸因素的综合。当然，社会的和文化的因素也属于广义的环境范畴。工作环境设计应以客观测定和主观评价为依据，保证工作环境中的外在因素对人无害。

（1）工作场所总体布置、工作空间大小和通道应适当。

（2）应避免人员暴露于危险及有害物质（如温度、振动、噪声、粉尘、辐射、有毒等）

的影响中。根据现场人数、劳动强度、污染物质的产生、耗氧设备等情况调节通风。

（3）应按照当地的气候条件调节工作场所的热环境。在室外工作时，对不利的气候影响（如热、冷、风、雨、雪、冰等）应提供适当的遮掩物。

（4）应提供达到最佳视觉感受的照明（如亮度、对比度、颜色及其反差、光分布的均匀度等），优先采用自然光，辅之以局部照明，避免眩光、耀斑、频闪效应及不必要的反射引起的风险，提供事故状态下的应急照明设施。

（5）工作环境应避免有害或扰人的噪声和振动的影响，同时应兼顾语言信号的清晰度和人员对警示声信号的感觉。传递给人的振动和冲击不应当引起身体损伤和病理反应或感觉运动神经系统失调。

三、安全防护措施

安全防护是指采用特定的技术手段，防止人们遭受不能由设计适当避免或充分限制的各种危险的安全措施。安全防护措施的类别主要有防护装置、安全装置及其他安全措施，前两者统称为安全防护装置。

安全防护是从人的安全需要出发，在各个生产要素处于动态作用的情况下，针对可能对人员造成伤害的事故和职业危害，特别是一些危险性较大的机械设备以及事故频繁发生的部位，对机械危险和有害因素进行预防的安全技术措施。

对机械危险安全防护的重点是机械的传动部分、操作区、高处作业区、机械的其他运动部分、移动机械的移动区域，以及某些机械由于特殊危险形式而需要特殊防护等。采用何种防护手段，应根据对具体机械进行风险评价的结果来决定。

1. 采用安全防护装置可能存在的附加危险

安全防护装置达不到相应的安全技术要求，有可能带来附加危险，即使配备了安全防护装置也不过是形同虚设，甚至比不设置更危险；设置的安全防护装置必须使用方便，否则，操作者就可能为了追求达到机械的最大效用而避开甚至拆除安全防护装置。在设计时，应注意以下因素带来的附加危险并采取措施予以避免。

（1）安全防护装置出现故障，会立即增加损伤或危害健康的风险。

（2）安全防护装置在减轻操作者精神压力的同时，也容易使操作者形成心理依赖，放松对危险的警惕性。

（3）由动力驱动的安全防护装置，其运动零部件产生的接触性机械危险。

（4）安全防护装置的自身结构存在安全隐患，如尖角、锐边、凸出部分等危险。

（5）由于安全防护装置与机器运动部分安全距离不符合要求导致的危险。

2. 安全防护装置的一般要求

在人和危险之间构成安全保护屏障，是安全防护装置的基本安全功能。为此，安全防护装置必须满足与其保护功能相适应的安全技术要求。要求一般有以下几点：

（1）结构形式和布局设计合理，具有切实的保护功能，确保人体不受伤害。

（2）结构应坚固耐用，不易损坏；结构件无松脱、裂损、变形、腐蚀等危险隐患。

（3）不应成为新的危险源，不增加任何附加危险；可能与使用者接触的部分不应产生对人员的伤害或阻滞（如避免尖棱利角、加工毛刺、粗糙的边缘等），并应提供防滑措施。

（4）不应出现漏保护区，安装可靠，不易拆卸（或非专用工具不能拆除）；不易被旁路或避开。

（5）满足安全距离的要求，使人体各部位（特别是手或脚）无法逾越接触危险，同时防止挤压或剪切。

（6）对机械使用期间各种模式的操作产生的干扰最小，不因采用安全防护装置增加操作难度或强度，视线障碍最小。

（7）不应影响机器的使用功能，不得与机械的任何正常可动零部件产生运动抵触。

（8）便于检查和修理。

在设计安全防护装置时，必须保证装置的可靠性，其功能除了能防止机械危险外，还应能防止由机械产生的其他各种非机械危险；安全防护装置应与机械的工作环境相适应而不易损坏。

3. 防护装置

防护装置是指采用壳、罩、屏、门、盖、栅栏等结构作为物体障碍，将人与危险隔离的装置。

常见的防护装置有用金属铸造或金属板焊接的防护箱罩，一般用于齿轮传动或传输距离不大的传动装置的防护；金属骨架和金属网制成的防护网，常用于带传动装置的防护；栅栏式防护适用于防护范围比较大的场合，或作为移动机械移动范围内临时作业的现场防护，或用于坠落风险的高处临边作业的防护等。

1）防护装置的功能

（1）隔离作用。防止人体任何部位进入机械的危险区触及各种运动零部件，见表 3–2。

表 3–2　不同网眼开口尺寸的安全距离

mm

防护人体通过部位	网眼开口宽度（直径及边长或椭圆形孔轴尺寸）	安全距离
手指尖	＜6.5	≥35
手指	＜12.5	≥92
手掌（不含一掌指关节）	＜20	≥135
上肢	＜47	≥460
下肢	＜76（罩底部与所站面间隙）	150

（2）阻挡作用。防止飞出物打击、高压液体的意外喷射或防止人体灼烫、腐蚀伤害等。

（3）容纳作用。接受可能由机械抛出、掉落、发射的零件及其破坏后的碎片以及喷射的液体等。

（4）其他作用。在有特殊要求的场合，还应对电、高温、火、爆炸物、振动、放射物、粉尘、烟雾、噪声等具有特别阻挡、隔绝、密封、吸收或屏蔽等作用。

2）防护装置的类型

防护装置有单独使用的防护装置，只有当防护装置处于关闭状态时才能起防护作用；还有与联锁装置联合使用的防护装置，无论防护装置处于任何状态都能起到防护作用。按其使用方式可分为以下几种：

（1）固定式防护装置。保持在所需位置（如关闭）不动的防护装置，不用工具不可能将其打开或拆除，常见的形式有封闭式、固定间距式和固定距离式。其中，封闭式固定防护装置将危险区全部封闭，人员从任何地方都无法进入危险区；固定间距式和固定距离式防护装置不完全封闭危险区，凭借安全距离来防止或减少人员进入危险区的机会。

（2）活动式防护装置。通过机械方法（如铁链、滑道等）与机器的构架或邻近的固定元件相连接，并且不用工具就可打开，常见的有整个装置的位置可调或装置的某组成部分可调的活动防护门、抽拉式防护罩等装置。

（3）联锁防护装置。防护装置的开闭状态直接与防护的危险状态相联锁，只要防护装置不关闭，被其“抑制”的危险机器功能就不能执行，只有当防护装置关闭时，被其“抑制”的危险机器功能才有可能被执行；在危险机器功能执行过程中，只要防护装置被打开，就给出停机指令。

3）防护装置的安全技术要求

（1）固定防护装置应该用永久固定（如通过焊接等）方式，或借助紧固件（如螺钉、螺栓、螺母等）固定方式固定，若不用工具（或专用工具）就不能使其移动或打开。

（2）防护结构体不应出现漏保护区，并应满足安全距离的要求，使人不可能越过或绕过防护装置接触危险。

（3）活动防护装置或防护装置的活动体打开时，尽可能与被防护的机械借助铰链或导链保持连接，防止挪开的防护装置或活动体丢失或难以复原而使防护装置丧失安全功能。

（4）活动联锁式防护装置当出现丧失安全功能的故障时，被其“抑制”的危险机器功能不可能执行或停止执行，装置失效不得导致意外启动。

（5）防护装置应设置在进入危险区的唯一通道上。

（6）防护装置结构体应有足够的强度和刚度，能有效抵御飞出物的打击或外力的作用，避免产生不应有的变形。

（7）可调式防护装置的可调或活动部分的调整件，在特定操作期间应保持固定、自锁状态，不得因为机械振动而移位或脱落。

4. 安全装置

安全装置是通过自身的结构功能限制或防止机械的某种危险，或限制运动速度、压力等危险因素。常见的有联锁装置、双手操作式装置、自动停机装置、限位装置等。

1）安全装置的技术特征

（1）安全装置零部件的可靠性应作为其安全功能的基础，在规定的使用期限内，不会因零部件失效使安全装置丧失主要安全功能。

（2）安全装置应能在危险事件即将发生时停止危险过程。

（3）重新启动的功能，即当安全装置动作第一次停机后，只有重新启动，机械才能开始工作。

（4）光电式、感应式安全装置应具有自检功能，当安全装置出现故障时，应使危险的机械功能不能执行或停止执行，并触发报警器。

（5）安全装置必须与控制系统一起操作并与其形成一个整体，安全装置的性能水平应与之相适应。

（6）安全装置的设计应采用“定向失效模式”的部件或系统，考虑关键件的加倍冗余，必要时还应考虑采用自动监控。

2）安全装置的种类

按功能不同，安全装置可大致分为以下几类：

（1）联锁装置。联锁装置是防止机械零部件在特定条件下（一般只要防护装置不关闭）运转的装置。可以是机械的、电动的、液压的或气动的。

（2）使动装置。使动装置是一种附加手动操纵装置，当机械启动后，只有操纵该使动装置，才能使机械执行预定功能。

（3）止–动操作装置。止–动操作装置是一种手动操纵装置，只有当手对操纵器作用时，机械才能启动并保持运转；当手放开操纵器时，该操作装置能自动回复到停止位置。

（4）双手操纵装置。双手操纵装置是两个手动操纵器同时动作的操纵装置。只有两手同时对操纵器作用，才能启动并保持机械或机械的一部分运转。这种操纵装置可以强制操作者在机器运转期间，双手没有机会进入机器的危险区。

（5）自动停机装置。自动停机装置是当人或人体的某一部分超越安全限度时，使机械或其零部件停止运转（或保持其他的安全状态）的装置。自动停机装置可以是机械驱动的，如触发线、可伸缩探头、压敏装置等；也可以是非机械驱动的，如光电装置、电容装置、超声装置等。

（6）机械抑制装置。机械抑制装置是一种机械障碍（如楔、支柱、撑杆、止转棒等）装置。该装置靠其自身强度支承在机构中，用来防止某种危险运动发生。

（7）限制装置。限制装置是防止机械或机械要素超过设计限度（如空间限度、速度限度、压力限度等）的装置。

（8）有限运动控制装置。有限运动控制装置也称为行程限制装置，只允许机械零部件在有限的行程范围内动作，而不能进一步向危险的方向运动。

（9）排除阻挡装置。排除阻挡装置是通过机械方式，在机械的危险行程期间，将处于危险中的人体部分从危险区排除；或通过提供自由进入的障碍，减小进入危险区概率的装置。

安全装置种类很多，防护装置和安全装置经常通过联锁成为组合的安全防护装置，如联锁防护装置、带防护锁的联锁防护装置和可控防护装置等。

5. 安全防护装置的设置原则

（1）以操作人员所站立的平面为基准，凡高度在 2 m 以内的各种运动零部件应设置防护。

（2）以操作人员所站立的平面为基准，凡高度在 2 m 以上的物料传输装置、皮带传动装置，以及有施工机械施工处的下方，应设置防护。

（3）以操作人员所站立的平面为基准，凡在坠落高度的基准面 2 m 以上的作业位置，必须设置防护。

（4）为避免挤压和剪切伤害，直线运动部件之间或直线运动部件与静止部件之间的间距应符合安全距离的要求。

（5）运动部件有行程距离要求的，应设置可靠的限位装置，防止因超越行程运动而造成伤害。

（6）对于可能因超负荷发生部件损坏而造成伤害的机械，应设置负荷限制装置。

（7）对于惯性冲撞运动部件，必须采取可靠的缓冲装置，防止因惯性而造成伤害事故。

（8）对于运动中可能松脱的零部件，必须采取有效措施加以紧固，防止由于启动、制动、冲击、振动而引起松动。

6. 安全防护装置的选择原则

选择安全防护装置的形式应考虑所涉及的机械危险和其他非机械危险，根据机械零部件运动的性质和人员进入危险区的需要来决定。对特定机械的安全防护，应根据对该机械的风险评价结果进行选择。

（1）对于机械正常运行期间操作者不需要进入危险区的场合，优先考虑选用固定式防护装置，包括进料、取料装置，辅助工作台，适当高度的栅栏，通道防护装置等。

（2）对于机械正常运转时需要进入危险区的场合，当需要进入危险区的次数较多，经常开启固定防护装置会带来不便时，可考虑采用联锁装置、自动停机装置、可调防护装置、自动关闭防护装置、双手操纵装置和可控防护装置等。

（3）对于非运行状态的其他作业期间需进入危险区的场合，如机械的设定、示教、过程转换、查找故障、清理或维修等作业，需要移开或拆除防护装置，或人为使安全装置功能受到抑制，可采用手动控制模式、止–动操纵装置或双手操纵装置、点动–有限的运动操纵装置等。有些情况下，可能需要几个安全防护装置联合使用。

四、安全信息的使用

机械的安全信息由安全色、文字、标志、信号、符号或图表组成，以单独或联合使用的形式向使用者传递信息，用以指导使用者安全、合理、正确地使用机械，警告或提醒危险、危害健康的机械状态和应对机械危险事件。安全信息是机械的组成部分之一。

提供安全信息应贯穿机械使用的全过程，包括运输、试验运转（包括装配、安装和调整）、使用（如设定、示教或过程转换、运转、清理、查找故障和维修），如果有特殊需要，还应包括解除指令、拆卸和报废处理的信息。这些安全信息在各阶段可以分开使用，也可以联合使用。

1. 安全信息概述

1）安全信息的功能

（1）明确机械的预定用途。安全信息应具备保证安全和正确使用机械所需的各项说明。

（2）规定和说明机械的合理使用方法。安全信息中应说明安全使用机器的程序和操作模式，对不按要求而采用其他方式操作机械的潜在风险提出适当警告。

（3）通知和警告遗留风险。对于通过设计和采用安全防护技术均无效或不完全有效的那些遗留风险，通过提供信息通知和警告使用者，以便采用其他的补救安全措施。

应当注意的是，安全信息只起提醒和警告的作用，不能在实质意义上避免风险。因此，安全信息不可用于弥补设计的缺陷，不能代替应该由设计解决的安全技术措施。

2）安全信息的类别

（1）信号和警告装置等。

（2）标志、符号（象形图）、安全色、文字警告等。

（3）随机文件，如操作手册、说明书等。

3）安全信息的使用原则

（1）根据风险的大小和危险的性质，可依次采用安全色、安全标志、警告信号和警报器。

（2）根据需要设定信息的时间。提示操作要求的信息应采用简洁形式，长期固定在所需的机械部位附近；显示状态的信息应尽量与工序顺序一致，与机械运行同步出现；警告超载的信息应在负载接近额定值时提前发出警告信息；危险紧急状态的信息应即时发出，持续的时间应与危险存在的时间一致，持续到操作者干预为止或信号随危险状态解除而消失。

（3）根据机械结构和操作的复杂程度选择信息类型。对于简单机械，一般只需提供有关安全标志和使用操作说明书；对于结构复杂的机械，特别是有一定危险性的大型设备，除了配备各种安全标志和使用说明书（或操作手册）外，还应配备有关负载安全的图表、运行状态信号，必要时提供报警装置等。

（4）根据信息内容和对人视觉的作用采用不同的安全色。为了使人们对存在不安全因素的环境、设备引起注意和警惕，需要涂以醒目的安全色。需要强调的是，安全色的使用不能取代防范事故的其他安全措施。

（5）应满足安全人机工程学的原则。采用安全信息的方式和使用的方法应与操作人员或暴露在危险区的人员能力相符合。只要可能，应使用视觉信号；在可能有人感觉缺陷的场所，例如，盲区、色盲区、耳聋区或使用个人保护装备而导致出现盲区的地方，应配备感知有关安全信息的其他信号（如声音、触摸、振动等信号）。

2. 安全色

安全色是表达安全信息的颜色，表示禁止、警告、指令、提示等意义。统一使用安全色，能使人们在紧急情况下，借助所熟悉的安全色含义，识别危险部位，尽快采取措施，提高自控能力，防止发生事故。

1）安全色的颜色含义和适用范围

安全色采用红、黄、蓝、绿四种，见表 3–3。

表 3–3　安全色的颜色含义

颜色	颜色含义	
	人员安全	机械/过程状况
红	危险/禁止	紧急
黄	警告	异常
蓝	执行	强制性
绿	安全	正常

（1）红色。表示禁止和停止、消防和危险。凡是禁止、停止和有危险的器件、设备或环境，均应涂以红色标志；红色闪光是警告操作者情况紧急，应迅速采取行动。

（2）黄色。表示注意、警告。凡是警告人们注意的器件、设备或环境，均应涂以黄色标志。

（3）蓝色。表示需要执行的指令、必须遵守的规定或应采用的防范措施等。

（4）绿色。表示通行、安全和正常工作状态。凡是在可以通行或安全的情况下，均应涂以绿色标志。

2）安全色的对比色

安全色有时采用组合或对比色的方式，常用的安全色及其相关的对比色是红色–白色、黄色–黑色、蓝色–白色、绿色–白色。

例如，黄色与黑色相间隔的条纹，比单独使用黄色更为醒目，表示特别注意的意思，常用于起重吊钩、平板拖车排障器、低管道等场合。

3. 信号和警告装置

信号的功能是提醒注意，如机器启动、起重机开始运行等；显示运行状态或发生故障，如故障显示灯；危险状态的先兆或发生的可能性警告，而且要求人们做出排除或控制险情的反应。险情包括人身伤害或设备事故风险，例如，机器事故信号、超速报警、有毒物质泄漏报警等。

1）信号和警告装置的类别

（1）视觉信号。特点是占用空间小、视距远、简单明了、可采用亮度高于背景的稳定光和闪烁光。根据险情对人危害的紧急程度和可能后果，险情视觉信号分为警告视觉信号（显示需采取适当措施予以消除或控制险情发生的可能性和先兆的信号）和紧急视觉信号（显示涉及人身伤害风险的险情开始或确已发生并需采取措施的信号）两类。

（2）听觉信号。利用人的听觉反应快的特性，用声音传递信息。听觉信号的特点是可不受照明和物体障碍的限制，强迫人们注意。常见的有蜂鸣器、铃、报警器等，其声级应明显高于环境噪声的级别。当背景噪声超出 110 dB（A）时，不应再采用听觉信号。

（3）视听组合信号。其特点是光、声信号共同作用，用以强化危险和紧急状态的警告功能。

2）信号和警告装置的安全要求

在信号的察觉性、可分辨性和含义明确性方面，险情视觉信号必须优于其他一切视觉信号；紧急视觉信号必须优于所有的警告视觉信号。

（1）险情视觉信号应在危险事件出现前或危险事件出现时即时发出，在信号接收区内的任何人都应能察觉、辨认信号，并对信号做出反应。

（2）信号和警告的含义确切，一种信号只能有一种特定的含义。

（3）信号能被明确地察觉和识别，并与其他用途信号明显相区别。

（4）防止视觉或听觉信号过多引起混乱，或显示频繁导致“敏感度”降低而丧失应有的作用。

4. 安全标志

标志也称标识、标记，用于明确识别机械的特点和指导机械的安全使用，说明机械或其零部件的性能、规格和型号、技术参数，或表达安全的有关信息。可分为性能参数标志和安全标志两大类。

性能参数标志用于识别机械产品的类别和机械的某些特点。它包括机械标志（标牌），应有制造厂的名称与地址、所属系列或形式、系列编号或制造日期等；机械安全使用的参数或认证标志，如最高转速、加工工件或工具的最大尺寸、可移动部分的质量、防护装置的调整数据、检验频次、“CCC（China Compulsory Certification）”标志等；零件性能参数标志，机械上对于安全有重要影响的易损零件，如钢丝绳、砂轮等必须有性能参数标志等。

安全标志在机械上的用途很广，例如，用于安全标志牌，机器上的危险部位，紧急停止按钮，安全罩的内面，起重机的吊钩、滑轮架和支腿，防护栏杆，梯子或楼梯的第一和最后的阶梯，信号旗等。

1）安全标志的功能分类

安全标志分为禁止标志、警告标志、指令标志和提示标志四类。

（1）禁止标志。表示不准或制止人们的某种行动。

（2）警告标志。使人们注意可能发生的危险。

（3）指令标志。表示必须遵守，用来强制或限制人们的行为。

（4）提示标志。示意目标地点或方向。

2）安全标志的基本特征

安全标志由安全色、图形符号和几何图形构成，有时附以简短的文字警告说明，用以表达特定的安全信息。安全标志和辅助标志的组合形式、颜色和尺寸以及使用范围（见表 3–4），应符合安全标准规定。图 3–6 所示为部分常见安全标志。

表 3–4　安全标志基本特征

标志含义	标志形状	图案颜色	衬底颜色	边框颜色	备注
禁止	圆形	黑色	白色	红色	红色斜杠
警告	三角形	黑色	黄色	黑色	
指令	圆形	白色	蓝色		
提示	矩形或正方形	白色	绿色		

图 3–6　安全标志

3）安全标志应满足的要求

（1）含义明确无误。在预期使用条件下，安全标志要明显可见，易从复杂背景中识别；图形符号应由尽可能少的关键因素构成，简单、明晰、合乎逻辑；文字应释义明确无误，不使人费解或误会；使用图形符号应优先于文字警告，文字警告应采用机械设备使用国家的语言；标志必须符合公认的标准。

（2）内容具体，有针对性。符号或文字警告应表示危险类别，具体且有针对性，不能笼统写“危险”；可附有简单的文字警告或简要说明防止危险的措施，例如，指示佩戴个人防护用品，或具体说明“小心夹挤”“小心碰撞”等。

（3）标志的设置位置。机械设备易发生危险的部位，必须有安全标志。标志牌应设置在醒目且与安全有关的地方，并使人们看到后有足够的时间来注意它所表示的内容。不宜设在门、窗、架或可移动的物体上。

（4）标志检查与维修。标志在整个机械寿命内应保持连接牢固、字迹清楚、颜色鲜明、清晰、持久，抗环境因素（如液体、气体、气候、盐雾、温度、光等）引起的损坏，耐磨损且尺寸稳定。应半年至一年检查一次，发现变形、破损或图形符号脱落以及变色等影响效果的情况，应及时修整、更换或重涂，以保证标志正确、醒目。

5. 随机文件

随机文件主要是指操作手册、使用说明书或其他文字说明。

1）随机文件应包括的内容

机械设备必须有使用说明书等技术文件。说明书内容包括：安装、搬运、储存、使用、维修和安全卫生等有关规定，应该在各个环节对遗留风险提出通知和警告，并给出对策建议。

（1）关于机械设备的运输、搬运和储存的信息。机械设备的储存条件和搬运要求，尺寸、质量、重心位置，搬运操作说明（如起吊设备施力点及吊装方式）等。

（2）关于机械设备自身安装和交付运行的信息。关于机械设备自身安装和交付运行的信息装配和安装条件，使用和维修需要的空间，允许的环境条件（如温度、湿度、振动、电磁辐射等），机械设备与动力源的连接说明（特别是防止超负荷用电），机械设备及其附件清单，防护装置和安全装置的详细说明，电气装置的有关数据，机械设备的应用范围，包括禁用范围等。

（3）劳动安全卫生方面的信息。机械设备工作的负载图表（尤其是安全功能图解表），产生的噪声、振动的数据和由机械发出的射线、气体、蒸气及粉尘等数据，所用的消防装置形式，环境保护信息，证明机械设备符合有关强制性安全标准要求的正式证明文件等。

（4）有关机械设备使用操作的信息。手动操纵器的说明，对设定与调整的说明，停机的模式和方法（尤其是紧急停机），关于使用某些附件可能产生的特殊风险信息以及所需的特定安全防护装置的信息，有关禁用信息，对故障的识别与位置确定、修理和调整后再启动的说明，关于遗留风险的信息，关于可能发射或泄漏有害物质的警告，使用个人防护用品和所需提供培训的说明，紧急状态应急对策的建议等。

（5）维修信息。需要进行检查的性质和频次，是否要求有专门技术或特殊技能的维修人员或专家执行维修的说明，是否可由操作者进行维修的说明，提供便于执行维修任务（尤其是查找故障）的图样和图表，关于停止使用、拆卸和由于安全原因而报废的信息等。

2）对随机文件的要求

（1）随机文件的载体。可提供电子音像制品，同时提供纸质印刷品。文件要具有耐久性，可经受使用者频繁地拿取使用和翻看。

（2）使用语言。采用机械设备使用国家的官方语言；在少数民族地区使用的机械设备应使用民族语言书写，对多民族聚居的地区还应同时提供各民族语言的译文。

（3）多种信息形式。尽可能做到图文并茂（如插图和表格等），文字说明不应与相应的插图和表格分离；采用字体的形式和大小应保证最好的清晰度，安全警告应采用符合标准的相应颜色和符号加以强调，以便引起注意并能迅速识别。

（4）面向使用者，有针对性。提供的信息必须明确针对特定型号的机械设备，而不是泛指某一类机械；面对所有合理的机械设备使用者，采用标准的术语和量纲（单位）表达；对不常用的术语应给出明确的说明；若机械设备是由非专业人员使用，则应以容易理解并不发生误解的形式编写。

五、附加预防措施

附加预防措施是指在设计机械时，除了通过设计减小风险、采用安全防护措施和提供各种安全信息外，还应另外采取有关的安全措施。例如，急停措施，当陷入危险时人员的躲避和援救措施，机械的维修措施，断开动力源与能量泄放措施，机械及其重型零部件安全搬运措施，安全进入机器的措施等。这些附加预防措施是在设计机械时应当考虑的。

附加预防措施要根据机械的具体情况，考虑是否需要一种或几种附加预防措施的组合。

1. 急停装置着眼紧急状态的预防措施

每台机械都应装备有一个或多个急停装置，以使已有或即将发生的危险状态得以避开，但用急停装置无法减少其风险的机械除外。急停装置应满足以下安全要求：

（1）清楚可见，便于识别，明显区别于其他控制装置。一般采用红色的掌形或蘑菇头形状。

（2）设置在使操作者或其他人员在合理的作业位置可无危险地迅速接近并触及的位置，同时还要有防止意外操作的措施。

（3）急停装置的控制机构和被操纵机构应采用强制机械作用原则，以保证操作时能迅速停机。

（4）急停装置应能迅速停止危险运动或危险过程而不产生附加风险，急停功能不应削弱安全装置或与安全功能有关的装置的效能。急停装置被启动后应保持接合状态，在用手动重调之前应不可以恢复电路。

（5）急停装置的零部件及其装配应遵循可靠性原则，能承受预期的操作条件和耐环境影响。

（6）电动急停装置的设计应符合相应电气装置标准的规定。

2. 人们陷入危险时的躲避和援救保护措施

设计机械时应考虑一旦出现危险，操作者如何躲避；当伤害事故发生时，如何进行救援和解脱等。

在可能使操作者陷入各种危险的设施中，应有逃生路线和屏障。

紧急停机后，可用手动方式使某些零部件运动，或使某些零部件反向运动以解脱危险。

3. 保证机械的可维修性

维修是指为保持或恢复机械设备规定功能采取的技术措施，包括设备运行过程中的维护保养、设备状态监测与故障诊断以及故障检修、调整和最后的验收试验等，直至恢复正常运行的一系列工作。维修性是指对故障机械设备修复的难易程度，即在规定条件和规定时间内，完成某种产品维修任务的难易程度。维修的安全性是通过机械的可维修性和维修作业的安全设计来实现的。

机器的可维修性是指通过规定的程序或手段，对出现故障的机械实施维修，以保持或恢复其预定的功能状态。设备的故障会造成机械预定功能丧失，给工作带来损失，危险故障还会引发事故。通过零部件的标准化与互换性设计，采用故障识别诊断技术，使机械一旦出故障就能容易地发现，易拆换、易检修、易安装，解除危险故障，恢复安全功能，消除安全隐患。

维修作业的安全是指在按规定程序或手段实施维修时，从易检易修的角度出发考虑设计机械结构形状、零部件的合理布局和安装空间，以保证维修人员的安全。设计机械时，应考虑以下可维修性因素：

（1）将调整、维修点设计在危险区外，减少操作者进入危险区的频次。

（2）在设计上考虑维修的可达性，包括安装场所可达、设备外部可达和设备内部可达，提供足够的检修作业空间，便于维修人员观察和检修并以安全、稳定的姿态进行维修作业。

（3）在控制系统设置维修操作模式，在安全防护装置解锁或人为失效情况下，防止意外启动，保证维修安全。

（4）断开动力源和能量泄放措施，使机械与所有动力源断开，保证在断开点的“下游”不再有势能或动能，使机械达到“零能量状态”。

（5）随机提供专用检查、维修工具或装置，方便安全拆除和更换报废失效的零部件。

（6）在较笨重的零部件上设计方便起吊设备吊装搬运的附属装置，从而减少操作者手工搬运所面临的危险。

4. 安全进出机械的措施

机械设计应提供执行预定操作和日常调整、维修的人员安全进入机器的途径和作业场地。

（1）机械的设计尽可能使高处作业地面化，避免高处作业的危险。

（2）应设计有机内平台、阶梯或其他设施，为执行相应任务提供安全通道。

（3）对于一些大型设备，如重型机械、起重运输设备等，由于有不可避免的高处作业，应根据其距地面的高度提供适当的扶手、栏杆、踏板和（或）把手，高于 3 m 的直梯还应有安全护笼，当操作位置高于 30 m 时，还应提供升降设备。

（4）在工作条件下涉及的步行区应尽量用防滑材料铺设；在大型自动化设备和运输线中，应特别注意设计，如安全进出的通道、跨越桥等。

5. 发现和纠正故障的诊断系统

故障诊断是指根据机械设备运行状态变化的信息，进行预测和监视机械运行状态的技术。大多数机械事故是可以通过采取故障诊断等预先识别技术加以防范的。

为了避免或减少因不能及时发现和纠正潜在故障而引发的危险，在设计阶段应考虑有助于发现故障的诊断系统，以及时发现和纠正故障，改善机械的有效性和可维修性，减少维修工作人员面临的危险。

六、实现机械安全的综合措施和实施阶段

机械安全可以概括地分为机械的产品安全和机械的使用安全两个阶段。机械的产品安全阶段主要涉及设计、制造和安装三个环节。机械的使用安全阶段是指机械在执行其预定功能，以及围绕保证机械正常运行而进行的维修、保养等多个环节，这个阶段的机械安全主要是由使用机械的用户来负责。机械设备安全应考虑其“寿命”的各个阶段，任何环节的安全隐患

都可能导致使用阶段的安全事故发生。机械安全是由设计阶段的安全措施和由机械用户补充的安全措施来实现的。当设计阶段的措施不足以避免或充分限制各种危险和风险时，则由用户采取补充安全措施最大限度地减小遗留风险。不同阶段的安全措施如图 3–7 所示。

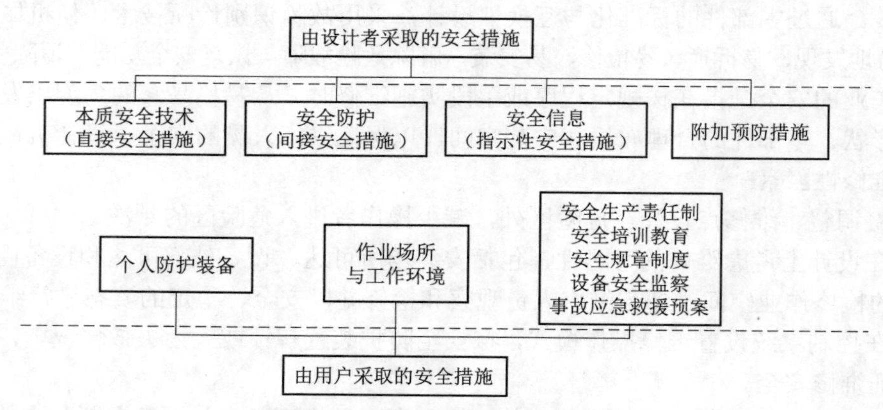

图 3–7　不同阶段的安全措施

1. 由设计者采取的安全措施

机械的产品安全通过设计、制造和安装三个环节实现，设计是机械安全的源头，制造是实现产品质量的关键，安装是制造的延续，三者的结合是机械产品安全的重要保证。机械设计安全遵循以下两个基本途径：选用适当的设计结构，尽可能避免危险或减小风险；通过减少对操作者涉入危险区的需要，限制人员面临危险。决定机械产品安全性的关键是设计阶段采取安全措施。选择安全技术措施应根据安全措施等级按下列顺序进行。

（1）直接安全技术措施。直接安全技术措施是选择最佳的设计方案，并严格按照专业标准制造、检验；合理地采用机械化、自动化和计算机技术，最大限度地消除危险或限制风险；履行安全人机学原则来实现机械本身具有本质安全性能。

（2）间接安全技术措施。当直接安全技术措施不能或不完全能实现安全时，则必须在机械设备总体设计阶段，设计出一种或多种专门用来保证人员不受伤害的安全防护装置，最大限度地预防、控制事故或危害的发生。要注意，当选用安全防护措施来避免某种风险时，警惕可能产生另一种风险；安全防护装置的设计、制造任务不应留给用户去承担。

（3）指示性（说明性）安全技术措施。在直接安全技术措施和间接安全技术措施对完全控制风险无效或不完全有效的情况下，通过使用文字、标志、信号、安全色、符号或图表等安全信息，向人们做出说明，提出警告，并将遗留风险通知用户。

（4）附加预防措施。着眼于紧急状态的预防措施和附加措施。如急停措施，陷入危险时的人员躲避和援救措施，机械的可维修性措施，断开动力源和能量泄放措施，机械及其重型零部件装卸、安全搬运的措施，安全进出机械的措施，机械及其零部件稳定性措施等。

在产品设计中采取的安全技术措施对策如图 3–8 所示。

2. 由用户采取的安全措施

如果设计者根据上述方法采取的安全措施不能完全满足基本安全要求，就必须由使用机械的用户采取安全技术和管理措施加以弥补。用户的责任是考虑采取最大限度减小遗留风险的安全技术措施。

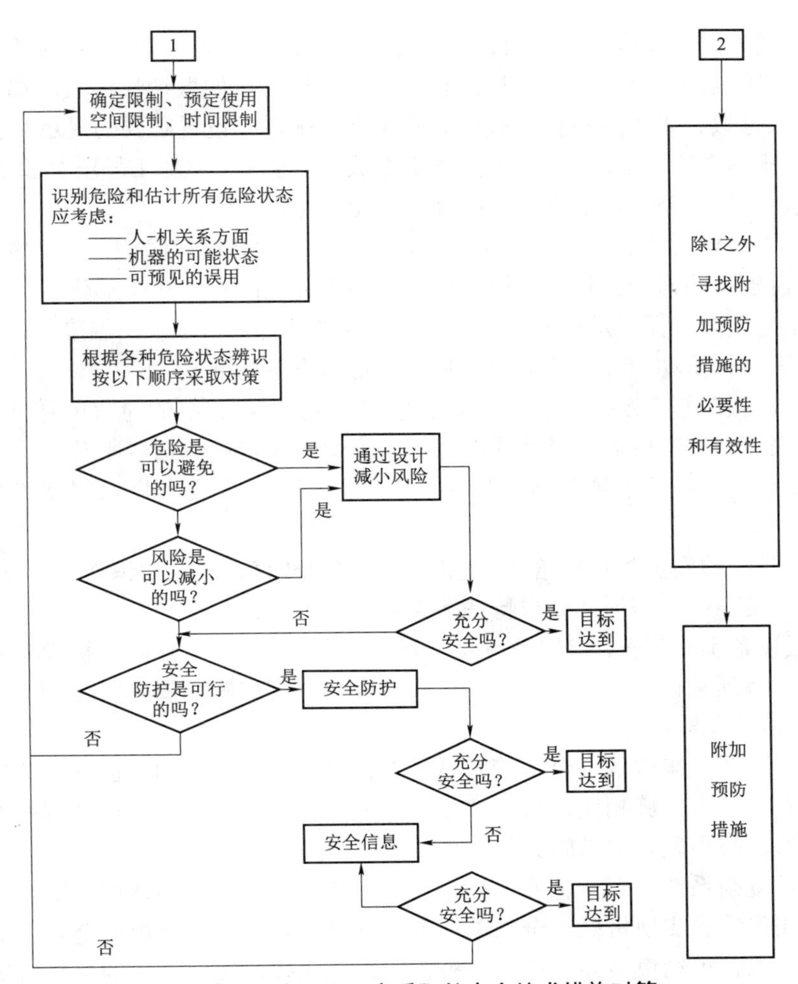

图 3–8　在产品设计中采取的安全技术措施对策

（1）个人防护用品。个人防护用品是劳动者在机械的使用过程中保护人身安全与健康所必备的一种防御性装备，在意外事故发生时对避免伤害或减轻伤害程度起一定作用。按防护部位不同，我国的个人劳动防护用品分为九大类：安全帽、呼吸护具、眼防护具、听力护具、防护鞋、防护手套、防护服、防坠落护具和护肤用品。使用时应注意，根据接触危险能量和有害物质的作业类别和可能出现的伤害，按规定正确选配；个人劳动防护用品的规格、质量和性能必须达到保护功能要求，并符合相应的技术指标。

必须明确指出，个人防护用品不是也不可取代安全防护装置，它不具有避免或减少面临危险的功能，只是当危险来临时起一定的防御作用。必要时，可与安全防护装置配合使用。由于质量问题或配置不当，按规定该提供的而没能提供，不该提供的反而提供并造成伤害事故的，将负相应的法律责任。

（2）作业场地与工作环境的安全性。作业场地是指利用机械进行作业活动的地点、周围区域及通道。

① 功能分区。生产场所功能分区应明确，划分为毛坯区，成品、半成品区，及废物垃圾区；通道宽敞无阻，充分考虑人和物的合理流向和物料输送的需要，并考虑紧急情况下便于撤离。

② 机械设备布局。机械设备之间、机械设备与固定建筑物之间应保持安全距离，避免机械装置之间危害因素的相互影响和干扰；有潜在危险设备，如振动噪声大、加热、爆炸敏感等设备，应采取分散、隔离或防护、减振、降噪等措施，并设置必要的提示和警告标志。

③ 物料、器具堆放。工、夹、量具按规定摆放，安全稳妥；加工场所存放的原料、成品、半成品应限量，并堆放整齐、稳固、不超高，防止坍塌或滑落。

④ 地面。生产场所地面应平坦、无凹坑，避免凸出的管线等障碍；坑、壕、池应有可靠的防护栏杆或盖板；凸出悬挂物及机械可移动范围内应设防护装置或加醒目标志。

⑤ 满足卫生要求。保证足够的作业照度，符合作业环境的通风、温度、湿度要求，严格控制尘、毒、噪声、振动、辐射等危害不超过规定的卫生标准。

（3）安全管理措施。当通过各种技术措施仍然不能解决存在的遗留风险时，就需要采用安全管理措施来控制生产中对人员造成的危害。安全管理措施包括以下几种。

① 落实安全生产组织和明确各级安全生产责任制，建立安全规章制度和健全安全操作规程。

② 加强对员工的安全教育和培训，包括安全法制教育、风险知识教育和安全技能教育，以及特种作业人员的岗位培训（要求持证上岗）。

③ 对机械设备实施监管，特别是对安全有重要影响的重大、危险机械设备和关键机械设备及其零部件，必须进行全程安全监测，对其检查和报废实施有效的监管。

④ 制定事故应急救援预案等。

必须指出，由用户采取的安全措施对减小遗留风险是很重要的，但是这些措施与机械产品设计阶段的安全技术措施相比，可靠性相对较低，因此，不能用来代替应在设计阶段采取的用来消除危险、减小风险的措施。

机械系统是复杂系统，每一种安全技术管理措施都有其特定的适用范围，并受一定的条件制约而具有局限性。实现机械安全靠单一措施难以奏效，需要从机械全寿命的各个阶段采取多种措施，考虑各种约束条件，综合分析、权衡、比较，选择可行的最佳对策，最终达到保障机械系统安全的目的。

思考题

1. 机械设备的危险与有害因素各有哪些？
2. 机械的组成规律和原理是什么？
3. 什么是机械本质安全技术？为保证机械设备的本质安全，在设计中应从哪些方面考虑安全？
4. 危险有害因素识别及机械事故原因分析的内容有哪些？
5. 安全防护装置的一般安全要求包括哪些内容？
6. 实现机械安全的途径与措施有哪些？
7. 分别从设计者和用户角度出发分析如何实现机械安全。

第四章
危险机械安全技术

学习指导

1. 了解重大危险机械的工作特征、危害及其安全防范措施。
2. 熟悉常用机械的主要危险部位、安全防护装置及安全技术措施。
3. 熟练掌握金属冷、热加工机械的安全技术要求。

机械制造是从事机械设备生产，把原材料变为成品的全过程。其主要包括产品设计、工艺设计、零件加工、检验、装配调试等过程，担负着向国民经济各部门提供技术装备的重大任务。国民经济各部门的生产技术水平和经济效益在很大程度上取决于机械制造业所能提供装备的技术性能、质量和可靠性。因此，机械制造的技术水平和规模是衡量一个国家工业化程度和国民经济综合实力的重要标志。

机械加工是机械制造中用加工机械对工件的外形尺寸或性能进行改变的过程。按被加工的工件处于的温度状态，分为冷加工和热加工。在常温下不引起工件化学或物相变化的加工称为冷加工。在高于或低于常温状态下引起工件化学或物相变化的加工称为热加工。冷加工按加工方式的差别可分为切削加工和压力加工等。热加工常见的有热处理、锻造、铸造和焊接等。

第一节　金属冷加工机械安全技术

金属冷加工主要包括车、铣、刨、磨、钻等切削加工和压力机、冲床、剪板机、弯板机等压力加工。切削加工的特点是使用的装夹工具和被切削的工件或刀具间有高速相对运动；压力加工的特点是利用外力使板料产生分离或塑性变形，通过压力施以间断的往复运动。如果设备防护不好，操作者不遵守操作规程，很容易造成人身伤害和财产损失。

切削加工分为钳工和机械加工（简称机工）两大部分。钳工一般是指通过工人手持工具对工件进行切削加工，其主要内容有划线、錾削、锯切、锉削、刮削、研磨、钻孔、扩孔、攻螺纹、套螺纹、机械装配和修理等；机械加工是指通过工人操纵机床进行切削加工，其主要加工方法有车削、钻削、镗削、磨削、铣削等。

一、金属切削加工机械安全技术

1. 金属切削机床及切削安全

1）金属切削机床简介

金属切削机床是利用切削工具将料坯或工件上的多余材料切除，以获得所需几何形状、尺寸精度和表面质量的机械零件的机器。金属切削机床在工业中起着工作母机的作用，它的应用范围非常广泛。并且，随着科学技术的不断发展，机床的功能越来越多，结构也变得越来越复杂，机床产生的危险也大大增加，因此机床的安全问题已成为社会普遍关注的重要问题。它不仅关系到人员的健康、财产的损失，而且还直接影响机床产品在市场的销售和竞争地位。

机床的运动可分为主运动和进给运动。主运动是切削金属最基本的运动，它促使刀具和工件之间产生相对运动，从而使刀具前面接近工件；进给运动使刀具与工件之间产生附加的相对运动。在主运动和进给运动的共同作用下，机床可不断地进行切削，并得到具有所需几何形状的加工表面。

机床的种类很多，分类方法也很多，通常按加工性质和所用刀具进行分类。目前国家标准《金属切削机床型号编制方法》（GB/T 15375—2008）将机床分为 11 大类，具体见表 4–1。

表 4–1 机床分类及代号

类别	车床	钻床	镗床	磨床			齿轮加工机床	螺纹加工机床	铣床	刨插床	拉床	锯床	其他机床
代号	C	Z	T	M	2M	3M	Y	S	X	B	L	G	Q
读音	车	钻	镗	磨	2 磨	3 磨	牙	丝	铣	刨	拉	割	其

机床型号由汉语拼音字母和阿拉伯数字按一定规律组合而成，适用于各类通用机床和专用机床（组合机床除外）。

2）金属切削加工中的主要危险因素

切削加工是利用刀具和工件做相对运动，从毛坯（铸件、锻件、型材等）上切除多余的金属层，以获得尺寸、形状和位置精度及表面质量符合图样要求的机械零件的加工过程。其加工过程中将产生大量切屑。由于切屑可能对操作者造成伤害，如崩片状切屑可能迸溅伤人，粉末状切屑可能随呼吸进入体内，卷带状切屑连续不断地缠在工件上，会造成伤人事故或损坏已加工的表面，因此要求采取断屑措施。

金属切削主要的危险源有：机器传动部件外露时，无可靠有效的防护装置；机床执行部件，如夹卡工具、夹具或卡具脱落、松动；砂轮的缺陷；各类限位与联锁装置或操作手柄不可靠；机床的电器部件设置得不规范或出现故障；机床操作过程中的违章作业；工、卡、刀具放置不当；机床本体的旋转部件有突出的销、楔、键；加工超长料时伸出机床尾端的危险件等。

（1）机床设备危险因素。

① 静止状态的危险因素包括切削刀具的刀刃和特别凸出的一些机械部分，如卧式铣床立柱后方凸出的悬梁等。

② 直线运动的危险因素包括纵向运动部分，如外圆磨床的往复工作台；横向运动部分，如升降台铣床的工作台；直线运动的刀具，如带锯床的带锯条。

③ 回转运动的危险因素包括单纯回转运动部分，如齿轮、轴、车削的工件；回转运动的凸起部分，如手轮的手柄；回转运动的刀具，如各种铣刀、圆锯片等。

④ 组合运动的危险因素包括直线运动与回转运动的组合，如皮带与皮带轮、齿条与齿轮；回转运动与回转运动的组合，如相互啮合的齿轮。

⑤ 飞出物引发的击伤危险。飞出的刀具、工件或切屑都有很大的动能，容易对人体造成伤害。

（2）不安全行为引发的危险。由于操作人员违反安全操作规程而发生的事故很多，如未戴防护帽而使长发卷入丝杆；未穿工作服而使领带或过宽松的衣袖卷入机械传动部分；戴手套作业而使旋转钻头或切屑与手一起卷入危险部位；在机床运转时，用手调整机床或测量工件、把手肘支撑在机床上、用手触摸机床的旋转部分而引发的事故。

（3）机床安全防护技术要求。《金属切削机床安全防护通用技术条件》（GB 15760—2004）规定了针对所有金属切削机床和机床附件存在的主要危险采取的基本安全防护技术要求和措施以及验证方法。

金属切削机床安全防护的基本要求如下：

① 防护罩、屏、栏等应完备、可靠。如产生磨屑、切屑和冷却液等飞溅物可能触及人体或造成设备与环境污染的部位，易伤人的机床运动部位，伸出通道的超长工件，机床周围的减振沟、电缆沟、地下油槽等部位均应安装罩、屏、栏等安全防护装置，并且保证防护装置能够有效、可靠地对危险部位进行防护。

② 防止夹具与卡具松动或脱落的装置应完好，夹具与卡具结构布局应合理，零部件连接部位应完好可靠，与卡具配套的夹具应紧密协调；易松动的连接部位应有防松脱装置（如安全销、对顶螺母、安全爪、锁紧块等），各锁紧手柄齐全有效。

③ 砂轮的安全防护装置应完备、可靠。砂轮高速旋转可能对操作者造成各种伤害，产生严重的后果，因此，所有切削加工使用的砂轮都必须安装可靠的防护装置。如内、外圆磨床、平面磨床都装有固定的砂轮防护罩，它将砂轮的周围遮住，以便砂轮破碎时将其碎片罩住，不致伤人。但砂轮罩需要留出适当的开口，以便砂轮进行磨削加工，在保证工作方便和砂轮拆装方便的前提下，开口越小越好。

④ 机床应根据操作情况设置保险装置。如超负荷保险装置（超载时自动松开或停车）、行程限位保险装置（运动部件到预定位置能自动停车或返回）、顺序动作联锁装置（在一个动作未完时，下一个动作不能进行）、意外事故联锁装置（在突然断电时，补偿机构能立即启用或进行机床停车）、紧急制动装置（避免在机床旋转时装卸工件或当发生突然事故时，能及时停止机床运转）、信号报警装置、光电等的保护装置等。

⑤ 操纵杆不得因振动或零件磨损而脱位，操纵手柄应挡位分明，与标示符号图文一致；快速手轮在自动快速进给时能及时脱开；卡爪灵活，卡盘或内方的扳手自由空隙较小而不打滑。

⑥ 机床本体的各种电气配电线路或配电柜，机床总开关及各电气部件、机构的电气线路

等应符合规范。

⑦ 机床的局部或移动照明必须采用 36 V 或 24 V 安全电压。不论何种电压的照明电源线，均不许只接一根相线后就利用床身载流导电。

⑧ 机床附近应备有专用的排屑器，清除切屑时应使用接屑钩、毛刷或专门的工具，严禁用手直接清除切屑。

⑨ 严格按操作规程进行操作。

2. 车床安全技术

1）车削运动和车床的用途

车床是金属切削加工中应用最广泛的一类机床，在一般机加工车间，车床占机床总数的50%左右。为了使车刀能够从毛坯上切下多余的金属，车削加工时，车床的主轴带动工件做旋转运动，称主运动；车床的刀架带动车刀做纵向、横向或斜向的直线移动，称进给运动。通过车刀和工件的相对运动，使毛坯被切削成一定的几何形状、尺寸和表面质量的零件，以达到图纸上所规定的要求。

车床的加工范围很广，主要加工各种回转表面，其中包括端面、外圆、内圆、锥面、螺纹、回转沟槽、回转成形面和滚花等。普通车床加工的尺寸精度一般为 IT10～IT8，表面粗糙度值 Ra=6.3～1.6 μm。

2）普通车床的型号

机床均用汉语拼音字母和数字按一定的规律组合进行编号，以表示机床的类型和主要规格。

车床型号 C6132 的含义为：C——车床类；6——普通车床组；1——普通车床型；32——最大加工直径为 320 mm。

老型号 C616 的含义为：C——车床类；6——普通车床组；16——主轴中心到床面距离的1/10，即中心高为 160 mm。

3）普通车床的组成

根据车床主轴回转中心线的状态不同，车床分为卧式车床与立式车床两大类，其中卧式车床应用最为广泛。C6132 型卧式车床的结构如图 4–1 所示。

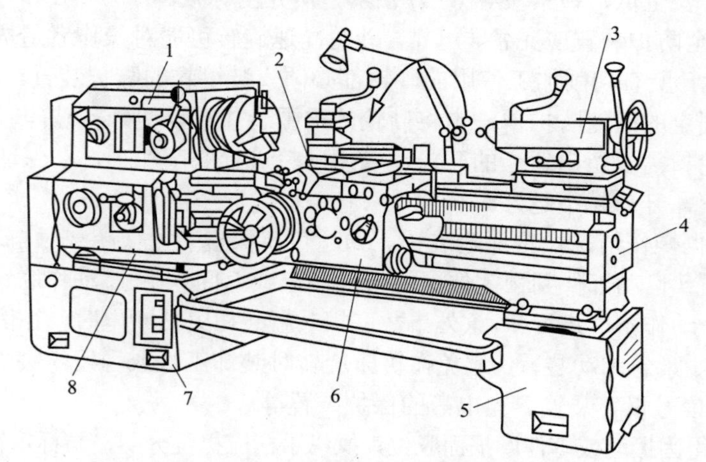

图 4–1　C6132 型卧式车床的结构

1—主轴；2—滑板；3—尾座；4—床身；5—右床腿；6—溜板箱；7—左床腿；8—进给箱

（1）床身。床身是车床的基础零件，用来支撑和连接各主要部件并保证各部件之间有严格、正确的相对位置。床身的上面有内、外两组平行的导轨。外侧的导轨用于大滑板的运动导向和定位，内侧的导轨用于尾座的移动导向和定位。床身的左、右两端分别支撑在左、右床腿上，床腿固定在地基上。

（2）主轴变速箱。主轴箱用于支撑主轴，并使之以不同转速旋转。主轴是空心结构，以便穿过长棒料。主轴右端有外螺纹，用以连接卡盘、拨盘等附件，内有锥孔，用于安装顶尖。变速箱安装在左床腿内腔中。车床主轴由电动机直接驱动齿轮变速机构，经带传动到主轴箱内，再经变速机构变速，使主轴获得不同的转速。大多数车床的主轴箱和变速箱是合为一体的，称为主轴变速箱。C6132 型车床的主轴箱和变速箱是分开的，称为分离驱动，可减小主轴振动，提高零件的加工精度。

（3）进给箱。进给箱固定在主轴箱下部的床身侧面，用于传递进给运动。改变进给箱外面的手柄位置，可使丝杠或光杆获得不同的转速。

（4）刀架。刀架用来装夹刀具，能够带动刀具做多个方向的进给运动。为此，刀架做成多层结构，从下往上分别是床鞍、中滑板、转盘、小滑板和方刀架，方刀架装在小滑板上，小滑板装在中滑板上。床鞍可带动车刀沿床身上的导轨纵向移动，用来车外圆、镗内孔等；中滑板可以带动车刀沿床鞍上的导轨做横向运动，用来加工端面、切断面、切槽等；小滑板可相对中滑板改变角度后带动刀具斜进给，用来车削内、外短锥面。

（5）尾座。尾座装在床身内侧导轨上，可以沿导轨移动到所需位置，其上可安装顶尖，支撑长工件的后端以加工长圆柱体，也可以安装孔加工刀具加工孔。尾座可横向做少量的调整， 用于加工小锥度的外锥面。

（6）溜板箱。溜板箱与床鞍（纵向滑板）连在一起，它将光杆或丝杠传来的旋转运动通过齿轮、齿条机构（或丝杠、螺母机构）带动刀架上的刀具做直线进给运动。

4）车削加工的不安全因素

车削加工最不安全的因素是切屑的飞溅、车床的附件以及工件造成的伤害。例如，工件、手用工具及夹具、量具放置不当（如卡盘扳手插在卡盘孔内），易造成扳手飞落、工件弹落等伤人事故；开始工作前，工件及装夹附件没有夹紧，则易造成工件飞出伤人事故；车床周围布局不合理、卫生条件不好、切屑堆放不当等，也易造成事故；车床保险装置失灵、缺乏定期检修维护等，也会造成由于机床事故而引发的伤害。此外，操作人员的不安全行为也经常导致危险，如未戴防护帽、未穿工作服而使长发、领带或过于宽松的衣服卷入机械转动部位，车床运转过程中测量工件、用纱布打磨工件毛刺或用手清除切屑等，都易造成伤害。

5）事故预防措施

为确保车削加工安全，应采取相应的安全技术措施，并对职工进行必要的安全教育培训，加强安全管理，严格执行安全奖惩制度。

（1）技术措施。

① 为防止崩碎切屑对操作者造成伤害，应在车床上安装活动式透明防护挡板，借助气流或乳化液对切屑进行冲洗；也可改变切屑的射出方向。

② 为防止车削加工时暴露在外的旋转部分钩住操作者衣服或将手卷入转动部分造成伤害事故，应使用防护罩式安全装置将危险部位罩住。

③ 机床局部照明不足或灯光刺眼，不利操作者观测，易产生误操作，为此应保证良好的

照明。管线布置零乱，妨碍在机器附近的安全出入，应合理布置管线，保证有足够的上部空间，避免磕绊。

④ 车床技术状态不好、缺乏定期检修、保险装置失灵等，将会造成因机床事故而引起的伤害事故，应按设备管理规章制度对设备进行维护保养。

（2）车床安全操作要求。

① 开机前，首先检查油路和转动部件是否灵活正常，开机时要按要求正确佩戴劳动防护用品，如穿紧身工作服、袖口扣紧，长发要戴防护帽，禁止戴手套，切削工件和磨刀时必须戴眼镜。

② 开机时要观察设备是否正常，车刀要夹牢固，吃刀深度不能超过设备本身的负荷，刀头伸出部分不要超出刀体高度的 1.5 倍。转动刀架时要把大刀退回到安全的位置，防止车刀碰撞卡盘；当落大工件时，床面上要垫木板。用吊车配合装卸工件时，夹盘未夹紧工件不允许卸下吊具，并且要把吊车的全部控制电源断开。工件夹紧后车床转动前，须将吊具卸下。

③ 使用砂布磨工件时，砂布要用硬木垫，车刀要移到安全位置，刀架面上不准放置工具和零件，划针盘要放牢。

④ 变换转速应在停止车床转动后方可转换，以免碰伤齿轮；开车时，车刀要慢慢接近工件，以免屑沫迸出伤人或损坏工件。

⑤ 工作时间不能随意离开工作岗位，禁止玩笑打闹，有事离开必须停机断电，工作时思想要集中。机器运转中不能测量工件，不能在运转的车床附近更换衣服。未能取得上岗证的人员不能单独操作车床。

⑥ 工作场地应保持整齐、清洁，工件存放要稳妥，不能堆放过高，铁屑应及时处理。电器发生故障应马上断开总电源，及时叫电工检修，不能擅自乱动。

3. 铣床安全技术

铣床是以做旋转运动的多刃刀对做直线运动的金属工件进行铣削加工的机床。通常铣削的主运动是铣刀的旋转运动。铣床可用来加工水平面、阶梯面、沟槽及各种成型面，其生产效率比刨床高。

铣床的主要类型有卧式铣床、立式铣床、龙门铣床等。下面以 X6132 万能卧式铣床为例进行介绍，如图 4–2 所示。

1）铣床的组成

卧式铣床是一种主轴水平布置的升降台铣床，其结构如图 4–2 所示。床身 1 用来固定和支撑铣床上所有的部件。主轴 4 用以安装铣刀并带动铣刀运动。横梁 5 上面装有吊架，用来支撑刀杆外伸的一端，以增加刀杆的刚度。纵向工作台 8 用来安装工件或夹具，并可沿转台上面的水平导轨纵向移动。转台 9 的作用是能将纵向工作台在水平面内扳转一定角度，以便铣削螺旋槽等。横向工作台 10 位于升降台 11 上面的水平导轨上，可带动纵向工作台横向移动。升降台 11 可沿床身的垂直导轨上下移动，以调整工作台面到铣刀的距离。

2）铣床加工的不安全因素

高速旋转的铣刀和铣削中产生的振动及飞屑是主要的不安全因素。铣床运转时，用手清除切屑、调整冷却液、测量工件等，均可能使手触到旋转的刀具；操作人员操作时没有戴护目镜，被飞溅切屑伤眼，或手套、衣服袖口被旋转的刀具卷进去；工件夹紧不牢，铣削中松动，用手去调整或紧固工件，工件在铣削中飞出；在快速自动进给时，手轮离合器没有打开，造成手轮飞转打人。

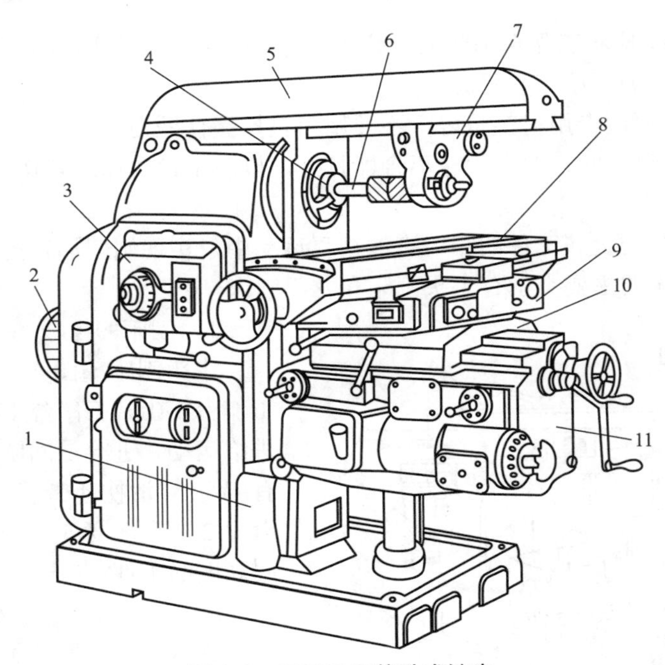

图 4–2　X6132 万能卧式铣床

1—床身；2—电动机；3—主轴变速机构；4—主轴；5—横梁；6—刀杆；7—吊梁；8—纵向工作台；9—转台；10—横向工作台；11—升降台

3）事故预防措施

为确保铣削加工安全，应采取相应的防护装置和防护措施，并对职工进行必要的安全教育培训，加强现场安全检查，严格执行安全奖惩制度。

（1）技术措施。

① 为防止铣刀伤手事故发生，可在旋转的铣刀上安装活动式防护罩。

② 铣削加工过程中会引起铣床的振动，并且产生噪声；当振动传到铣刀刀刃时，将会发生崩刃现象。多数铣床的主轴都装有飞轮以减小铣床的振动。对卧式铣床，可在铣床悬梁上采用防振减振装置。

③ 高速铣削时，在切屑飞出的方向必须安装合适的防护网或防护板，防止飞屑烫人事故。另外，操作者作业时要戴防护眼镜，铣削铸铁零件时要戴口罩。

（2）铣床安全操作要求。

① 进行正确的个体防护。如工人应穿紧身工作服，袖口扎紧；长发要戴防护帽；高速铣削时要戴防护镜；铣削铸铁件时应戴口罩；操作时，严禁戴手套，以防将手卷入旋转刀具和工件之间。

② 操作前应检查铣床各部件及安全装置是否安全可靠，检查设备各电器部分安全可靠程度是否良好。

③ 铣床运转时，不得调整、测量工件和改变润滑方式，以防手触及刀具碰伤手指。

④ 在铣刀旋转完全停止前，不能用手去制动。

⑤ 铣削中不要用手清除切屑，也不要用嘴吹，以防切屑损伤皮肤和眼睛。

⑥ 装卸工件时，应将工作台退到安全位置；使用扳手紧固工件时，用力方向应避开铣刀，以防扳手打滑时撞到刀具或工夹具。

⑦ 装拆铣刀时要用专用衬垫垫好，不要用手直接握住铣刀。

⑧ 在制动快速进给时，要把手轮离合器打开，以防手轮快速旋转伤人。

4. 刨床安全技术

刨床就是在刀具与金属工件的相对直线往复运动中，实现刨削加工的机床，用于加工各种平面和沟槽。刨床的主要类型有牛头刨床和龙门刨床。

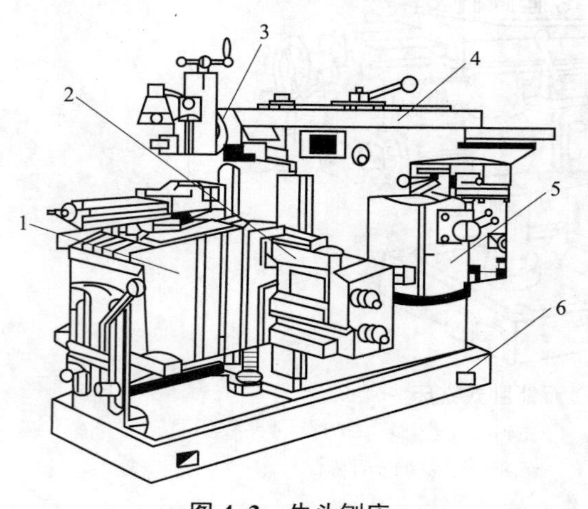

图 4–3 牛头刨床

1—工作台；2—滑座；3—刀架；4—滑枕；5—床身；6—底座

1）刨床的组成

牛头刨床如图 4–3 所示，工件安装在工作台 1 上，工作台 1 在滑座 2 上做横向进给运动，进给是间歇运动。底座 6 上装有床身 5，滑枕 4 带着刀架 3 做往复运动。滑座 2 可在床身 5 上升降，以适应加工不同高度的工件。

2）刨床加工的不安全因素

刨床加工主要的不安全因素有：直线往复运动部件发生飞车；工件未固定牢靠而移动，甚至滑出；飞出的切屑等。此外，刨床运转中，装拆工件、调整刀具、测量和检查工件，或操作时站在牛头刨床的正前方等，均容易被刀具、滑枕撞击。

3）事故预防措施

为保证刨削加工安全，应按刨床安全防护技术要求进行设计和制造，通过设计尽可能排除或减小所有潜在的危险因素；对不能排除的危险，应采取必要的防护措施或设置安全防护装置；对于某些不便防护的危险，应在使用说明书中说明；必要时还应在危险部位设置警告标志，并按规定正确使用。对职工进行必要的安全教育培训，加强现场安全检查，严格执行安全奖惩制度。

（1）技术措施。

① 为防止高速切削时刨床工作台飞出造成伤害，应设置限位开关、液压缓冲器或刀具切削缓冲器。

② 横梁、工作台位置要调整好，以防开车后，工件与滑轨或横梁相撞。

③ 工件、刀具和夹具装夹要牢靠，以防切削中产生工件“移动”甚至滑出，以及刀具损坏或折断，造成设备或人身事故。

④ 刨床运转中，不允许装卸工件、调整刀具、测量及检查工件，以防止被刀具、滑枕撞击。

⑤ 牛头刨床工作台或龙门刨床刀架座快速移动时，应将手柄取下或脱开离合器，以免手柄快速转动或飞出伤人。

⑥ 在龙门刨床上设置固定式或可调式防护栏杆，以防止工作台撞击操作者或将操作者压向墙壁或其他固定物。

⑦ 装卸大型工件时，应尽量使用起重设备；工件吊起后，不要站在工件下面，以防意外

事故的发生。

（2）刨床安全操作要求。

① 进行正确的个体防护。如工人应穿工作服、长发要戴防护帽。

② 开车前应检查和清理遗留在机床工作台面上的物品，机床上不得随意放置工具或其他物品；检查所有手柄和开关及控制旋钮是否处于正确位置；检查工件、刀具及夹具是否装夹牢固。

③ 刨床运转时，禁止装卸工作、调整刀具、测量检查工件和清除切屑，操作者不得离开工作岗位；操作人员应站在工作台的侧面观看刨削情况。

④ 工作时应注意工件卡具位置与刀架或刨刀的高度，防止发生碰撞；刀架螺丝要随时紧固，以防刀具突然脱落；工作中若发现工件松动，必须立即停车，紧固后再进行加工；禁止边用手推着加工，边进行紧固工作。

⑤ 牛头刨床工作台或龙门刨床刀架做快速移动时，应将手柄取下或脱开离合器。

⑥ 装卸大型工件时，应尽量用起重设备。工件起吊后，不得站在工件的下面，以免发生意外事故。工件卸下后，要将工件放在合适位置，且要放置平稳。

⑦ 工作结束后，应关闭机床电器系统和切断电源；然后再做清理工作，并润滑机床。

工作中如发现机床发生故障，应立即停车并及时报告领导，派机修工修理。

5. 磨床安全技术

磨削加工是借助磨具的切削作用，除去工件表面的多余层，使工件表面质量达到预定要求的加工方法。进行磨削加工的机床称为磨床。磨削加工应用范围很广，通常作为零件（特别是淬硬零件）的精加工工序，可以获得很高的加工精度和表面质量，它能完成外圆、内孔、平面以及齿轮、螺纹等成型表面的加工，也可用于粗加工、切割加工等。磨床可分为万能外圆磨床、普通外圆磨床、内圆磨床、平面磨床、工具磨床及专用磨床等。图 4–4 所示为 M1432A 型万能外圆磨床。

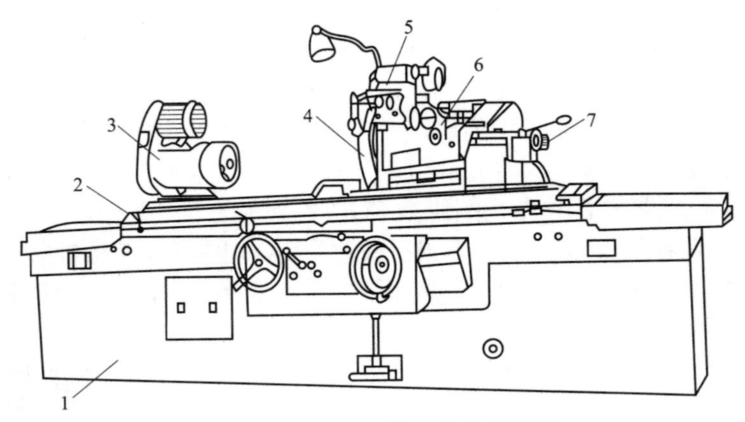

图 4–4　M1432A 型万能外圆磨床

1—床身；2—工作台；3—头架；4—砂轮；5—内圆磨头；6—砂轮架；7—尾架

1）磨床的组成及运动

床身 1 用来装夹各部件，上部装有工作台和砂轮架，内部装置液压传动系统。床身上的纵向导轨供工作台移动用，横向导轨供砂轮移动。工作台 2 靠液压驱动，沿床身的纵向导轨做直线运动，使工作台实现纵向进给。头架 3 上有主轴，主轴端部可以装夹顶尖、拨盘或卡盘，以便装夹工件，头架可在水平面内偏转一定的角度。尾架 7 的套筒内有顶尖，用来支撑工件的另一端。砂轮架 6 用来装夹砂轮，并有单独电动机，通过皮带传动带动砂轮高速旋转。砂轮的旋转运动是磨削加工的主运动。

2）磨削加工的特点

从安全角度看，磨削加工有以下特点：

（1）磨具的运动速度高。普通磨削可达 30～35 m/s，高速磨削可达 45～60 m/s，甚至更高，其速度还有日益提高的趋势。

（2）磨具的非均质结构。磨具是由磨料、结合剂和气孔三要素组成的复合结构，其结构强度大大低于由单一均匀材质组成的一般金属切削刀具。

（3）磨削的高热现象。磨具的高速运动、磨削加工的多刃性和微量切削，都会产生大量的磨削热，不仅可能烧伤工件表面，而且高温也会使磨具本身发生物理、化学变化，产生热应力，降低磨具的强度。

（4）磨具的自砺现象。在磨削力的作用下，磨钝的磨粒自身脆裂或脱落的现象，称为磨具的自砺性。磨削过程中的磨具自砺作用以及修整磨具的作业，都会产生大量的磨削粉尘。

3）磨削加工的不安全因素

由于磨具的特殊结构和磨削的特殊加工方式，磨削加工中存在的危险因素也会危及操作者的安全和身体健康。

（1）机械伤害。机械伤害是指磨削机械本身、磨具或被磨削工件与操作者接触、碰撞所造成的伤害。运动零部件未加防护或防护不当，旋转砂轮的破碎及磁力吸盘上工件的窜动、飞出是造成伤害的主要原因。

（2）噪声危害。磨削机械是高噪声机械，磨削噪声来自多因素的联合作用，除了磨削机械自身的传动系统噪声、干式磨削的排风系统噪声和湿式磨削的冷却系统噪声外，磨削加工切削比能大、速度高是产生磨削噪声的主要原因。尤其是粗磨、切割、抛光和薄板磨削作业，以及使用风动砂轮机，噪声更大，有时高达 115 dB 以上，损伤操作者的听力。

（3）粉尘危害。磨削加工是微量切削，切屑细小，尤其是磨具的自砺作用，以及对磨具进行修整，都会产生大量的粉尘。据测定，干式磨削产生的粉尘中，小于 5 μm 的颗粒平均占 90%。长期大量吸入磨削粉尘会导致肺组织纤维化，引起尘肺病。

（4）磨削液危害。湿式磨削采用磨削液，对改善磨削的散热条件，防止工件表面烧伤和裂纹，冲洗磨屑，减少摩擦，减少粉尘有很重要的作用。但是，长期接触磨削液可引起皮炎；油基磨削液的雾化会损伤人的呼吸器官；磨削液的种类选择不当，会浸蚀磨具、降低其强度、增加磨具破坏的危险；湿式磨削和电解磨削若管理不当，还会影响电气设备安全。

（5）发火性危险。研磨用的易燃稀释剂、油基磨削液及其雾化、磨削火花是引起火灾的不安全因素。

4）砂轮的安全使用事项

磨削加工最严重的事故是高速旋转的砂轮破裂，碎块飞甩出去造成伤害。在磨削加工中，作用在砂轮上的力有磨削力、砂轮卡盘对砂轮的夹紧力、磨削热使砂轮产生的热应力、砂轮高速旋转时的离心力等。诸因素中，对砂轮安全影响最大的作用力是离心力。

（1）砂轮受力分析。砂轮高速旋转时，受到的离心力 $p=mv^2/r$，与线速度平方成正比。通过对砂轮的应力分析，并经实验测定，砂轮的应力分布如图 4–5 所示。

由图可知：

① 切向正应力总是大于径向正应力。由离心力引起的砂轮破坏，切向正应力起主要作用。

② 在砂轮的任一半径处，砂轮的内孔壁处的应力最高。实践也证明，砂轮破坏的裂纹总是从内圆逐渐波及外圆，碎块呈不规则的扇形。

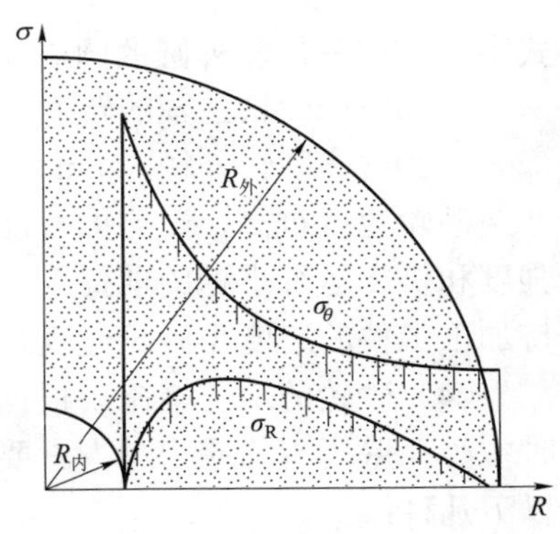

图 4–5　砂轮的应力分布

（2）砂轮的安全速度。防止砂轮因离心力作用受到破坏的关键是由离心力作用而产生的应力低于砂轮的机械强度。根据平均应力理论可得到砂轮的最高安全圆周线速度，即砂轮的安全速度：

$$[v]=\sqrt{\frac{3g[\sigma]}{\rho_s(1+k+k^2)}} \tag{4–1}$$

式中　$[\sigma]$——砂轮的许用单向抗拉强度，Pa；

$[v]$——砂轮的安全速度，m/s；

g——重力加速度，m/s^2；

ρ_s——砂轮的密度，kg/m^3；

k——砂轮外径与内径之比。普通砂轮的最高安全圆周线速度见表 4–2。

表 4–2　普通砂轮的最高安全圆周线速度　　m/s

磨具名称	最高安全圆周线速度		
	陶瓷结合剂	树脂结合剂	橡胶结合剂
平形砂轮	15	40	35
弧形砂轮	35	40	—
双斜边砂轮	35	40	—
单斜边砂轮	35	40	—
薄片砂轮	35	50	50
高速砂轮	—	50～60	50～60

砂轮的强度通常是以砂轮的安全速度（也称安全圆周线速度）作为标志。当砂轮超过安全速度旋转时，可能会因离心力作用使砂轮破碎。安全速度标记在砂轮上，手册中也可以查到。操作者在使用前，必须核准砂轮的实际圆周线速度，严禁超速使用。

（3）砂轮工作速度的控制。控制砂轮的最高线速度不超过许用值，是保证砂轮作业安全的关键。一般通过设定承载砂轮的主轴转速来限制砂轮的最高圆周线速度，二者的换算关系如下：

$$n\leqslant\frac{60\times1\,000[v]}{\pi D}$$

$$\frac{\pi Dn}{60\times1\,000}\leqslant[v] \tag{4–2}$$

即

式中 $[v]$——砂轮外圆的圆周速度，m/s；

n——砂轮主轴的转速，r/min；

D——砂轮外径，mm。

砂轮速度过高，一方面可能导致砂轮破坏，另一方面会引起机床振动，只有在保证砂轮强度和机床运行平稳的前提下，提高砂轮的工作速度才是合理的。实际工作中，主要通过保持加工工件的速度与砂轮速度之间的适当比例来实现。

（4）砂轮的增强措施。根据砂轮的受力分析，砂轮的破坏主要是切向应力的影响，旋转时中心孔壁周围的应力最大。要提高砂轮的速度，必须设法提高砂轮的强度。常见的办法有以下几种：

① 提高结合剂的粘结强度。例如，在陶瓷结合剂中加入一定量的硼、锂、钡、钙等元素，增强砂轮的抗拉强度。

② 采用合理的砂轮尺寸，尽量避免外径、内径尺寸相差过大。

③ 在砂轮内孔区采取补偿措施。常见的方法有：在砂轮内部加金属网或玻璃纤维网，增强砂轮内孔区的厚度，砂轮内孔区采用细粒度磨料，砂轮内孔区浸树脂，砂轮内孔区镶钢毂、金属环等。

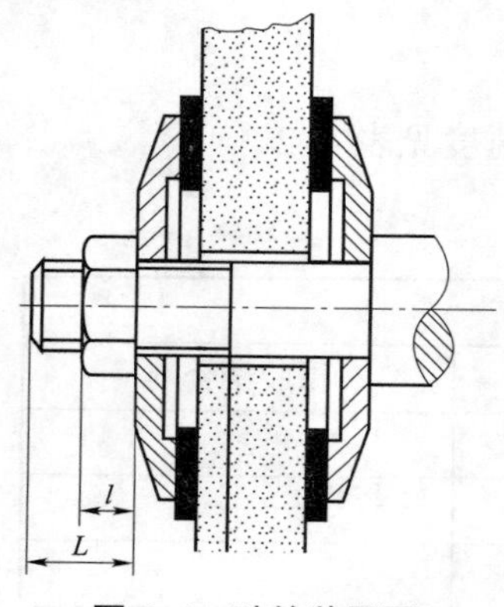

图 4-6 砂轮装置图

5）砂轮装置的安全技术

砂轮装置由砂轮、主轴、卡盘和防护罩共同组成。砂轮的两侧面用砂轮卡盘夹持，安装在与传动系统相连的砂轮主轴上（见图 4-6），外面用防护罩罩住。磨削机械安全防护的重点是砂轮，砂轮的安全不仅由自身的特性和速度决定，而且与砂轮装置的各组成部分的安全技术措施有直接关系。

（1）砂轮主轴。砂轮主轴用来支撑砂轮，并将传动系统的动力和速度传递给砂轮。在磨削作业时，砂轮主轴受弯、扭组合力作用。砂轮主轴及其支撑部分的结构直接影响工件的加工质量和磨削作业安全，是砂轮装置的关键结构。主轴的失效、破坏将直接导致砂轮的破坏甚至飞甩造成打击伤害。砂轮主轴必须满足以下安全技术要求：

① 强度要求。主轴材料具有较好的机械性能，抗拉强度不得低于 650 MPa，延伸率不得低于 10%；承载部位的截面尺寸足够大，保证主轴的抗扭截面模量和抗弯截面模量，砂轮直径越大、厚度越厚，与之配合的砂轮主轴直径也越大。

② 刚度要求。内圆磨砂轮需要借助接长轴安装在砂轮主轴上，接长轴越细、越长，其静态挠度和动态挠度越大，会因旋转不平衡而产生振动，不仅直接影响磨削质量，而且关系到作业安全。因此，应尽量选用刚度大的短、粗接长轴。

③ 防松脱的紧固要求。紧固砂轮或砂轮卡盘的砂轮主轴端部螺纹的旋向必须与砂轮工作时旋转方向相反。砂轮机械上应标明砂轮的旋转方向，标记要明显且可长期保存。砂轮主轴的端部螺纹应足够长，切实保证整个螺母旋入压紧（$L>l$）；砂轮主轴螺纹部分必须延伸到压紧螺母的压紧面内，但不得超过设计允许使用的最小厚度砂轮内孔长度的 1/2，即 $h>H/2$。

④ 砂轮与主轴的配合要求。砂轮内孔与砂轮主轴的配合不得采用过盈配合，应留有适当

间隙。间隙过小，磨削时产生的高切削热使轴发热膨胀，将砂轮挤裂；间隙过大，高速旋转的砂轮可能因装配偏心而失去平衡，导致砂轮晃动、主轴振动，增大危险性。

（2）砂轮卡盘。砂轮卡盘用于紧固砂轮，传递驱动力。当砂轮意外破裂时，可阻挡砂轮大碎块飞出，具有一定的保护功能。砂轮卡盘有带槽式、套筒式、衬套式和锥形砂轮卡盘等多种形式。

无论是何种形式的砂轮卡盘，都是成对使用，对称装配在砂轮两侧，以较大直径的侧面紧贴在砂轮端面，以较小直径的侧面与压紧螺母或砂轮主轴的轴肩接触，卡盘内孔径与砂轮主轴配合。砂轮卡盘必须满足以下安全技术要求：

① 砂轮卡盘的材料一般采用抗拉强度不低于 415 MPa 的材料，保证卡盘的刚度和强度。

② 一般用途的砂轮卡盘直径不得小于所安装砂轮直径的 1/3，切断用砂轮的卡盘直径不得小于所安装砂轮直径的 1/4。

③ 卡盘结构应均匀平衡，各表面应保证平滑无锐棱；夹紧装配后，与砂轮两侧面接触的环形压紧面应对称、平整、不得翘曲。

④ 卡盘与砂轮侧面的非接触部分应有不小于 1.5 mm 的间隙。

（6）砂轮防护罩。其作用是在不影响加工作业的情况下，将人员与运动着的砂轮隔离；当砂轮破坏时，有效地罩住砂轮碎片，保障人员安全（见图 4–7）。在正常磨削时，防护罩还可在一定程度上限制磨屑、粉尘的扩散范围，防止火花或磨削液四处飞溅。

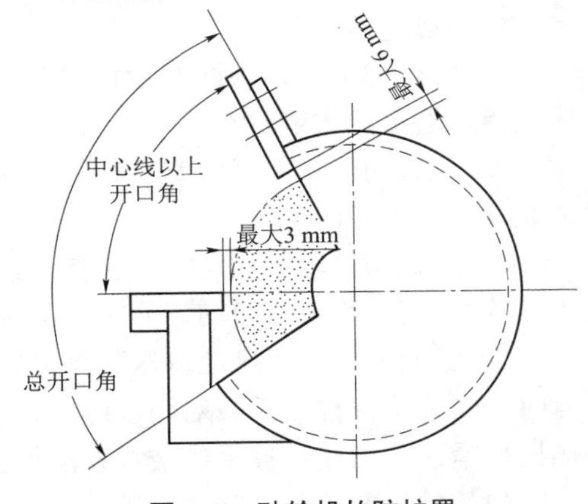

图 4–7 砂轮机的防护罩

砂轮防护罩一般由圆周构件和两侧面构件组成，将包括砂轮、砂轮卡盘、砂轮主轴端部在内的整个砂轮装置罩住。防护罩有一定形状的开口，开口位置和开口角度的设置，在充分考虑操作人员安全的前提下，满足不同磨削加工的需要。砂轮防护罩应满足以下安全技术要求：

① 材料和壁厚。砂轮防护罩必须有抗砂轮碎片冲击的足够强度，所用材料为抗拉强度不低于 415 MPa 的钢板，罩体壁厚尺寸一般应保证圆周构件厚度不小于侧面构件厚度，防护罩应牢固地固定，其连接强度不得低于防护罩的强度。

② 高速砂轮防护罩内壁应装吸能缓冲材料层（如聚氨酯塑料、橡胶等），以减轻砂轮碎片对罩壳的冲击。

③ 防护罩的开口度。防护罩的开口度分为总开口度和中心水平线以上部分开口度两个要求。台式和落地式砂轮机用砂轮防护罩最大总开口角度不得超过 90°，砂轮主轴中心线水平面以上部分不得超过 65°。

④ 防护罩与砂轮的安全间隙。砂轮防护罩任何部位不得与砂轮装置各运动部件接触；沿圆周方向防护罩内壁与砂轮外圆周表面，以及防护罩开口边缘与砂轮卡盘外侧面间隙应小于 15 mm。

手工磨削砂轮机的防护板和工件托架板与砂轮的间隙应可调。防护板与砂轮圆周表面之间的间隙应小于 6 mm。托架台面与砂轮主轴中心线等高，托架与砂轮圆周表面之间的间隙应小于 3 mm。

6）磨削机械使用与安全管理

磨削机械使用与安全管理主要围绕保证砂轮安全进行。从砂轮运输、存储，使用前的检查，砂轮的安装、修整，到磨削机械的操作，任何一个环节的疏忽，都会埋下安全隐患。

（1）砂轮的检查。砂轮在安装使用前，必须经过严格的检查。有裂纹或损伤等缺陷的砂轮绝对不准安装使用。

① 砂轮标记检查。通过标记核对砂轮的特性和安全速度是否符合使用要求、砂轮与主轴尺寸是否相匹配。没有标记或标记不清，无法核对、确认砂轮特性的砂轮，不论是否有缺陷，都不可使用。

② 砂轮缺陷检查。通常采用目测和音响检查。前者直接用肉眼或借助其他器具查看砂轮表面是否有裂纹或破损等缺陷；后者也称敲击试验，用小木槌敲击砂轮，检查砂轮的内部缺陷，正常的砂轮声音清脆，有缺陷的砂轮声音沉闷、嘶哑。

③ 砂轮的回转强度检验。对一批同种型号的砂轮进行回转强度抽检，未经回转强度检验的砂轮严禁安装使用。

（2）砂轮的安装。

① 将砂轮自由地装配到砂轮主轴上，不可用力挤压。砂轮内径与主轴和卡盘的配合间隙应适当，避免过大或过小。

② 应采用压紧面径向宽度相等、左右对称的卡盘，安装压紧接触面平直，与砂轮侧面接触充分，装夹稳固。

③ 卡盘与砂轮端面之间应夹垫一定厚度的柔性材料衬垫（如石棉橡胶板、弹性厚纸板或皮革等），使卡盘夹紧力均匀分布且不对砂轮造成损伤。

④ 紧固的松紧程度应以压紧到足以带动砂轮不产生滑动为宜。当需用多个螺栓紧固大卡盘时，应采用标准扳手按对角线顺序逐步均匀旋紧。禁止沿圆周方向顺序紧固或一次将某一螺栓拧紧，禁用接长扳手或敲打办法加大拧紧力。

（3）砂轮的平衡试验。新砂轮、经第一次修整的砂轮以及发现运转不平衡的砂轮，都应进行平衡试验。砂轮的平衡方法有动平衡和静平衡两种。

① 动平衡。借助安装在机床上的传感器，直接显示出旋转时砂轮装置的不平衡量，通过调整平衡块的位置和距离，将不平衡量控制到最小。

② 静平衡。在平衡架上进行，用手工办法找出砂轮重心，加装平衡块，调整平衡块位置，直到砂轮平衡，一般可在八个方位使砂轮保持平衡。

平衡后的砂轮须在装好防护罩后进行空转试验。空转试验时间为：当砂轮直径大于 400 mm 时，空转时间大于 5 min；当砂轮直径小于 400 mm 时，空转时间大于 2 min。

（4）砂轮的修整。常使用的修整工具是金刚石笔。正确的操作方法是：金刚石笔处于砂轮中心水平线下 1～2 mm 处，顺砂轮旋转方向，与水平面的倾斜角为 5°～10°。修整要用力均匀、速度平稳，一次修整量不要过大。修整后的砂轮必须重新进行回转试验，方可使用。

（5）砂轮的储运。

① 砂轮在搬运、储存中，不可受强烈振动和冲击，搬运时不准许滚动砂轮，以免造成裂

纹或表面损伤。

② 印有砂轮特性和安全速度的标记不得随意涂抹或损毁，以免影响使用。

③ 砂轮存放时间不应超过砂轮的有效期，树脂和橡胶结合剂的砂轮自出厂之日起，若存储时间超过一年，须经回转试验合格后才可以使用。

④ 砂轮存放场地应保持干燥、温度适宜，避免与化学品混放，防止砂轮受潮、低温、过热以及受有害化学品侵蚀而使强度降低。

⑤ 砂轮应根据规格、形状和尺寸的不同分类放置，防止叠压破坏和由于存储不当导致的砂轮变形。

（6）磨削作业的安全操作要求。

① 除内圆磨削用砂轮、手提砂轮机上直径不大于 50 mm 的砂轮，以及金属壳体的金刚石和立方氮化硼砂轮外，一切砂轮必须装设防护罩方可使用。

② 在任何情况下都不允许超过砂轮允许的最高工作速度，安装砂轮前必须核对砂轮主轴的转速，在更换新砂轮时应进行必要的验算。

③ 根据砂轮结合剂的种类正确选择磨削液。树脂结合剂不能使用含碱性物大于 1.5%的磨削液，橡胶结合剂不能使用油基磨削液；湿式磨削需设防溅挡板。

④ 用圆周表面作为工作面的砂轮不宜使用侧面进行磨削，以免砂轮破碎。

⑤ 无论是正常磨削作业、空转试验还是修整砂轮，操作者都应站在侧方安全位置，不得站在砂轮正前面或切线方向，以防意外。禁止多人共用一台砂轮机同时操作。

⑥ 发生砂轮破碎事故后，必须检查砂轮防护罩是否有损伤，砂轮卡盘有无变形或不平衡，砂轮主轴端部螺纹和压紧螺母是否破损，均合格后方可使用。

⑦ 磨削机械的除尘装置应定期检查和维修，以保持其除尘能力。磨削镁合金容易引起火灾，必须保持有效的通风，及时清除通风装置管道里的粉尘，采取严格的防护措施。

⑧ 加强磨削加工的个人安全卫生防护。在干式磨削操作中，可采用眼镜或护目镜、固定防护屏有效地保护眼睛；金属研磨工要特别注意防止铅化物等重金属污染，配备保护服、完善的卫生洗涤设备并采取必要的医疗措施。

6. 钻床安全技术

1）钻削运动和钻床的用途

钻床是指主要用钻头在工件上加工孔的机床。通常钻头旋转为主运动；钻头轴向移动为进给运动。钻床结构简单，加工精度相对较低，可钻通孔、盲孔，更换特殊刀具，可扩、锪孔，铰孔或进行攻丝等加工。

2）常用钻床的种类和型号

钻床的主要类型有台式钻床、立式钻床、摇臂钻床、铣钻床、深孔钻床、平端面中心孔钻床、卧式钻床几种。常用钻床的型号有如下三种：

（1）台式钻床 Z4012：Z——钻床类；4——台式组；0——系代号；12——主参数，最大钻孔直径 12 mm。

（2）立式钻床 Z5125：Z——钻床类；5——立柱式组；1——方柱系；25——主参数，最大钻孔直径 25 mm。

（3）摇臂钻床 Z3040：Z——钻床类；3——摇臂式组；0——系代号；40——主参数，最大钻孔直径 40 mm。

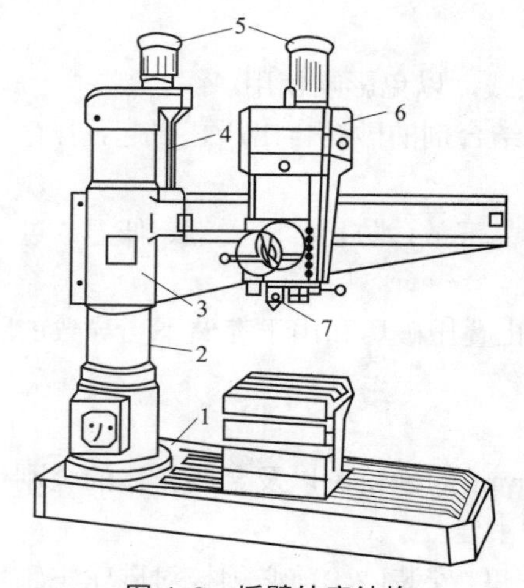

图 4–8　摇臂钻床结构

1—底座；2—立柱；3—摇臂；4—丝杠；5—电动机；6—主轴箱；7—主轴

3）钻床的组成

下面重点介绍摇臂钻床，其结构如图 4–8 所示。

摇臂钻床是一种摇臂能沿立柱上下移动同时可绕立柱旋转 360°，主轴箱还能在摇臂上做横向移动的钻床，由底座、立柱、摇臂、丝杠、主轴箱、主轴等构成，如图 4–8 所示。工件固定在底座 1 的工作台上，主轴 7 的旋转和轴向进给运动由电动机通过主轴箱 6 实现。主轴箱 6 可在摇臂 3 的导轨上横向移动，摇臂借助电动机 5 及丝杠 4 的传动，可沿立柱 2 上下移动，这样可方便地将刀具调整到所需的工作位置。

摇臂钻床适用于对大型工件、复杂工件及多孔工件上孔的加工。

4）钻床加工的不安全因素

钻床加工的主要危险来自旋转的主轴、钻头、钻夹以及随钻头一起旋转的长螺旋形切屑。旋转的钻头、钻夹及切屑易卷住操作者的衣服、手套和头发；工件装夹不牢，在切削力的作用下，工件松动歪斜，甚至随钻头一起旋转而伤人；切削中用手清除切屑、用手触摸钻头、主轴等而造成伤害事故；卸下钻头时用力过大，钻头落下会砸伤脚；钻床技术状态不佳、照明不良、制动失灵等都是造成伤害事故的原因。

5）事故预防措施

为确保钻削加工安全，应采取相应的防护装置和防护措施，并对职工进行必要的安全教育培训，加强现场安全检查，严格执行安全奖惩制度。

（1）技术措施。事故预防的安全技术措施有以下几种：

① 转动的主轴、钻头四周设置圆形可伸缩式防护网。

② 各运动部件应设置性能可靠的锁紧装置，钻孔前都应当处于锁紧状态。

③ 使用摇臂钻床时，在横臂回转范围内不准站人，不准堆放障碍物。

④ 钻深孔时要经常抬起钻头排屑，以防止钻头被切屑挤死而折断。

⑤ 工作结束时，应将横臂降到最低位置，主轴箱靠近立柱，以防伤人。

（2）钻床安全操作要求。进行钻削加工时，必须注意以下事项：

① 按规定进行个体防护。如袖口扎紧，长发挽入工作帽内，操作人员严禁戴手套。

② 开车前应检查润滑情况。检查机床传动、离合器、手柄、电门是否正常；检查工具、电器、安全防护装置、冷却液挡水板是否完好；钻床上保险块、挡块不准拆除，并按加工情况调整好；检查钻头夹头，应安装正确，不准有摆动现象，装卸钻头时不能用锤子打击，一定要用锲铁轻轻敲打。

③ 使用摇臂钻时，摇臂回转范围内不准有障碍物。工作前，摇臂必须卡紧。摇臂钻床在校夹或校正工件时，摇臂必须移离工件并升高，刹好车，必须用压板压紧或夹住工件，以免回转甩出伤人。

④ 工作台面上不要放其他东西，换钻头、夹具及装卸工件时须停车进行。

⑤ 钻头与钻孔中心对准后，各移动夹紧装置一定要固定紧。

⑥ 钻小的工件时，要用台虎钳，钳紧后再钻。严禁用手去刹住转动着的钻头。薄板、大

型或长形的工件竖着钻孔时，必须压牢，严禁用手扶着加工。

⑦ 使用自动走刀时，要选好进给速度，调整好行程限位块。手动进刀时，一般按照逐渐增压和逐渐减压原则进行，以免用力过猛造成事故。

⑧ 钻头上绕有长铁屑时，要停车清除。禁止用风吹、用手拉，要用刷子或铁钩清除。

⑨ 不准在旋转的刀具下翻转、卡压或测量工件。手不准触摸旋转的刀具。

⑩ 工作结束时，将横臂降到最低位置，主轴箱靠近立柱，并且都要卡紧。将切屑清扫干净，工作台和工作现场也要打扫干净。

二、压力加工机械安全技术

压力加工是利用压力机和模具，使金属及其他材料在局部或整体上产生永久变形。压力加工涉及的范围包括弯曲、胀形、拉伸等成形加工，挤压、穿孔、锻造等体积成形加工，冲裁、剪切等分离加工，以及成形结合锻造和压接等组合加工等。压力加工是一种少切削或无切削的加工工艺，由于效率高、质量好、成本低，被广泛应用在汽车、电子电气和航空航天等生产部门。压力机（包括剪切机）是危险性较大的机械，发生操作者的手指被切断的案例数量是惊人的。压力加工的人身安全保护，是劳动安全工作比较突出的问题。

压力机按传动方式不同，可分为机械传动式、液压传动式、电磁及气动式压力机；按机身结构不同，可分为开式和闭式机身压力机；根据产生压力的方式不同，机械压力机又可分为摩擦压力机和曲柄压力机，其中以中、小吨位开式曲柄压力机的数量和品种最多，手工操作比例大，事故率高，将予以重点讨论。

1. 危险因素识别与冲压事故分析

1）压力加工的危险因素

从劳动安全卫生的角度看，压力加工的危险因素主要是噪声、振动和机械危险，其中以冲压事故危险性最大。

（1）噪声危害。压力机是工业高噪声机械之一，噪声源主要是机械噪声。噪声来自传动零部件的摩擦、冲击、振动，刚性离合器接合时的撞击，工件被冲压，以及工件及边角余料撞击地面或料箱时产生的噪声等。采取的安全保护措施有：一是传动系统加设防护罩；二是作业人员佩戴听力护具（耳塞、耳罩等）。

（2）机械振动。振动主要来自冲压工件的冲击作用。人体长时间处于振动环境中，会产生心理和生理上的不适，甚至由于注意力难以集中、操作准确性下降而导致事故发生。冲击振动还会使设备连接松动、材料疲劳，使周围其他设备的精度降低。

（3）机械伤害。机械伤害包括人员与运动零件接触伤害、冲压工件的飞崩伤害等。压力机在冲压作业过程中，人员受到冲头的挤压、剪切伤害的事件称为冲压事故。冲压事故发生频率高、后果严重，是压力加工最严重的危害。

2）冲压事故分析与对策

（1）冲压事故。压力加工的工艺过程是上模具安装在压力机滑块上并随之运动，下模具固定在工作台上，被加工材料置于下模具上，通过上模具相对于下模具做垂直往复直线运动，完成对加工材料的冲压。滑块每上下往复运动一次，实现一个全行程。在上行程时，滑块上移离开下模，操作者可以伸手进入模口区，进行出料、清理废料、送料、定料等作业；在下行程时，滑块向下运动实施冲压。如果在滑块下行程期间，人体任何部位处于上、下模闭合的模口区，就有可能受到夹挤、剪切，发生冲压事故。

① 正常作业。从安全角度分析冲压作业可以看到，在冲压作业正常进行的一个工作行程中，滑块特殊的运动形式——垂直往复直线运动，决定了冲压作业存在发生事故的危险。

a. 危险因素：滑块的运动形式和上、下模具的相对位置变化。

b. 危险空间：在滑块上所安装的模具（包括附属装置）对工作面在行程方向上的投影所包含的空间区域，即上、下模具之间形成的模口区。

c. 危险时间：在滑块的下行程，上模相对于下模为接近型运动，存在危险，而在上行程，滑块向上运动离开下模，使两者的距离拉远，是安全的。

d. 人的行为：脚踏开关操纵设备，腾出手去取加工好的工件并向模口区放置原料。

e. 危险事件：在特定的时间（滑块的下行程），人体某部位仍然处于危险空间（模口区），发生挤压、剪切等机械伤害。

② 非正常作业。压力加工设备的非正常状态，由于操纵系统、电气系统缺陷，冲模安装调整等方面存在缺陷而导致冲压事故。例如，刚性离合器的结合键、键柄断裂，操纵器的杆件、销钉和弹簧折断，牵引电磁铁触点粘连不能释放，中间继电器粘连，行程开关失效，制动钢带断裂等故障，都会造成滑块运动失控形成连冲，引发人身伤害事故。

（2）冲压事故的风险分析。绝大多数冲压事故是发生在手工操作的冲压正常操作过程中。统计数字表明，因送取料而发生的约占 38%；因校正加工件而发生的约占 20%；因清理边角加工余料和废料或其他异物而发生的占 14%；因多人操作不协调或模具安装调整操作不当而发生的占 21%；其他是因机械故障引起的。

从受伤部位看，多发生在手部（右手偏多），再次是头、面部和脚（工件或加工余料的崩伤或砸伤），较少发生在其他部位。从后果上看，死亡事件少，而局部永久残疾率高。剪切机械的危险主要在加工部位，即剪床的切刀部位，此处一旦出现伤害事故，操作者极易致残。

（3）冲压事故的原因分析。直接原因是物的不安全状态（机械设备、物料、场地等）、操作者的不安全行为，间接原因是安全管理缺陷。

① 设备的原因。冲床本身的缺陷，离合器、制动器故障或工作不可靠，电气控制系统失控，冲压模具的安全设计缺陷，缺少必要的安全防护或安全防护装置失效，以及附件及工具有缺陷等，均是造成事故的重要原因。

② 操作者的失误。在单人脚踏开关、手送取料的冲压作业中手脚配合不一致，多人操作同一台冲压机械彼此配合不协调而发生事故；连续、单调重复作业产生厌倦情绪，高频率作业导致体力消耗的疲劳而发生误操作；作业不熟练或麻痹大意，没有使用安全装置和工具而冒险作业；冲压机械噪声和振动大，作业环境恶劣等不适条件，也会造成对操作者生理和心理的不良影响导致失误而引起事故。

③ 安全管理上的缺陷。生产组织安排不当，定额过高；对设备缺乏必要的保养和维护，使安全装置损坏或不起保护作用；未按规定对职工进行必要的安全教育考核；安全生产规章制度不健全，安全管理流于形式等。

通过分析可见，冲压作业特点和环境因素等方面原因，会导致操作者的操作意识水平下降、精力不集中，引起动作不协调或误操作。大型压力机因操作人数增加，危险性也相应增大。通过技术培训和安全教育，使操作者加强安全意识和提高操作技能，对防止事故发生有积极的作用。但单方面要求操作者在作业期间一直保持高度注意力和准确协调的动作来实现安全是苛刻的，也是难以保证的。必须从安全技术措施上，在压力机的设计、制造与使用等诸环节全面加强控制，才能最大限度地减少事故：首先是防止人身事故，其次是防止设备和模具破坏。

（4）实现冲压安全的对策及建议。

① 采用手用工具送取料，避免人的手臂伸入模口危险区。

② 设计安全化模具，缩小模口危险区的范围，设置滑块小行程，使人手无法伸进模口区。

③ 提高送取料的机械化、自动化水平，代替人工送取料。

④ 在操作区采用安全防护装置，保障滑块的下行程期间人手处于模口危险区之外。

前三项措施，特别是第三项对改善作业条件、减少冲压人身事故是有效的，但它们的局限性是只能保证正常操作的安全，而不能保证意外情况发生时，即人手伸进危险区时的安全。所以，应在操作危险区设置安全防护装置。

2. 压力机的主要技术参数与工作原理

1）机械式曲柄压力机的结构

机械式曲柄压力机的结构如图 4–9 所示。

（1）机身。机身由床身、底座和工作台三部分组成，多为铸铁材料，大型压力机用钢板焊接而成，下模固定在工作台的垫板上。机身首先要满足刚度、强度条件，有利于减振降噪，保证压力机的工作稳定性。

（2）动力传动系统。由电动机、传动装置（带传动或齿轮传动）组成，其中，大带轮（或大齿轮）起飞轮作用，在压力机的空行程中，靠自身的转动惯量蓄积动能；在下行程冲压工件瞬间，释放蓄积的能量使电动机负荷均衡，合理利用能量。

（3）工作机构。曲轴、连杆和滑块组成曲柄连杆机构。曲轴是压力机最主要的部分，其强度决定压力机的冲压能力；连杆的两端分别与曲轴、滑块铰连，起连接和传递运动和力的作用；装有上模的滑块是执行元件，最终实现冲压动作。

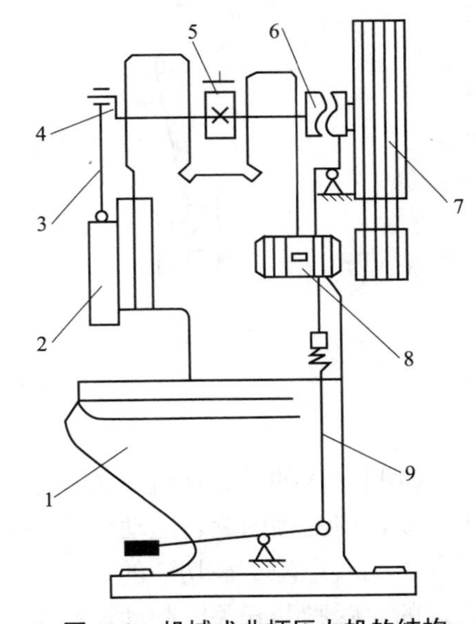

图 4–9 机械式曲柄压力机的结构

1—机身；2—滑块；3—连杆；4—曲轴；5—制动器；6—离合器；7—飞轮；8—电动机；9—操纵系统

（4）操纵系统。操纵系统包括离合器、制动器和操纵机构（如脚踏开关）。离合器和制动器对控制压力机间歇冲压起重要作用，同时又是安全保证的关键所在。离合器的结构对某些安全装置的设置产生直接影响。

2）主要技术参数

（1）公称压力 P_g（单位为 N、kN）。公称压力即额定压力，是指滑块距离下死点前某一特定距离（即公称压力行程 S_g）或曲柄旋转到离下死点前某一特定角度（即公称压力角α_g）时，滑块所允许承受的最大作用力。

（2）滑块行程 S（mm）。滑块行程是指从上死点到下死点的直线距离。

（3）滑块单位时间内的行程次数 n。滑块单位时间内的行程次数是指滑块每分钟从上死点到下死点再回到上死点的往返次数。压力机的行程次数应根据生产效率要求确定，同时手工操作时必须考虑操作者的操作频率不能超过承受能力，以免造成疲劳作业。

（4）装模高度 H（mm）。装模高度是指滑块在下死点时，滑块底平面到工作垫板上表面的距离。当滑块调节到上极限位置时，装模高度达到最大值，称为最大装模高度。

（5）封闭高度。封闭高度是指滑块在下死点时，滑块底平面到工作台上表面的距离。垫板厚度是封闭高度与装模高度之差。

其他参数还有工作台板和滑块底面尺寸、喉深，以及立柱间距等。装设安全装置时要考虑这些参数。

3）曲柄压力机的工作原理

图 4–10 所示为结点正置的脚踏控制的曲柄压力机工作原理。

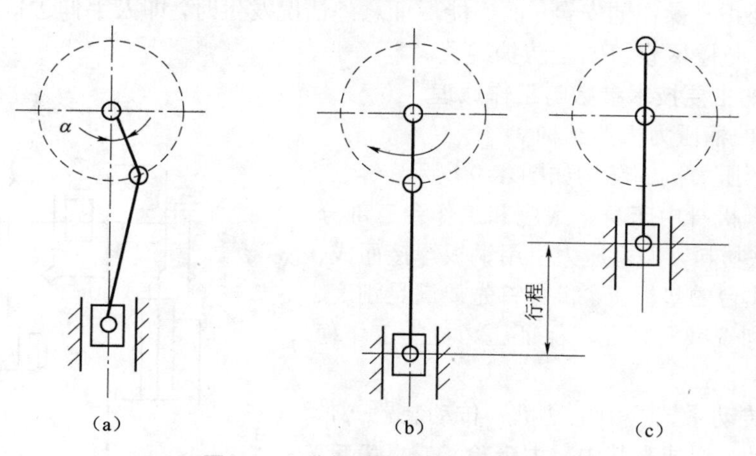

图 4–10　曲柄压力机的工作原理

（a）工作位置；（b）下死点；（c）上死点

电动机输入的动力通过带传动系统传到曲柄连杆机构上，通过曲轴旋转运动，带动连杆上下摆动，将曲轴的旋转运动转化为滑块沿着固定在机身上的导轨的往复直线运动。

在电动机电源不被切断的情况下，滑块的动与停是通过操纵脚踏开关控制离合器和制动器实现的。踩脚踏开关，制动器松闸，离合器结合，将传动系统与曲柄连杆机构连通，输入动力，滑块运动；当需要滑块停止运动时，松开脚踏开关，离合器分离，将传动系统与曲柄连杆机构脱开，同时运动惯性被制动器有效地制动，使滑块运动及时停止。

滑块有两个极端位置，当曲柄与连杆运行展成一条直线时，滑块达到下极限位置（α=180°），称为下死点；当曲柄与连杆运行到重合并成一条直线时，滑块达到上极限位置（α=0°），称为上死点，在这两个位置滑块的运动速度为零，加速度最大，滑块从上死点到下死点的直线距离称为滑块的行程。当α为 90°、270°时，滑块的速度最大，加速度最小。当曲柄与铅垂线的夹角达到某一值时，实施对工件冲压，在冲压瞬间，工件变形力通过滑块和连杆作用在曲轴上。然后滑块到达最低位置下死点，继而上行程，开始下一个工作循环。

4）曲柄滑块机构的安全

曲轴是压力机的主要受力构件，曲轴若被破坏，不仅影响生产，而且可能引发事故。曲轴受力情况复杂，根据曲轴受力变形分析和实际测定验证，曲轴的危险截面在曲柄颈的中部

$C—C$ 截面和支撑颈的根部 $B—B$ 截面（见图 4–11）受弯矩和扭矩联合作用，扭矩是曲柄转角 α 的函数，而弯矩与曲柄转角 α 无关。曲柄截面受弯矩作用远大于扭矩，可忽略扭矩影响；支撑颈截面受扭矩作用远大于弯矩，可忽略弯矩影响。曲轴必须同时满足曲柄颈和支撑颈曲轴的强度要求。压力机允许承受的冲压力（工件变形力）是受曲轴强度，即曲柄弯曲强度和支撑颈的扭转强度所限制的。

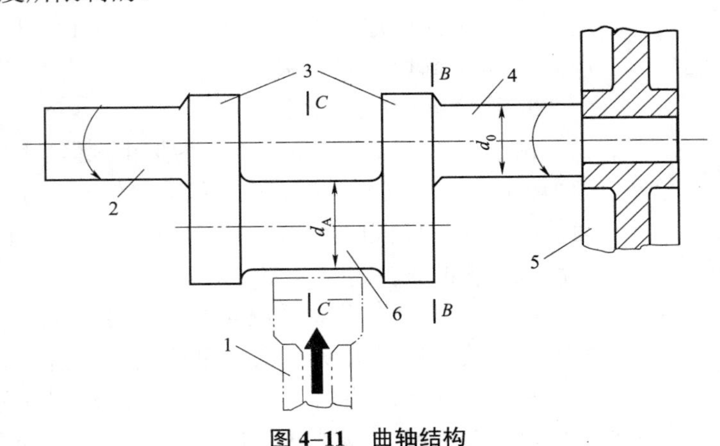

图 4–11　曲轴结构

1—连杆；2，4—支撑颈；3—曲柄臂；5—飞轮；6—曲轴臂

（1）压力机安全负荷图。图 4–12 所示为压力机允许承受的冲压力与曲轴转角的关系图。由图可见，当转角小于某一范围时，冲压力由曲轴的曲柄颈强度决定，为一常量，其强度线是一条直线；当转角大于某一范围时，受曲轴支撑颈强度限制，是曲柄转角 α 的函数，为一条曲线。压力机工作的安全区是指由曲轴支撑颈强度曲线、曲柄颈强度曲线与两坐标轴围成的区域。使用压力机时，应严格控制压力机所承受的压力且工作角度不得超越安全区。即使进行同一材料同一工艺的工件加工，在 α_1 转角下安全，在 α_2 转角下则不安全。压力机的公称压力 P_g 是限定在一个特定的工作角度即公称压力角 α_g（也称额定压力角）范围内，保证压力机实际承受的工件变形力落在安全区内。国产压力机的公称压力角一般是：小型压力机为 α_g=30°，中、大型压力机为 α_g=20°。为使用方便，常将公称压力角换为公称压力行程 S_g。国产开式压力机 S_g=3～16 mm，闭式压力机 S_g=13 mm。

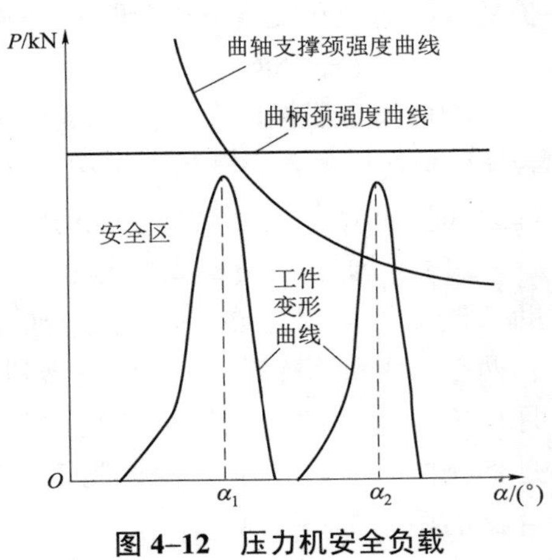

图 4–12　压力机安全负载

（2）过载保护装置。压力机工作过程中可能发生超载，原因可能为：材料、模具、设备、操作等出现问题；滑块和上模的自重导致下降速度过快，对零件产生撞击；制动器失灵、连杆折断，导致滑块坠落而引发事故。为此，需在压力机上采用一些保护性技术措施，常见的有压塌式、液压式和电子检测式等过载保护措施。

压塌式过载保护是根据破坏式保护原理，机械压力机在曲柄连杆机构传动链中，人为制造一个机械薄弱环节——压塌块。当发生超载时，这个薄弱环节首先破坏，切断传

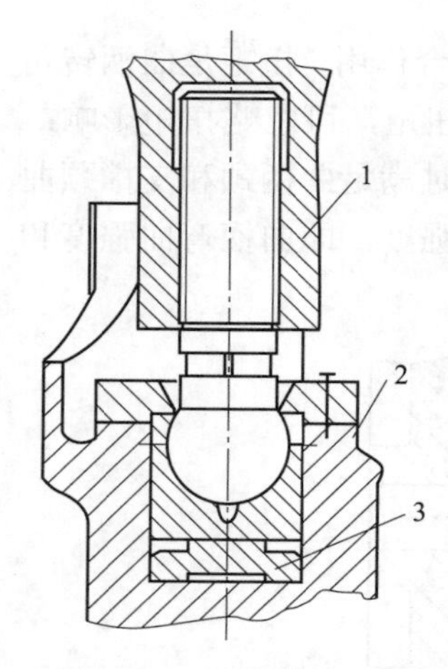

图 4–13　过载保护装置

1—连杆；2—滑块；3—压塌块

动线路，从而保护主要受力件——曲轴免受超载造成的破坏。压塌块一般装在滑块球铰与滑块之间的部位（见图 4–13），当压力机过载时，压塌块薄弱截面首先剪切破坏，使连杆相对于滑块滑动一段距离，触动开关切断控制线路，压力机停止运转，保障设备安全。压塌式过载保护装置的缺点是不能准确地限制过载力，因为压塌块的破坏不仅由作用在它上面的外力决定，同时还与压塌块的材料疲劳有关。

3. 离合器和操纵系统

由于飞轮的转动惯量很大，为防止频繁启制电动机产生的惯性力，在压力机工作期间，电动机和飞轮一直处于接通运动状态。而控制曲柄连杆机构滑块的往复上下运动是通过离合器的接合和分离来实现的。

机械式压力机操纵系统包括离合器、制动器和操纵机构。操纵机构有手控按钮式和脚踏开关式。脚踏开关式由于可解放双手进行台面操作，手脚配合提高了效率，使用比较普遍。在输入动力时，脚踏开关，制动器先松闸，离合器再接合，曲柄连杆机构动作；在切断动力时，脚踏开关抬起，离合器先分离，制动器克服曲柄连杆机构的惯性，使运动迅速停止。

离合器是用来接合或分离动力的关键部件，离合器运转故障或零件损坏会导致滑块运动失去控制，引发冲压事故，因此是安全检查的重点。离合器的结构形式关系到作业区安全防护装置的选型和安装。离合器分为刚性离合器和摩擦离合器两类。

1）刚性离合器

刚性离合器按接合零件的形式不同，可分为转键式和滚柱式，目前压力机常用转键式离合器，按转键的数目分为单键和双键两种。刚性离合器一般由主动部分（动力输入端）、从动部分（与曲柄连杆机构相连）和接合部分组成。

（1）半圆形双转键离合器。如图 4–14 所示，主动部分包括飞轮和飞轮套，飞轮套借助平键与飞轮固定连接，飞轮套的内壁有 4 个缺月形槽；从动部分是曲轴，曲轴的外壁有两个丰月形槽；接合部分是转键，分主键（即工作键）与副键（即填充键），键为丰月形实体。关键元件的结构配合关系是：曲轴及飞轮套的槽直径相同，转键与曲轴的丰月形槽配合，在操纵机构控制下可绕转键自身的轴线在曲轴槽内转动。分离和结合是离合器的两个典型工况。

① 分离状态。转键的丰月形实体与曲轴的丰月形槽完全重合时，转键与曲轴共同组成一个实整圆［见图 4–14（a)］，曲轴可相对飞轮套滑动，不随飞轮转动，离合器处于分离状态。

② 接合状态。当飞轮套缺月形槽与曲轴丰月形槽对正成完整圆槽时，如恰好转键转动，卡在该圆槽中［见图 4–14（b)］，则飞轮带动曲轴转动，离合器处于接合状态。

两个转键总是同时转动但转向相反。在上模随滑块下行程冲压工件时，主键起作用；当传动机构反转（如调整模具）时，副键起作用。副键可以防止滑块在下行程时，由于曲柄滑块机构的自重作用，造成曲柄发生超前于飞轮的转动，引起主键与飞轮套的撞击。

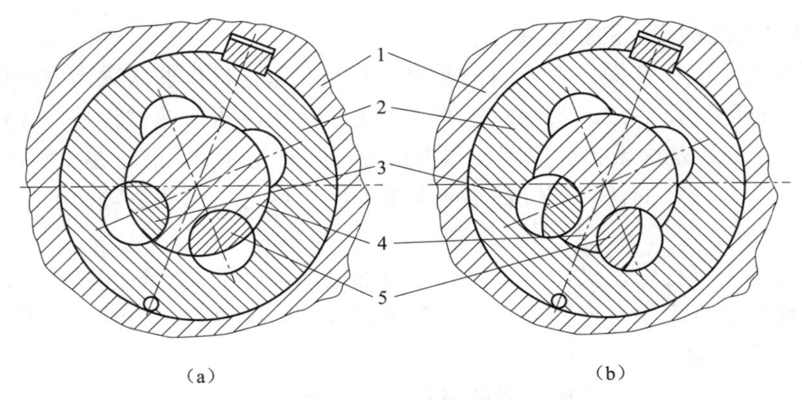

图 4–14　双转键离合器

1—飞轮；2—飞轮套；3—主键；4—曲轴；5—副键

（2）切向转键式离合器。工作原理与双键离合器相似（见图 4–15），只是飞轮套内缘有 3 个槽。在操纵机构作用下，转键转入飞轮套三角槽内，卡在飞轮套和曲轴套之间，飞轮借助转键带动曲轴运动，离合器接合；当转键完全转入位于曲轴套的键槽中时，转键与曲轴套形成一个整圆，相对飞轮套滑动，离合器处于分离状态。

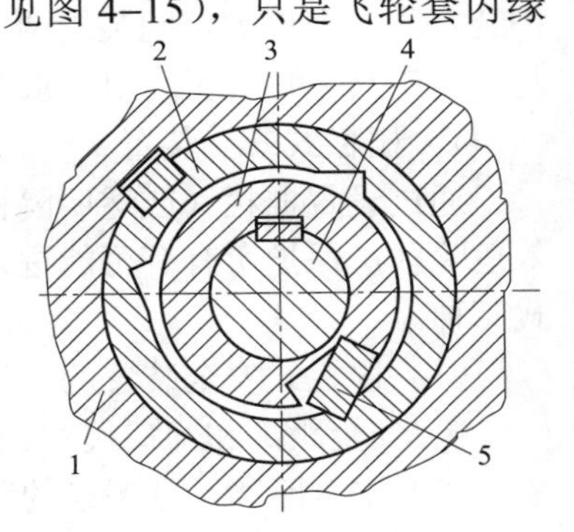

图 4–15　切向转键离合器

1—飞轮；2—飞轮套；3—曲轴套；4—曲轴；5—接合键

刚性离合器结构简单，便于制造，不需要额外动力源；但传递扭矩小，连接元件受撞击载荷，容易损坏，而且只能使滑块停止在上死点，不能在行程的任意位置停止。

（3）刚性离合器的安全要求。

① 离合器承受冲击的零件（如转键、滑销、牙嵌等）应在材质及热处理方面采取措施，提高其强度和冲击韧性，必要时应定期对其进行无损探伤检查。

② 离合器的单次行程工作机构（包括操纵机构的支架）必须安装正确、牢固、可靠，不得因受振动而产生松动。

③ 转键操纵机构应保证转键在键槽内的转动灵活、可靠。在单次行程操作后，应能及时复位；在非操作的情况下，应不会被其他外力推动而转动。

2）摩擦离合器

摩擦离合器是借助摩擦副的摩擦力来传递扭矩。通过压紧力压紧摩擦元件，在接合面形成摩擦副，产生摩擦力，使离合器主动部分与从动部分接合；压紧力解除，使接合面分离，摩擦力消失，离合器将动力传递切断。按工作情况，摩擦离合器可分为干式（摩擦面暴露在空气中）和湿式（摩擦面浸在油里）两种；按摩擦面的形状又可分为圆盘式、浮动镶块式和圆锥式等多种类型。

摩擦离合器接合平稳，冲击和噪声小，构件不会突然损坏，传递扭矩大，滑块可停止在行程的任意位置。缺点是结构复杂，造价较高，需要压缩空气作为动力能源。摩擦式离合器还可以将离合器和制动器设计成一体，实现两者的联锁动作。

4. 压力机作业区的安全防护装置

防止冲压事故不能仅从操作者方面去要求，必须在压力机作业区采用安全防护装置，从设备的安全性上消除冲压事故。安全问题的关键是解决在冲压作业过程中，无论是在压力机处于正常运转状态，还是由于各种原因使压力机处于非正常状态，或者是人员的误操作情况，只要滑块向下运行，人体的任何部位都不应在危险区。压力机作业危险区的安全防护装置应该具备以下安全功能：

（1）在滑块的下行程中，操作者身体的任何部位都不可进入危险区界线之内。

（2）在滑块的下行程中，当操作者身体部位进入危险区界限之内的一定范围时，滑块立即被制动或超过下死点。

（3）在滑块的下行程中，将操作者的身体部位排除于危险区之外。

（4）当操作者身体部位停留于危险区界线之内时，滑块不能启动。

符合其中任何一项功能的装置，均可作为压力机的安全防护装置。安全装置分为安全保护装置与安全保护控制装置两类。安全保护装置包括栅栏式、双手操作式、机械式、检测式与手用工具。每台压力机一般都应配置一种或一种以上的安全装置。

1）栅栏式安全装置

通过设置栅栏（或透明隔板）实体障碍，将人与危险区隔离，确保人体任何部位无法进入危险区，保护所有有可能进入危险区的人员。栅栏式安全装置分为固定栅栏式和活动栅栏式两种。

（1）栅栏式安全装置的一般安全技术要求。

① 安全距离和开口尺寸。保证安全的关键尺寸是栅栏间距、料口的开口度和安全装置与危险线的安全距离。须考虑的因素是人体测量参数和危险区的可进入性。最小安全距离应考虑在压力机工作期间，栅栏不与压力机的任何活动部件接触，不妨碍物料加工。最小安全距离与栅栏间隙和送料口的最大安全尺寸，应考虑保证人的手和手臂通过料口和栅栏间隙伸入时，不能受到伤害，第一典型位置是考虑人的手指，第二典型位置是考虑人的手掌、手臂的尺寸和可能伸进的距离，如图 4–16 所示。

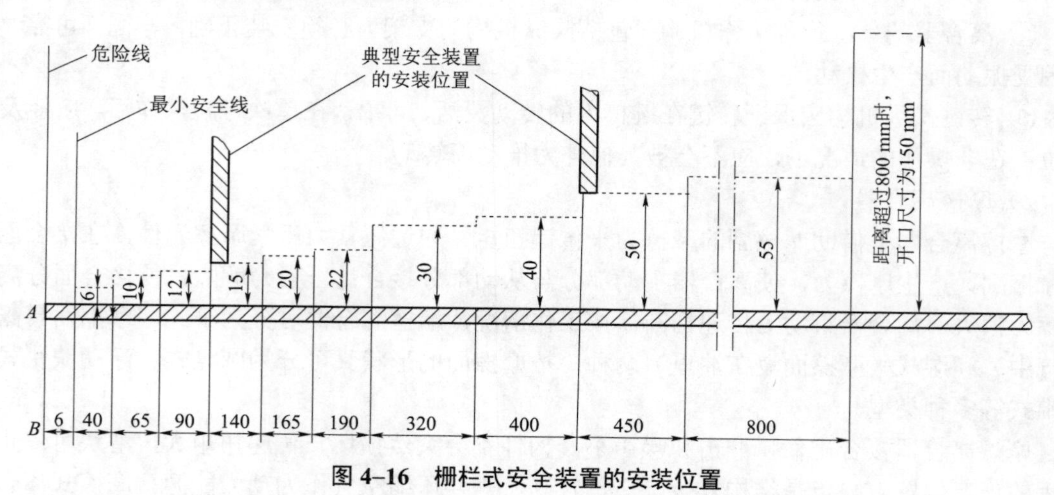

图 4–16 栅栏式安全装置的安装位置

② 原则上不仅在作业区前面，而且在作业区两侧及背面也应安装栅栏，栅栏高度应是整

个危险空间的高度，防止从上、下、侧、背面进入危险区。

③ 栅栏设置可靠，栅栏的非活动部分可用焊接永久固定，或用螺栓紧固，不使用专门工具不能拆除。

（2）固定栅栏式。固定栅栏式的栅栏作为一道屏障，固定安装在机身上，将人体隔离在危险区之外。在滑块运行的全行程期间，栅栏都处于封闭状态，适用于机械化送取料的压力机。

（3）活动栅栏式。活动栅栏式的栅栏适用于手工送取料的压力机。在栅栏前面设一个活动体（门），通过机械方法（如铰链、滑道）与压力机的机架或邻近的固定元件连接，关闭活动体的动力可以来自压力机的滑块或连杆。活动体的状态应与离合器的动作联锁，使滑块下行程期间活动体关闭并不能随意打开，与栅栏形成一体来实施保护；在滑块回程期间，可打开活动体以方便操作。活动体未关闭好，滑块不能运动；滑块在运动状态，活动体打不开。联锁装置须采取有效的保护措施，防止人体或坯料等物与之接触而发生误动作。

2）双手操作式安全装置

双手操作式安全装置的工作原理是将滑块的下行程运动与对双手的限制联系起来，强制操作者双手同时推按操纵器，滑块才能向下运动。此间，如果操作者仅有一只手离开，或双手都离开操纵器，在手伸入危险区之前，滑块停止下行程或超过下死点，使双手没有机会进入危险区，从而避免受到伤害。双手操作式安全装置应符合以下安全技术要求：

（1）双手操作的原则。双手必须同时操作，离合器才能结合。只要一只手瞬时离开操纵器，滑块就会停止下行程或超过下死点。

（2）重新启动的原则。装置必须有措施保证，在滑块下行程期间中断控制又需要恢复时，或单行程操作在滑块达到上死点需再次开始下一次行程时，只有双手全部松开操纵器，然后重新用双手再次启动，滑块才能动作。在单次操作规范中，当完成一次操作循环后，即使双手继续按压着操作按钮，工作部件也不会再继续运行。

（3）最小安全距离的原则。最小安全距离是指操纵器的按钮或手柄中心到达压力机危险线的最短直线距离。安全距离应根据压力机离合器的性能来确定。

① 对于滑块不能在任意位置停止的压力机（如刚性离合器），最小安全距离应大于手的伸进速度与双手离开操纵器到滑块运行至下死点时间的乘积，计算公式为：

$$D_s \geqslant 1.6T_s \tag{4-3}$$

式中　1.6——人手的伸进速度，m/s；

D_s——最小安全距离，即操纵器至模具刃口的最短直线距离，m；

T_s——双手按压操纵器接通离合器控制线路，到滑块运行到下死点的时间，s；应考虑最长时间，即滑块下行程的时间与离合器在结合槽间所需要的转动时间之和；$T_s=\left(\frac{1}{2}+\frac{1}{N}\right)T_n$；

N——离合器的结合槽数；

T_n——曲轴回转一周的时间，s。

T_s和最小安全距离D_s可以通过对具体压力机的计算直接获取。

② 对于滑块可以在任何位置停止的压力机（如摩擦式离合器），其计算公式也用式（4–3），

只是 T_s 取值不同，即 T_s 表示双手离开操纵器断开压力机离合器的控制线路到滑块完全停止的时间，单位为 s。要考虑滑块的惯性，取最长时间。

T_s 值对不同的压力机应在曲轴转到 90° 左右处进行实测来获取。

（4）操纵器的装配距离要求。装配距离，是指两个操纵器（按钮或操纵手柄的手握部位）内边距离。最小内边距离大于 250 mm，最大内边距离小于 600 mm。

（5）防止意外触动的措施。按钮不得凸出台面；手柄也应采取措施，防止被意外触动、刮碰引起压力机误动作。

需要说明，双手操作式安全装置只能保护使用该装置的操作者，不能保护其他人员的安全。当需要多人同时操作一台压力机时，应为每一个操作者都配备双手操纵器。

3）机械式安全装置

机械式安全装置是通过机械方式，借助各种形式的器具，将人体部位（主要是手）从作业危险区移开，从而达到保护的目的。安全装置的动力来自压力机的滑块，可实现滑块的危险行程与机械式安全装置的保护作用同步，不影响生产率是本类装置的显著特点。常见的类型有拨手式、拉手式等。

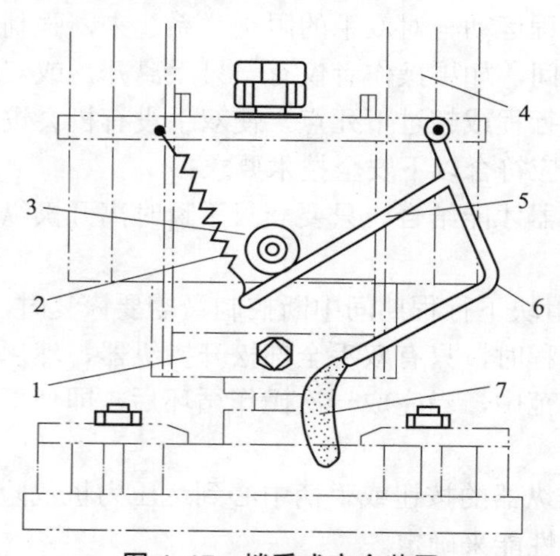

图 4–17　拨手式安全装置

1—滑块；2—复位弹簧；3—压轮；4—滑道；5—压杆；6—拨手杆；7—拨手器

（1）拨手式安全装置。拨手式安全装置是由压杆、拨手杆、拨手器、滑块、压轮和复位弹簧等组成，如图 4–17 所示。压杆和拨手杆与滑块的滑道固定铰接，复位弹簧连接压杆的一端。滑块在下行程时，压轮向下滚压压杆，带动拨手杆从左至右扫过危险区，安装在拨手杆端的拨手器把操作者的手推开，同时将复位弹簧拉长；当滑块回程运动时，压轮随滑块向上运动，解除对压杆的压力，在复位弹簧拉力作用下，拨手杆绕铰接点向左恢复到原始位，在此期间操作者可以伸手进入模口区操作。

该装置应符合以下安全技术要求：

① 可靠的保护范围。由拨手杆的摆动范围来保证。拨手杆左右摆动的幅度应超过模具的宽度，拨手杆的长度、摆动幅度应可调，以适应不同的加工需要。

② 不能造成新的伤害。拨手器与手接触一侧应采用软材料（如橡胶、软塑料等），防止把人手击伤。拨手式安全装置的缺点是杆的摆动会对操作者视线造成干扰，拨手器与手接触会带来不适。但在正常情况下，一般人的操作速度快于拨杆的摆动速度，拨手器与手接触的情况很少发生。

（2）拉手式安全装置。拉手式安全装置是以滑块或连杆为动力源，在滑块的下行程，借助杠杆和绳索的联合作用，将操作者的手从危险区拉出来。基本组成有杠杆系统、滑块、钢丝绳拉索和手腕带，如图 4–18 所示。按拉索的拉出方向可分为侧拉式和背拉式两种。

其工作原理是：在滑块下行程时，滑块带动杠杆，借助拉索强制拉出套在手腕带里的手；在滑块上行程时，拉索松弛，手又可以进出模口区自由操作。开始有些不习惯，待操作熟练后，只要操作动作快于拉索的牵拉，很少有被牵拉的感觉。只有当手动作慢于拉索牵引时，才会偶感被动。该装置结构简单、实用，不干扰操作者视线，不影响生产率，在国外的小型压力机上普遍使用。缺点是由于拉索的约束，人的行动特别是手部的活动范围受到限制。拉手式安全装置的安全技术要求有以下几点：

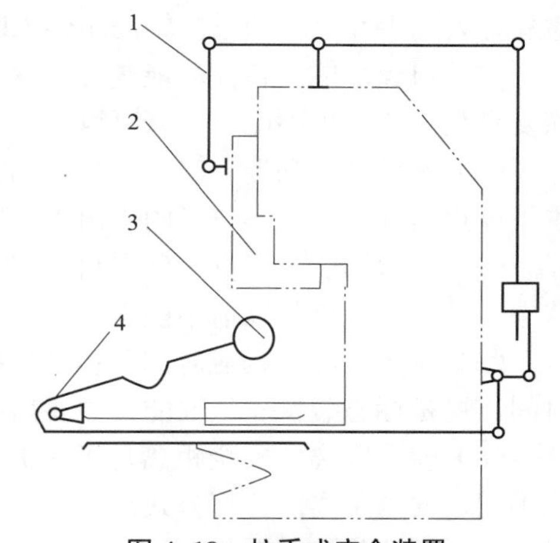

图 4–18　拉手式安全装置

1—杠杆系统；2—滑块；3—手腕带；4—钢丝绳拉索

① 装置性能可靠，拉索有足够的强度不被拉断，各部件之间的连接和与机架的固定要牢固可靠，杠杆和滑轮动作灵活，滑轮和各铰接处不得卡塞。

② 手腕带应舒适、柔软、形状适宜，方便穿戴和摘除。在拉索受力拉紧时，手腕带不能把手拉伤，不得从手腕上拉脱。手腕带本身及与拉索连接处应能承受足够的拉力不被破坏。

③ 拉索应能调节，松弛量应在滑块到达上死点时，扣上手腕带的手能摸到头和小腿，保证手的活动范围；在滑块下行时，应能切实把操作者的手拉出危险区。

原则上操作者双手都应采用。在多人操作的压力机上，每人应配备单独的一套拉手式安全装置。

4）检测式安全装置

检测式安全装置是一种安全性好、灵敏度高的压力机安全装置，有光线式（见图 4–19）和人体感应式两种。工作原理是通过制造一个保护幕（光幕或感应幕）将压力机的危险区包围，或设在通往危险区的必经之路上。当人体的某个部位进入危险区（或接近危险区）时，必将破坏保护幕的完整性，受阻信号立刻被装置检测出来，经过放大处理，切断压力机的控制线路，使滑块停止运动或不能启动，从而避免人身事故。感应式安全装置由于对环境的适应性稍差，较少使用。光线式安全装置由于动作灵敏，结构简单，容易调整维修，特别对操作者无视觉干扰，不影响生产率，因而得到广泛的应用。

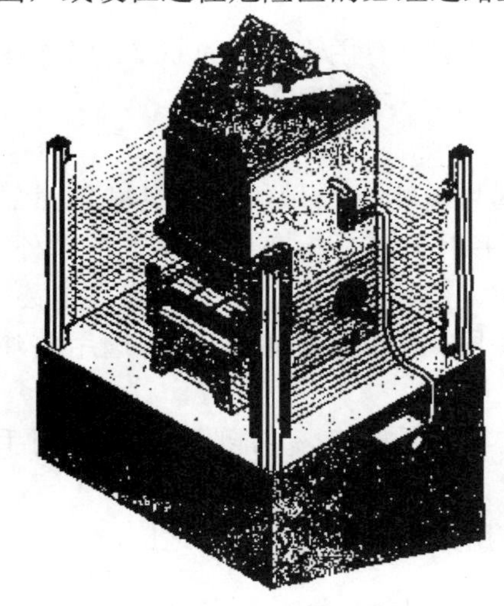
图 4–19　光线式安全装置

光线式安全装置通过在压力机上设置投光器和接收器，在二者之间形成光幕将危险区包围。当人体的任一部分遮断光线时，装置检测出这一状态，并输出信号使滑块不能启动或停止运行。光源一般采用红外光线或周期性的点射光。该装置必须有可靠的技术措施来实现以下功能：

（1）保护范围。保护范围是由保护长度和保护高度构成的矩形保护幕将危险区包围，光幕不得采用三角形和梯形。投光器与受光器组成的光轴间距应根据光幕与模口区危险线的安全距离、人体测量参数、危险区的可进入性，充分考虑保证人的手和手臂通过光轴间距伸入时，不能受到伤害。

（2）自保功能。自保功能是指在保护幕被破坏、滑块停止运动后，即使人体撤出保护幕恢复完整，滑块也不能立即恢复运行，必须按动“恢复”按钮，滑块才能再次启动。

（3）不保护区功能。滑块回程期间，装置不起作用，在此期间即使保护幕被破坏，滑块也不停止运行，以便操作者的手出入模口区操作。

（4）自检功能。当安全装置自身出现任何故障时，应能立即发出信号，使滑块处于停止状态，并在故障排除以前不能再启动。

（5）响应时间。响应时间是指从保护幕被破坏到安全装置的输出断开压力机控制线路的时间。这是标志装置安全性能的主要指标之一，响应时间不得超过 0.02 s。

（6）安全距离。安全距离是指保护幕到模口危险区的最短距离。压力机离合器的结构形式不同，安全距离的计算公式也不同。

对于不能使滑块在任意位置停止的压力机，计算公式同式（4–3）。

对于滑块可在任意位置停止的压力机，计算公式为：

$$D_s = 1.6(t_1 + t_2) \tag{4–4}$$

式中 t_1——安全装置的响应时间（一般按允许最长时间 0.02 s 考虑），s；

t_2——从压力机控制线路切断至滑块完全停止的时间，s。

对于摩擦式离合器，时间因素则要考虑装置的响应时间和压力机性能影响两个方面。装置的响应时间 t_1 是给定的技术参数，t_2 则应在曲轴转到 90° 附近实际测定。

（7）抗干扰性。应考虑安全装置对周围环境的适应范围（包括海拔高度、环境温度、空气相对湿度以及光照等），若超出范围，装置的灵敏度、可靠性都无法保证，反而是不安全的。光线式安全装置应具有抗光线干扰的可靠性，在小于 100 W 的照明条件下，装置应能正常可靠地工作。

检测式安全装置属于电子产品，精密度较高，它的生产必须有主管部门的监督，并经国家指定的技术检验部门按有关的安全标准鉴定，取得许可证后，才能生产。

5）手用工具

冲压事故率最高的时段发生在送取料阶段。而我国目前相当数量的冲压机械仍然靠手工送取料，一个廉价简便的方法就是利用手用工具。手用工具是指在压力机主机以外，为用户安全操作提供的手用操作工具，常用的有手用钳、钩、镊、夹、各式吸盘（电磁、真空、永磁）及工艺专用工具等，是安全操作的辅助手段。手用工具的设计和选用要注意以下几点：

（1）符合安全人机工程学要求。手柄形状要适合操作者的手把持，并能阻止在用力时手向前握或前移到不安全位置，避免因使用不当而受到伤害。

（2）结构简单，方便使用。手用工具的工作部位应与所夹持坯料的形状相适应，以利于夹持可靠、迅速取送、准确入模。

（3）不损伤模具。手用工具应尽量采用软质材料制作，以防意外情况下，工具未及时退出模口，当模具闭合时造成压力机过载。

（4）符合手持电动工具的安全要求。需要强调指出，在正常操作时，坚持正确地使用手用工具对降低冲压事故确实能起到一定作用，但是手用工具本身并不具备安全装置的基本功能，因而不是安全装置。它只能代替人手伸进危险区，不能防止操作者不使用或使用不正确时手意外伸进危险区。采用手用工具还必须同时使用安全装置。

第二节　金属热加工机械安全技术

金属热加工一般是指铸造、锻造、焊接和热处理等工作。其特点是生产过程中常伴随着高温、有害气体、粉尘和噪声等，劳动条件恶劣。因此，在热加工工伤事故中，烫伤、喷溅和砸碰伤害等占到较高的比例，安全问题十分重要。

一、热加工中的危险和有害因素

热加工过程劳动条件恶劣，主要导致事故的危险因素包括机械伤害、物体打击、灼烫伤、高处坠落、触电、火灾、爆炸；有害因素主要有高温辐射、粉尘、有毒有害气体、照明不良、噪声、振动等。

二、铸造安全技术

铸造是将熔融金属浇注、压射或吸入铸型型腔中，待其凝固后而得到一定形状和性能铸件的方法。铸造生产是机械制造工业的重要组成部分，它可以生产出外形从几毫米到几十米、质量从几克到几百吨、结构从简单到复杂的各种铸件。在机械制造工业所用的零件毛坯中，约 70%是铸件。常用的铸造方法有砂型铸造和特种铸造两大类，其中，特种铸造中又包括熔模铸造、金属型铸造、压力铸造、低压铸造、离心铸造等多种铸造方法。在我国，砂型铸造是当前应用最广泛的一种铸造方法。这种铸造方法劳动条件差，生产中的危险和有害因素较多，故本节侧重以砂型铸造为例进行分析。

1. 铸造加工的设备

铸造加工所需的设备主要包括以下几种：

（1）砂处理设备，如碾轮式混砂机、逆流式混砂机、叶片沟槽式混砂机、多边筛等。

（2）有造型、造芯用的各种造型机、造芯机，如高、中、低压造型机，抛砂机，无箱射压造型机，射芯机，冷和热芯盒机等。

（3）金属冶炼设备，如冲天炉、电弧炉、感应炉、电阻炉、反射炉等。

（4）铸件清理设备，如落砂机、抛丸机、清理滚筒机等。

2. 砂型铸造加工的过程及特点

1）砂型铸造加工的过程

砂型铸造包括造型、熔炼与浇注、落砂与清理三个阶段，砂型铸造加工的主要工序包括制作木模型、配砂、制芯、造型、合箱、炉料准备、金属熔化、浇注、落砂及清砂等。

（1）造型。造型通常分为手工造型和机器造型，是指用型砂及模型等工艺装备制造铸型的过程。即根据零件图设计出的铸件图及模型图制出的模型及其他工装设备和配制好的型砂制成相应的砂型。

（2）熔炼与浇注。熔炼与浇注包括两个方面。熔炼是指使金属由固态转变成熔融状态的过程，目的是提供化学成分和温度都合格的熔融金属；浇注是指将熔融金属从浇包注入铸型的操作。

（3）落砂与清理。落砂是指用手工或机械使铸件与型砂、砂箱分开的操作；清理是指落砂后从铸件上清除表面粘砂、型砂、多余金属（包括浇冒口、氧化皮）等过程的总称。落砂后应及时清理铸件。

清理后的铸件应根据其技术要求仔细检验，判断铸件是否合格。技术条件允许焊补的铸件缺陷应焊补，合格的铸件应进行去应力退火或自然时效，变形的铸件应矫正。

2）砂型铸造加工的特点

铸造加工多是在高温、高辐射热等恶劣的环境下进行的，易发生重大安全事故。从职业安全保护的角度来看，主要有以下三方面的特点：

① 劳动强度大。砂型铸造工序较多，其中大部分要靠手工劳动完成。

② 作业环境恶劣。高温、粉尘、烟尘、有害气体、照明不良、噪声、振动危害严重。如冲天炉化铁、铁水浇注等都存在高温危害，操作不慎就有被铁水烫伤的可能；配砂、落砂及清砂等工序粉尘危害都很严重；铸铁熔化、有色金属熔化过程中产生大量粉尘及一氧化碳等有害气体；造型机的强烈振动和风动工具的高频率撞击声等可构成严重的噪声危害。

③ 材料用量大，易造成伤害事故。

3. 铸造加工中的危害及预防措施

根据铸造加工过程的特点，可以分析出在铸造加工过程中存在诸多的不安全因素，可能导致多种危害，需要从管理和技术方面采取措施，控制事故的发生，减少职业危害。

1）危害

（1）事故危害。

① 火灾及爆炸。红热的铸件、飞溅的铁水等一旦遇到易燃易爆物品，极易引发火灾和爆炸事故。

② 灼烫。浇注时稍有不慎，就可能被熔融金属烫伤；经过熔炼炉时，可能被飞溅的铁水烫伤；经过高温铸件时，也可能被烫伤。

③ 机械伤害。铸造加工过程中，机械设备、工具或工件的非正常选择和使用，人的违章操作等，都可导致机械伤害。如造型机压伤，设备修理时误启动导致砸伤、碰伤。

④ 高处坠落。由于工作环境恶劣，照明不良，加上车间设备立体交叉，维护、检修和使用时，易从高处坠落。

（2）职业危害。

① 尘毒危害。在型砂和芯砂运输、加工过程中，打箱、落砂及铸件清理中，都会使作业地区产生大量的粉尘，若没有有效的排尘措施，易患肺尘埃沉着病；冲天炉、电炉产生的烟气中含有大量对人体有害的一氧化碳，在烘烤砂型或泥芯时也有一氧化碳气体排出；利用焦炭熔化金属，以及铸型、浇包、砂芯干燥和浇铸过程中都会产生二氧化硫气体，如处理不当，将引起呼吸道疾病。

② 噪声振动。在铸造车间使用的振实造型机、铸件打箱时使用的振动器，以及在铸件清理工序中，利用风动工具清铲毛刺，利用滚筒清理铸件等都会产生大量噪声和强烈的振动。

③ 高温和热辐射。铸造生产在熔化、浇铸、落砂工序中都会散发大量的热量，在夏季车间温度会达到40 ℃或更高，铸件和熔炼炉对工作人员健康或工作极为不利。

2）安全卫生技术措施

由于铸造生产的上述特点，所以铸造车间的工伤事故远比其他车间的多。因此，需从多方面采取安全技术措施。

（1）工艺要求。

① 工艺布置。应根据生产工艺水平、设备特点、厂区场地和厂房条件等，结合防尘防毒技术综合考虑工艺设备和生产流程的布局。污染较小的造型、制芯工段在集中采暖地区应布置在非采暖季节最小频率风向的下风侧，在非集中采暖地区应位于全面最小频率风向的下风侧。砂处理、清理等工段宜用轻质材料或实体墙等设施与其他部分隔开；大型铸造车间的砂处理、清理工段可布置在单独的厂房内。造型、落砂、清砂、打磨、切割、焊补等工序宜固定作业工位或场地，以方便采取防尘措施。在布置工艺设备和工作流程时，应为除尘系统的合理布置提供必要条件。

② 工艺设备。凡产生粉尘污染的定型铸造设备（如混砂机、筛砂机、带式运输机等），制造厂应配置密闭罩；非标准设备在设计时应附有防尘设施。型砂准备及砂的处理应密闭化、机械化。输送散料状干物料的带式运输机应设封闭罩。混砂不宜采用扬尘大的爬式翻斗加料机和外置式定量器，宜采用带称量装置的密闭混砂机。炉料准备的称量、送料及加料应采用机械化装置。

③ 工艺方法。在采用新工艺、新材料时，应防止产生新污染。如冲天炉熔炼不宜加萤石；改进各种加热炉窑的结构、燃料和燃烧方法，以减少烟尘污染；回用热砂应进行降温去灰处理。

④ 工艺操作。在工艺可能的条件下，宜采用湿法作业。落砂、打磨、切割等操作条件较差的场合，宜采用机械手遥控隔离作业。

a. 炉料准备。炉料准备包括金属块料（如铸铁块料、废铁等）、焦炭及各种辅料。在准备过程中最容易发生事故的是破碎金属块料。

b. 熔化设备。用于机器制造工厂的熔化设备主要是冲天炉（化铁）和电弧炉（炼钢）。冲天炉熔炼过程是：从炉顶加料口加入焦炭、生铁、废钢铁和石灰石，高温炉气上升和金属炉料下降，伴随着底焦的燃烧，使金属炉料预热和熔化以及铁水过热，在炉气和炉渣及焦炭的作用下使铁水成分发生变化。所以，其安全技术主要从装料、鼓风、熔化、出渣出铁、打炉修炉等环节考虑。

c. 浇注作业。浇注作业一般包括烘包、浇注和冷却三个工序。浇注前检查浇包是否符合要求，升降机构、倾转机构、自锁机构及抬架是否完好、灵活、可靠；浇包盛铁水不得太满，不得超过容积的80%，以免洒出伤人；浇注时，所有与金属溶液接触的工具，如扒渣棒、火钳等均需预热，防止与冷工具接触产生飞溅。

d. 配砂作业。配砂作业的不安全因素有粉尘污染；钉子、铁片、铸造飞边等杂物扎伤；混砂机运转时，操作者伸手取砂样或试图铲出型砂，结果造成手被打伤或被拖进混砂机等。

e. 造型和制芯作业。制造砂型的工艺过程叫作造型，制造砂芯的工艺过程叫作制芯。生产上常用的造型设备有震实式、压实式、震压式等，常用的制芯设备有挤芯机、射芯机等。很多造型机、制芯机都是以压缩空气为动力源，为保证安全，防止设备发生事故或造成人身伤害，在结构、气路系统和操作中，应设有相应的安全装置，如限位装置、连锁装置、保险装置。

f. 落砂清理作业。铸件冷却到一定温度后，将其从砂型中取出，并从铸件内腔中清除芯砂和芯骨的过程称为落砂。有时为提高生产率，过早取出铸件，因其尚未完全凝固而易导致烫伤事故。

（2）建筑要求。

铸造车间应安排在高温车间、动力车间的建筑群内，建在厂区其他不释放有害物质的生产建筑的下风侧。

厂房的主要朝向宜南北向。厂房平面布置应在满足产量和工艺流程的前提下同建筑、结构和防尘等要求综合考虑。铸造车间四周应有一定的绿化带。

铸造车间除设计有局部通风装置外，还应利用天窗排风或设置屋顶通风器。熔化、浇注区和落砂、清理区应设避风天窗。有桥式起重设备的边跨，宜在适当高度位置设置能启闭的窗扇。

（3）除尘。

① 炉窑。炉窑采用炼钢电弧炉，排烟宜采用炉外排烟、炉内排烟、炉内外结合排烟。通风除尘系统的设计参数应按冶炼氧化期最大烟气量考虑。电弧炉的烟气净化设备宜采用干式高效除尘器。

冲天炉。冲天炉的排烟净化宜采用机械排烟净化设备，包括高效旋风除尘器、颗粒层除尘器、电除尘器。当粉尘的排放浓度在400～600 mg/m^{3}时，最好利用自然通风和喷淋装置进行排烟净化。

② 破碎与碾磨设备。颚式破碎机上部，直接给料，落差小于1 m时，可只做密闭罩而不排风。不论上部有无排风，当下部落差大于或等于1 m时，下部均应设置排风密封罩。球墨机的旋转滚筒应设在全密闭罩内。

③ 砂处理设备、筛选设备、输送设备、制芯、造型、落砂及清理、铸件表面清理等均应通风除尘。

3）从业人员安全操作要求

（1）造型作业。

① 工作场地必须保持整洁，操作人员穿戴好劳动保护品。

② 造型时注意压勺、通气针等物刺伤人，握模型和用手塞砂子时注意铁刺和铁钉。

③ 抹箱时砂子应过筛，以免有杂物伤人。

④ 扣箱和翻箱时，动作要协调一致。

⑤ 不得在砂箱悬挂的情况下修型。

⑥ 使用手提灯时，应注意检查灯头、灯线是否漏电。

（2）化铁炉。

① 炉上操作人员一定要穿戴好劳动保护品。

② 场地保持整洁，做好开炉前的准备工作，并检查设备完好情况。

③ 上料不得太满，上料时炉子附近不得有人停留，严禁潮湿及易爆物进入炉内。

④ 化铁炉附近不得有积水。

（3）浇注。

① 工作前要穿戴好劳动保护品。

② 开炉前做好一切准备工作，铁水包要烘干，运铁水车要检修完好，道路要畅通，车间内要整洁。

③ 为保证产品质量，一定要坚持“五不浇”的原则，即没埋箱（包抹箱）不浇、没压箱不浇、没打渣不浇、温度低不浇、铁水量不够不浇。

④ 浇注前渣勺应预热。

⑤ 浇注前应准备好堵火窝头，跑火时严禁用手堵铁水。

⑥ 开天车人员应服从浇注人员指挥，抬包浇注时应协调一致。

⑦ 浇注时要引气，不能将头部对着冒口。

⑧ 铁水放花时，浇注人员要坚守岗位，不得慌乱。

⑨ 浇注后剩余的铁水，一定要倒在干燥合适的地方。

三、锻造安全技术

锻造是金属压力加工的方法之一，它是机械制造生产中的一个重要环节。锻造是在加压设备及工（模）具的作用下对金属坯料施加压力，使其产生塑性变形，以获得具有一定形状、尺寸和质量的锻件的加工方法。它可以通过一次或多次加压，使处于热态或冷态的金属和合金产生塑性变形，根据锻造加工时金属材料的温度可将锻造分为热锻、温锻和冷锻。除少数具有良好塑性的金属可在常温下锻造外，大多数金属都应加热后锻造成型，将金属加热，能降低其变形抗力，提高其塑性，并使内部组织均匀，以便达到用较小的锻造力获得较大的塑性变形而不破裂的目的。

1. 锻造加工的设备

锻造加工的主要设备包括加热设备、压力设备。此外，还要用到许多手用辅助工具。

1）加热设备

常用的锻造加热设备有火焰加热炉和电加热炉。火焰加热炉又可分为手锻炉或称明火炉、反射炉、重油炉和煤气炉，它是利用燃料燃烧产生的热来加热坯料。电加热炉主要有电阻炉和感应电加热器等。

（1）火焰加热炉。

① 手锻炉（又称明火炉）。将坯料直接置于固体燃料（一般是焦炭或烟煤）上，利用固体燃料燃烧的火焰对坯料进行加热的炉子叫手锻炉。它的结构简单，砌造容易，使用简便。可以局部加热，但其加热温度不均，量度难以掌握。由于其加热质量差，燃料消耗大，因此劳动生产率低。主要适于手工锻和小型空气锤上自由锻加热毛坯。

② 反射炉。以煤为燃料的火焰加热炉叫反射炉，其结构如图 4–20 所示。燃烧室中产生的高温炉气，越过火墙进入加热室，加热坯料。加热室温度可达 1 350 ℃左右，废气经烟道排出，燃烧所需的空气由鼓风机供给，经过换热器预热后送入加热室，坯料经炉门装入和取出。这种加热炉在中小批量生产的锻造车间经常采用。

③ 重油炉和煤气炉。以重油或煤气为燃料的火焰加热炉叫重油炉和煤气炉。图 4–21 所示为室式重油炉的结构。压缩空气和重油分别由两个管道送入喷嘴，压缩空气从喷嘴喷出时，所造成的负压将重油带出并喷成雾状，直接喷入加热室，进行燃烧，从而加热坯料。

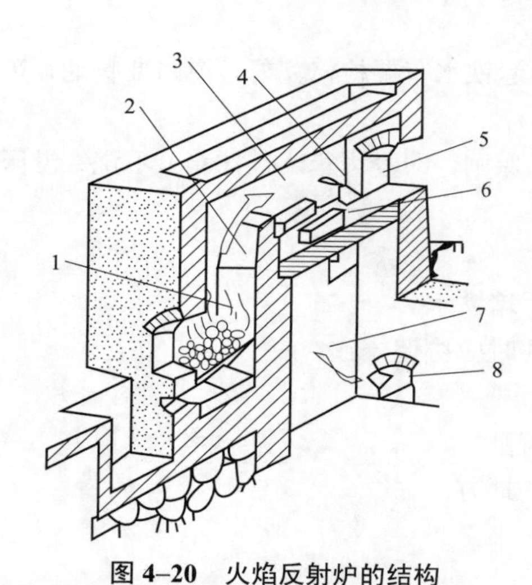

图 4–20　火焰反射炉的结构

1—燃烧室；2—火墙；3—加热室；4—通道；5—炉门；6—金属坯料；7—烟室；8—烟道

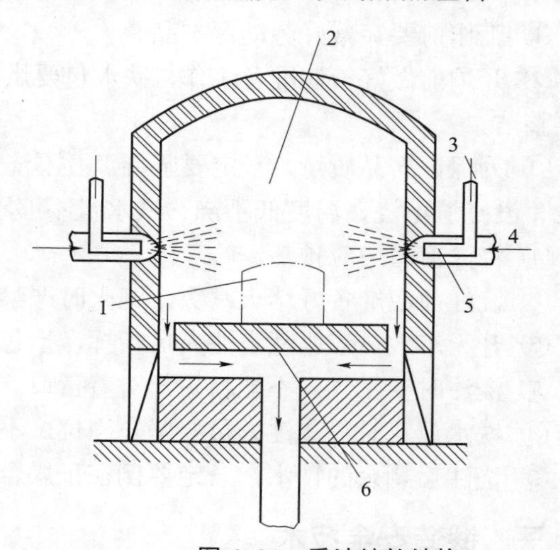

图 4–21　重油炉的结构

1—炉门；2—加热室；3—重油；4—空气；5—喷嘴；6—烟道

煤气炉的构造与重油炉基本相同，主要区别是喷嘴的结构不同。重油炉、煤气炉常用于加热单件和小批量的中小件坯料。

（2）电加热炉。

① 电阻炉是利用电阻加热器通电时所产生的热量作为热源来加热坯料。根据电阻元件不同，电阻炉分为中温电炉（加热器为电阻丝，最高使用温度为 950 ℃）和高温电炉（加热器为硅碳棒，最高使用温度为 1 300 ℃）两种。图 4–22 所示为箱式电阻丝加热炉。

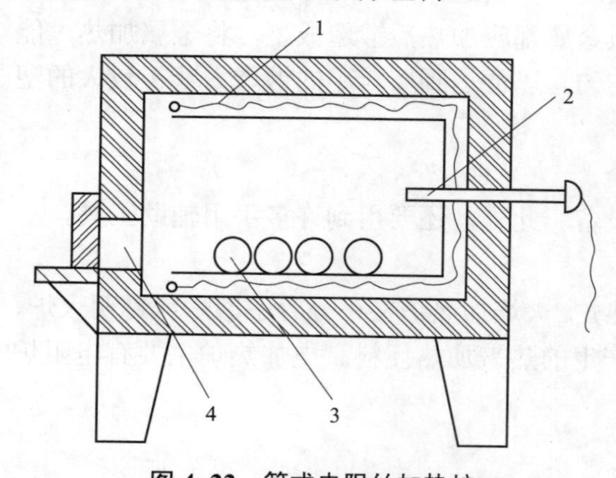

图 4–22　箱式电阻丝加热炉

1—电阻元件；2—热电偶；3—坯料；4—炉门

电阻炉操作简便，控制温度准确，且可通入保护性气体控制炉内气氛（气态介质），以防止或减少工件加热时的氧化，主要用于精密锻造及高合金钢、有色金属的加热。

② 感应电加热器是利用电磁感应原理，把坯料放在交变磁场中，使其内部产生感应电流（涡流），从而产生热量来加热坯料。

2）压力设备

锻造压力设备根据压力机的传动方式、结构形式及产生压力的方式等不同可分为多种类型。按传动方式不同，可分为机械传动、液压传动、电磁及气动压力机；按机身结构不同，可分为开式和闭式机身压力机；按产生压力的方式不同，可分为摩擦压力机和曲柄压力机。机械传动的曲柄压力机是我国工业部门中最基本、最常见的压力机类型。其中，中、小吨位开式机身机械式曲柄压力机使用量多，手工操作比例大，相应的事故率也高，相关内容在前面已经讨论。

2. 锻造加工的过程及作业条件特点

锻造加工工艺一般包括切割下料、加热、锻造、热处理、清理、检验等加工过程。

从职业安全保护的角度来看，尽管工作条件因锻造形式不同而各异，但都具有操作简单、动作单一、作业频率高等特点，单调重复的作业极易使操作者产生厌倦情绪，导致操作者的操作意识水平下降、精力不集中，引起动作不协调或误操作。强烈的噪声、振动、干热混浊的空气等恶劣的作业环境及较大的精力和体力消耗，都会对操作者生理和心理造成不良的影响。模具结构设计不合理、工具繁多、机器本身故障等不良因素也会对操作者造成影响。

具体来说，锻造车间有如下特点：

（1）锻造生产是在金属灼热的状态下进行的（如低碳钢锻造温度范围为 750 ℃～1 250 ℃），由于有大量的手工劳动，稍不小心就可能发生灼伤。

（2）锻造车间里的加热炉和灼热的钢锭、毛坯及锻件不断地散发大量的热辐射，工人经常受到热辐射的侵害。

（3）锻造车间的加热炉在燃烧过程中产生的烟尘和有毒有害气体排入车间的空气中，不但影响作业环境，还降低了车间内的能见度，因而也可能引起工伤事故。

（4）锻造生产中所使用的设备如空气锤、蒸汽锤、摩擦压力机等工作时发出的都是冲击力；设备在承受这种冲击载荷时，本身容易突然损坏（如锻锤活塞杆的突然折断）而造成严重的伤害事故。

（5）锻造设备在工作中的作用力很大，它们的工作条件虽较平稳，但因其工作部件所发出的力量很大，如果模子安装调整上出现错误或操作时稍不正确，大部分的作用力就不是作用在工件上，而是作用在模子、工具或设备本身的部件上，就可能引起机件的损坏以及其他严重的设备或人身事故。

（6）锻工的工具和辅助工具繁多，在工作中，工具更换非常频繁，存放往往又较杂乱，增加了对这些工具检查的困难，有时还会因“凑合”使用类似的工具而造成工伤事故。

（7）锻造设备在运行中产生强烈的噪声和振动，使工作地点嘈杂刺耳，影响人的听觉和神经系统，分散了注意力，因而增加了发生事故的可能性。

3. 锻造加工中的危害及预防措施

根据锻造加工工艺的特点可知，在锻造加工过程中存在多种危害，可能由于设备、模具和环境条件不完善，或由于操作不安全、组织工作不善，或因未曾配备和缺少安全装置及个体防护用品，而引发生产安全事故和职业伤害。

1）危害

（1）事故危害。锻造加工中的事故危害主要有下面三种：

① 机械伤害。锻造加工过程中，机械设备、工具或工件的非正常选择和使用，人的违章操作等，都可导致机械伤害。如锻锤锤头击伤；打飞锻件伤人；辅助工具打飞击伤；模具、冲头打崩、损坏伤人；原料、锻件等在运输过程中造成的砸伤；操作杆打伤、锤杆断裂击伤等。

② 火灾爆炸。红热的坯料、锻件及飞溅氧化皮等一旦遇到易燃易爆物品，极易引发火灾和爆炸事故。

③ 灼烫。锻造加工坯料常加热至 800 ℃～1 200 ℃，操作者一旦接触到红热的坯料、锻件及飞溅氧化皮等，必定被烫伤。

（2）职业危害。加热炉和灼热的工件辐射大量热能，火焰炉使用的各种燃料燃烧产生炉渣、烟尘，对这些危害物质如不采取通风净化措施，将会污染工作环境、恶化劳动条件，容易引起伤害事故。

① 噪声和振动。锻锤以巨大的力量冲击坯料，产生强烈的低频率噪声和振动，可引起职工听力降低或患振动病。

② 尘毒危害。火焰炉使用的各种燃料燃烧生产的炉渣、烟尘，空气中存在的有毒有害物质和粉尘微粒。

③ 热辐射。加热炉和灼热的工件辐射大量热能。

2）安全卫生技术措施

保证锻造加工的安全卫生，首先必须从安全技术措施上，对车间进行合理的布局，在压力机的设计、制造与使用等环节全面加强控制。同时，还需通过技术培训和安全教育使操作者加强安全意识和提高操作技能；为操作者提供必需的劳动防护用品，以最大限度地减少事故和伤害。

（1）设备安全要求。设备结构不但要保证设备运行中的安全，而且要保证安装、拆卸和检修等各项工作的安全。此外，还必须便于调整和更换易损件，便于对在运行中要取下检查的零件进行检查。所有设备必须保证达到以下要求：

① 锻造机械的机架和突出部分不得有棱角或毛刺。

② 外露的传动装置必须有防护罩。防护罩需用铰链安装在锻压设备的不动部件上。

③ 锻造机械的启动装置必须保证对设备进行迅速开关，并保证设备运行和停车状态的连续可靠。启动装置的结构应能防止设备意外开动或自动开动。

④ 电动启动装置的按钮盒，其按钮上需标有“启动”“停车”等字样。“停车”按钮为红色，其位置比“启动”按钮高 10～12 mm。

⑤ 压力设备配备可靠的安全附件。

⑥ 新安装和经过大修理的锻压设备，应该根据设计图纸和技术说明书进行验收和试验。

（2）作业环境和个体防护。

① 加热和锻造设备应设置在正确位置，避免密集在一处，工作流程要合理；锻造车间应有有效的全车间通风（设计良好的自然通风一般已可满足），加热炉要有局部排气系统；高温工作场所应配备冷空气簇射装置，并在门的周围安装风幕。

② 声源应予以封闭或装设吸声板，设备应安装在减振和隔振基础上。

③ 应提供隔热隔声的休息室，给员工提供个体防护用品（特别是听力防护用品），工作节奏应该合理。

3）从业人员安全操作要求

锻造加工作业环境恶劣，危险和危害因素多，操作工人应认真学习设备安全技术操作规程，加强设备的维护、保养，保证设备的正常运行，防止事故的发生。

① 工作前，要穿好工作服、隔热工作鞋，戴好安全帽和护目镜，工作服应当很好地遮蔽身体，以防烫伤。

② 检查所用的工具、模具是否牢固、良好、齐备；锤头、锤杆有无裂纹，是否松动；气压表等仪表是否正常，气压是否符合规定。

③ 设备开动前，应检查电气接地装置、防护装置、离合器等是否良好，并为设备加好润滑油，空车试运转 5 min，确认无误后，方可进行工作。采用机械化传送带运输锻件，要检查传送带上、下、左、右是否有障碍物，传送带试车正常后方可运输。

④ 工房温度较低时，应将工具、模具及设备的有关部分预热到 150 ℃～200 ℃，防止冷态使用造成断裂。

⑤ 工房内的通风设备（如排气扇等）使用前一定要检查，以防叶片脱落或漏电伤人。移动时，风扇叶片应完全停止转动。

⑥ 工作中应经常检查设备、工具、模具等，尤其是受冲击部位是否有损伤、松动、裂纹等，发现问题要及时修理或更换，严禁设备“带病”作业。

⑦ 锻件在传送时不得随意投掷，以防烫伤、砸伤。大的锻件必须用钳子夹牢，由吊车传送。

⑧ 掌钳工在操作时，钳柄应在人体两侧，不要将钳柄对准人体的腹部或其他部位，以免锻打时钳子突然飞出造成伤害。锻打时掌钳工给司锤工的信号要明确。

⑨ 掌钳时不要把手指放在钳柄之间，也不要把钳口放在锤头行程下面，以防钳口裂开，挤压手指。

⑩ 不得锻打冷料或过烧的坯料，以防飞裂伤人。

⑪ 操作时，严禁用手伸到锤的下方取、放锻件。不得用手或脚直接清除铁砧上的氧化皮或锻打的工件。

⑫ 锻件及工具不得放在人行通道上或机械传送带近旁，以保持道路畅通。锻件应平稳地放在指定地点。堆放不能过高，一般应为 0.8 m，以防突然倒塌，砸伤、压伤人。

⑬ 锻造操作机运行及热件运送范围内，禁止堆放物品和站人。

⑭ 与生产无关的工具、毛坯、锻件和料头等，不要放在锤的旁边；不准横跨机械传送带或锻造自动线，也不准在其上面递送工具或坯料等。

⑮ 使用脚踏开关锤时，在测量工件时需将脚离开脚踏开关，以防误踏出事故。

⑯ 易燃易爆物品不准放在加热炉或热锻件近旁。

⑰ 除工作现场操作人员外，严禁无关人员观看，防止工件飞出击伤人。

⑱ 严格遵守“七不打”的操作规程，即工作放不正不打，拿不平不打，冷铁不打，冲子背上有油不打，剁刀背上有油不打，空锤不打，看不准不打。

四、热处理安全技术

热处理是将金属放在一定的介质中加热到适宜的温度，并在此温度中保持一定的时间后，又以不同的速度冷却的工艺方法。通过热处理，可使金属工件具有较高的强度、硬度、韧性及耐磨性等良好的力学性能和较长的工作寿命。热处理一般不改变工件的形状和整体的化学成分，而只是通过改变工件内部的显微组织，或改变工件表面的化学成分，赋予金属某些特殊的性质。热处理工艺一般可分为整体热处理（退火、正火、淬火和回火）、表面热处理和化学热处理。

1. 热处理的设备

热处理工序中的主要设备是加热炉，还有一些用于矫正、清理、表面强化的补充设备。加热炉可分为燃料炉和电炉两大类。

1）燃料炉

燃料炉是以固体、液体和气体燃料燃烧所产生热源的加热炉，如煤炉、油炉和煤气炉。它们靠燃烧直接发出热能量，大都属于一次能源，价值经济、消耗低，但容易使工件表面脱碳和氧化，常用于一般要求的加热工件和材料热处理中，如回火、正火、退火和淬火。

2）电炉

电炉是以电为热能源的加热炉，即二次能源炉。按其加热方法不同，又分为电阻电炉和感应电炉。根据加热工件和材料不同，按工艺要求应配备不同形式的电加热炉。

（1）电阻电炉是由电阻体作为发热元件的电炉。根据热处理工艺的要求，电阻电炉可进行退火、正火、回火、淬火、渗碳氧化和氮化等处理。

（2）感应电炉是通过电磁感应作用，使工件内产生感应电流，将工件迅速加热的电炉。感应电炉加热是热处理工艺中的一种先进方法，主要用于表面热处理淬火，后来逐步扩大为用于正火、淬火、回火以及化学热处理等。

2. 热处理加工的过程及作业特点

热处理加工的过程一般可分为三个步骤：加热、保温、冷却。

加热可采用固体、液体、气体燃料或电加热，也可通过熔融的盐或金属加热。为了避免金属在空气中发生氧化及脱碳现象，金属通常是在保护气氛（气态介质）、熔融盐中或真空中加热的。

在热处理加工过程中，工件的退火、正火、淬火、渗碳等热处理工序都是在高温下进行的，会产生很强的热辐射；高频电炉还能产生强度很大的电场和磁场；电加热设备电压高、电流大，而且要用品种繁多的辅助材料，如酸、碱、金属盐、氰盐等。这些辅料有的是具有强烈腐蚀性和毒性的物质，有的易燃、易爆，有的在热处理过程中还能形成对人体有害的气体、粉尘和气溶胶等；淬火油等物质在使用过程中易引起爆炸或燃烧。

3. 热处理加工中的危害及防护措施

在热处理加工过程中，易造成烧伤、烫伤、眼灼伤、触电、火灾、爆炸等事故。

1）危害

（1）事故危害。

① 火灾或爆炸。热处理过程中经常使用的甲醇、乙醇、丙烷、柴油、汽油都是易燃易爆物。热处理操作常在高温下进行，工件温度高，采用燃料炉时，更是有明火存在，不加强管理，极易发生火灾或爆炸事故。

② 灼烫。材料和设备表面温度过高，热辐射可造成烧伤。操作温度很高的等离子、电子射线、光学的和其他类型的炉子可引起眼烧伤。

③ 触电。热处理车间用电量很大，电气设备也比较多，稍有不慎就有发生触电的危险。

（2）职业危害。

① 尘毒危害。工作介质在加热过程中，大量蒸发或反应生成大量对人体健康有害的气体、粉尘、气溶胶等。例如，氯化钡作加热介质，温度可达 1 300 ℃，氯化钡大量蒸发；氮

化工艺过程中有大量氮气排放等。

② 热辐射及光辐射。一些热处理工艺温度高达 900 ℃～1 200 ℃，炉前操作工人必然受到高温的热辐射和光辐射。

③ 强电场、磁场对人体造成的不良影响。

2）热处理的安全防护措施

热处理生产过程中，存在众多的危险和有害因素，因此必须采取有效的安全技术措施。

（1）工作场所按安全要求布置安装一般箱式热处理炉的车间，主要通道留在中间，宽度应不小于 2～3 m。一般情况下，小型炉之间的间距为 0.8～1.2 m，中型炉为 1.2～1.5 m。为防止火灾，储油槽一般应设在车间外面的地下室或地坑内；高频、中频感应淬火机房应单独设置，并远离油烟、灰尘和震动较大的地方。氰化间、喷砂间等有毒、有害的设备，应隔离布置并设防护装置。

（2）对工艺设备的安全要求，大型油槽应设置事故回油池，为了保持油的清洁和防止火灾，油槽应装设槽盖；应设置气体捕集和气体净化系统，将一氧化碳、氮氧化物、氯和氟化物、烃类等进行净化。

3）从业人员安全操作要求

（1）热处理过程对从业人员的操作安全要求主要有以下几点：

① 操作前，首先要熟悉热处理工艺规程和所要使用的设备。

② 操作时，必须穿戴好必要的防护用品，如工作服、手套、防护眼镜等。

③ 在加热设备和冷却设备之间，不得放置任何妨碍操作的物品。

④ 混合渗碳剂、喷砂等应在单独的房间中进行，并应设置足够的通风设备。

⑤ 设备危险区（如电炉的电源引线、汇流条、导电杆和传动机构等）应当用铁丝网、栅栏、板等加以防护。

⑥ 热处理用全部工具应当有条理地放置，不许使用残裂的、不合适的工具。

⑦ 车间的出入口和车间内的道路，应当通行无阻。在重油炉的喷嘴及煤气炉的浇嘴附近，应当安置灭火砂箱；车间内应放置灭火器。

⑧ 经过热处理的工件，不要用手去摸，以免造成灼伤。

（2）操作重油炉（包括煤气炉）时必须经常对设备进行检查，油管和空气管不得漏油、漏气，炉底不应存有重油。如发现油炉工作不正常，必须立即停止燃烧。油炉燃烧时不要站在炉口，以免火焰灼伤身体。如果发现突然停止输送空气，应迅速关闭重油输送管。为了保证操作安全，在打开重油喷嘴时，应该先放出蒸汽或压缩空气，然后再放出重油；关闭喷嘴时，应先关闭重油的输送管，然后再关闭蒸汽或压缩空气的输送管。

（3）操作各种电阻炉的安全要求在使用前，需检查其电源接头和电源线的绝缘是否良好，要经常注意检查启闭炉门自动断电装置是否良好，以及配电柜上的红绿灯工作是否正常。

无氧化加热炉所使用的液化气体，是以压缩液体状态储存于气瓶内的，气瓶环境温度不许超过 45 ℃。液化气是易燃气体，使用时必须保证管路的气密性，以防发生火灾和伤亡事故。由于无氧化加热的吸热式气体中一氧化碳的含量较高，因此使用时要特别注意保证室内通风良好，并经常检查管路的密封。当炉温低于 760 ℃或可燃气体与空气达到一定的混合比时，就有爆炸的可能，为此，在启动与停炉时更应注意安全操作，最可靠的办法是在通风及停炉前用惰性气体及非可燃气体（氮气或二氧化碳）吹扫炉膛及炉前室。

（4）操作盐浴炉时应注意，在电极式盐浴炉电极上不得放置任何金属物品，以免变压器发生短路。工作前应检查通风机的运转和排气管道是否畅通，同时检查坩埚内熔盐液面的高低，液面一般不能超过坩埚容积的3/4。电极式盐浴炉在工作过程中会有很多氧化物沉积在炉膛底部，这些导电性物质必须定期清除。使用硝盐炉时，应注意硝盐超过一定的温度会发生着火和爆炸事故。因此，硝盐的温度不应超过允许的最高工作温度。另外，应特别注意硝盐溶液中不得混入木炭、木屑、炭黑、油和其他有机物质，以免硝盐与炭结合形成爆炸性物质而引起爆炸事故。

（5）液体氰化时，要特别注意防止氰化物中毒。进行高频电流感应加热操作时，应特别注意防止触电。操作间的地板应铺设胶皮垫，并注意防止冷却水洒漏在地板上和其他地方。

（6）镁合金热处理时，应特别注意防止炉子“跑温”而引起镁合金燃烧。当发生镁合金着火时，应立即用熔炼合金的熔剂（50%氯化镁＋25%氯化钾＋25%氯化钠熔化混合后碾碎使用）撒盖在镁合金上加以扑灭，或者用专门用于扑灭镁火的药粉灭火器加以扑灭。在任何情况下，都绝对不能用水和其他普通灭火器来扑灭，否则将引起更为严重的火灾事故。

（7）油中淬火操作的安全要求，操作时，应注意采取一些冷却措施，使淬火油槽的温度控制在80 ℃以下，大型工件进行油中淬火更应特别注意。大型油槽应设置事故回油池。为了保持油的清洁和防止火灾，油槽应装槽盖。

（8）矫正工件的工作场地位置应适当，防止工件折断崩出伤人，必要时，应在适当位置装设安全挡板。

（9）其他操作的安全要求无通风孔的空心件不允许在盐浴炉中加热，以免发生爆炸。有盲孔的工件在盐浴中加热时，孔口不得朝下，以免气体膨胀将盐液溅出伤人。管装工淬火时，管口不应朝向自己或他人。

五、焊接安全技术

焊接是利用局部加热或加压等手段，使分离的两部分金属通过原子的扩散与结合而形成永久性连接的工艺方法。焊接主要用来连接金属，常用于金属结构件的生产。

焊接方法的种类很多，根据实现金属原子间结合的方式不同，常用的有熔融焊、压力焊、钎焊。

熔融焊是利用外加热源使焊件局部加热至熔化状态，一般还同时熔入填充金属，然后冷却结晶成一体的焊接方法。熔融焊的加热温度较高，焊件容易变形。但接头表面的清洁程度要求不高，操作方便，适用于各种常用金属材料的焊接，应用较广。

压力焊（简称压焊）是对焊件加热（或不加热）并施压，使其接头处紧密接触并产生塑性变形，从而形成原子间结合的焊接方法。压力焊只适用于塑性较好的金属材料的焊接。

钎焊是将低熔点的钎料熔化，利用液态钎料在母材表面润湿、铺展，并与固态母材（焊件）相互扩散实现连接的焊接方法。它与熔焊方法不同，钎焊时母材不熔化。钎焊不仅适用于同种或异种金属的焊接，还广泛用于金属与玻璃、陶瓷等非金属材料的连接。

机械制造业中常用的是属于熔融焊的电焊、气焊与电渣焊，其中尤以电焊应用最广。

1. 电焊

电焊又分为电阻焊与电弧焊两类。前者是利用大的低压电流通过被焊件时，在电阻最大的接头处（被焊接部位）引起强烈发热，使金属局部熔化，同时机械加压而形成的连接；后者则是利用电焊机的低压电流，通过电焊条（为一个电极）与被焊件（为另一个电极）间形成的电路，在两极间引起电弧来熔融被焊接部分的金属和焊条，使熔融的金属混合并填充接缝而形成的。

1）设备、工具和材料

电焊作业设备、工具都较简单，主要设备有交流焊机、旋转式直流弧焊机和焊接整流器等。电焊机实质上是焊接电源，主要工具包括焊钳、焊枪和焊接电缆。

焊接的材料主要是焊条。焊条由金属焊芯和药皮两部分组成。焊芯的主要作用是作为电极和填充金属，其化学成分直接影响焊缝质量，焊芯通常用含碳、硫、磷较低的专用钢丝制成；药皮的作用主要是稳弧、保护、脱氧、渗合金及改善焊接的工艺性。由于焊条药皮中含有钾、钠等元素，能在较低的电压下电离，容易引弧并使之稳定燃烧以改善焊条的工艺性能，如能减少焊接飞溅、使焊缝成形美观；药皮在高温下熔化，可产生保护熔渣及隔离气体，减少氧和氮侵入金属熔池；药皮中含有锰铁、硅铁等铁合金，在焊接冶金过程中起脱氧、去硫、渗合金等作用。

2）危害

（1）事故危害。电焊作业中的事故危害主要有触电、火灾或爆炸、灼烫三种。

① 触电。所有电焊工艺共同的主要事故风险是触电。电焊发生触电事故主要有以下几方面的原因：

a. 焊机电源线的电压比较高（220 V/380 V），人体一旦触及，往往会造成事故。

b. 焊机的空载电压虽然不高（60～90 V），但已超过安全电压，在潮湿、水下和阴雨天等条件下，该电压有可能使触电者伤亡。在电焊过程中，操作者触及空载电压的机会较多（如更换焊条、清理工件和调节焊接电流等），加之思想麻痹等，致使电焊的触电伤亡事故大多是由触及空载电压造成的。

c. 电焊机和电缆在工作时受腐蚀性粉尘或蒸汽的作用，在室外作业时受雨雪侵蚀以及机械性损伤等，都容易造成绝缘层的老化、变质、硬化龟裂或破损，从而发生漏电危险。

d. 在锅炉、船舱或管道、金属容器里的电焊操作，由于作业空间狭小、金属电导率大或潮湿等原因，触电危险性较大。

② 火灾或爆炸。电焊作业时，电流的热效应可能引起电气火灾，特别是焊接储存过易燃、易爆物品的容器或管道，或周围有易燃易爆物品时，电流的热效应可能引起电气火灾和爆炸事故。

③ 灼烫。焊接时的弧光、溅出的火星及灼热的焊件，都可能导致灼烫伤。

（2）职业危害。

① 辐射。焊接中焊工常直接受到弧光辐射（主要是紫外光和红外线的过度照射）和焊接中的电子束产生的 X 射线的照射，这会引起眼睛和皮肤的疾病，影响其身体健康。焊接中产生的高频电磁场也会使人头晕疲乏。

② 尘毒危害。焊接过程中，由于高温使金属的焊接部位、焊条、污垢、油漆等蒸发或燃

烧，生成有毒有害气体和粉尘，引起中毒或危害操作者的健康。

3）电焊设备和工具安全要求

电焊安全可从电焊设备安全和电焊工具安全两方面考虑。

（1）电焊设备安全。电焊作业的主要设备，应采取下列安全技术措施：

① 电焊机要有防止过载的热保护装置，各导电部分之间要有良好的绝缘设施，并有良好的保护接地。

② 弧焊机空载时有自动断电保护措施。

（2）电焊工具在安全电焊作业时应做到以下两点：

① 电焊钳与焊接电线连接要牢固可靠，电焊钳绝缘良好。

② 焊接电缆应有良好的导电能力及良好的绝缘外表。

4）个体防护

① 保护眼睛不受伤害。使用镶有护目镜片的面罩，减弱电弧光的刺激，能过滤紫外线、红外线。

② 防止皮肤受伤害。穿浅色或白色帆布工作服，工作服袖口要扎紧，扣好袖扣；戴防护手套。

③ 防止急性职业病中毒。装有通风和吸尘设备，使用低尘少害的焊条，佩戴防尘口罩、防毒面具或呼吸滤清器。

④ 防高处坠落。高空作业时，必须系好安全带，戴好安全帽。

5）安全操作要求

（1）电焊工必须经过训练，考试合格发给操作证后，才能独立操作。

（2）在操作过程中，必须严格遵守以下电气安全规定：

① 电焊机必须绝缘良好，其绝缘电阻不得小于 1 MΩ，否则不准使用。不准任意搬动接地设备。工作前，首先检查接地线、导线有无损坏，电焊变压器的一次电源线要保证绝缘，其长度宜为 2.5～3 m。二次线应使用绝缘线，禁止使用厂房金属结构或其他金属物体接起来作导线使用（含零线）。导线接头不超过 2 个，要用绝缘布包好，电线不准拖在行人道路上，要挂起来。

② 电焊机用电焊变压器，应该按照规定的时间间歇使用。

③ 电焊机外壳和二次线圈绕组引出线的一端，在电源为三相三线制或单相制系统中，应安装保护性接地线，接地电阻不得超过 4 Ω；在电源为三相四线制中性点接地系统中，应安装保护性接零线，其接地线、接零线断面应稍大些。在电焊机二次线圈绕组一端接地或接零时，则焊体本身不该接地，也不应接零，以防工作电流伤人或发生火灾。

④ 在有接地线或接零线的工件上进行电焊时，应将焊件的接地线或接零线的接头暂时断开，焊完后再接上。在焊接与大地紧密相连的工件（如管路、房屋、金属、立柱、有良好接地的铁轨等）时，焊件接地电阻小于 4 Ω，则应将电焊机二次线圈绕组一端接地或接零线的接头暂时断开，焊完后再恢复，总之，不能同时接地或接零（指二次端和焊件）。

⑤ 焊接中没发生电弧时，电压较高，要特别注意防止触电。调整电流或换焊条时，要放下电把进行。焊接工作结束后，要将电源切断。

（3）进行焊接操作要做到如下要求：

① 在潮湿地点及金属容器内进行作业，要穿绝缘鞋和站在胶垫上。照明灯使用 12 V，

电焊、尖钳绝缘。使用有滤光镜的面罩，防止电弧射伤眼睛和烫伤面部。面罩与脸不要离得太远，防止电弧和紫外线从侧面射伤面部。

② 工作地点要用屏风围起来，以免电弧、紫外线和火花溅飞焊渣射伤其他人员。

③ 工作地点周围不要放置易燃易爆物品，严禁焊接未消除压力的容器和带有危险性的爆炸物品。

④ 在高空或井筒内焊接时，要有人在场监护，要系安全带，要用铁板隔开，防止火花或焊渣四处飞溅引起火灾。

（4）禁止焊接有油污、有易燃易爆气体等的容器物品。

（5）禁止在不停电的情况下检修、清扫电焊机或更换保险丝，以防触电。

2. 气焊与气割

气焊是利用可燃气体与助燃气体，通过焊炬进行混合后喷出，经点燃而发生剧烈的氧化燃烧，以此燃烧所产生的热量去熔化工件接头部位的母材和焊丝而达到金属牢固连接的方法。气割是利用可燃气体与氧气混合燃烧的预热火焰，将金属加热到燃烧点，并在氧气射流中剧烈燃烧而将金属分开的加工方法。气割过程实际上是被切割金属在纯氧中的燃烧过程，而不是熔化过程。

1）设备、工具和常用材料

气焊和气割应用的设备包括气瓶及回火防止器等。应用的工具包括焊炬、割炬、减压器以及胶管等。气焊和气割均需使用气体材料，气体包括助燃气体和可燃气体，助燃气体是氧气，可燃气体有乙炔、液化石油气和氢气等。

气焊还需使用焊接材料。焊接材料有气焊丝和气焊熔剂（焊粉）。气焊用的焊丝起填充金属的作用，焊接时与熔化的母材一起组成焊缝金属。气焊熔剂的采用是为了防止金属的氧化以及消除已经形成的氧化物和其他杂质，在焊接有色金属材料时，必须采用气焊熔剂。

2）气焊和气割的主要危险和危害

（1）火灾、爆炸和灼烫。气焊与气割所应用的乙炔、液化石油气、氢气和氧气等都是易燃易爆气体，氧气瓶、乙炔瓶、液化石油气瓶都属于压力容器。在焊补燃料容器和管道时，还会遇到其他许多易燃易爆气体及各种压力容器，同时又使用明火，当焊接设备或安全装置有缺陷，或违反操作规程操作时，就极易构成火灾和爆炸的条件，从而引发火灾和爆炸事故。

在气焊与气割的火焰作用下，氧气射流的喷射，使火星、熔珠和铁渣四处飞溅，容易造成灼烫事故。较大的熔珠和铁渣能引着易燃易爆物品，造成火灾和爆炸。

（2）金属烟尘和有毒气体危害。气焊与气割的火焰温度高达 3 000 ℃以上，被焊金属在高温作用下蒸发、冷凝成为金属烟尘。在焊接铝、镁、铜等有色金属及其他合金时，除了这些有毒金属蒸气外，焊粉还散发出燃烧物；黄铜、铅的焊接过程中都能散发出有毒蒸气。在补焊操作中，还会遇到其他毒物和有害气体，尤其是在密闭容器、管道内的气焊操作，可能造成焊工中毒事故。

3）气焊设备安全操作要求

（1）焊、割前准备。为安全操作气焊设备，焊、割前需进行以下十方面的准备。

① 检查橡胶软管接头、氧气表、减压阀等应紧固牢靠、无泄漏。严禁油脂、泥垢沾染气焊工具、氧气瓶。

② 严禁将氧气瓶、乙炔发生器靠近热源和电闸箱，并不得放在高压线及一切电线的下面，切勿在强阳光下曝晒，而应放在操作工点的上风处，以免引起爆炸。四周应设围栏，悬挂“严禁烟火”标志，氧气瓶、乙炔气瓶与焊、割炬（也称焊、割枪）的间距应在 10 m 以上，特殊情况也应采取隔离防护措施，其间距也不准少于 5 m，同一地点有两个以上乙炔发生器时，其间距不得小于 10 m。

③ 氧气瓶应集中存放，不准吸烟和明火作业，禁止使用无减压阀的氧气瓶。氧气瓶应直立放置，支架稳固，防止倾倒；横放时，瓶嘴应垫高。氧气瓶应配瓶嘴安全帽和两个防震胶圈。移动时，应旋上安全帽，禁止拖拉、滚动或吊运氧气瓶，禁止戴有油脂的手套搬运氧气瓶。转运时应用专用小车，固定牢靠，避免碰撞。

④ 乙炔气瓶使用前，应检查防爆和防回火安全装置。

⑤ 按工件厚度选择适当的焊炬和焊嘴，并拧紧焊嘴，且无漏气。

⑥ 焊、割炬装接胶管应有区别，不准互换使用，氧气管用红色软管，乙炔管用绿色或黑色软管。使用新软管时，应先排除管内杂质、灰尘，使管内畅通。

⑦ 不得将橡胶软管放在高温管道和电线上，或将重物或热的物件压在软管上，更不得将软管与电焊用的导线敷设在一起。

⑧ 安装减压器时，应先检查氧气瓶阀门接头不得有油脂，并旋开氧气瓶阀门出气口，关闭氧气瓶阀门时，须先松开减压器的活门螺丝（不可紧闭）。

⑨ 检查焊（割）炬射吸性能时，先接上氧气软管，将乙炔软管和焊、割炬脱开后，即可打开乙炔阀和氧气阀，再用手指轻按焊炬上乙炔进气管接口，如手感有射吸能力，气流正常后，再接上乙炔管路。如发现氧气从乙炔接头中倒流出来，应立即修复，否则禁止使用。检查设备、焊炬、管路及接头是否漏气时，应涂抹肥皂水，观察有无气泡产生，禁止用明火试漏。

⑩ 焊、割嘴堵塞，可用通针将嘴通一下，禁止用铁丝通嘴。

（2）焊、割操作中的注意事项如下：

① 开启氧气瓶阀门时，禁止用铁器敲击，应用专用工具，动作要缓慢，不要面对减压器。

② 点火前，急速开启焊、割炬阀门，用氧气吹风，检查喷嘴出口。无风时不准使用，试风时切忌对准脸部。点火时，可先把氧气调节阀稍微打开后，再打开乙炔调节阀，点火后即可调整火焰大小和形状。点燃后的焊炬不能离开手，应先关乙炔阀，再关氧气阀，使火焰熄灭后才准放下焊炬，不准放在地上，严禁用烟头点火。

③ 进入容器内焊接时，点火和熄火均应在容器外进行。

④ 在焊、割储存过油类的容器时，应将容器上的孔盖完全打开，先将容器内壁用碱水清洗干净，然后再用压缩空气吹干，充分做好安全防护工作。

⑤ 氧气瓶压力指针应灵敏正常，瓶中氧气不许用尽，必须预留余压，至少要留 0.1～0.2 MPa 的氧气，拧紧阀门，瓶阀处严禁沾染油脂，瓶壳处应注上“空瓶”标记。乙炔瓶比照规定执行。

⑥ 焊、割作业时，不准将橡胶软管背在背上操作，禁止用焊、割炬的火焰作照明。氧气、乙炔软管需横跨道路和轨道时，应在轨道下面穿过或吊挂过去，以免被车轮碾压破坏。

⑦ 焊、割嘴外套应密封性好，如发生过热时，应先关乙炔阀，再关氧气阀，浸水冷却。

⑧ 发生回火时，应迅速关闭焊、割炬上的乙炔调节阀，再关闭氧气调节阀，可使回火很

快熄灭。如紧急时（仍不熄火），可拔掉乙炔软管，再关闭一级氧气阀和乙炔阀门，并采取灭火措施。稍等一会儿后再打开氧气调节阀，吹出焊、割炬内的残留余焰和碳质微粒，才能再进行焊、割作业。

⑨ 如发现焊炬出现爆炸声或手感有振动现象，应快速关闭乙炔阀和氧气阀，冷却后再继续作业。

⑩ 进行高空焊、割作业时，应使用安全带。高空作业处的下面，严禁站人或工作，以防物体下落砸伤。

（3）焊、割作业完成后的注意事项如下：

① 关闭气瓶嘴安全帽，将气瓶置放在规定地点。

② 定期对受压容器、压力表等安全附件进行试验检查、周期检查及强制检查。

③ 短时间停止气割（焊）时，应关闭焊、割炬阀门。离开作业场所前，必须熄灭焊、割炬，关闭气门阀，排出减压器压力，放出管中余气。

④ 如发现乙炔软管在使用中脱落、破裂、着火，则应立即熄灭焊、割炬火焰，再停止供气，必要时可折弯软管以熄火。

⑤ 如发现氧气软管着火，则应迅速关闭氧气瓶阀门，停止供氧，但不准用折弯软管的办法熄火。

⑥ 熄灭焊炬火焰时，应先关闭乙炔阀门，再关闭氧气阀门；熄灭割炬时，应先关切割氧，再关乙炔和预热氧气阀门，然后将减压器调节螺丝拧松。

⑦ 在大型容器内焊、割作业未完成时，严禁将焊、割炬放在容器内，防止焊、割炬的气阀和软管接头漏气，在容器内储存大量的乙炔和氧气，一旦接触火种，将引起燃烧和爆炸。

3. 其他焊接的安全问题

焊接种类众多，安全问题突出，根据作业环境、地点的不同，焊接安全问题也应引起高度重视，可从以下几个方面考虑。

1）登高焊割作业安全

焊接工作人员在离地面 2 m 或 2 m 以上地点进行焊接与切割操作时，即称为登高焊割作业。这种作业必须采取安全措施以防止发生高处坠落、火灾、电击和物体打击等事故。

2）水下焊割作业安全

水下作业条件特殊，在水下进行电焊和气割时危险性很大，必须采取特殊的安全防护措施，以免发生爆炸、灼烫及电击、物体打击等工伤事故。准备工作安全措施和预防安全措施要仔细。

3）置换焊补安全

置换焊补为焊补前实行严格的惰性介质置换，使可燃物含量远小于下限的焊补方法。这种操作方法中存在爆炸着火的危险性，而且常容易发生恶性事故。

第三节　木工机械安全技术

木材加工是指通过刀具切割破坏木材纤维之间的联系，从而改变木料形状、尺寸和表面质量的加工工艺过程。进行木材加工的机械称为木工机械。从原木采伐到木制品最终完成的整个过程中，要经过木材的防腐及处理、人造板的生产、天然木和人造板的机械加工、成品的装配和表面修饰等很多工序。在木材加工的各个环节都离不开木工机械，木工机械的种类多、使用量大，广泛应用于建筑、家具行业，工厂的木模加工、木制品维修以及装修业等。

一、木工事故特点和危险因素识别

木材加工与金属切削加工的切削原理基本相同，但从劳动安全卫生的角度看，木材加工有其区别于金属加工的特殊性，因此，在危险因素识别时应予以注意。

1. 木材加工的特点

（1）加工对象为天然生长物。木料各向异性的力学特性，使其抗拉、压、弯、剪等机械性能在不同纹理方向上有很大的差异；天然缺陷（如疖疤、裂纹、夹皮、虫道、腐烂等）或加工产生的缺陷，破坏了木材的完整性和均匀性；干缩湿胀的特性和含水率的变化，使木材在加工存储过程中会出现不同程度的翘曲、开裂、变形；木材的生物活性使其含有真菌或滋生细菌，有些会产生刺激性的气味。

（2）刀具运动速度高。木材具有天然纤维分布不均匀和导热性差的特点，必须通过刀具的高速切削来获得较好的加工表面质量。木工机械是高速机械，一般刀具速度可高达 2 500～4 000 r/min，甚至更高。

（3）敞开式作业和手工操作。木材的天然特性和不规则形状，给装夹和封闭式作业造成困难，木工机械多是暴露敞开式作业；手工操作比例高，特别是初级木材加工机械化、自动化程度普遍不高。

（4）具有易燃易爆性。

2. 木材加工的危险因素识别

1）机械危险

刀具的切割伤害，工件、工件的零件或机床的零件在加工中意外抛射飞出的冲击伤害，锯机上断裂的锯条、磨锯机上砂轮破裂的碎片等物件的打击伤害是木材加工中常见的危害类型，其他机械伤害，如接触运动零部件，机器上凸出部位的刮碰等。

2）木材的生物效应

木材生物活性的有毒、过敏性物质可引起许多不同的发病症状和过程，例如皮肤症状、视力失调、对呼吸道黏膜的刺激和病变、过敏症状，以及各种混合症状。发病性质和程度取决于木材种类、接触的时间或操作者自身的体质条件。

3）化学危害

木材的天然特性使化学防腐在木材的存储、加工和成品的表面修饰处理等过程中成为必不可少的环节。可用的化学物范围很广，其中很多会引起中毒、皮炎或损害黏膜。

4）木粉尘伤害

大量木粉尘可导致呼吸道疾病，严重的可表现为肺叶纤维化症状，木工行业鼻癌和鼻窦腺癌比例较高，据分析可能与木尘中的可溶性有害物有关。

5）火灾和爆炸的危险

木材原料、半成品或成品、切削废料等都是易燃物，悬浮的木粉尘和使用的某些化学物等都是易爆危险因素。火灾危险存在于木材加工全过程的各个环节。

6）噪声和振动危害

木工机械是高噪声和高振动机械。

3. 木工机械事故分析

1）木工机械事故的类型

（1）刀具的切割伤害。木料在加工中受到冲击、振动，发生弹跳、侧倒、开裂，都可能使手工送料的操作者失去对木料的控制。其原因可能是木材的天然缺陷或加工缺陷引起切削阻力突变，木料由于过窄、短、薄而缺乏足够的支撑面或使夹持困难，手工送料的操作姿势不稳定等，致使推压木料的手触碰刀刃造成伤害甚至割断手指。由于刀具的高速运动和多刀多刃的作用，即使瞬间触碰刀具也会导致多次切削的严重后果。

（2）木料的反弹冲击伤人。由于木料在锯切剖分后重心位置改变引起侧倒，木材的含水性或疖疤引起夹锯又突然弹开，经加压校直处理的弯曲木料在加工过程中弹性复原等多种原因，都有可能造成木材的反弹伤人。

（3）飞出物的打击伤害。由于刀具本身缺陷或装夹缺陷，在加工受力或高速运转时导致刀具损坏（如刀具崩齿、锯条断裂、刨刀片飞出等），未清理干净的废旧木料在加工时引起钉子或其他黏结杂物崩甩以及木屑碎块飞出伤人。

木工机械事故中，刀具的切割伤害因其发生概率高、伤害后果严重而尤显突出。

2）木工机械事故的发生规律

（1）事故的发生时间。事故绝大多数发生在机械处于正常运行状态的正常操作期间，较少发生在机械故障状态或辅助作业（如更换刀具、检修、调整、清洁机器等）阶段。

（2）事故的波及范围。刀具的切割伤害一般是个体伤害，只涉及操作者或意外接触刀具的个人；木料的冲击或飞出物的打击伤害有时不仅关系到机械的操作者，还可能波及附近其他作业人员。

（3）事故加害物。数量最多的是由刀具引起的切割伤害，其次是由被加工物引起的其他原因导致的事故。

（4）事故高发的机械种类。我国的基本情况是：占第一位的是平刨床，第二位的是锯机类（圆锯机和带锯机），其他种类的木工机械事故率要低得多。刀具高速运动和手工送料的作业方法是造成机械伤害的直接原因。综合分析可知，事故多发生在正常操作期间，机械伤害尤以刀具切割手的概率最高，刀具切割和木料冲击的伤害后果严重。

二、木工机械加工操作区的安全技术

通过木工机械安全设计，选用适当的设计结构，尽可能避免或减小危险；通过提高设备的可靠性、操作机械化或自动化，尤其是进给系统，诸如机械手、供料、取料、输送装置，来减少或限制操作者涉入危险区的机会，从而降低作业人员面临危险的概率。由于各种因素制约，仍然需要手工送料通过高速旋转的刀具危险区的木工机械，除了动力和传动装置应满足安全要求外，操作者的安全性取决于规范安全操作行为和提供带防护功能的工作装置，重点是在加工操作区采取有效的安全技术措施。

1. 直接安全技术措施

在加工操作区，安全性主要取决于工作台和刀具的安全状况。

（1）工作台必须能保证工件的安全进给，手推工件进给的机床应设有导向板，导向板应能保证工件进给的正确位置。工作台和导向板应有一光滑的表面，表面的平面度应满足精度要求。

（2）刀具和刀具主轴应能承受最高许用转速的应力、切削应力和制动过程的应力作用，旋转刀具应进行静平衡或动平衡试验并标明最高许用工作转速，刀具的总成体及其在机床上的固定应确保在启动、运转和制动时不会松脱。

（3）手动进给机床应严格限制刀片相对刀体的伸出量。在安装、调整刀具时，对可能引起转动而造成伤害的刀具主轴应进行防护。

2. 安全防护装置

安全防护装置可根据机床具体结构采用固定式、活动式、可调或自调式、全封闭或栅栏式防护装置。控制方式有机械式、光电式、手动式等多种类型。

（1）安全防护装置的功能必须可靠，在刀具的切削范围内，保证工件加工之前和加工之后均能有效地封闭危险区；在加工过程中，危险区由防护装置和工件来封闭。

（2）安全防护装置应结构简单并容易控制，组成构件有足够的强度、刚度、稳定性和正确的几何尺寸和形状，应能承受意外的冲击力。

（3）安全防护装置的安装必须稳固、可靠，位置正确，不易松脱和误置。安全防护罩体表面应光滑，不得有锐边、尖角和毛刺，不应成为新的危险源。

（4）存在工件抛射风险的机床，必须设有相应的防打击安全防护装置，例如，在压刨床上和多锯片圆锯机上采用止逆器，在圆锯机上采用分料刀、防反弹安全屏护等。

（5）安全防护罩与刀具应有足够的安全距离，不妨碍机床的调整和维修，不限制机床的使用性能，不给木屑的排除造成困难，不影响工件的加工质量。

（6）感应、光电式安全防护装置应具有自检功能，并应避免受木材质地、干湿度和人手胖瘦的影响而使装置灵敏度下降甚至误动作带来的风险。

3. 配置手用工具

操作区应提供和使用带防护功能的手用工具。例如，在手动进给木工圆锯机上采用推捧，在木工平刨床上使用推块或进给夹具等。这些装置应能可靠地夹紧工件，有固定牢靠、强度足够的手握操作件（如手柄），并能使操作者的手与刀具保持安全距离。

三、木工平刨床安全技术

木工平刨床通过刨刀轴纵向旋转，对横向进给的木料进行刨削，来实现木材的平面加工。手工进给单轴平刨床是常用类型，完全敞开外露的刨刀轴，手工推压木料从高速运转的刀轴上方通过，是本机床最大的危险。常见的伤害事故是刨刀切割手指，防止被切割的关键是解决刨刀轴的安全防护问题。

1. 平刨床的组成及安全要求

平刨床主要由机身、工作台、刀轴及其驱动装置三大部分组成。

1）机身

机身是整个机床的基础部分，其作用是连接机床的各组成部分，承受工作载荷。机身的安全要求有以下几点：

（1）足够的刚度、良好的抗振性和稳定性。

（2）符合安全人机工程学要求的设计。满足人半站立操作的高度要求和操作活动空间，机身外形尽量采用圆角和圆滑曲面，避免利棱和锐角。

（3）结构设计要方便通风除尘装置的配置和保证排屑通道的畅通。

2）工作台

工作台是木材刨削的操作平台，两块工作台板安装在刨刀轴两侧形成开口，露出刨刀轴全长（该部位称作唇口或刨口，见图 4–23）。

工作台采用轻合金、铸铁或铸钢制造，其抗拉强度不低于 200 MPa，工作台前长后短、前矮后高，高度差为刨削深度。导尺横跨在两工作台之间，立贴在机身外侧，作为引导木料进给的侧面基准。升降装置可调整工作台板高度和刨削开口量，常见的有偏心轴式和倾斜导轨式两种。唇口间的水平距离称为工作台的开口量，开口量应兼顾安全和加工的需要。开口量大，刀轴外露的危险区域大；开口量小，使机床的动力噪声急剧增加，可导致排屑不畅。工作台应满足以下安全要求：

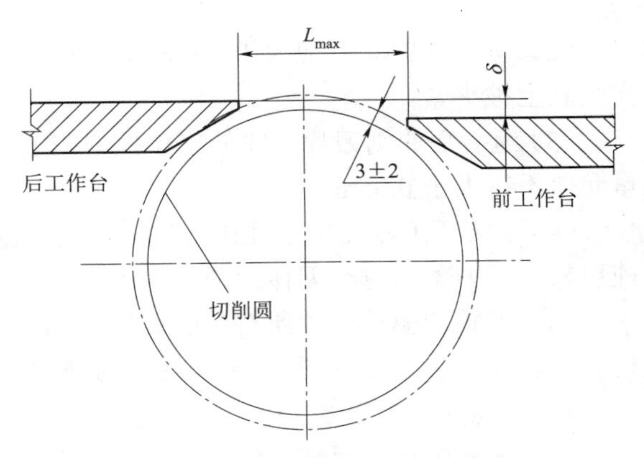

图 4–23 最大开口量 L_{max} 示意

（1）工作台面应平整、光滑，不得有凹坑和凸起，防止木料通过时弹跳、侧倒。

（2）升降机构必须能自锁或设有锁紧装置，防止受力后台板位置自行变化引起危险。

（3）无论工作台调整到任何高度，工作台唇板与切削圆之间的径向距离为（3±2）mm。

（4）工作台的开口应尽量小，在零切削位置时的开口量 L_Z 和最大开口量 L_{max} 符合表 4–3 的规定。

表 4–3 工作台的开口量 mm

切削圆公称直径 D	$80 \leqslant D \leqslant 100$	$100 < D \leqslant 110$	$110 < D \leqslant 125$	$125 < D \leqslant 140$
零切削位置时的开口量 L_Z	≤40	≤45	≤50	≤55
最大开口量 L_{max}	≤40+δ	≤45+δ	≤50+δ	≤55+δ
注：δ为平刨机的最大刨削厚度。				

3）刀轴及其驱动装置

刀轴有效长度与工作台面宽度相等，是平刨床的基本参数。刀轴的旋转动力由电动机通过带传动装置输入。刀轴由刨刀体、刀轴主轴、刨刀片和压刀条组成，装入刀片后的总成，称为刨刀轴或刀轴，如图 4–24 所示。刀轴的各组成部分及其装配应满足以下安全要求：

（1）刀轴必须是装配式圆柱形结构［见图 4–24（a）、图 4–24（b）］，严禁使用方形［见图 4–24（c）］和各种棱柱形刨刀体。刀体上装刀梯形槽应上底在外，下底靠近圆心，如图 4–24（b）所示。

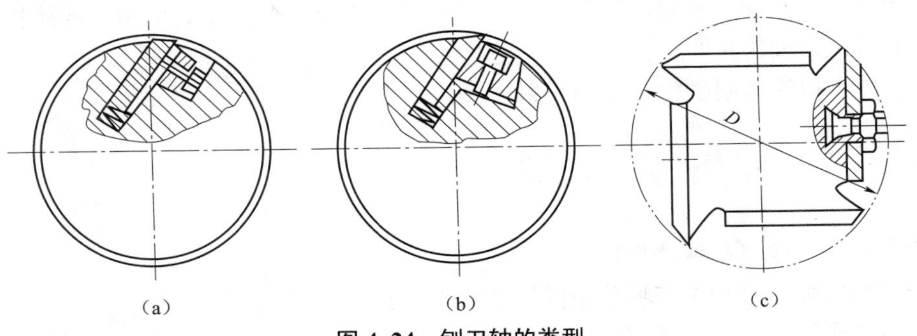

图 4–24 刨刀轴的类型

（2）刨刀片的宽度应大于 30 mm；重磨后的宽度不得小于原宽度的 2/3，并应保证刀片在全长上被夹紧。

（3）组装后的刨刀片径向伸出量控制在 1.1 mm 之内，刀片在刨刀体端截面上的径向伸出量允差不得大于 0.05 mm。

（4）组装后的刀轴须经强度试验和离心试验，试验后的刀片不得有卷刃、崩刃或显著磨钝现象；压刀条相对于刀体的滑移量不得大于 0.15 mm，切削圆直径变化不得大于 0.3 mm。

（5）刀轴的驱动装置所有外露旋转件都必须有牢固可靠的防护罩，并在罩上标出单向转动的明显标志；须设有制动装置，在切断电源后，保证刀轴在规定的时间内停止转动。

4）其他安全卫生要求

（1）平刨床在空运转条件下，测定出机床的最大噪声声压级不得超过表 4–4 的规定。

表 4–4　空载噪声声压级限值

机床最大加工宽度/mm	≤400	＞400～630	＞630
空运转最大噪声声压级/dB	83	85	90

（2）应提供木屑、粉尘以及气体的吸收和采集系统，或设置吸尘装置，保证工作场所的粉尘浓度不超过 10 mg/m^3。

（3）应提供保护耳朵和眼睛的个人防护用品。

（4）保证机床的可维修性的要求，机床的调整、维护和润滑点应在危险区外。难以实现手工润滑或危险区内工作期间需要润滑的部件，应能实现自动润滑。

（5）采取阻止或减少粉尘和木屑堆集在机床上或机罩内的措施，杜绝或降低火灾和爆炸的危险。

2. 木工平刨床加工区的安全装置

木工平刨床安全防护的重点是对加工区刀轴的安全防护。广泛使用的是遮盖式安全防护装置（防护罩、防护栅、防护键、防护板等），安全防护装置应符合以下安全技术要求：

（1）非工作状态，防护罩（或护指键）必须在刨床全宽度上盖住刀轴。

（2）刨削时仅打开与工件等宽的相应刀轴部分，其余的刀轴部分仍被遮盖。未打开的护指键须能自锁或被锁紧。护指键的相邻键间距应小于 8 mm。

（3）护指键或防护罩应有足够的强度与刚度。整体护罩或全部键须能承受 1 kN 的径向压力，单个键承受 70 N 的径向压力发生径向位移时，位移后与刀刃的剩余间隙要大于 0.5 mm。

（4）闭合灵敏。安全装置的闭合时间（即从接到闭合指令开始到护指键或防护罩关闭为止）小于手落入刀轴的时间。

（5）装置不得涂耀眼颜色、不得反射光泽。

思　考　题

1. 危险机械主要包括哪些机械？
2. 金属切削加工过程中有哪些危险因素？怎样保证加工过程的安全？
3. 常用金属切削加工机床有哪些？各类机床分别有哪些不安全因素？怎样控制？

4. 磨削加工的特点是什么？
5. 磨削加工的危险因素是什么？砂轮机的安全技术要求有哪些？
6. 压力加工的不安全因素有哪些？可采取哪些措施保证安全？
7. 在实际生产操作中如何提高机械设备的可靠性？
8. 请分析说明气焊和气割的主要危险和危害。
9. 木工事故的特点是什么？木工机械加工操作区的安全保护措施有哪些？

模块Ⅲ　压力容器安全

第五章
压力容器基础知识

学习指导

1. 了解压力容器的定义、分类及其存在的危险程度。
2. 熟悉压力容器的法规标准体系，重点熟悉中国压力容器相关的法规标准体系。
3. 掌握压力容器的结构和基本组成部分。

第一节　压 力 容 器

一、压力容器定义

压力容器泛指承受液体、气体介质压力的密闭壳体。所以，从广义上来讲，所有承受压力载荷的容器都应该算作压力容器。从安全角度考虑，压力并不是表征压力容器安全性能的唯一指标。在相同压力下，容器容积的大小不同，意味着容器内积蓄的能量也不同，一旦发生破裂或爆炸，造成的危害也不同。此外，容器内盛装的介质特性也影响了设备的安全性能。因此，工作压力、容器的容积以及工作介质的种类是压力容器安全的三个重要指标。

国务院令第 549 号《特种设备安全监察条例》（2014 年修订版）规定：压力容器是指盛装气体或者液体，承载一定压力的密闭设备，其范围规定为最大工作压力大于或者等于 0.1 MPa（表压），且压力与容积的乘积大于或者等于 2.5 MPa・L 的气体、液化气体和最高工作温度高于或者等于标准沸点的液体的固定式容器和移动式容器；盛装公称工作压力大于或者等于 0.2 MPa（表压），且压力与容积的乘积大于或者等于 1.0 MPa・L 的气体、液化气体和标准沸点等于或者低于 60 ℃液体的气瓶、氧仓等。

1. 固定式压力容器的定义

TSG R0004—2009《固定式压力容器安全技术监察规程》规定：固定式压力容器是指安装在固定位置使用的压力容器。对于为了某一特定用途、仅在装置或者场区内部搬动、使用的压力容器，以及移动式空气压缩机的储气罐按照固定式压力容器进行监督管理。规程适用于同时具备下列条件的压力容器：

（1）最高工作压力大于或者等于 0.1 MPa [工作压力是指压力容器在正常工作情况下，其顶部可能达到的最高压力（表压力）]。

（2）工作压力与容积的乘积大于或者等于 2.5 MPa・L（容积是指压力容器的几何容积，即由设计图样标注的尺寸计算（不考虑制造公差）并且圆整。一般应当扣除永久连接在压力容器内部内件的体积）。

（3）盛装介质为气体、液化气体以及最高工作温度高于或者等于其标准沸点的液体（当容器内介质为最高工作温度低于其标准沸点的液体时，如果气相空间的容积与工作压力的乘积大于或者等于 2.5 MPa・L，则属于固定式压力容器）。

其中，超高压容器应当符合《超高压容器安全技术监察规程》的规定；非金属压力容器应当符合《非金属压力容器安全技术监察规程》的规定；简单压力容器应当符合《简单压力容器安全技术监察规程》的规定。

2. 移动式压力容器的定义

TSG R0005—2011《移动式压力容器安全技术监察规程》规定：移动式压力容器是指由压力容器罐体或者钢制无缝瓶式压力容器与走行装置或者框架采用永久性连接组成的罐式或者瓶式运输装备，包括铁路罐车、汽车罐车、长管拖车、罐式集装箱和管束式集装箱等。适用于同时具备下列条件的移动式压力容器：

（1）具有充装与卸载介质功能，并且参与铁路、公路或者水路运输（具有装卸介质功能，仅在装置或者场区内移动使用，不参与铁路、公路或者水路运输的压力容器按照固定式压力容器管理）。

（2）罐体或者瓶式容器的工作压力大于或者等于 0.1 MPa（工作压力是指移动式压力容器在正常工作情况下，罐体或者瓶式容器顶部可能达到的最高压力）。

（3）罐体容积大于或者等于 450 L，瓶式容器容积大于或者等于 1 000 L（容积是指移动式压力容器单个罐体或者单个瓶式容器的几何容积，按照设计图样标注的尺寸计算不考虑制造公差，并且圆整，一般需要扣除永久连接在容器内部内件的体积）。

（4）充装介质为气体｛气体是指在 50 ℃时，蒸气压力大于 0.3 MPa（绝压）的物质或者 20 ℃时在 0.101 3 MPa（绝压）标准压力下完全是气态的物质；按照运输时介质物理状态的不同，气体可以为压缩气体（压缩气体是指在−50 ℃下加压时完全是气态的气体，包括临界温度低于或者等于−50 ℃的气体）、高（低）压液化气体［高（低）压液化气体，是指在温度高于−50 ℃下加压时部分是液态的气体，包括临界温度在−50 ℃～65 ℃的高压液化气体和临界温度高于 65 ℃的低压液化气体］、冷冻液化气体［冷冻液化气体，是指在运输过程中由于温度低而部分呈液态的气体（临界温度一般低于或者等于−50 ℃）等］以及最高工作温度高于或者等于其标准沸点［液体，是指在 50 ℃时蒸气压小于或者等于 0.3 MPa（绝压），或者在 20 ℃和 0.101 3 MPa（绝压）压力下不完全是气态，或者在 0.101 3 MPa（绝压）标准压力下熔点或者起始熔点等于或者低于 20 ℃的物质］的液体（移动式压力容器罐体内介质为最高工作温度低于其标准沸点的液体时，如果气相空间的容积与工作压力的乘积大于或者等于 2.5 MPa・L 时，也属于本规程的适用范围）｝。

二、压力容器的分类

压力容器的种类很多，不同类别压力容器的结构特性，其存在的危险程度也不同。考虑到压力容器的差别性，为了对压力容器的生产（包括设计、制造、安装、改造、修理）、经营、使用、检验、检测及其安全的监督管理等各个环节按类别进行全过程的管理追踪，必须对压力容器进行分类。

出于不同的管理目的，压力容器有多种分类方法。例如，按容器壁厚不同可分为薄壁容器和厚壁容器，薄壁容器是指器壁的厚度不大于容器内径的 1/10 的容器；厚壁容器是指器壁的厚度大于或者等于容器内径的 1/10 的容器。按壳体承压方式的不同可分为内压容器（壳体内部承压）和外压容器。按容器的工作壁温不同可分为高温容器（壁温达到蠕变温度，对碳素钢或低合金钢容器，温度超过 420 ℃；对合金钢容器，温度超过 450 ℃；对奥氏体不锈钢容器，温度超过 450 ℃）、常温容器（–20 ℃＜壁温 t＜450 ℃）和低温容器（壁温 t＜–20 ℃）。按壳体的几何形状不同可分为球形容器、圆筒形容器和其他特殊形状容器。按容器的制造方法不同可分为焊接容器、锻造容器、铆接容器、铸造容器。按容器所用材料不同可分为有色金属容器和非金属容器。按容器的安放形式不同可分为立式容器和卧式容器等。总之，各种不同的分类方法是从各个不同需要的角度来考虑的。按壁厚和承压方式分类，便于容器的设计计算；按制造方法和制造材料分类，则比较便于容器的制造管理。

从压力容器的使用特点和安全管理方面考虑，压力容器一般分为固定式和移动式两大类。这两类容器由于使用方法不同，对它们的技术管理要求也不完全一样。我国和其他许多国家对这两类容器都分别制定了不同的管理规程和技术法规。

1. 固定式压力容器

固定式容器一般具有固定的安装和使用地点，工艺条件和使用操作人员也比较固定，容器一般不是单独装设，而是用管道与其他设备相连接。固定式容器还可以按照介质、压力和用途等因素进行分类。

1）按介质类别划分

压力容器的介质在压力容器发生事故时的危害程度，取决于介质的物理、化学性质。介质危害性指压力容器在生产过程中因事故致使介质与人体大量接触，发生爆炸或者因经常泄漏引起职业性慢性危害的严重程度，用介质毒性程度和爆炸危害程度表示。《固定式压力容器安全技术监察规程》中注明，压力容器中介质毒性危害程度和爆炸危险程度的确定，参照 HG 20660—2000《压力容器中化学介质毒性危害和爆炸危险程度分类》规定。

参照 GBZ 230—2010《职业性接触毒物危害程度分级》规定，综合考虑毒物的急性毒性、扩散性、蓄积性、致癌性等 9 项指标，将职业性接触毒物危害程度分为以下四级。

（1）极度危害（Ⅰ）级，THI（毒物危害指数）≥65。

（2）高度危害（Ⅱ）级，50≤THI≤65。

（3）中度危害（Ⅲ）级，35≤THI≤50。

（4）轻度危害（Ⅳ）级，THI≤35。

易爆介质指气体或者液体的蒸汽、薄雾与空气混合形成的爆炸混合物，并且其爆炸下限小于 10%，或者爆炸上限和爆炸下限的差值大于或者等于 20%的介质。

压力容器的介质分为以下两组，包括气体、液化气体或者最高工作温度高于或者等于标准沸点的液体。

（1）第一组介质：毒性程度为极度危害、高度危害的化学介质，易爆介质和液化气体。

（2）第二组介质：除第一组以外的介质。

压力容器中的介质为混合物质时应以介质的组分，按上述毒性危害程度或爆炸危害的划分原则，按毒性危害程度或爆炸危害程度最高的介质确定。

2）按压力等级划分

压力是压力容器最主要的工作参数。从安全角度考虑，容器的工作压力越大，发生爆炸事故时的危险也越大，因此，必须对其设计压力进行分级，以便对压力容器进行分级管理与监督。根据 TSG R0004—2009《固定式压力容器安全技术监察规程》，按设计压力（p）不同，压力容器划分为低压、中压、高压和超高压四个压力等级。

（1）低压（代号 L）：0.1 MPa≤p＜1.6 MPa。

（2）中压（代号 M）：1.6 MPa≤p＜10.0 MPa。

（3）高压（代号 H）：10.0 MPa≤p＜100.0 MPa。

（4）超高压（代号 U）：p≥100.0 MPa。

3）按压力容器工艺用途划分

固定式压力容器虽然在各种工业中的具体用途非常繁杂，但根据其在生产工艺过程中所起的作用原理可以归纳为四大类，即反应压力容器、换热压力容器、分离压力容器、储存压力容器。具体划分如下：

（1）反应压力容器（代号 R）。反应压力容器主要是用于完成介质的物理、化学反应的压力容器，如各种反应器、反应釜、聚合釜、合成塔、变换炉、煤气发生炉等。

（2）换热压力容器（代号 E）。换热压力容器主要是用于完成介质的热量交换的压力容器，如各种热交换器、冷却器、冷凝器、蒸发器等。

（3）分离压力容器（代号 S）。分离压力容器主要是用于完成介质的流体压力平衡缓冲和气体净化分离的压力容器，如各种分离器、过滤器、集油器、洗涤器、吸收塔、铜洗塔、干燥塔、汽提塔、分气缸、除氧器等。

（4）储存压力容器（代号 C，其中球罐代号为 B）。储存压力容器主要是用于储存、盛装气体、液体、液化气体等介质的压力容器，如各种型式的储罐、缓冲罐、消毒锅、印染机、烘缸、蒸锅等。

在一种压力容器中，当同时具备两个以上的工艺作用原理时，应当按工艺过程中的主要作用来划分品种。

4）多因素综合划分方法

（1）基本划分。压力容器类别的划分应当根据介质特性，按照以下要求选择类别划分图，再根据设计压力 p（单位 MPa）和容积 V（单位 L）标出坐标点，确定容器类别。

对于毒性程度为极度危害和高度危害、易爆和液化气的第一组介质，压力容器的分类如图 5–1 所示。

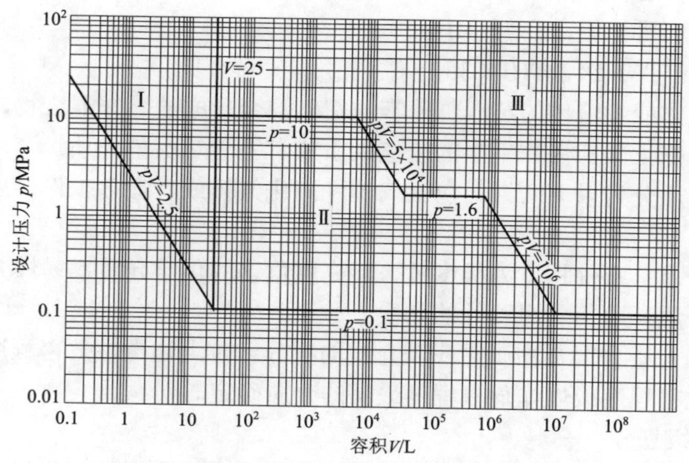

图 5–1　压力容器的分类（第一组介质）

对于第二组介质，压力容器的分类如图 5–2 所示。

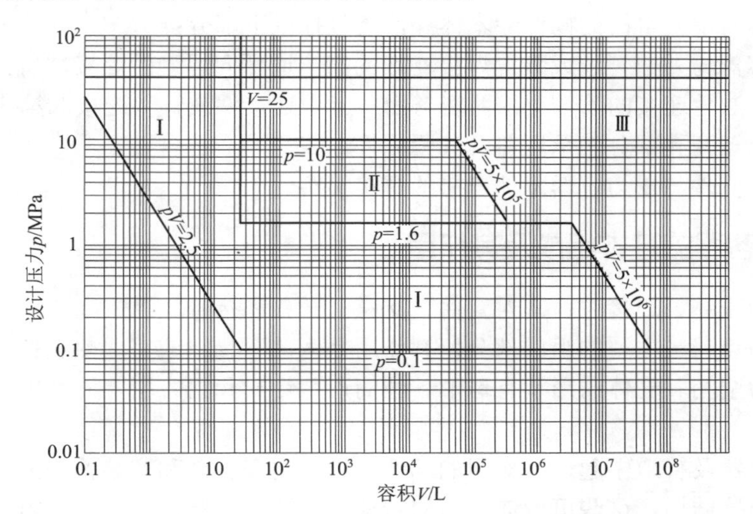

图 5–2　压力容器的分类（第二组介质）

坐标点位于分类线上时，按较高的类别进行划分。

（2）按多腔压力容器类别划分。多腔压力容器（如换热器的管程和壳程、夹套容器等）按照类别高的压力腔作为该容器的类别，并且按该类别进行使用管理。但应当按照每个压力腔各自的类别分别提出设计、制造技术要求。对各压力腔进行类别划定时，设计压力取本压力腔的设计压力，容积取本压力腔的几何容积。

（3）按同腔多种介质容器类别划分。一个压力腔内有多种介质时，按组别高的介质划分类别。

（4）按介质中含量极小容器类别划分。当某一危害性物质在介质中含量极小时，应当根据其危害程度及其含量综合考虑，按照压力容器设计单位决定的介质组别划分类别。

2. 移动式压力容量

移动式压力容器属于储运容器，它与储存容器的区别在于，移动式压力容器没有固定的使用地点，一般也没有专职的使用操作人员，使用环境经常变换，不确定因素较多，管理复杂，因此，容易发生事故。移动式压力容器的主要用途是盛装或运送有压力的气体或液化气体，主要包括铁路罐车、汽车罐车、长管拖车、罐式集装箱和管束式集装箱等。

第二节　压力容器的结构

工业生产中广泛应用的换热器、塔器、反应器、储槽等压力容器的结构，一般比较简单。多数容器由壳体与内部的部分工艺附件装置共同组成。由于用途不同，所以，这些工艺附件装置的形式也很多，而且对压力容器的安全一般没有太大的影响，而容器外壳、端盖、法兰、开孔与接管等各种承压部件则不同，它们是压力容器上最危险的构件，经常由于各种原因而引发事故。

压力容器中的主要受压元件包括筒体、封头（端盖）、球壳板、换热器管板、换热管、膨胀节、开孔补强板、设备法兰、M36 以上的设备主螺栓、人孔盖、人孔法兰、人孔接管以及直径大于 250 mm 的接管。

压力容器容易发生事故的构件除本体外，还包括以下部分：

（1）压力容器与外部管道或装置焊接连接的第一道环向焊缝的焊接坡口；螺纹连接的第一个螺纹接头；法兰连接的第一个法兰密封面；专用连接件或管件连接的第一个密封面。

（2）压力容器开孔部分的承压盖及其紧固件。

（3）非受压元件与压力容器本体连接的焊接接头。

一、压力容器的基本组成及其作用

压力容器由壳体、连接件、密封元件、支座、开孔和接管等组成。

壳体是压力容器最主要的组成部分，其作用是为储存物料或完成热交换、化学反应提供一个密闭的压力空间。壳体的形状有球形、圆筒形、锥形和组合型等，常用的是球形和圆筒形两种。

连接件是容器及管道中起连接作用的部件。由于生产工艺和安装检修的需要，筒体与封头常采用可拆连接结构，这些可拆连接结构所使用的就是连接件。此外，容器的接管与外部管道的连接也要用连接件。连接件一般采用法兰螺栓连接结构。

密封元件是可拆连接结构的容器或管道中起密封作用的元件，它放在两个法兰或封头与筒体端部的密封面之间，借助于螺栓等紧固件的压紧力而起密封作用。

支座是用于支承容器、固定容器位置的一种附件。支座的结构形式主要取决于容器的质量、安置方式和其他动载荷等。例如，高大的直立容器，特别是塔器，一般采用裙式支座；卧式容器通常采用鞍式支座；而球形容器多采用柱式支座。

压力容器开孔是为了满足生产工艺的需要，满足对容器进行正常安装、检修和测试的需要。容器上的开孔有物料进、出孔，测量压力、温度及装设安全装置的连接孔、人孔、手孔等。

接管的作用是将压力容器与介质输送管道或仪表等连接起来。常用的接管有螺纹短管、法兰短管和平法兰接管三种形式。

二、球形压力容器的结构

1. 球罐的特点

球形容器的本体就是一个球壳。由于球形容器的直径一般都比较大，所以，球体大多由许多块按一定的尺寸预制成形的球面组焊而成，如图 5–3 所示。球壳的分带分片数、支柱及各带的球中心角，按相应标准选取。球面板的形状不完全相同，但板厚一般都是一样的。只有一些特大型、用以储装液化气体的球形储罐，球体下部的壳板才比上部稍厚一些。

从所有壳体受力的情况看，球形是最适宜的形状。球形壳体与圆筒形壳体相比，当压力和直径相同时，球形壳体中的最大应力只有相同壁厚的圆筒形壳体的一半，因而其壁厚较圆筒形壳体薄。此外，从壳体的表面积来看，球形壳体的表面积要比容积相同的圆筒形壳体小 10%～30%（视圆筒形壳体的高度与直径之比而定）。由于表面积小，所使用的板材也少，再加上需要的壁厚较薄，因而制造容积相同的容器，球形容器要比圆筒形容器节省 30%～40%的材料。

（1）球罐多用作储存容器，其主要优点如下：

① 球罐与有相同储存能力的其他形状的容器相比，它的表面积最小，因此，在储运气体或液化气体介质时，冷热量损失也最少，从而减少储运过程中的能源消耗，降低储运成本。

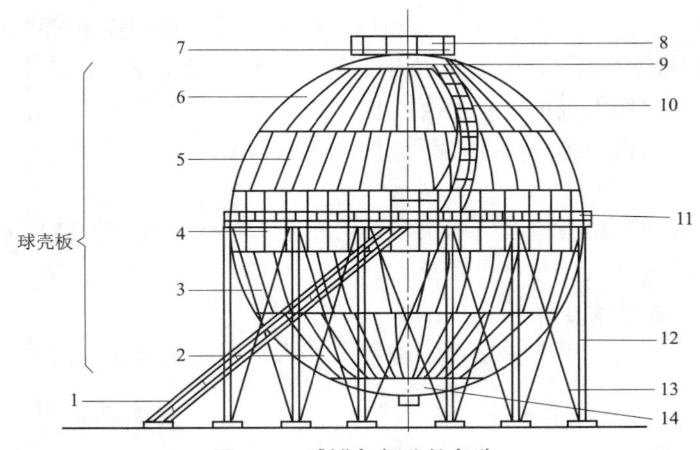

图 5–3 球罐各部分的名称

1—斜梯；2—南寒带；3—南温带；4—赤道带；5—北温带；6—北寒带；7—人孔；8—顶部平台；9—北极板；10—盘梯；11—中部平台；12—支柱；13—拉杆；14—南极板

② 在相同直径和工作压力下，球形容器受力均匀，其薄膜应力仅为圆筒形容器环向应力的 1/2，故板厚仅需圆筒形容器板厚的一半，因此，消耗材料少，质量小，造价低，投资少。

③ 由于球形容器表面积小，风力系数仅为 0.3 左右，而圆筒形容器的风力系数为 0.7，因此，在相同容量下，球形容器比其他形状的容器抗风载荷能力大，故对风载荷来讲，球罐更为安全。

④ 由于球形容器大多采用支柱式支承结构，因此，基础结构简单，工程量和占地面积小，建造费用较低。

⑤ 结构简单，使用维修较为方便，且外形美观。

（2）球罐与其他形状的容器相比有以下缺点：

① 球壳板不能用几何画法的直线展开，因此，对板材下料和球壳板净料切割技术要求较高。

② 球罐体积较大，不易于工业化生产，因此，野外现场施工周期长，施工环境要求高，受环境限制，可施工期较短。

③ 现场组装全位置焊接，因此，组装施焊环境恶劣，劳动强度大，组装、焊接质量较难保证。

④ 对制造、组装、焊接、检验和试验等技术要求高，施工管理要求严格。

2. 球罐的组成

球罐的组成方式一般是由它的容积大小及生产工艺要求而决定的。较大型赤道正切式球罐（即橘瓣式球壳板）由以下几部分组成，如图 5–3 所示。

1）壳板

壳板是用钢板经冷压或热压成形的单块球形弧板。其各部分的球壳板名称如下：

（1）赤道带球壳板。沿着球壳通过球体中心的赤道线的平行纬线所切割的球台即为赤道带，而组成赤道带的球壳板叫作赤道带球壳板。

（2）上、下温带球壳板（或南、北温带板）。位于赤道带上部纬线切割的球台叫作上温带（或北温带），组成上温带的球壳板叫作上温带板（或北温带板）；反之，位于赤道带下部纬线切割的球台叫作下温带（或南温带），组成下温带的球壳板叫作下温带板（或南温带板）。

（3）上、下寒带球壳板（或南、北寒带板）。位于上温带上部的纬线切割的球台叫作上寒带（或北寒带），组成上寒带的球壳板叫上寒带板（或北寒带板），反之，位于下温带下部的纬线切割的球台叫作下寒带（或南寒带），组成下寒带的球壳板叫作下寒带板（或南寒带板）。

（4）上、下极带板（或南、北极板），位于北寒带上部的球冠部分叫作上极带（或北极带），组成上极带的球壳板叫作上极板（或北极板）；反之，位于南寒带下部的球冠部分叫作下极带（或南极带），组成下极带的球壳板叫作下极板（或南极板）。

2）支承结构

球罐的支承结构分类如下：大型球罐多采用支柱和拉纤式的支承结构（见图 5–3），它们主要用于承受球罐的垂直载荷和水平载荷。

小型球罐多采用裙式支承结构，如图 5–4 所示。

根据工艺和生产需要，半地下球罐也可采用耳式支承，如图 5–5 所示。

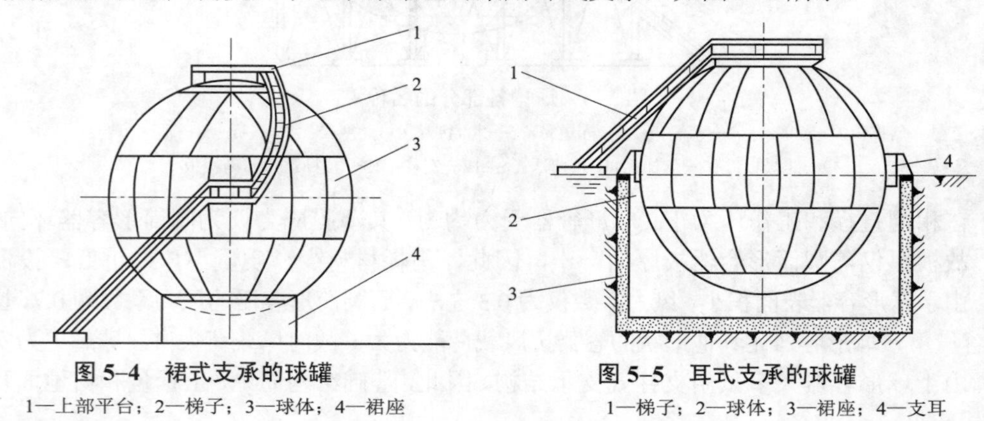

图 5–4　裙式支承的球罐

1—上部平台；2—梯子；3—球体；4—裙座

图 5–5　耳式支承的球罐

1—梯子；2—球体；3—裙座；4—支耳

3）人孔及管件

为了保证施工及检修人员正常进入球罐内部，通常在球罐上部和下部开设人孔。为保证储存介质的进出和温度、压力、液位的测试，在球罐上部或下部开设上述所需要的接管。

4）安全附件及附属设施

球罐的安全附件主要包括温度计、压力计、液位报警器、安全阀、紧急切断阀、事故喷淋和保温隔热结构。球罐的附属设施主要包括外部的下部直梯、中部平台、上部盘梯（或斜梯）、顶部平台、内部直梯和内部转梯及平台等。

3. 球罐的主要类型

目前，在工业领域中，建造使用的球罐是多种多样的。有按使用工艺条件、储存介质和使用材料分类的，也有按球体结构和支承形式来划分的，但直接影响球罐建造质量和使用安全的，主要是球罐的结构形式，球罐的具体结构形式如下：

1）橘瓣式球罐

橘瓣式球罐将球壳板分割成橘瓣形式的球罐。此类型的球罐是被当今世界各国常采用的一种，分别如图 5–3～图 5–5 所示。

2）足球式球罐

足球式球罐将球壳板分割成各块相等的和足球壳片一样形式的球罐，如图 5–6 所示。

3）水滴形球罐

水滴形球罐的形状如荷叶上的水珠，如图 5–7 所示。

另外，还有一些其他类型的球罐，由于结构复杂，制作安装较困难，故在工业生产中不常使用，如双层球罐、椭圆形球罐、多段承脊形球罐、多弧拱顶椭圆球罐和由不同形状球壳

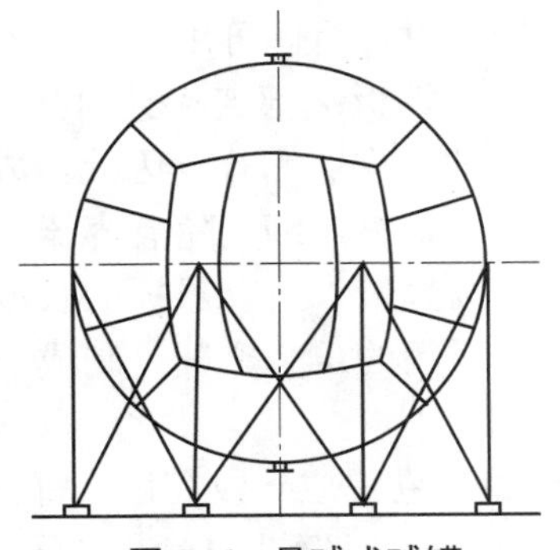

图 5–6　足球式球罐

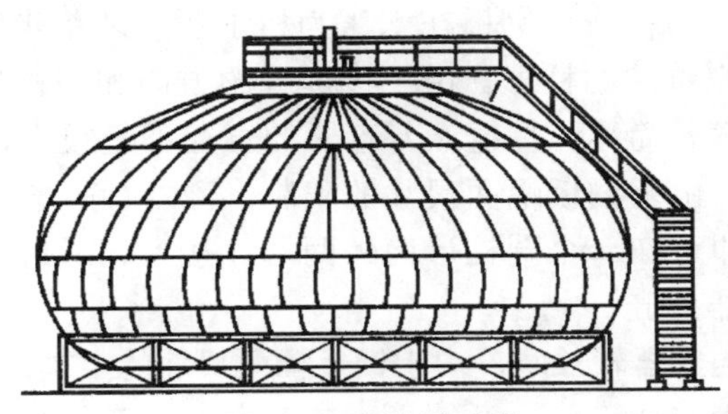

图 5–7　水滴形球罐

板组成的复合式球罐等。

球形容器在制造、安装和热处理等方面具有一定的困难。特别是由于它的焊缝长，焊接工作量大，焊接质量和探伤要求也较高，而且作为反应或传质、传热用容器，它既不便于在内部安装附件，也不便于内部相互作用介质的流动，因此，球形容器一般只广泛用作储装容器。近年来，由于各种高强钢的相继问世以及机械制造水平的不断提高，大容量的球形容器已广泛应用于化工、石油等工业部门。目前，我国颁布标准的球形容器系列，其公称容积已达到 50～200 m^3，公称压力已达到 0.44～2.94 MPa。

球形容器表面积小，除节省制造钢板外，对于用作需要与周围环境隔热的容器也是有利的。因为它可以节省隔热材料或减少热的传导，所以，它最适宜用作液化气体储罐。此外，有些用蒸汽直接加热的容器，为了减少热损失有时也采用球体。

三、圆筒形压力容器的结构

圆筒形压力容器的主要结构如图 5–8 所示。筒体是压力容器最主要的组成部分，储存物料或完成化学反应所需要的压力空间大部分是由它构成的，所以，筒体的容积（或直径与长度）大小是根据工艺要求确定的。当筒体的直径较小（一般小于 50 mm）时，筒体可

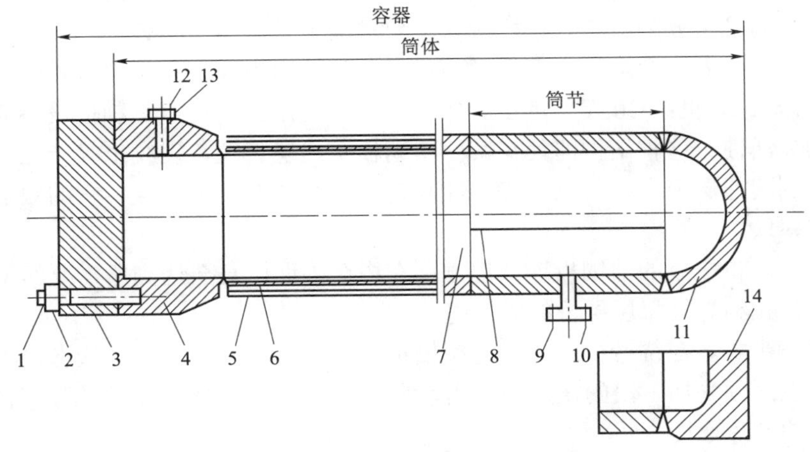

图 5–8　圆筒形容器

1—主螺栓；2—主螺母；3—平盖；4—筒体端部；5—内筒；6—层板层（或带层）；7—环焊缝；8—纵焊缝；9—管法兰；10—接管；11—球形封头；12—管道螺栓；13—管道螺母；14—平封头

用无缝钢管制作，此时筒体上没有纵焊缝。当筒体的直径较大时，筒体可用钢板在卷板机上卷成筒体或用钢板在水压力机上压成两个半圆，再用焊缝将钢板端部连接处封死，形成一个完整的圆柱形。由于该焊缝的方向和圆柱形筒体纵向（即轴向）平行，因此，成为纵向焊缝，简称纵焊缝。若容器的直径不是很大，则一般只有一条纵焊缝；随着容器直径的加大，由于钢板幅面尺寸的限制，可能有两条或两条以上的纵焊缝。当容器板的长度较短时，即可在一个圆柱形筒体两端连接上、下封头，构成一个封闭的压力空间，制成一台压力容器外壳。

当容器较长时，由于钢板幅面尺寸的限制，就需要先用钢板卷焊成一段筒体（每一段筒体称为一个筒节），再由两个或两个以上筒节组焊成所需长度的筒体。筒节与筒节之间、筒体与上下封头（或法兰）之间的连接焊缝，由于其方向与筒体轴向垂直，因此，称为环向焊缝，简称环焊缝。

1. 圆筒体

圆筒体按其结构不同可分为整体式和组合式两大类。

1）整体式筒体

筒体的器壁在厚度方向是由连续完整的材料所构成的，也就是器壁只有一层（衬上的防腐层不包括在内）。整体式筒体按制造方式不同又可分为单层卷焊、整体锻造、锻接、拉拔、电渣重熔、铸造等。中低压容器由于壁厚较薄，因此，多为整体式筒体。除直径较小时采用无缝钢管制作外，大部分均采用单层卷焊制造这一方式。

随着我国制造综合能力的发展，铸造式压力容器得到长足的发展。锻造式压力容器是由锻造的筒节经组焊而成，结构上只有环焊缝，而无纵焊缝。20 世纪 70 年代以来，由于冶炼、锻造和焊接等技术的进步，已可供应 570 t 的大型优质钢锭，并能锻造最大外径为 10 m、最大长度为 4.5 m 的筒体锻件，因此，大型锻接式压力容器得到了发展，成为轻水反应堆压力容器、石油工业加氢反应器和煤转化反应器的主要结构形式。

2）组合式筒体

筒体的器壁在厚度方向是由两层或两层以上互不连续的材料构成的。组合式筒体按结构及制造方式的不同又可分为多层式、绕板式、型槽绕带式、热套式等。

（1）多层式。由若干个多层筒节组焊而成，各筒节由内筒和在外面包扎的层板组成，多层式的压力容器在 20 世纪 30 年代就已开始在工业上使用。其优点是制造设备简单，材料的选用有较大的灵活性。这种结构即使在某一层钢板中出现裂纹，裂纹也只能在该层层板中扩展，不会扩展到其他层板上，所以，安全性高是这种容器的突出优点。它的缺点是生产工序多，劳动生产率低。

（2）绕板式。将成卷的薄钢板连续地缠绕在内筒外面，直至达到所需要的壁厚为止，因此，不必逐层包扎和焊接每层层板的纵焊缝。

（3）型槽绕带式。在绕带机床上，对型槽钢带通电加热，直到红热状态，再用压辊将钢带压合到内筒表面预先加工出的螺旋沟槽内，使之相互啮合，每绕完一层钢带后再绕下一层，直至达到所需的筒体厚度为止。

其优点是型槽钢带层层啮合，可使钢带层承受容器的一部分轴向力；筒体上没有贯穿整个壁厚的环焊缝；使用安全性高。缺点是需要使用特殊轧制的型槽钢带和专用机床。

（4）热套式。在内筒外面套合上一至数层外筒，组成筒节。通常先将外层筒体加热，使其直径增大，以便套在内层筒体上。冷却后的外层筒体就能紧贴在内筒上，同时对内筒产生一定的预加压缩应力。

热套式压力容器用的钢板比多层式压力容器的层板厚，层数少，所以生产效率高。

2. 封头

封头或端盖是圆筒形容器的重要组成部分，它的形式有半球形、椭圆形、碟形、锥形及平板形等。这些封头在强度及制造上各有其特点。半球形受力状况最佳，但最难制造。封头形式的选择不单取决于强度与制造，在某些情况下，还取决于容器的使用要求。在实际生产中，中低压容器大多采用椭圆形封头；常压和高压容器以及压力容器中的人孔和手孔则采用平盖。

当容器组装后不再需要开启时（一般是容器中无内件或虽有内件但不需要更换和检修的情况），上、下封头应直接和筒体焊在一起，这样做的好处是能有效地保证密封、节省材料和减少加工制造的工作量。对于因检修和更换内件必须开启的容器，封头和筒体的连接应做成可拆式的，此时在封头和筒体之间就必须有一个密封结构。

在压力较高的容器中，当封头和筒体焊接时，只能采用球形、椭圆形或锥形封头，而不允许用平盖，这是由于平盖受力状态恶劣，其变形和圆柱形筒体很难协调一致，易于发生事故。平盖在压力容器中，主要用于平盖和筒体为可拆连接的情况下。平盖的通体焊接只能用于常压容器和中、低压容器，这是在压力容器结构设计中必须注意的。

3. 法兰

法兰是容器及管道连接中的重要部件。它的作用是通过螺栓和垫片的连接与密封，保证系统不发生泄漏。

法兰按其所连接的部件不同分为管法兰和容器法兰。用于管道连接的法兰称为管法兰，用于容器顶盖与筒体或管板与容器连接的法兰称为容器法兰。在高压容器中，用于顶盖和筒体连接的并与筒体焊在一起的容器法兰又称为筒体顶部。

容器法兰按其本身的结构形式不同分为整体法兰、活套法兰和任意形式法兰三种。

法兰通过螺栓连接，并通过预紧螺栓使垫片压紧而保证密封。法兰螺栓连接是压力容器上用得最多的一种连接结构，如封头和筒体的连接、各种接管的连接，以及人孔、手孔盖的连接等。法兰螺栓连接结构虽然开启不方便，但其结构简单，使用可靠，故在压力容器中得到了广泛的应用。

4. 密封元件

密封元件放在两个法兰的接触面之间，或封头与筒体顶部的接触面之间，借助于螺栓等连接件压紧，从而使容器内的液体或气体被封住不致泄漏。

密封元件按所用材料的不同，可分为非金属密封元件（如石棉垫和橡胶O形环等）、金属密封元件（如纯铜垫、铝垫和软钢垫等）和组合式密封元件（如铁包石棉垫、钢丝垫和绕石棉垫等）。

密封元件按其截面形状的不同，可分为平垫片、三角形垫片、八角形垫片和透镜式垫片等。

密封结构按其密封原理不同，可分为强制密封和自紧密封两大类。强制密封是依靠螺栓等紧固件的预紧力来保证密封面上有一定的接触压力而实现密封的。自紧密封是依靠容器内介质的压力使密封面产生压力来达到密封的。

强制密封常用的结构有平垫密封和卡扎里密封等。由于强制密封结构本身的特点，它只适用于直径较小的容器。

自紧密封常用的结构有双锥密封、伍德密封、O 形环密封和 C 形环密封等。自紧密封多用于大直径的高压容器。

不同的密封元件和不同的连接件相匹配，构成了各种不同的密封结构。在石油化工用压力容器中常见的密封结构有平垫密封、双锥密封、伍德密封、卡扎里密封、楔形环密封、C 形环密封、B 形环密封和 O 形环密封等。一个完善的密封结构应满足以下要求：

（1）在升压、降压和正常操作条件下，以及压力、温度波动和介质有腐蚀性等情况下能始终保持严密不漏。

（2）结构简单，制造、装拆和检修方便。结构紧凑，在高压密封中，尽量少占高压空间。

（3）强度可靠，密封元件耐腐蚀并能多次重复使用。

一种密封结构要满足上述全部要求往往是比较困难的，但保证容器的密封是密封结构最基本、最重要的要求。

5. 开孔与接管

石油化工容器常因工艺要求的检修需要，在筒体或封头上，开设各种孔或安装接管，如人孔、手孔、视镜孔、物料进出口孔，以及安装压力表、液位计、安全阀等接管开孔。

手孔和人孔用来检查容器的内部并用来洗涤、清洁以及安装和拆卸内部的装置。手孔的内径要使得操作工人的手能自由地通过，并考虑手上握有供安装的零件或安装工具，因此，手孔的直径一般不小于 150 mm，人的臂长为 650～700 mm，因此，直径大于 1 200 mm 的容器就不能再用手孔了，而必须改设人孔。人孔的大小应以能使工人进出为准。人孔的形状根据制造方便，以及密封周边为最小的原则来选定。常用的有圆形人孔和椭圆形人孔。椭圆形人孔的最小净尺寸为 300～400 mm，圆形人孔直径为 400 mm。人孔盖压紧装置的结构与需要开启的次数有关。如开启次数很少，则人孔盖可用简单的盲板配上手柄制成；当开启次数较多时，则采用带铰链螺栓的人孔盖，以利装拆方便。对于可拆封头的容器，一般来说不需另设人孔，但由于人孔的拆装远比拆装大直径的封头快而且方便，所以，也有封头可拆的容器仍设有人孔。

筒体和封头上开孔后，不但减小了器壁的受力面积，而且还因为开孔造成结构不连续而引起应力集中，使开孔边缘处的应力大大增加，孔边的最大应力要比器壁上的平均应力大几倍，筒体强度被削弱，这对容器的安全运行是很不利的。为了减小孔边的局部应力，常采用开孔补强的方法来减少这种不安全因素的产生。

开孔是压力容器中的一个主要薄弱环节，对压力容器的疲劳寿命影响较大，因而，压力容器上要尽量减少开孔的数量，尤其要避免开大孔。对于高压容器，要尽量避免在筒体上开孔，而应把开孔位置移到安全裕度较大的封头或筒体顶部。由于薄壁圆筒承受内压时，其环向应力是轴向应力的两倍，因此，如需要在筒体上开孔时，应尽量开成椭圆形孔，且使椭圆的短轴平行于圆筒体轴线，以尽可能减少纵截面的削弱程度，从而使环向应力增加得少一些。由此可知，位于筒体上的人孔一般开成椭圆形，而圆形人孔多开在封头部位。

6. 支座

容器靠支座支撑在基础上。根据圆筒形容器的安装位置不同，支座可分为立式容器支座和卧式容器支座两类。常用的立式容器支座有悬挂式支座、支承式支座和裙式支座等。卧式容器支座主要采用鞍式支座。

上述六大部分（圆筒体、封头、法兰、密封元件、开孔与接管及支座）构成了一台圆筒形压力容器的外壳，这一外壳即为容器本身。而用于化学反应、传热、分离等过程的容器，则在外壳内必须装入工艺所要求的内件，才能构成一台独立而完整的产品。

根据所需完成的工艺过程不同，内件的形式与结构是千差万别的。有的内件只用于完成单一的工艺过程，其结构比较简单，图 5–9 所示的分离器内件只是用拉西环或木板做成的填料。

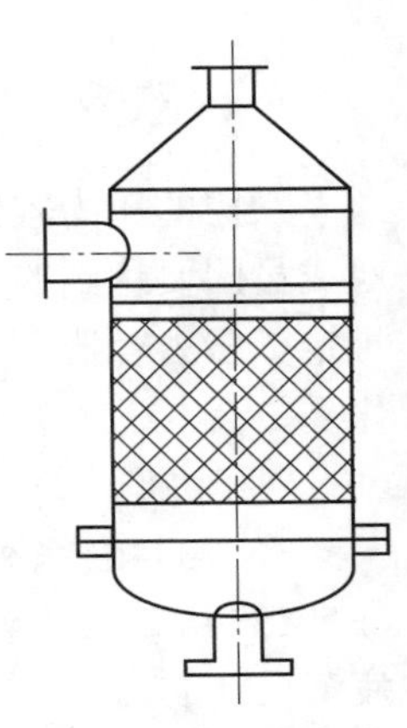

图 5–9　分离器内件

图 5–10 所示的单程列管式换热器内件是由一组固定在上、下管板间的直管组成的。

图 5–11 所示为冷激式径向流动氨合成塔内件。在容器内完成多种工艺过程，因此，其内件结构比较复杂。由于经过精制的氮氢混合气体，在高压、高温和触媒的催化作用下，在合成塔内直接合成氨，因此，氨合成塔在本质上是一台反应器。此外，氨的合成反应是放热反应，为了回收反应热，使预热进塔的原料气达到合成反应温度，并维持触媒层的适宜温度（因触媒过热后将失效），合成塔内需设置换热装置。一般来说，氨合成塔的内件由下列三大部分组成：触媒筐为存放触媒并进行合成反应的装置；换热器为回收反应热并预热原料气的装置；电加热器为开工时将原料气加热到反应温度的装置。

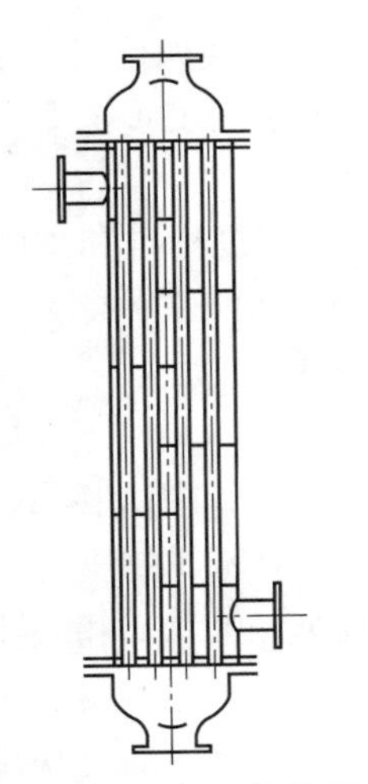

图 5–10　单程列管式换热器内件

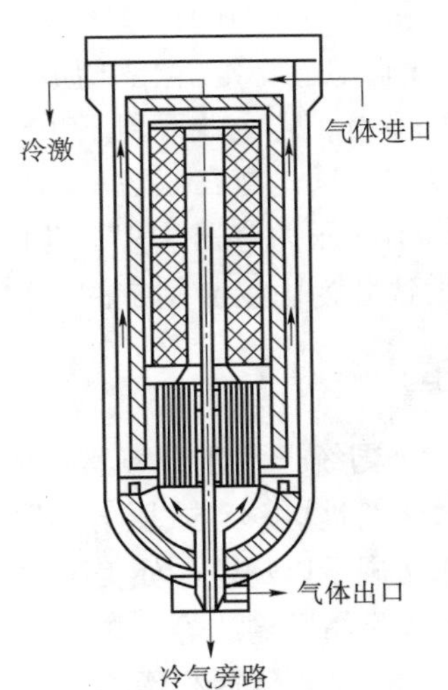

图 5–11　冷激式径向流动塔

第三节　压力容器的法规标准体系

国内外压力容器的法规标准体系基本由立法机构制定的法律、政府机构制定的法规、标准机构制定的标准三部分构成。法律和法规属于强制性的，标准是自愿性的（我国和其他少数国家的部分标准强制执行）。

一、欧盟

欧盟的压力容器法规标准体系由欧盟指令和欧洲标准（EN）两层结构组成。欧盟指令是对成员国要达到的目的具有约束的法律，由成员国转化为成员国本国法律后执行，这些指令规定了压力容器安全方面的基本要求。为使这些基本要求能够得到有效贯彻实施，欧洲标准化委员会（CEN）负责起草制定与欧盟指令配套，将指令具体细化为本地区需要的欧洲标准（EN）和协调文件（HD）。

EN 13445 系列标准是压力容器方面的通用主体标准，由总则（EN 13445.1）、材料（EN 13445.2）、设计（EN 13445.3）[采用了按公式设计（Design by Formulae）的方法，包括疲劳设计的内容，并在附录 B 和 C 中列入直接法和基于应力分类的按分析设计（Design by Analysis）的方法]、制造（EN 13445.4）、检测和试验（EN 13445.5）、铸铁压力容器和压力容器部件设计与生产要求（EN 13445.6）、合格评定程序使用指南（EN Bb 13445.1）七部分构成。除 EN 13445 标准外，另有简单压力容器通用标准 EN 286、系列基础标准 EN 764 和一些特定压力容器产品标准。

移动式压力容器标准主要有危险品运输容器标准（EN 14025、EN 1261 系列）、铁路罐车标准（EN 1261 系列）、液化石油气汽车罐车标准（EN 14334）和低温运输容器标准（EN 14398 系列、EN 1251 系列）等。气瓶方面主要有移动式气瓶标准（EN 13322 系列）、无缝气瓶标准（EN ISO 11120）和液化石油气标准（EN 12807、EN 14140）等，以及大量有关充装、充装检验和定期检验等方面的标准。

EN 标准属自愿性标准，由欧盟成员国将 EN 标准转化为本国（如德国标准 DIN EN 13445）后由企业自愿采用。若企业采用了 EN 标准，则被认为其产品满足了指令的基本安全要求，有利于进入欧盟市场，或在欧盟市场内流通。

欧盟成员国的压力容器法规标准体系是由欧盟压力容器法规标准和本国法规标准共同构成的体系，大致分为由议会制定的法律、政府制定的法规和标准三个层次。

二、美国

美国没有全国统一的压力容器安全法律法规。压力容器安全管理由联邦政府和各省级政府分别立法。对于跨地区移动式压力容器（气瓶），以及联邦政府所属的压力容器，由联邦政府制定联邦法律法规予以规范，如美国联邦劳动规范（联邦法典 29 章）和联邦运输规范（联邦法典 49 章）、危险品运输法等一些法律法规。美国联邦政府管理压力容器的部门主要是运输部和劳工部。运输部负责气瓶和罐车，而劳工部则从劳工安全与健康方面对联邦所属工作场所的压力容器进行监督管理。压力容器法规标准体系的构成都是“法律、法规、标准”三个层次。

美国联邦法规和各州法规所引用的标准主要是美国国家标准（ANSI）、美国机械工程协会（ASME）标准、美国石油协会（API）标准和美国材料学会（ASTM）标准。这些标准的构成包括材料、设计、制造与检验试验、使用维护、定期检验、修理改造、制造单位和检验机构审查认证、检验人员资格认可等方面的美国压力容器标准体系。在这个标准体系中，ASME 标准和 API 标准是压力容器标准体系的主体。ASME 第Ⅷ卷 1、2 篇为压力容器的设计部分，第 1 篇为按规则设计（Design by Rule）；第 2 篇划为按规则设计和按分析设计（Design by Analysis）两部分，前者包括和Ⅷ-1 相同甚至略多的压力容器所有常用元件，后者仅指在前者未予包括，或虽然包括但形状允差超标或载荷异常的元件，一般都只由弹性或弹–塑性有限元求解，二者都可以按标准的规定进行疲劳分析。

三、中国

国家质检总局特种设备安全监察局提出了“以安全技术规范为核心内容的法规标准体系”框架，完善的压力容器法规标准体系现状是“法律—行政法规—部门规章—安全技术规范—引用标准”五层次。

1. 法律

法律是第一层次，由全国人民代表大会或省人民代表大会通过和批准。我国现行与特种设备有关的法律主要有《中华人民共和国安全生产法》《中华人民共和国劳动法》《中华人民共和国产品质量法》《中华人民共和国商品检验法》《中华人民共和国特种设备安全法》等基础立法，其内容将涵盖锅炉、压力容器、压力管道等各类特种设备设计、制造等活动。

2. 行政法规

行政法规是第二层次，包括国务院颁布的行政法规和国务院部委以令的形式颁布的与特种设备相关的部门行政规章。主要有《特种设备安全监察条例》和《国务院关于特大安全事故行政责任追究的规定》等。

3. 部门规章

部门规章是国务院各部门、各委员会、审计署等根据法律和行政法规的规定和国务院的决定，在本部门的权限范围内制定和发布的调整本部门范围内行政管理关系的，并不得与宪法、法律和行政法规相抵触的规范性文件。与压力容器有关的部门规章有《特种设备事故报告和调查处理规定》《锅炉压力容器压力管道特种设备安全监察行政处罚规定》《锅炉压力容器制造监督管理办法》《气瓶安全监察规定》《特种设备作业人员监督管理办法》等。

4. 安全技术规范

安全技术规范指经过规定的编制、审定程序，由国家质检总局领导授权签署，以国家质检总局的名义公布，安全技术性内容较突出的文件（规程、规则等）主要有三大类：监督管理规定、办法类，安全监察规程类和技术检验规则类。

（1）监督管理规定、办法类的主要有《特种设备焊接操作人员考核细则》《压力容器压力管道设计许可规则》《锅炉压力容器使用登记管理办法》《锅炉压力容器制造监督管理办法》《特种设备无损检测人员考核与监督管理规则》《特种设备检验检测机构管理规定》《特种设备检验检测机构核准规则》等。

（2）安全监察规程类的主要有《固定式压力容器安全技术监察规程》《移动式压力容器安全技术监察规程》《简单压力容器安全技术监察规程》《非金属压力容器安全技术监察规程》《超高压容器安全技术监察规程》《安全阀安全技术监察规程》《爆破片装置安全技术监察规程》《锅炉安全技术监察规程》等。

（3）技术检验规则类的主要有《压力容器定期检验规则》和《锅炉压力容器产品安全性能质量监督检验规则》等。

5. 引用标准

技术标准是指由行业或技术团体提出，经有关管理部门批准的技术文件，有国家标准、行业标准和企业标准之分，国家鼓励优先采用国家标准。国家标准是需要在全国范围内统一产品技术要求，由国家标准管理委员会发布，是其他各类标准必须遵守的共同准则和最低要求。行业标准是在没有国家标准又需要在全国某一行业范围内对其产品进行统一规定而制定的标准，在相应的国家标准实施后，行业标准即废止。国家标准和行业标准又分为强制性标准和推荐性标准。根据《中华人民共和国标准化法》的规定，涉及安全卫生的领域必须实行国家强制性标准。目前，我国与压力容器有关的标准比较多、涉及面广，它包括基础、材料、设计、制造、产品、附件、检验、试验、安装、运行和管理标准等。企业标准是企业根据生产需要而制定的、仅适用于本企业内部的标准，其技术要求不能低于国家标准和行业标准，且应在技术监督部门备案。

压力容器应力设计的主要标准有《压力容器》(GB 150—2011）和《钢制压力容器——分析设计标准》(GB 4732—2005）等。

思 考 题

1. 压力容器指的是什么？按压力等级划分压力容器分为哪些？压力分别为多少？
2. 什么是固定式、移动式压力容器？
3. 第一、二组介质压力容器的划分标准是什么？
4. 圆筒式压力容器的基本组成有哪些？
5. 列举我国压力容器强制性标准。

第六章
压力容器应力分析

学习指导

1. 了解应力分析设计法、压力容器及其典型零部件分析设计的应力分类。

2. 理解薄壁壳体、厚壁圆筒及球壳在内压作用下的应力，承受内压圆平板的应力、热应力。

3. 熟悉压力容器边界效应的定义和一般结论，熟悉圆孔、椭圆孔附近的应力集中，掌握无力矩理论。

第一节　概　　述

压力容器元件在压力、温差等作用下会产生应力；元件自重、内部介质质量等会引起弯曲或拉伸（压缩）应力；支座反力会在元件被支承部位造成局部应力；受风的作用会引起附加弯曲应力；冷、热加工变形会在金属内产生加工残余应力。这些应力有的是恒定的，有的是周期性的；有的沿壁厚均匀分布，有的沿壁厚不均匀分布等。它们对元件安全的影响各不相同，在设计过程中必须认真考虑。

压力容器按应力分类进行分析设计是 20 世纪 70 年代压力容器设计研究的新成就，它比按平均应力的常规设计更细致、更科学，结构材料的使用也更为合理。

一、应力分析设计法

一般讲述的压力容器设计法，主要是以弹性失效为准则、平均应力为基础而制订设计规范的。其设计公式可以从弹性理论推导出来。在进行设计时，只考虑静载荷的作用。根据这些设计公式能确定筒体与部件中平均应力的大小，只要此应力值限制在弹性范围内的某许用值，则筒体与部件便是安全的。这就是通常所称的常规设计方法。

常规设计方法的优点是：简便易行，使用经验成熟。主要缺点是：不够精确，考虑不够全面。对压力容器部分的受力以及它们对容器强度的影响缺乏精确的、深刻的分析，单纯在设计中采用较高的安全系数，企图以此来保证容器的安全可靠，没有区分薄膜应力与其他局部应力、温差引起的热应力等对强度的不同影响，片面地认为无论是整体应力还是局部应力，只要达到屈服极限，整个容器便失去了正常的工作能力。但实际上，当局部应力达到屈服极限时，容器其他大部分地区的应力还远远低于这一数值。

以薄壁圆筒为例，设计时只考虑薄膜应力，至于局部区域（筒体与端盖的连接部分或支

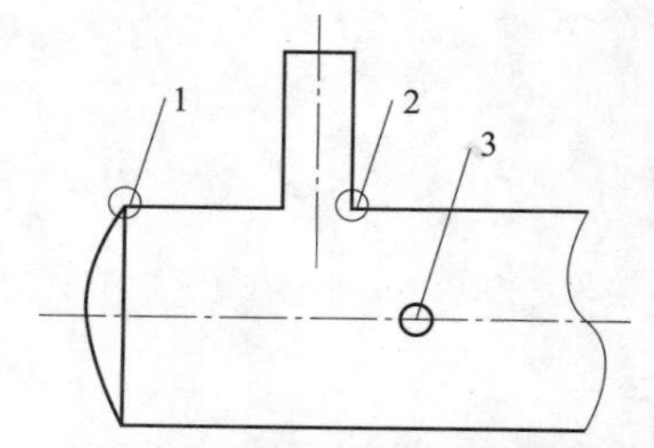

图 6–1　薄壁圆筒不同位置的应力

1—封头与筒体连接处；2—接管与筒体连接处；3—整体薄膜区

承部分等处）的局部应力、温度或压力的波动引起的交变应力、材料中因存在裂纹引起的峰值应力等，都没有做详细分析，在设计时对这些应力大都不予考虑，或只做粗略的局部加强。为了保证容器的安全运转，一般都采用较高的安全系数。

如图 6–1 所示，封头与筒体连接处 1、接管与筒体连接处 2，由于存在边缘应力和应力集中等影响，其局部应力可能很大，甚至达到屈服极限；但筒体的其他地区，如整体薄膜区 3 的应力可能远远小于这些连接处的应力。因为这时不仅整体容器不会达到屈服程度，而且已经达到屈服程度的局部地区的应力增长也要受到限制（因为边缘应力等局部应力有两个基本特性：局部性和自限性），因而不会引起整个容器破坏。

所以，不分主次，单纯地依靠提高安全系数来保证容器安全的方法，使容器绝大部分材料的潜力不能得到利用，是不经济、不合理的。

随着科学技术的进步，石油化学工业的发展与原子能工业的兴起，压力容器的尺寸越来越大，操作条件也越苛刻。不仅要承受高压，有时还伴随着高温或低温，有时载荷或温度还可能产生较大的波动。如果仍按常规的用单纯提高安全系数或加大壁厚的办法来进行设计，显然不是最经济合理的，而且，有时壁厚的增加还起了相反的效果（如厚壁容器的温差应力将随壁厚的增加而有所增大），甚至因掩盖了问题的实质（裂纹）而隐藏着灾难性的后果。所以，人们有必要对容器设计中的这些在弹性失效设计观点中没考虑的问题进行深入细致的研究和探讨。将容器在各种条件下的应力状况进行分类，然后按各类应力的不同性质和特点，具体地、有针对性地规定其许用应力范围，以达到既可保证容器在各种复杂条件下工作的安全可靠性，也做到合理使用材料之目的。这就是压力容器应力分析设计的总体思想。

按这种设计思想进行容器设计时，必须先进行详细的应力分析，将各种外载荷或变形约束产生的应力分别计算出来，然后进行应力分类，分清主次，分别根据各类应力对容器强度影响的程度，采用不同的安全系数和不同的许用应力加以限制（如上述局部应力由于有自限性和局部性，就可以允许比整体薄膜应力有较高的许用应力值），以保证压力容器在各类应力作用下，既能安全可靠地工作，又较经济合理。这种方法被称为弹性应力分析设计法。

二、压力容器的应力分类

由上可知，应力分析设计方法的基本出发点是：对容器上的各种应力进行分类，不同的应力在判据中赋予不同的权重。筒体与封头连接处的边缘效应区，在内压作用下除有薄膜应力外，还有为满足变形连续的弯曲应力；在压力作用下的管板与平封头，沿厚度上分布有弯曲应力。再如，在局部结构不连续处，如开孔或缺口部位，会出现应力集中现象，产生较高的局部应力。

应力分类主要依据以下两点：

（1）应力产生的原因与作用，即应力是平衡载荷产生的还是变形协调产生的，不同原因所产生的应力具有不同的性质，会导致不同的失效模式。

（2）应力的分布，这里有两层含义：一是应力分布的区域是整体的还是局部的，整体的影响要大，局部的影响相对小；二是应力沿壁厚的分布情况，不同的应力分布具有不同的应力重分布的能力。

对于压力容器，目前比较通用的分类方法是：将容器各部件中的应力按其性质的不同分为一次应力、二次应力和峰值应力等。

1. 一次应力 *P*（primary stress）

一次应力亦称为基本应力，是由于外载荷的作用，在容器部件中产生的法向应力或切应力，它是平衡外载荷的应力。因此，它有两个基本特点：满足外部和内部的力及力矩的平衡关系，即可按静力平衡条件加以确定；不具有自限性，当它达到或超过材料的屈服点时，将使容器过度变形而破坏。

一次应力又可以分为以下三类。

1）一次总体薄膜应力 P_m（general primary membrane stress）

一次总体薄膜应力是指在容器总体范围内存在的一次薄膜应力，它对容器的强度危害最大。当整体即一次总体薄膜应力达到材料的屈服点时，整个容器发生屈服。

一次总体薄膜应力的特点：分布在整个壳体上的一种应力；沿容器壁厚方向均匀分布；无自限性。

例如，由内压作用在圆柱或球形壳体中产生的薄膜应力、厚壁圆筒在内压作用下的轴向应力就属于此类。此类应力分布在整个壳体上，且沿壁厚均匀分布，在工作应力达到材料的屈服极限时，沿筒体壁厚的材料同时进入屈服。

2）一次弯曲应力 P_b（primary bending stress）

一次弯曲应力是由内压或其他机械载荷作用产生的沿壁厚呈线性分布的法向应力。例如，平板封头或顶盖中央部分在内压作用下所产生的应力就属于此类。

一次弯曲应力的特点：沿容器厚度方向呈线性分布。

这类应力对容器强度的危害性没有一次总体薄膜应力那么大，这是因为当最大应力（板的上下表面）达到屈服极限进入塑性状态时，其他部分仍处于弹性状态，仍能继续承受载荷，应力沿壁厚的分布随载荷的增加而重新调整分布，所以，在设计中，可以允许比总体薄膜应力有稍高的许用应力。

3）局部薄膜应力 P_l（primary local stress）

在局部范围内，由于压力或其他机械载荷引起的薄膜应力属于局部薄膜应力。例如，在容器支座处，由力与力矩产生的薄膜应力就属此类。这种局部薄膜应力和一次总体薄膜应力一样，也是沿着壁厚方向均匀分布，但不像一次薄膜应力那样沿容器的整体或很大区域分布，而是在局部地区发生。因此，虽然这类应力具有二次应力的特征，但从保守角度考虑仍将其划分为一次应力。

2. 二次应力 *Q*（secondary stress）

二次应力是由相邻部件的约束或结构的自身约束引起的正应力或切应力。发生在总体变形不连续处，它必须满足变形协调条件。

二次应力具有以下三个特点：

（1）满足变形协调（连续）条件，而不是满足外力平衡条件。

（2）具有局部性，即二次应力的分布区域比一次应力要小，其分布区域的范围与 $\sqrt{Rs}$ 为同一量级（R 为壳体平均半径，s 为壳体壁厚）。例如，平板与圆柱壳连接时的边缘应力影响区域为 $2.5\sqrt{Rs}$ 。

（3）具有自限性。由于应力分布是局部的，当二次应力的应力强度达到材料的屈服点时，相邻部分之间的约束便得到缓和，使变形趋向协调而不再继续发展，应力自动限制在一定的范围内。

例如，封头与筒体连接处或其他总体结构不连续处的边缘应力（弯曲应力），以及一般的热应力都属于二次应力。

3. 峰值应力 *F*（peak stress）

总应力中除去薄膜应力和弯曲应力（包括一次应力和二次应力）后，沿壁厚方向呈非线性分布的应力叫作峰值应力。

它发生在载荷、结构形状突然改变的局部地区。或者说，峰值应力是由于局部结构不连续（如耳孔、小圆角半径等引起的应力集中）而造成一次应力或二次应力上的增量。例如，壳体与接管连接处（内角或外角），小的圆角半径或小孔边缘等局部处产生峰值应力。

峰值应力具有以下两个特点：

（1）应力分布区域很小，其区域范围与容器壁厚为同一量级，引起的变形甚微。

（2）不会引起整个结构任何明显的变形，但它是导致疲劳破坏和脆性断裂的可能根源。因此，一般设计中不予考虑，只在疲劳设计中加以限制。

三、压力容器典型零部件中的应力分布

压力容器典型零部件中的应力分布见表 6–1。

表 6–1　压力容器典型零部件中的应力分布

零部件名称	应力位置	引起应力的原因	应力分类
圆柱形或球形壳体	远离不连续处的壳壁	内压	一次总体薄膜应力 P_m 沿壁厚方向的应力梯度（如厚壁筒）——二次应力 Q
		轴向温度梯度	薄膜应力——二次应力 Q 弯曲应力——二次应力 Q
	与端盖或法兰的连接处	内压	局部薄膜应力——一次应力 P_l 弯曲应力——二次应力 Q
任何壳体或端盖	沿整个容器的任何截面	外部载荷或力矩或内力	沿整个截面平均的总体薄膜应力，应力分量垂直于横截面——P_m
		外部载荷或力矩	沿整个截面线性分布（并非沿厚度）的弯曲应力，应力分量垂直于横截面——P_m
	在接管或其他开孔附近	外部载荷或力矩或内力	局部薄膜应力——P_l 弯曲应力——Q 峰值应力（填角或直角）——F
	任何位置	壳体和端盖间温差	薄膜应力——Q 弯曲应力——Q
碟形端盖或锥形端盖	顶部	内压	一次薄膜应力——P_m 一次弯曲应力——P_b
	过渡区或与壳体连接处	内压	局部薄膜应力——P_l 弯曲应力——Q

续表

零部件名称	应力位置	引起应力的原因	应力分类
平端盖	中央区	内压	一次薄膜应力——P_m 一次弯曲应力——P_b
	与壳体连接处	内压	局部薄膜应力——P_l 弯曲应力—— Q
多孔的端盖或壳体	均匀布置的典型管孔	压力	薄膜应力（沿横截面平均分布）——P_m 弯曲应力（沿管孔带宽度均布，沿壁厚线性分布）——P_b 峰值应力——F
	分离的或非典型的孔带	压力	薄膜应力——二次应力 Q 弯曲应力——峰值应力 F 峰值应力——F
	垂直于接管轴线的横截面	内压外部载荷或力矩	一次总体薄膜应力（沿截面均布）——P_m
		外部载荷或力矩	沿接管截面的弯曲应力——一次薄膜应力 P_m
接管	垂直于接管轴线的横截面	内压外部载荷或力矩	一次总体薄膜应力（沿截面均布）——P_m
		外部载荷或力矩	沿接管截面的弯曲应力——一次薄膜应力 P_m
	接管壁	内压	一次总体薄膜应力——P_m 局部薄膜应力——P_l 弯曲应力——Q 峰值应力——F
		膨胀差	薄膜应力——Q 弯曲应力——Q 峰值应力——F
衬套	任意位置	热膨胀差	薄膜应力——F 弯曲应力——F
任何部件	任意位置	沿壳厚度方向上的温度梯度	当量线性应力——Q 应力分布的非线性部分——F
任何部件	任意位置	任意原因	应力集中（缺口效应）——F

第二节　薄壁壳体在内压作用下的应力

一、无力矩理论及基本方程

1. 无力矩理论

压力容器的承压结构是壳体，而壳体是两个近距同形曲面围成的结构，两曲面的垂直距离即为壳体的厚度，平分壳体厚度的曲面叫作壳体的中面，壳体的几何形状可由中面形状及壳体厚度确定。

中面为回转曲面的壳体叫作回转壳体，是由两条近距同形曲线绕对称轴旋转 360° 形成，在垂直于对称轴的截面上的投影是圆环，如圆筒壳、圆锥壳、椭球壳等都是回转壳体。当容器内外表面的距离与壳体的回转直径相比很小时，可以将其看成回转薄壳。设计上一般认为，壁厚与壳体内径之比小于 1/10，即外径与内径之比小于或等于 1.2（即 $K\leqslant1.2$）的壳体属于回转薄壳。当外径与内径之比大于 1.2（即 $K>1.2$）时，称为厚壁回转壳体。当然，这种区分是相对的，薄壳与厚壳并没有严格的界限。

压力容器中的回转壳体，其几何形状及压力载荷均是轴对称的，相应压力载荷下的应力应变也是轴对称分布的。

为了分析求解回转薄壳中的应力，可以假设壳体是完全弹性的，作为弹性壳体应符合弹性理论的一些基本假设，即材料是连续的、均匀的和各向同性的。此外，对于回转薄壳通常采用以下假设使问题的求解得到进一步简化。

1）小位移假设

壳体受力以后，各点的位移都远小于壁厚，即为小位移假设。根据这个假设，在考虑变形后的受力平衡状态时，可以用变形前的尺寸代替变形后的尺寸，而变形分析中的高阶微量可以忽略不计，使微分方程简化成线性方程。

2）直法线假设

壳体在变形前垂直于中间面的直线段，在变形后仍保持为直线，并垂直于变形后的中间面。联系到小位移假设，变形后的法向线段长度保持不变。根据这个假设，壳体沿各点的法向位移均相同，变形前后的壳体厚度保持不变。

3）不挤压假设

壳体各层纤维在变形前后互不挤压。根据这个假设，壳体法向的应力与壳体截面的其他应力分量相比是可以忽略的微小量，其结果就使薄壁壳体的应力分析简化成为平面应力问题。

以上假设构成了无力矩理论的基础，它可以表述为：当壳体壁厚与直径相比很小时，认为壳体很薄几乎像气球充气后的薄膜一样，其承压后的变形与气球充气时的情况相似，其内力与应力是张力，沿壳体厚度均匀分布，呈双向应力状态，壳壁中没有弯矩及弯曲应力。这种分布与处理回转薄壳的理论叫作无力矩理论或薄壳理论。

无力矩理论简化了壳体的应力分析过程，实践证明，无力矩理论的计算结果可以满足薄壁容器设计的工程精度需要。严格来说，任何回转壳体都是具有一定壁厚的，承压后应力沿壁厚并非均匀分布，壳体中因曲率变化也有一定的弯矩及弯曲应力，当壳体较厚且需精确分析时，应采用厚壁理论即有矩理论。

2. 回转壳体的几何概念

以任意直线或平面曲线作为母线，绕其同平面内的轴线旋转一周即形成旋转曲面。压力容器中的很多承压结构是旋转曲面，如以半圆形曲线作为母线绕其直径旋转一周即形成球面；以某一象限内的椭圆线绕其长轴或短轴旋转一周即形成椭球封头曲面；以直线作为母线绕其同平面内的平行线旋转一周即形成圆柱面；如直线母线与其同平面内的直线相交，则旋转一周后得到的是圆锥面。

薄壁壳体用中间面来表示壳体的几何特性，为了分析问题具有一般性，现以任意形状的母线形成回转壳体，如图 6–2 所示。OA 为旋转轴，形成中间面的平面曲线 ADB 称为母线，母线绕旋转轴旋转一周形成了旋转壳体。当母线绕旋转轴转到任意位置时，例如，AEC 线称为经线，显然经线与母线的形状是完全相同的。经线的位置可以以母线平面为基准，由绕旋转轴的角度 θ 来确定。经过经线上的任意一点 E 垂直于中间面的直线称为法线，由几何关系可知，法线的延长线一定与旋转轴 OA 相交，交点为 O_2。将法线段 EO_2 绕旋转轴旋转一周，得到一个与旋转壳体正交的圆锥体，圆锥体与旋转壳体的交线为一个圆，如图中的 DEF，这个圆称为纬线，纬线的位置可以由中间面的法线与旋转轴的夹角 φ 来确定，即与旋转壳体正交圆锥体的半顶角。

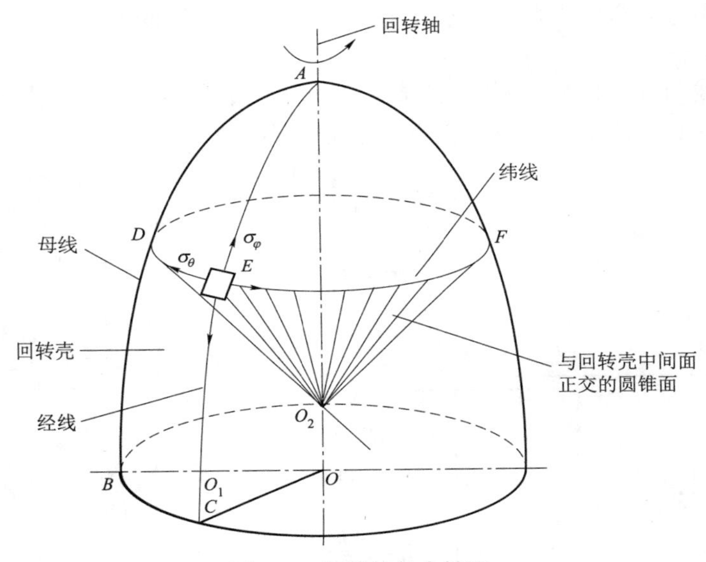

图 6–2　回转体的中间面

除了要确定经线和纬线的位置外，在进行壳体应力分析时，还要确定经线和纬线的形状，经线和纬线在某一点的形状用其在该点的曲率半径表示，曲率半径是曲线曲率的倒数，客观上表达了曲线的形状。经线曲率半径（ρ_φ）又称为第一曲率半径；纬线曲率半径（ρ_θ）又称为第二曲率半径，第二曲率半径等于与旋转壳体正交圆锥的斜高，如图 6–3 所示。

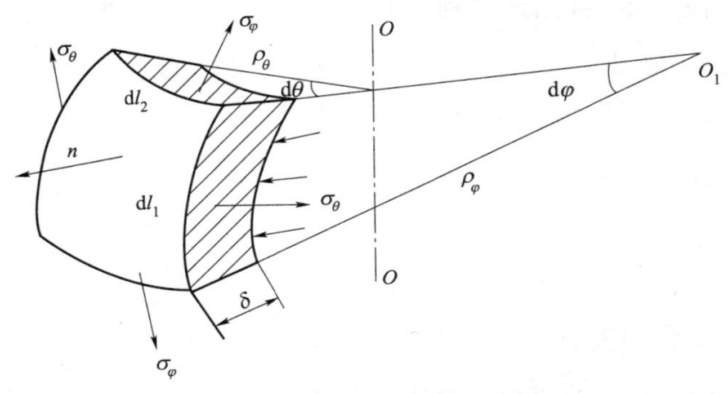

图 6–3　回转壳体中的几何关系

回转壳体承受内压后，其经线和纬线方向都会发生伸长变形，因而在壳体的经向和纬向都存在应力，经向应力用σ_φ表示，纬向应力也称为周向应力或环向应力，用σ_θ表示。

由于轴对称的关系，在同一纬线上各点的经向应力σ_φ均相等，纬向应力亦如此。但不同纬线上的经向应力和纬向应力可能是不同的。

3. 薄膜圆筒壳的应力分析

假设圆筒形容器的内径为D，壁厚为δ，在内压p的作用下，筒壁上任意一点将产生两个方向的应力：一是由于内压力作用于封头上而产生的轴向应力（经向应力）σ_φ；二是由于内压力作用使圆筒径向均匀膨胀，在圆周的切线方向产生的拉应力（环向应力或周向应力）σ_θ。由于筒壁较薄，其径向应力σ_r相对于轴向和环向应力要小很多。根据无力矩理论，可忽略弯矩的作用，不考虑弯曲应力，认为σ_φ和σ_θ沿壁厚均匀分布。

1）经向应力σ_φ

用垂直于轴线的$A—A$截面将筒体截成左右两段，如图6–4所示。左段壳体受力情况（右段与此类似）如图6–5所示。根据力的平衡方程，有：

$$\sigma_\varphi \pi D\delta - p\frac{\pi D^2}{4} = 0$$

$$\sigma_\varphi = \frac{pD}{4\delta} \tag{6–1}$$

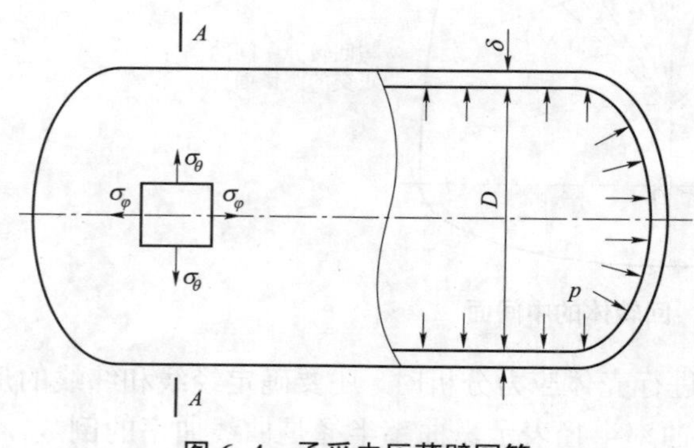

图 6–4　承受内压薄壁圆筒

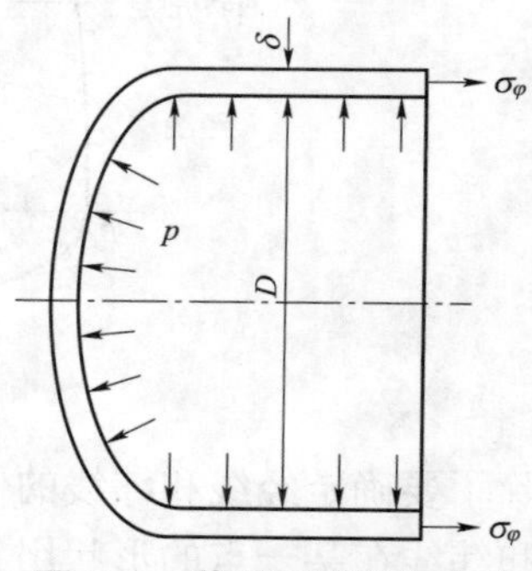

图 6–5　薄壁圆筒轴向应力

2）环向应力σ_θ

截取长为L的一段筒体，并用通过轴线的平面将筒体截成两半，保留上半部分，如图6–6所示，建立力学平衡方程，即：

$$pDL - \sigma_\theta \cdot (2L\delta) = 0$$

$$\sigma_\theta = \frac{pD}{2\delta} \tag{6–2}$$

4. 薄膜方程

1）经向应力σ_φ

如图6–7所示，求经向应力时，假想用与旋转壳体正交的锥壳将旋转体截成上下两部分，考虑其中任意一部分在y方向的受力平衡。有两种力影响旋转壳体在y方向的受力平衡，一种是壳体内压力p作用在壳体上并在y方向的投影，由于旋转壳体的轴对称关系，内压力p

在垂直 y 方向的投影合力为 0；二是假想移去部分壳体对保留分析壳体的作用力，该作用力沿壳体厚度是均匀分布的，力的方向与假想截面垂直，即壳体的经线方向，用应力表示，记为σ_φ，沿 y 方向列出平衡方程则有：

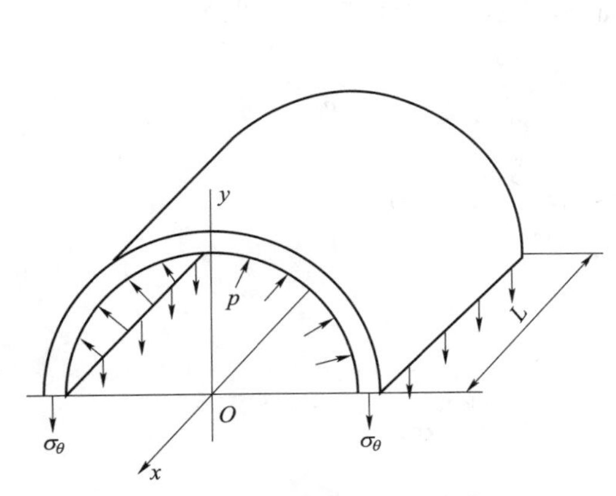

图 6–6　薄壁圆筒环向应力

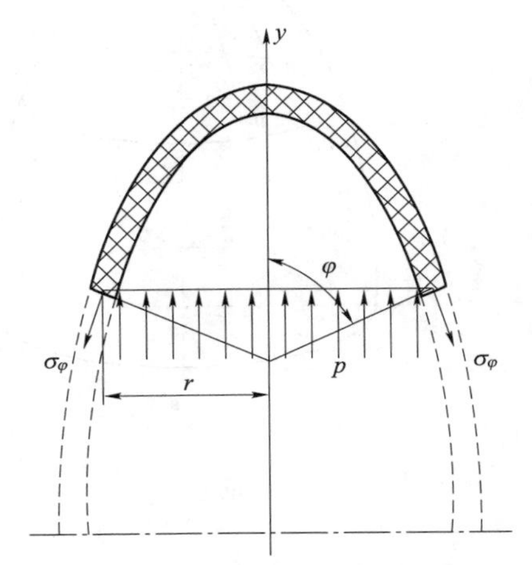

图 6–7　回转壳体的经向应力

$$p\pi r^2 - \sigma_\varphi \times 2\pi r\delta \sin\varphi = 0$$

$$\sigma_\varphi = \frac{pr}{2\delta \sin\varphi} = \frac{p\rho_\theta}{2\delta} \tag{6–3}$$

式中　p——壳体内压力，Pa；

r——壳体中间面距轴线的垂直距离，mm；

σ_φ——经向应力，Pa；

δ——壳体在被圆锥面截开处的厚度，mm；

φ——圆锥面的半顶角，（°）；

ρ_θ——第二曲率半径，即圆锥体母线的长度，mm。

2）环向应力

在同一经线上的不同点，其环向应力的数值可能是不同的，因此，求解经向应力的截面法在求解环向应力时就无法使用了。下面可以采用材料力学中使用的微元法解决这一问题。如图 6–8 所示，从壳体中假想截出一个小的微元体，当微元体足够小时，微元体上的环向应力就可以表示该点的环向应力。

微元体由下列三对截面截得：一是壳体的内、外表面；二是两个相邻的包括壳体经线和轴线的经线平面；三是两个相邻且与壳体正交的圆锥面，如图 6–8（a）所示。

将微元体用假想的截面截出放大后如图 6–8（b）所示，此时，微元体仍然处于平衡状态，即微元体上各分力在法线方向的投影之和等于零。

经分析可知，微元体上的外力共有以下几种：一是作用在壳体表面的压力 p 在法线方向的投影；二是作用在垂直于经线平面内的应力 σ_θ 在法线方向的投影；三是作用在垂直于纬线平面内的应力 σ_φ 在法线方向的投影。

为了分析问题，将微元体分别沿经线方向投影和纬线方向投影，如图 6–8（c）所示，沿

法线 n 方向列力的平衡方程如下：

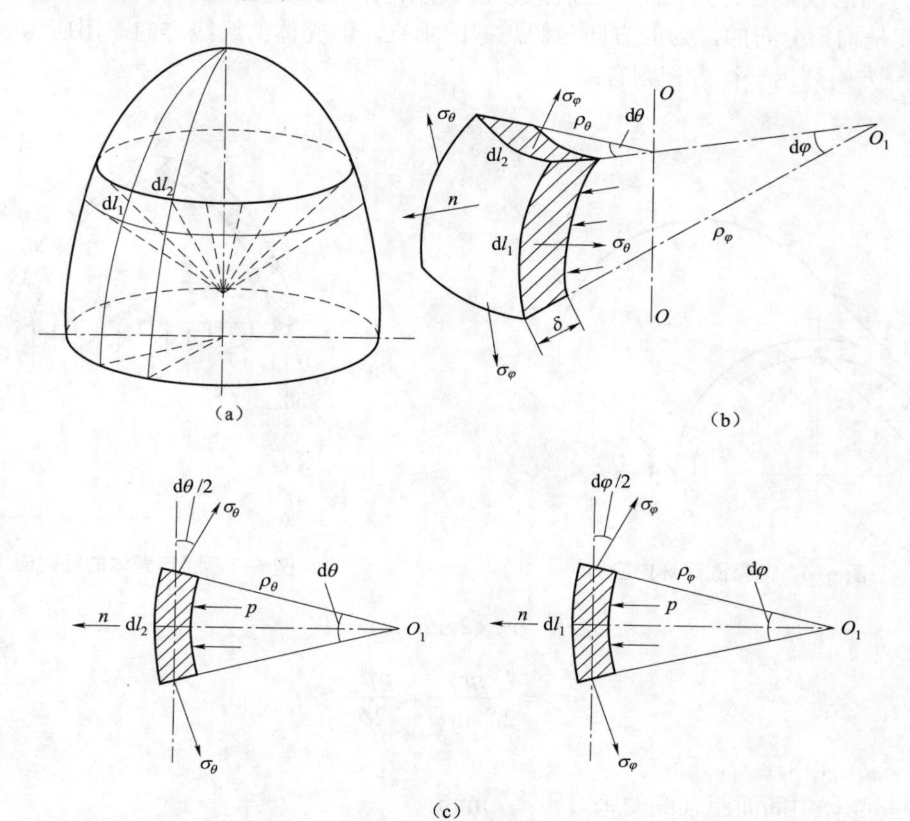

图 6–8　回转壳体的应力分析

（a）微元体的截取；（b）微元体的应力；（c）微元体法线方向的受力平衡

$$p\mathrm{d}l_1\mathrm{d}l_2-2\sigma_\varphi\delta\mathrm{d}l_2\sin\left(\frac{1}{2}\mathrm{d}\varphi\right)-2\sigma_\theta\delta\mathrm{d}l_1\sin\left(\frac{1}{2}\mathrm{d}\theta\right)=0$$

式中　σ_φ——微元体上的经向应力，作用在上、下两个周（纬）向圆锥截面上，Pa；

σ_θ——微元体上的环向应力，作用在相邻两个经向截面上，Pa；

δ——壳体厚度，mm；

$\mathrm{d}l_1$——微元体沿经线的长度，mm；

$\mathrm{d}l_2$——微元体沿环向的长度，mm；

$\mathrm{d}\varphi$——两圆锥截面的夹角，（°）；

$\mathrm{d}\theta$——两经向截面的夹角，（°）。

因 $\mathrm{d}\varphi$ 及 $\mathrm{d}\theta$ 很小，所以有：

$$\sin\left(\frac{1}{2}\mathrm{d}\varphi\right)\approx\frac{1}{2}\mathrm{d}\varphi\qquad\sin\left(\frac{1}{2}\mathrm{d}\theta\right)\approx\frac{1}{2}\mathrm{d}\theta$$

$$p\mathrm{d}l_1\mathrm{d}l_2-\sigma_\varphi\delta\mathrm{d}l_2\mathrm{d}\varphi-\sigma_\theta\delta\mathrm{d}l_1\mathrm{d}\theta=0$$

$$\frac{\sigma_\varphi}{\rho_\varphi}+\frac{\sigma_\theta}{\rho_\theta}=\frac{p}{\delta}\tag{6–4}$$

式中　ρ_φ——微元体经线曲率半径，第一曲率半径；

ρ_θ——微元体纬线曲率半径，第二曲率半径。

式（6–3）和式（6–4）是求解薄壁回转壳体在内压作用下应力的基本公式，称为无力矩理论薄膜应力方程组，即：

$$\left.\begin{aligned}\sigma_\varphi&=\frac{p\rho_\theta}{2\delta}\\ \frac{\sigma_\varphi}{\rho_\varphi}+\frac{\sigma_\theta}{\rho_\theta}&=\frac{p}{\delta}\end{aligned}\right\}\tag{6–5}$$

二、无力矩理论在旋转薄壳中的应用

在介绍求解无力矩理论的基本方程时，回转壳体的母线形状没有作特殊要求，因此，从该理论推导出的薄膜应力方程具有一般适用性，压力容器中常用壳体的母线形状是几种典型的母线特例，下面分别说明。

1. 圆筒体

当一条直线围绕与之平行的轴线旋转一周时，就构成了圆筒体的中间面。因此，圆筒体的母线为一条直线，即经线曲率半径 $\rho_\varphi=\infty$；与筒体正交的锥体退化成一个平面，可以理解为锥顶仍然在筒体的轴线上，因此，圆筒体的纬线曲率半径 ρ_θ 等于筒体中间面的半径 r。将 ρ_φ 和 ρ_θ 的值代入薄膜应力方程组（6–5）得：

$$\left.\begin{aligned}\sigma_\varphi&=\frac{pr}{2\delta}\\ \frac{\sigma_\varphi}{\infty}+\frac{\sigma_\theta}{r}&=\frac{p}{\delta}\Rightarrow\sigma_\theta=\frac{pr}{\delta}\end{aligned}\right\}\tag{6–6}$$

式（6–6）与式（6–1）和式（6–2）比较，可知完全相同。

在薄壁圆筒壳体中，环向应力及经向应力（轴向应力）与内压、圆筒半径成正比，与壁厚成反比，且环向应力在数值上是经向应力的两倍。

2. 圆锥壳

与圆筒体类似，圆锥壳的母线也是一条直线，但该直线与轴线的交角为α，母线绕轴线旋转一周后形成了圆锥壳的中间面，母线与轴线的交角α称为圆锥壳的半顶角，因此，圆锥壳的经线曲率半径 $\rho_\varphi=\infty$；与圆锥壳正交的锥体顶点仍然在圆锥壳的轴线上，在圆锥壳设计中，常采用锥壳上某点到轴线的距离 r 表示锥壳上的位置，这样锥壳和纬线曲率半径 ρ_θ 与 r 的关系如图 6–9 所示，可以表示为：

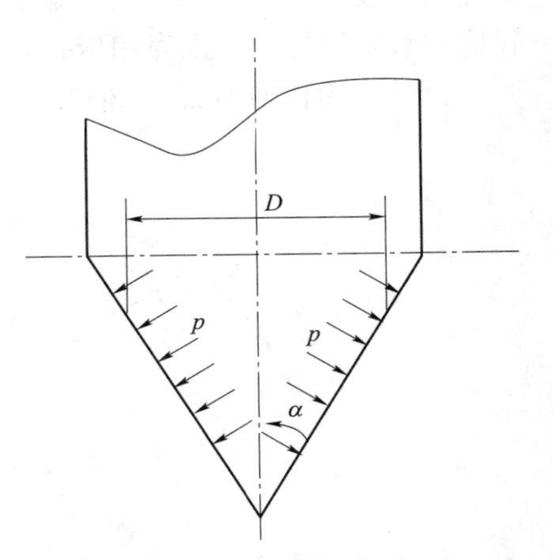

图 6–9　圆锥壳的几何关系

$$\rho_\theta=\frac{r}{\cos\alpha}\tag{6–7}$$

将圆锥体的经线曲率半径 ρ_φ 和纬线曲率半径 ρ_θ 的值代入薄膜应力方程组（6–5）得：

$$\left.\begin{aligned}\sigma_\varphi=\frac{p\rho_\theta}{2\delta}=\frac{pr}{2\delta\cos\alpha}\\ \frac{\sigma_\varphi}{\infty}+\frac{\sigma_\theta}{\frac{r}{\cos\alpha}}=\frac{p}{\delta}\Rightarrow\sigma_\theta=\frac{pr}{\delta\cos\alpha}\end{aligned}\right\}\tag{6–8}$$

从方程组（6–8）中可以看出，圆锥壳上不同点的应力是不同的，从锥顶到锥底，应力随 r 的增大而增大。锥底的环向应力和经向应力达到最大应力；在圆锥壳任意一点，其环向应力是经向应力的 2 倍。圆锥壳的半顶角对其应力有显著影响，半顶角越大，圆锥壳体中的应力越大。

3. 球壳

在压力容器中，使用的球形容器包括球形储罐和球形封头，它们的中间面是一条半圆形或四分之一圆线绕半径旋转一周形成的。由球壳的对称关系可知，球壳的经线曲率半径 ρ_φ 和纬线曲率半径 ρ_θ 都等于球壳的半径 r。

将球壳的经线曲率半径 ρ_φ 和纬线曲率半径 ρ_θ 的值代入薄膜应力方程组（6–5）得：

$$\left.\begin{aligned}\sigma_\varphi=\frac{p\rho_\theta}{2\delta}=\frac{pr}{2\delta}\\ \frac{\sigma_\varphi}{r}+\frac{\sigma_\theta}{r}=\frac{p}{\delta}\Rightarrow\sigma_\theta=\frac{pr}{2\delta}\end{aligned}\right\}\tag{6–9}$$

由此可看出，球壳上任意一点的环向应力与经向应力相等，如果球壳与圆筒直径及壁厚相同，且承受同样的内压，则球壳中的最大应力是圆筒中最大应力的二分之一。

4. 椭球壳

椭球壳的母线为一条椭圆线。通过前面的计算可知，要求解椭球壳上的应力必须求出椭球壳的经线曲率半径和纬线曲率半径。由于椭圆线的特点，求解经线曲率半径和纬线曲率半径比求解圆筒体、圆锥壳和球壳时要复杂。

设椭圆的长轴为 $2a$，椭圆的短轴为 $2b$（如图 6–10 所示），椭圆方程为：

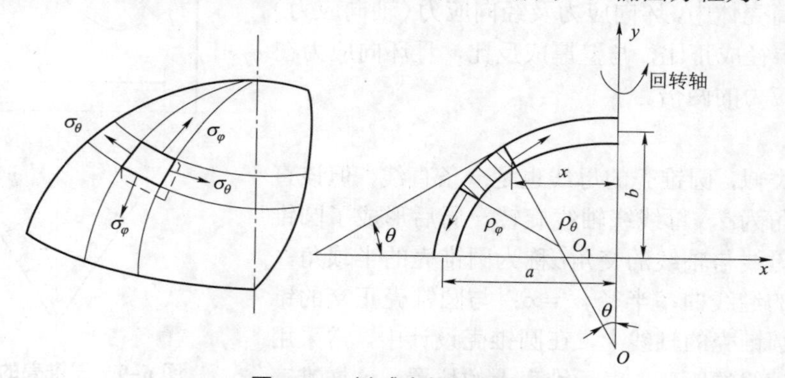

图 6–10　椭球壳的几何关系

$$\frac{x^2}{a^2}+\frac{y^2}{b^2}=1$$

连续曲线的曲率半径可以通过该曲线的一阶导数和二阶导数求出，如果曲线方程为：$y=f(x)$，则在曲线上任意一点 A 的曲率半径为：

$$\rho=\left|\frac{\left[1+(y')^2\right]^{\frac{3}{2}}}{y''}\right|$$

由椭圆方程可知：

$$y'=-\frac{b^2x}{a^2y}=-\frac{bx}{a\sqrt{(a^2-x^2)}}$$

$$y''=-\frac{b^4}{a^2y^3}=-\frac{ab}{\sqrt{(a^2-x^2)^3}}$$

椭圆上点的曲率半径为：

$$\rho=\frac{1}{a^4b}[a^4-x^2(a^2-b^2)]^{\frac{3}{2}}$$

椭圆壳经线上点的曲率半径为：

$$\rho_\varphi=\frac{1}{a^4b}[a^4-x^2(a^2-b^2)]^{\frac{3}{2}}$$

由图 6–10 可知，椭圆壳纬线上点的曲率半径（圆锥面的母线）可由下式求得

$$\rho_\theta=\sqrt{x^2+c^2}=\sqrt{x^2+\left(\frac{x}{\tan\theta}\right)^2}$$

由上式可知，x 是确定椭球壳位置的变量，要求出 ρ_θ 关键是求出 $\tan\theta$，而 θ 角是圆锥面的半顶角，即椭球壳上该点的切线与 x 轴的夹角。$\tan\theta$ 等于曲线在该点的斜率，同时等于曲线在该点的一阶导数：

$$\tan\theta=\frac{\mathrm{d}y}{\mathrm{d}x}=y'$$

$$\rho_\theta=\sqrt{x^2+\left(\frac{x}{y'}\right)^2}=\frac{1}{b}[a^4-x^2(a^2-b^2)]^{\frac{1}{2}}$$

将 ρ_φ、ρ_θ 的值代入薄膜方程，即可求得椭球壳上任一点的应力：

$$\left.\begin{aligned}\sigma_\varphi&=\frac{p\rho_\theta}{2\delta}=\frac{p}{2\delta}\cdot\frac{1}{b}[a^4-x^2(a^2-b^2)]^{\frac{1}{2}}\\\sigma_\theta&=\frac{p}{2\delta}\left(2-\frac{\rho_\theta}{\rho_\varphi}\right)=\frac{p}{2\delta}\cdot\frac{1}{b}[a^4-x^2(a^2-b^2)]^{\frac{1}{2}}\cdot\left[2-\frac{a^4}{a^4-x^2(a^2-b^2)}\right]\end{aligned}\right\}\tag{6–10}$$

$$\sigma_\theta=\sigma_\varphi\left[2-\frac{a^4}{a^4-x^2(a^2-b^2)}\right]\tag{6–11}$$

以 x 为变量在图 6–10 所示的坐标内依次画出椭球壳各点的经向应力和环向应力，因椭球壳是对称于 y 轴的，所以，可以只画出 y 轴一侧的应力分布，首先考查椭球壳上两个特殊点的应力值，即椭球壳极点和赤道上的应力值。

椭球壳的极点是椭球壳与坐标轴 y 的交点，在该点 x=0，代入式（6–10）和式（6–11）可得：

$$\sigma_{\varphi}=\frac{p}{2\delta}\cdot\frac{1}{b}[a^4-x^2(a^2-b^2)]^{\frac{1}{2}}\bigg|_{x=0}=\frac{p}{2\delta}\cdot\frac{a^2}{b}=\frac{pa}{2\delta}\cdot\frac{a}{b}$$

$$\sigma_{\theta}=\sigma_{\varphi}\left[2-\frac{a^4}{a^4-x^2(a^2-b^2)}\right]\Bigg|_{x=0}=\frac{pa}{2\delta}\cdot\frac{a}{b}(2-1)=\frac{pa}{2\delta}\cdot\frac{a}{b}$$

所以，$\sigma_{\varphi}=\sigma_{\theta}$。

即在椭球壳的极点上，环向应力与经向应力大小相等，其值与椭球长短轴的比值有关，即与椭球壳的形状有关。椭球长短轴的比值越大，极点处的应力数值也越大。

椭球壳的赤道是椭球壳长轴所在平面与椭球壳相交的交线，在赤道上 $x=a$，将 $x=a$ 代入式（6–10）和式（6–11）可得：

$$\sigma_{\varphi}=\frac{p}{2\delta}\cdot\frac{1}{b}[a^4-x^2(a^2-b^2)]^{\frac{1}{2}}\bigg|_{x=a}=\frac{p}{2\delta}\cdot\frac{ab}{b}=\frac{pa}{2\delta}$$

当椭球壳与圆筒体相连接时，椭球壳的长半轴 a 与圆筒体的半径 r 相等，因此，在连接处椭球壳与圆筒体的经向应力始终相等，与圆筒体的大小和椭球壳的形状无关。

$$\sigma_{\theta}=\sigma_{\varphi}\left[2-\frac{a^4}{a^4-x^2(a^2-b^2)}\right]\Bigg|_{x=a}=\frac{pa}{2\delta}\cdot\frac{a}{b}\left[2-\left(\frac{a}{b}\right)^2\right]$$

由上式可知，σ_{θ} 的大小和正负取决于椭球长短半轴的比值：

如果 $\left[2-\left(\frac{a}{b}\right)^2\right]>0$，即 $\frac{a}{b}<\sqrt{2}$，σ_{θ} 为正值；

如果 $\left[2-\left(\frac{a}{b}\right)^2\right]=0$，即 $\frac{a}{b}=\sqrt{2}$，σ_{θ} 为 0；

如果 $\left[2-\left(\frac{a}{b}\right)^2\right]<0$，即 $\frac{a}{b}>\sqrt{2}$，σ_{θ} 为负值。

当 $\frac{a}{b}>\sqrt{2}$ 时，在椭球壳赤道上环向应力出现负值，即曲线上的环向应力为压缩应力。由此可见，椭球壳上的环向应力和经向应力的大小和方向均受到椭球壳长短半径比 $\frac{a}{b}$ 的影响，且 $\frac{a}{b}$ 越大，即椭球壳深度越小，应力分布越不均匀，但如果深度过大，又为椭球壳的加工制造带来困难，综合考虑椭球壳的受力状态和加工质量两方面的因素，将 $\frac{a}{b}=2$ 的椭球封头定义为标准椭球封头，标准椭球封头上的应力分布规律如图 6–11 所示。

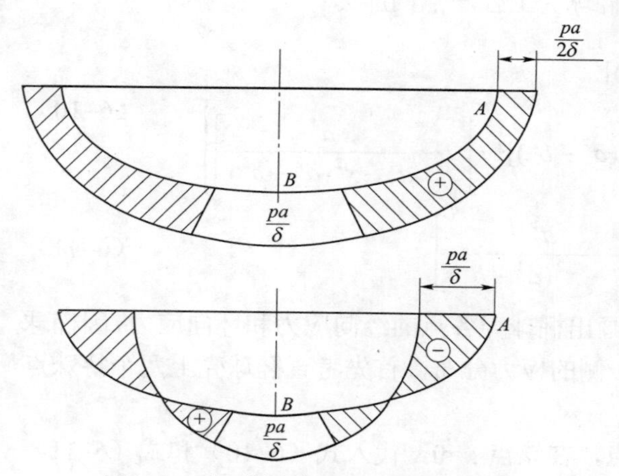

图 6–11　标准椭球封头应力分布规律

将标准椭球封头与半径等于其长半轴 a

的圆筒壳比较，如果二者有相同的壁厚并承受同样的内压，则封头赤道上的环向应力与圆筒壳上的环向应力大小相等，方向相反；封头赤道上的经向应力与圆筒壳上的经向应力大小相等，方向相同；封头极点处应力（环向及经向）的大小及方向都与圆筒壳上的环向应力相同。因而标准椭球封头可以与同厚度圆筒壳衔接，所得到的容器受力比较均匀。

当椭球封头与圆筒体相连以后，椭球封头的环向应力 σ_θ 将有所缓和，在连接处附近，将会出现边缘应力与薄膜应力叠加后改善椭球壳周向压应力过大的状况。

例 6–1　列管式换热器的顶部为半球形封头，中间为圆筒体，底部为标准椭球封头。三部分壳体的平均直径为 500 mm，各部分的壳体厚度均为 8 mm。流经壳程的一次水压力为 $p_1 = 4.6\ \text{MPa}$，流经管程的二次水压力为 $p_2 = 4\ \text{MPa}$。试计算换热器各部分壳体的应力。

解：

1）半球形封头的应力

根据式（6–9）可知，球形封头中的环向应力和经向应力相等，即：

$$\sigma_\theta = \sigma_\varphi = \frac{pr}{2\delta} = \frac{4\times250}{2\times8} = 62.5\ \text{(MPa)}$$

2）筒体的应力

根据式（6–6）可知，圆筒体上的环向应力和经向应力分别为：

$$\sigma_\theta = \frac{pr}{\delta} = \frac{4.6\times250}{8} = 143.75\ \text{(MPa)}$$

$$\sigma_\varphi = \frac{pr}{2\delta} = \frac{4.6\times250}{2\times8} = 71.875\ \text{(MPa)}$$

3）椭球封头的应力

本换热器采用的是标准椭球封头，可根据图 6–11 确定椭球封头顶点和赤道上的应力。

顶（极）点上的应力：

$$\sigma_\varphi = \sigma_\theta = \frac{pa}{\delta} = \frac{4\times250}{8} = 125\ \text{(MPa)}$$

赤道上的应力：

$$\sigma_\theta = -\frac{pa}{\delta} = -\frac{4\times250}{8} = -125\ \text{(MPa)}$$

$$\sigma_\varphi = \frac{pa}{2\delta} = \frac{4\times250}{2\times8} = 62.5\ \text{(MPa)}$$

5. 承受液体压力的壳体应力分析

承受液体压力的壳体，如内装液体物料储槽，由于液柱静压力，壳体上的各点所受的压力将随深度的不同而变化，同一深度的液压是相等的，液柱越高，液体的静压力就越大。对于承受液体压力的直立圆筒壳体，其器壁上各点所受的静压力可用图 6–12 中的三角形来表示，闭式圆筒形壳体壁上任意点 M 的压力 p 按下式计算。

$$p = p_0 + (H - z)\gamma$$

式中　p_0——液体表面的压力，Pa；

γ——液体的重度，N/m^3；

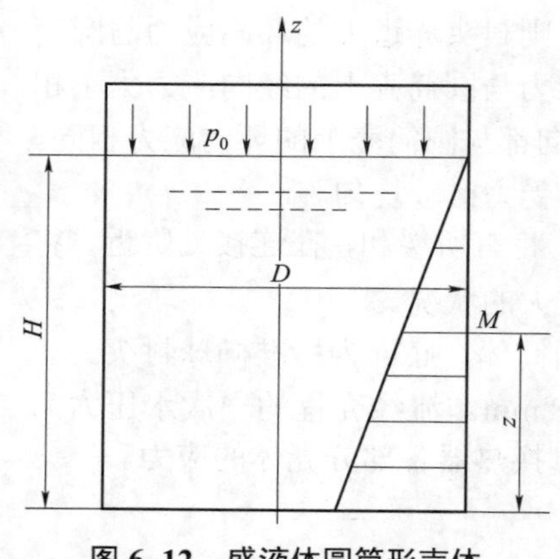

图 6–12　盛液体圆筒形壳体

H——液面的高度，m；

z——筒壁上任意点距底面的高度，m。

若此壳体为底部周边支承的直立圆筒形封闭式壳体，如图 6–12 所示，设 p_0 为液体表面上的气压，液体重度为 γ，壳体的直径为 D，壁厚为 δ。因为圆筒形壳体纬线曲率半径 ρ_θ 为圆筒形半径；经线为直线，其曲率半径 ρ_φ 为无穷大，所以由式（6–6）即可求得环向应力 σ_θ。

$$\frac{\sigma_\varphi}{\infty}+\frac{\sigma_\theta}{\dfrac{D}{2}}=\frac{p_0+(H-z)\gamma}{\delta}$$

$$\sigma_\theta=\frac{[p_0+(H-z)\gamma]D}{2\delta} \tag{6–12}$$

对于底部支承的直立圆筒，由于液柱静压力垂直作用于圆筒侧壁，液体重力由支座承担，由截面法思想可知，筒壁中的轴向应力 σ_φ（或经向应力）只与液柱表面压力 p_0 有关，即：

$$\sigma_\varphi=\frac{p_0 D}{4\delta} \tag{6–13}$$

第三节　厚壁圆筒及球壳在内压作用下的应力

上一节介绍了薄壁容器的无力矩理论，主要假设容器壁厚较薄（即外径与内径之比 $K\leqslant1.2$），在内压作用下，壳体内只有正应力而没有弯曲应力，同时应力沿壳体壁厚是均匀分布的。事实上，壳体内的弯曲应力是客观存在的，应力沿壁厚也不是均匀分布的。某些壁厚较大的承压设备，如化工设备中的合成氨反应器等，若仍按薄壁容器设计计算，将带来较大的误差。

一、厚壁壳体的应力特点

可以将厚壁圆筒看成由许多相互套接在一起的薄壁圆筒组成。对于独立的薄圆筒而言，承受内压后，它的变形是自由的。但是，对于组成厚壁圆筒的各薄壁圆筒而言，它的变形既受到里层材料的约束，又受到外层材料的限制，不再是自由的了。这样，每个薄壁圆筒的内外侧由于变形所受到的约束和限制不一样，因而每个薄壁圆筒所受的内外侧压力也不一样。于是，由此而产生的环向应力在各层也不相同。也就是说，在厚壁圆筒中，环向应力沿壁厚方向（或径向）分布是不均匀的。这是厚壁容器应力和变形的第一个特点。

厚壁容器应力变形的第二个特点：由于各层材料变形的相互约束和限制，在径向也产生了应力，叫作径向应力，用 σ_r 表示。这也是薄壁容器所没有的。与上述道理相同，径向应力 σ_r 沿壁厚方向分布也是不均匀的。

和薄壁容器相似的是，如果厚壁圆筒两端是封闭的，则在轴线方向也将产生轴向应力，仍用 σ_φ 表示。除了端部与封头连接处附近区域由于两部分变形必须协调而产生弯曲应力外，在离开两端稍远处，轴向应力 σ_φ 沿壁厚方向分布是均匀的。

综上所述，当承受内压或外压后，厚壁容器中将产生三个应力分量：环向应力 σ_θ，沿壁厚方向非均匀分布；轴（经）向应力σ_{φ}，沿壁厚方向均匀分布；径向应力σ_{r}，沿壁厚方向非均匀分布。

在厚壁容器中，由于应力沿壁厚非均匀分布，且分布规律又是未知的，因此，采用截面法及单一的微元体平衡法无法确定某一点应力的大小，而必须从平衡、几何、物理三个方面加以分析。

二、厚壁圆筒轴向应力

厚壁圆筒在结构上是轴对称的，如果所受的内压和外压也是轴对称的，那么，由此产生的应力和变形也一定是轴对称的，即筒体横截面变形前后都是圆形的。这类轴对称的应力和变形均可在柱坐标系中描述，筒体中的任意一点可用三个坐标（r，θ，z）表示。这样，其应力分量σ_{θ}和σ_{φ}将只是各点到中心距离r的函数，而与纵坐标z和角坐标θ无关，从而使问题得到简化。

厚壁圆筒两端封闭承受内压时，在远离端部的横截面中，其轴向应力可用截面法求得，如图6–13所示。假定将圆筒体横截为两部分，考虑其中一部分轴向力的平衡，则有：

$$\sigma_{\varphi}\pi(R_{\mathrm{o}}^{2}-R_{\mathrm{i}}^{2})-p\pi R_{\mathrm{i}}^{2}=0$$

$$\sigma_{\varphi}=\frac{R_{\mathrm{i}}^{2}}{R_{\mathrm{o}}^{2}-R_{\mathrm{i}}^{2}}p=\frac{p}{K^{2}-1} \tag{6–14}$$

式中　σ_{φ}——轴向应力，Pa；

R_{o}——厚壁圆筒的外径，m；

R_{i}——厚壁圆筒的内径，m；

K——厚壁圆筒的外径与内径之比；

p——内压，Pa。

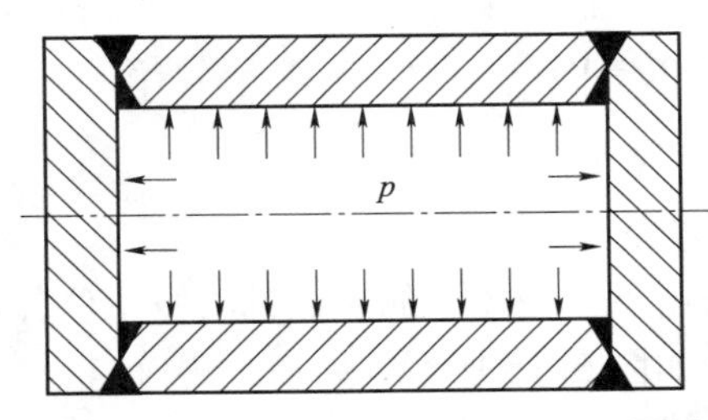

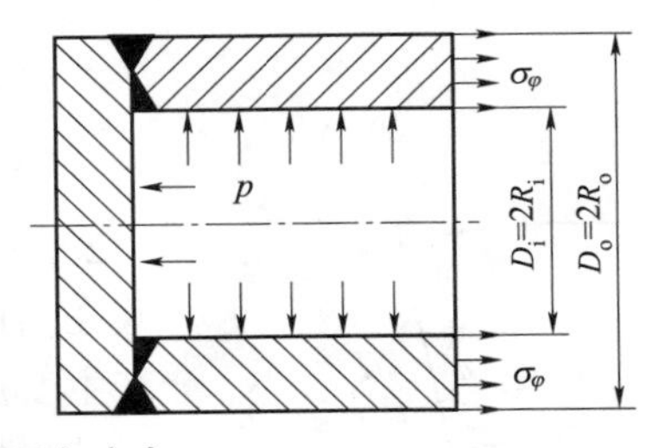

图6–13　厚壁筒体环向应力

三、厚壁圆筒环向应力与径向应力

环向应力σ_{θ}及径向应力σ_{r}随半径的变化规律，必须借助于微元体，考虑其平衡条件及变形条件，进行综合分析。

为了分析厚壁筒体上任意一点的应力（如图6–14所示），在圆筒体半径为r处，以相距dr的两环向截面及夹角为dθ的二径向截面截取任一微元体，其微元体在轴向的长度为1。由于轴向应力对径向应力的平衡没有影响，所以，图中未标出轴向应力。

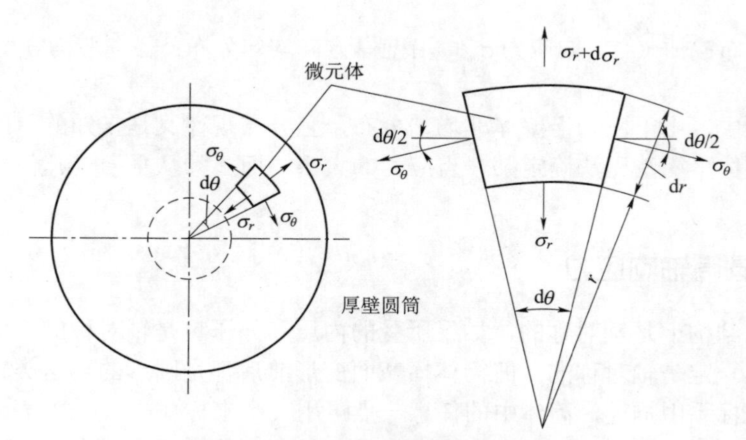

图 6–14　厚壁圆筒微元体受力情况

1. 方程分析

1）平衡方程

由于轴对称的关系，微元体上各点的环向应力 σ_θ 大小相等；微元体半径 r 弧面上的应力为 σ_r，半径 r+dr 弧面上的应力为 $\sigma_r+\mathrm{d}\sigma_r$，远离封头的轴向应力 σ_φ 相等，并垂直于径向。

考虑微元体的平衡，仅考虑四个面上的应力在径向投影之和等于零，即：

$$(\sigma_r+\mathrm{d}\sigma_r)(r+\mathrm{d}r)\mathrm{d}\theta-\sigma_r r\mathrm{d}\theta-2\sigma_\theta\mathrm{d}r\sin\frac{\mathrm{d}\theta}{2}=0$$

整理并略去高阶无穷小量，且

$$\sin\frac{\mathrm{d}\theta}{2}\approx\frac{\mathrm{d}\theta}{2}$$

$$\left.\begin{aligned}&\sigma_r\mathrm{d}r+r\mathrm{d}\sigma_r-\sigma_\theta\mathrm{d}r=0\\&\sigma_r+r\frac{\mathrm{d}\sigma_r}{\mathrm{d}r}-\sigma_\theta=0\end{aligned}\right\}\tag{6–15}$$

这就是微元体的平衡方程。

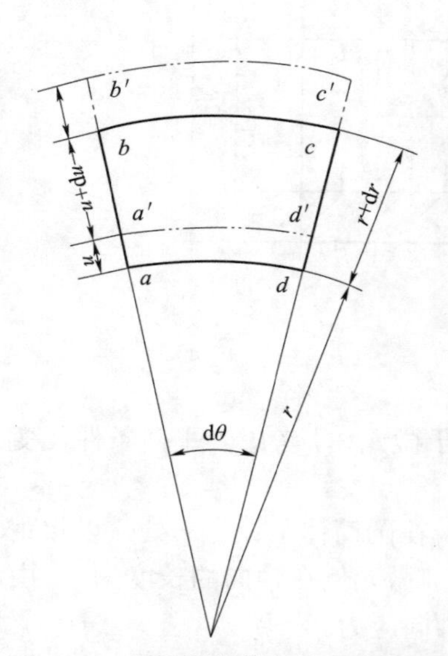

图 6–15　厚壁圆筒微元体变形情况

2）几何方程

在内压作用下，壳体上的各点都将发生位移，微元体也会产生变形，如图 6–15 所示。

若坐标 r 的圆柱面 ad 径向位移 u，坐标为（r+dr）的圆柱面 bc 的径向位移为 u+du，则微元体的径向应变 ε_r 为:

$$\varepsilon_r=\frac{(u+\mathrm{d}u)-u}{\mathrm{d}r}=\frac{\mathrm{d}u}{\mathrm{d}r}\tag{6–16}$$

微元体的环向应变为:

$$\varepsilon_\theta=\frac{(r+u)\mathrm{d}\theta-r\mathrm{d}\theta}{r\mathrm{d}\theta}=\frac{u}{r}\tag{6–17}$$

式（6–16）及式（6–17）就是微元体的几何方程，表面微元体的径向应变和环向应变均取决于径向位移。

由 $\varepsilon_\theta = \dfrac{u}{r}$ 对 r 求导得出：

$$\frac{\mathrm{d}\varepsilon_\theta}{\mathrm{d}r} = \frac{1}{r}\frac{\mathrm{d}u}{\mathrm{d}r} - \frac{u}{r^2} = \frac{1}{r}\left(\frac{\mathrm{d}u}{\mathrm{d}r} - \frac{u}{r}\right)$$

$$\frac{\mathrm{d}\varepsilon_\theta}{\mathrm{d}r} = \frac{1}{r}(\varepsilon_r - \varepsilon_\theta) \tag{6–18}$$

式（6–18）称为微元体的变形协调方程，表示微元体径向位移与环向位移的互相制约的关系。

3）物理方程

根据广义胡克定律可以列出微元体应力与应变之间的物理方程，物理方程也称为变形协调方程，方程如下：

$$\varepsilon_r = \frac{1}{E}[\sigma_r - \mu(\sigma_\theta + \sigma_\varphi)] \tag{6–19}$$

$$\varepsilon_\theta = \frac{1}{E}[\sigma_\theta - \mu(\sigma_\varphi + \sigma_r)] \tag{6–20}$$

式中 E——材料的弹性模量，Pa；

μ——材料的泊松比。

式（6–20）对 r 求导：

$$\frac{\mathrm{d}\varepsilon_\theta}{\mathrm{d}r} = \frac{1}{E}\left(\frac{\mathrm{d}\sigma_\theta}{\mathrm{d}r} - \mu\frac{\mathrm{d}\sigma_r}{\mathrm{d}r}\right) \tag{6–21}$$

由式（6–19）减去式（6–20）后两边同乘以 $\dfrac{1}{r}$ 可得：

$$\frac{1}{r}(\varepsilon_r - \varepsilon_\theta) = \frac{1+\mu}{rE}(\sigma_r - \sigma_\theta) \tag{6–22}$$

由式（6–18）、式（6–21）与式（6–22）可得：

$$\frac{\mathrm{d}\sigma_\theta}{\mathrm{d}r} - \mu\frac{\mathrm{d}\sigma_r}{\mathrm{d}r} = \frac{1+\mu}{r}(\sigma_r - \sigma_\theta) \tag{6–23}$$

由式（6–15）移项及对 r 求导可得：

$$\sigma_r - \sigma_\theta = -r\frac{\mathrm{d}\sigma_r}{\mathrm{d}r} \tag{6–24}$$

$$\frac{\mathrm{d}\sigma_\theta}{\mathrm{d}r} = \frac{\mathrm{d}\sigma_r}{\mathrm{d}r} + r\frac{\mathrm{d}^2\sigma_r}{\mathrm{d}r^2} + \frac{\mathrm{d}\sigma_r}{\mathrm{d}r} = r\frac{\mathrm{d}^2\sigma_r}{\mathrm{d}r^2} + 2\frac{\mathrm{d}\sigma_r}{\mathrm{d}r} \tag{6–25}$$

由式（6–23）、式（6–24）及式（6–25）整理后得：

$$\frac{\mathrm{d}^2\sigma_r}{\mathrm{d}r^2} + \frac{3}{r}\frac{\mathrm{d}\sigma_r}{\mathrm{d}r} = 0 \tag{6–26}$$

2. 微分方程求解

式（6–26）为不显式包含 σ_r 的一元二阶微分方程，可采用置换法将其降为一阶微分方程，设 $\dfrac{\mathrm{d}\sigma_r}{\mathrm{d}r} = P$，则 $\dfrac{\mathrm{d}^2\sigma_r}{\mathrm{d}r^2} + \dfrac{3}{r}\dfrac{\mathrm{d}\sigma_r}{\mathrm{d}r} = 0$ 可以写为：$\dfrac{\mathrm{d}P}{\mathrm{d}r} + \dfrac{3}{r}P = 0$，整理后两端分别积分得：

$$\int \frac{1}{P} \mathrm{d}P = -3\int \frac{1}{r} \mathrm{d}r + \ln C$$

由 $\ln P = \ln(Cr^{-3})$，得：$P = Cr^{-3}$，所以，$\dfrac{\mathrm{d}\sigma_r}{\mathrm{d}r} = Cr^{-3}C$，整理后两端分别积分得：

$$\sigma_r = -\frac{1}{2}Cr^{-2} + C_1$$

令

$$-\frac{1}{2}C = C_2$$

$$\sigma_r = C_1 + C_2 \frac{1}{r^2} \tag{6–27}$$

将式（6–27）代入式（6–15）后整理得：

$$\sigma_\theta = C_1 + C_2 \frac{1}{r^2} + rC_2\left(-\frac{2}{r^3}\right) = C_1 - C_2 \frac{1}{r^2} \tag{6–28}$$

3. 边界条件的确定

前面已解出厚壁筒体的径向应力表达式（6–27）和环向应力表达式（6–28），要想使用这些表达式，还必须根据筒体的受力条件确定表达式中的积分常数 C_1 和 C_2。

对于筒体上的径向应力 σ_r，在筒体的内表面（即 $r = R_\mathrm{i}$）处，径向应力的大小等于筒体承受的内压力，且为压应力，故：

$$\sigma_{r\mathrm{i}} = -p$$

在筒体的外表面（即 $r = R_o$ 处），因筒体与大气接触，表压为零，故：

$$\sigma_{r\mathrm{o}} = 0$$

将上述两个边界条件代入式（6–27），可以解得：

$$C_1 = \frac{R_\mathrm{i}^2}{R_\mathrm{o}^2 - R_\mathrm{i}^2} p$$

$$C_2 = -\frac{R_\mathrm{o}^2 R_\mathrm{i}^2}{R_\mathrm{o}^2 - R_\mathrm{i}^2} p$$

厚壁圆筒体承受内压时的径向应力和环向应力分别为：

$$\sigma_r = \frac{R_\mathrm{i}^2 p}{R_\mathrm{o}^2 - R_\mathrm{i}^2}\left(1 - \frac{R_\mathrm{o}^2}{r^2}\right) = \frac{p}{K^2 - 1}\left(1 - \frac{R_\mathrm{o}^2}{r^2}\right) \tag{6–29}$$

$$\sigma_\theta = \frac{R_\mathrm{i}^2 p}{R_\mathrm{o}^2 - R_\mathrm{i}^2}\left(1 + \frac{R_\mathrm{o}^2}{r^2}\right) = \frac{p}{K^2 - 1}\left(1 + \frac{R_\mathrm{o}^2}{r^2}\right) \tag{6–30}$$

应力最大点在圆筒内壁：

$$\sigma_{r\mathrm{i}} = -p$$

$$\sigma_{\theta\mathrm{i}} = \frac{K^2 + 1}{K^2 - 1} p$$

$$\sigma_{\varphi i}=\frac{1}{K^2-1}p$$

其应力最小点在圆筒外壁：

$$\sigma_{ro}=0$$

$$\sigma_{\theta o}=\frac{2}{K^2-1}p$$

$$\sigma_{\varphi o}=\frac{1}{K^2-1}p$$

其应力沿壁厚的分布如图 6–16 所示。

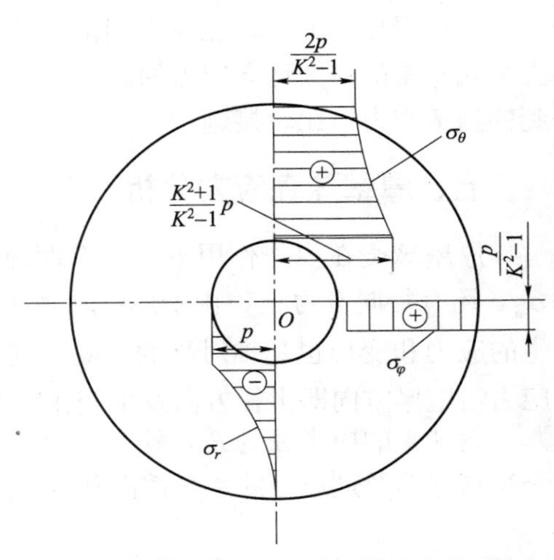

图 6–16　承受内压厚壁圆筒的应力分布

四、厚壁与薄壁圆筒应力公式比较

在推导厚壁圆筒应力计算公式时，其假设附加条件远少于薄壁筒体应力分析时的无力矩理论，因此，厚壁筒体应力计算公式比薄壁筒体应力计算公式更精确，即厚壁筒体计算公式同时适用于薄壁筒体的应力计算。但采用无力矩理论计算薄壁容器应力时，得到近似结果的精度可以满足工程设计要求。

为了进一步了解无力矩理论的适用范围及精度数值，下面分析一下厚壁筒体和薄壁筒体环向应力的差异。

圆筒壳环向薄膜应力为：

$$\sigma_\theta=\frac{pD}{2\delta}=\frac{p(R_o+R_i)}{2(R_o-R_i)}=\frac{K+1}{2(K-1)}p$$

若以厚壁圆筒应力公式进行计算，其最大环向应力为：

$$\sigma_{\theta\max}=\sigma_{\theta i}=\frac{(K^2+1)}{K^2-1}p$$

则

$$\frac{\sigma_{\theta\max}}{\sigma_\theta}=\frac{\dfrac{(K^2+1)}{K^2-1}}{\dfrac{K+1}{2(K-1)}}=\frac{2(K^2+1)}{(K+1)^2}\tag{6–31}$$

$\dfrac{\sigma_{\theta\max}}{\sigma_\theta}$ 随 K 值的增加而增加，具体见表 6–2。

表 6–2　薄壁圆筒壳环向应力与厚壁圆筒最大环向应力的比较

K	1.0	1.2	1.4	1.6	1.8	2.0
$\dfrac{\sigma_{\theta\max}}{\sigma_\theta}$	1.000	1.008	1.028	1.053	1.082	1.111

可以看出，在 $K \leqslant 1.2$ 时，用薄壁圆筒应力公式算得的环向应力是十分接近按厚壁圆筒应力公式算得的最大环向应力的。当 K 较小时，薄壁及厚壁圆筒分别按照第三强度理论计算得到的当量应力也比较接近。

五、厚壁球壳应力分析

厚壁球壳在内压作用下，其壁面内也呈三向应力状态，不但有环向应力 σ_θ 和经向应力 σ_φ，还有径向应力 σ_r。由于厚壁球壳在结构上是轴对称的，压力载荷也是轴对称的，因而产生的应力和变形也是轴对称的。其中同一壁厚处环向应力 σ_θ 和经向应力 σ_φ 大小相等，三向应力沿壁厚方向即半径方向发生变化。厚壁球壳应力分析过程与厚壁圆筒类似。

设球壳的内半径为 R_i，外半径为 R_o。承受内压为 p，在球壳半径为 r 处，用相距 dr 的两个半圆球面及过球心的水平截面截取单元体，如图 6–17 所示。

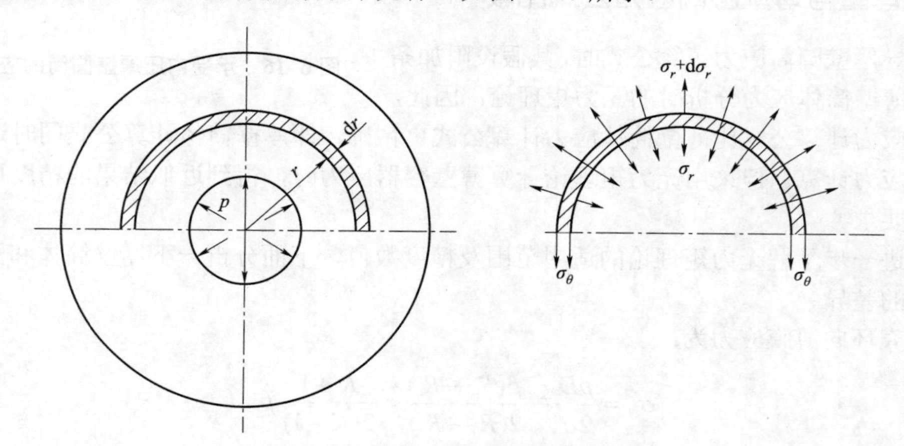

图 6–17　厚壁球壳单元体受力情况

建立竖直方向平衡方程：

$$(\sigma_r + \mathrm{d}\sigma_r)\pi(r + \mathrm{d}r)^2 - \sigma_r \pi r^2 = \sigma_\theta 2\pi r \mathrm{d}r$$

整理并略去高阶无穷小量可得：

$$2\sigma_r + r\frac{\sigma_r}{\mathrm{d}r} - 2\sigma_\theta = 0$$

应变与位移的几何关系跟厚壁圆筒情形类似，即：

$$\varepsilon_r = \frac{\mathrm{d}u}{\mathrm{d}r}$$

$$\varepsilon_\theta = \varepsilon_\varphi = \frac{u}{r}$$

根据广义胡克定律，有：

$$\varepsilon_r = \frac{1}{E}[\sigma_r - \mu(\sigma_\theta + \sigma_\varphi)]$$

$$\varepsilon_\theta = \frac{1}{E}[\sigma_\theta - \mu(\sigma_\varphi + \sigma_r)]$$

其中：$\varepsilon_\theta = \varepsilon_\varphi$。

因此，联立以上公式，可得应力微分方程：

$$\frac{\mathrm{d}^2\sigma_r}{\mathrm{d}r^2}+\frac{4}{r}\frac{\mathrm{d}\sigma_r}{\mathrm{d}r}=0 \tag{6–32}$$

承受内压的球壳，其边界条件与厚壁圆筒情形类似，即内壁压力径向应力为$-p$，外壁径向应力为 0，因此，可对式（6–32）积分求解得到厚壁球壳承受内压时的径向应力和环向应力分别为：

$$\left.\begin{aligned}\sigma_r &= \frac{R_\mathrm{i}^3 p}{R_\mathrm{o}^3-R_\mathrm{i}^3}\left(1-\frac{R_\mathrm{o}^2}{r^2}\right)=\frac{p}{K^3-1}\left(1-\frac{R_\mathrm{o}^3}{r^3}\right)\\ \sigma_\theta=\sigma_\varphi &= \frac{R_\mathrm{i}^3 p}{R_\mathrm{o}^3-R_\mathrm{i}^3}\left(1+\frac{1}{2}\frac{R_\mathrm{o}^2}{r^2}\right)=\frac{p}{K^3-1}\left(1+\frac{1}{2}\frac{R_\mathrm{o}^3}{r^3}\right)\end{aligned}\right\} \tag{6–33}$$

第四节　承内压圆平板的应力

一、承内压圆平板的应力特点

压力容器中，除前面讨论的球壳、圆筒体等旋转壳外，还有一类平板结构，如人孔或手孔的盖板、管板、法兰等。

平板在内压作用下的内力及变形情况，与梁承受横向均布载荷时的内力及变形情况在本质上是相同的，两者都产生弯曲变形，内力是弯矩及剪力。但梁的横向尺寸比梁的长度小得多，故受横向载荷后是沿长度在载荷作用方向发生弯曲变形；平板则具有一定的长度和宽度，长、宽度比其厚度大得多。在横向载荷的作用下，在平板的长度方向、宽度方向及平板平面内的其他各个方向，都产生弯曲变形，即产生面的弯曲。面的弯曲可以用两个互相垂直方向的弯曲来描述，常简称为双向弯曲。平板产生双向弯曲时，弯曲应力沿板厚的分布仍然是线性的，即只随离中性轴的距离 z 发生变化，$\sigma=M_z/I$ 仍然成立，但此处弯矩 M 及惯性矩 I 与梁的情况不同。承受均匀分布的内压，圆平板的内力及变形都对称于过平板中心而垂直于平板面的 z 轴，如图 6–18 所示。以柱坐标系分析圆平板的双向弯曲，设微元体上环向弯矩为 M_θ，径向弯矩为 M_r，径向剪力为 Q_r，则可以通过弯曲后的挠度 ω 求解弯曲内力和应力。

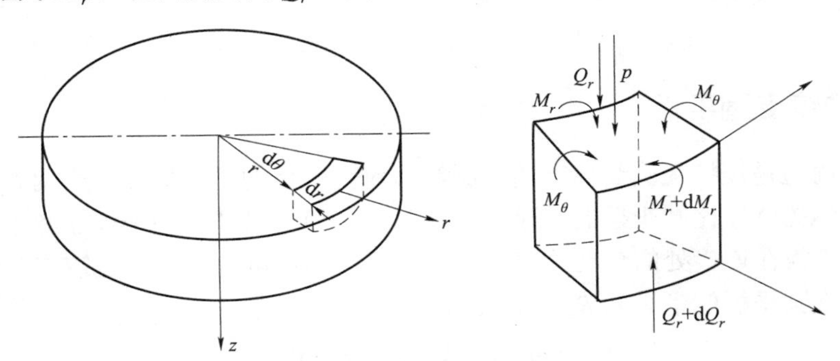

图 6–18　圆平板弯曲时的受力分析

二、挠度微分方程及其求解

弹性力学关于小挠度薄板的分析表明，圆平板某点在内压作用下的弯矩取决于圆平板在该点的挠度ω，即：

$$M_r=-D\left(\frac{\mathrm{d}^2\omega}{\mathrm{d}r^2}+\frac{\mu}{r}\frac{\mathrm{d}\omega}{\mathrm{d}r}\right) \tag{6-34}$$

$$M_\theta=-D\left(\frac{1}{r}\frac{\mathrm{d}\omega}{\mathrm{d}r}+\mu\frac{\mathrm{d}^2\omega}{\mathrm{d}r^2}\right) \tag{6-35}$$

式中　ω ——圆平板中某点承受内压后的挠度，mm；

r——该点离平板中心的径向距离，mm；

μ ——材料的泊松比；

D ——圆平板板条的抗弯刚度，N/m，其中：

$$D=\frac{E\delta^2}{12(1-\mu^2)}$$

E——材料弹性模量；

δ ——圆平板厚度。

而圆平板的挠度ω取决于压力载荷p与自身的抗弯刚度D，即：

$$\nabla^4\omega=\frac{p}{D}$$

$$\frac{1}{r}\frac{\mathrm{d}}{\mathrm{d}r}\left\{r\frac{\mathrm{d}}{\mathrm{d}r}\left[\frac{1}{r}\frac{\mathrm{d}}{\mathrm{d}r}\left(r\frac{\mathrm{d}\omega}{\mathrm{d}r}\right)\right]\right\}=\frac{p}{D}$$

上式为圆平板承受均布横向载荷时的挠度微分方程式，其解为：

$$\omega=\frac{pr^4}{64D}+A_1\ln r+A_2r^2\ln r+A_3r^2+A_4$$

对无孔圆平板，在板中心处挠度最大，但此处$r=0$，相应于$r=0$的$\ln r$是无意义的，所以常数项$A_1=A_2=0$，从而有：

$$\omega=\frac{pr^4}{64D}+A_3r^2+A_4 \tag{6-36}$$

式中，常数项A_3及A_4可根据圆平板周界的支撑条件求解。

三、周边铰支圆平板

圆平板的周边是连接在圆筒体上的，圆筒体对圆平板的约束情况，由两者的相对刚度来决定。当圆筒体的壁厚比圆平板的壁厚小得多时，圆筒体只能限制平板在圆平板轴线方向的位移，而对圆平板在连接处的转动约束不大，这样的约束可简化成周边铰支圆平板。

设周边铰支圆平板的半径为R，则有：

$$\omega=0,\ M=0(r=R)$$

根据式（6–34）～式（6–36）解得：

$$\omega=\frac{p}{64D}(R^2-r^2)\left(\frac{5+\mu}{1+\mu}R^2-r^2\right)$$

$$M_r=\frac{3+\mu}{16}pR^2\left(1-\frac{r^2}{R^2}\right)$$

$$M_\theta=\frac{1}{16}pR^2\left[(3+\mu)-(1+3\mu)\frac{r^2}{R^2}\right]$$

因此，圆平板中心处挠度最大为：

$$\omega_{\max}=\frac{5+\mu}{64(1+\mu)}\frac{pR^4}{D}$$

在圆平板上下表面处任一点的径向弯曲应力及环向弯曲应力分别为：

$$\sigma_r=\frac{M_r\frac{\delta}{2}}{\frac{\delta^3}{12}}=\frac{3p}{8\delta^2}(3+\mu)(R^2-r^2)$$

$$\sigma_\theta=\frac{M_\theta\frac{\delta}{2}}{\frac{\delta^3}{12}}=\frac{3p}{8\delta^2}[(3+\mu)R^2-(1+3\mu)r^2]$$

最大应力产生于圆平板中心的表面，均为：

$$\sigma_{r\max}=\sigma_{\theta\max}=\frac{3(3+\mu)}{8}\frac{R^2}{\delta^2}p$$

四、周边固支圆平板

如果与圆平板连接的筒体壁厚很厚，筒体不仅限制了圆平板周边沿筒体轴向的位移，而且限制了圆平板在连接处的转动，则可把筒体对圆平板周边的约束情况简化为固支。周边固支圆平板的边界条件：

$$\omega=0,\ \frac{\mathrm{d}\omega}{\mathrm{d}r}=0(r=R)$$

根据式（6–34）～式（6–36）解得：

$$\omega=\frac{p}{64D}(R^2-r^2)^2$$

$$M_r=\frac{1}{16}pR^2\left[(1+\mu)-(3+\mu)\frac{r^2}{R^2}\right]$$

$$M_\theta=\frac{1}{16}pR^2\left[(1+\mu)-(1+3\mu)\frac{r^2}{R^2}\right]$$

因此，圆平板中心处挠度最大为：

$$\omega_{\max}=\frac{1}{64}\frac{pR^4}{D} \tag{6–37}$$

在圆平板上下表面处任一点的径向弯曲应力及环向弯曲应力分别为：

$$\sigma_r = \frac{M_r \frac{\delta}{2}}{\frac{\delta^3}{12}} = \frac{3p}{8\delta^2}[(1+\mu)R^2 - (3+\mu)r^2]$$

$$\sigma_\theta = \frac{M_\theta \frac{\delta}{2}}{\frac{\delta^3}{12}} = \frac{3p}{8\delta^2}[(1+\mu)R^2 - (1+3\mu)r^2]$$

最大应力产生于圆平板边缘的表面，均为：

$$\sigma_{r\max} = \sigma_{\theta\max} = -\frac{3}{4}\frac{R^2}{\delta^2}p \tag{6–38}$$

五、与相连圆筒壳的比较

综合周边铰支、固支两种情况，圆平板在内压 p 作用下的最大弯曲应力：

$$\sigma_{\max} \approx \frac{R^2}{\delta^2}p$$

而相连接的圆筒壳在内压作用下的环向薄膜应力：

$$\sigma_\theta = \frac{pR}{\delta}$$

通常圆筒壳的壁厚 δ 远小于 R，因此，通过比较可知，圆平板在内压作用下的最大弯曲应力远大于圆筒壳在内压作用下的环向薄膜应力。

针对变形情况，以挠度较小的固支圆平板与圆筒壳比较，假定圆平板与圆筒壳同材料、同厚度，且取 μ=0.3，则圆平板的最大挠度为：

$$\omega_{\max} = \frac{pR^4}{64D} = \frac{pR^4}{64}\frac{12(1-\mu^2)}{E\delta^3} = 0.171\frac{pR^4}{E\delta^3}$$

圆筒壳的半径增量 ΔR_t（即圆筒壳承压后其径向位移）为：

$$\Delta R_t = \varepsilon_\theta R = \frac{1}{E}(\sigma_\theta - \mu\sigma_\varphi)R = \frac{1}{E}\left(\frac{pR}{\delta} - \mu\frac{pR}{2\delta}\right)R = \frac{pR^2}{2E\delta}(2-\mu) = 0.85\frac{pR^2}{E\delta}$$

则：

$$\frac{\omega_{\max}}{\Delta R_t} = 0.2\left(\frac{R}{\delta}\right)^2$$

$$\omega_{\max} >> \Delta R_t$$

综上所述，当以圆平板作圆筒壳封头或端盖时，假定二者材料、壁厚相同，则圆平板中最大弯曲应力远大于圆筒壳中的薄膜应力；圆平板中的最大挠度远大于圆筒壳的半径增量。因而工程上采用的平封头，其厚度远大于相连圆筒壳，且限于在小直径圆筒上使用。如在大直径圆筒壳上采用平封头或平端盖，为不使其应力及挠曲变形过大，除了采用较大厚度及合理的连接结构外，还常在平封头上加装支撑或拉撑装置。

第五节　热　应　力

化工及石油化工使用的高压容器在高压操作的同时，往往又是高温操作。有些容器内的工作本身温度就很高，有时则通过器壁从外向内或从内向外加热，这样器壁便有热传递，也就存在温度差。厚壁筒体存在温差时，温度较高材料的膨胀变形将受到温度较低材料热膨胀的限制，从而使前者受到压缩，后者受到拉伸，因而产生温差应力。温差应力对容器的强度有一定的影响，特别是内压、外加热的情况，圆筒的内壁既受工作内压所引起的拉伸应力作用，又受温差产生的拉伸应力的作用。两种拉伸应力的叠加，将使内壁的应力达到最高值，因而在设计时必须考虑温差应力。

一、温差应力的计算分析

由于筒体在温度场中的三个方向都存在温差，所以，温差应力是三维问题。为了将问题简化，作如下假设：

（1）筒壁处于稳定热流下，壁温不随时间而变化。

（2）壁温随着径向距离 r 的变化而变化，沿着筒长度均匀分布，轴向的热应力为常数。

（3）筒体任意横截面上的应力状态是轴对称性的。

计算温差应力时，要知道温差，即要确定温度场中各点的温度。在稳定传热的情况下，器壁上任一点半径 r 的温度 t_r 根据热传导通过各层的热量相等而求得，即：

$$t_r=\frac{t_o\ln\dfrac{r}{R_i}-t_i\ln\dfrac{r}{R_o}}{\ln\dfrac{R_o}{R_i}}$$

式中　t_o——圆筒外表面的温度，K；

t_i——圆筒内表面的温度，K；

R_o——圆筒体的外径，mm；

R_i——圆筒体的内径，mm。

根据弹性力学知识，对于厚壁圆筒，当温度沿壁厚呈对数分布时，相应的径向热应力 σ_r^t、环向热应力 σ_θ^t 和轴向热应力 σ_φ^t 分别为：

$$\sigma_r^t=\frac{E\alpha\Delta t}{2(1-\mu)}\left(-\frac{\ln K_r}{\ln K}+\frac{K_r^2-1}{K^2-1}\right) \tag{6-39}$$

$$\sigma_\theta^t=\frac{E\alpha\Delta t}{2(1-\mu)}\left(\frac{1-\ln K_r}{\ln K}-\frac{K_r^2+1}{K^2-1}\right) \tag{6-40}$$

$$\sigma_\varphi^t=\frac{E\alpha\Delta t}{2(1-\mu)}\left(\frac{1-2\ln K_r}{\ln K}-\frac{2}{K^2-1}\right) \tag{6-41}$$

式中　α——圆筒体材料的线膨胀系数；

Δt——圆筒体内、外壁温差；

K_r——任意半径处的径比。

按照式（6–39）～式（6–41）计算的筒壁各处的温差应力表达式见表 6–3，其中

$$p_t = \frac{E\alpha\Delta t}{2(1-\mu)}$$

表 6–3　单层厚壁圆筒中的温差应力

温差应力	任意半径 r 处	圆周内表面处 $K_r=K$	圆周外表面处 $K_r=1$
径向热应力 σ_r^t	$p_t\left(-\frac{\ln K_r}{\ln K}+\frac{K_r^2-1}{K^2-1}\right)$	0	0
环向热应力 σ_θ^t	$p_t\left(\frac{1-\ln K_r}{\ln K}-\frac{K_r^2+1}{K^2-1}\right)$	$p_t\left(\frac{1}{\ln K}-\frac{2K^2}{K^2-1}\right)$	$p_t\left(\frac{1}{\ln K}-\frac{2}{K^2-1}\right)$
轴向热应力 σ_φ^t	$p_t\left(\frac{1-2\ln K_r}{\ln K}-\frac{2}{K^2-1}\right)$	$p_t\left(\frac{1}{\ln K}-\frac{2K^2}{K^2-1}\right)$	$p_t\left(\frac{1}{\ln K}-\frac{2}{K^2-1}\right)$

图 6–19 所示为不同状态下厚壁温差应力分布。从图中可以看到：

（1）内壁面或外壁面处的温差应力最大。

（2）温差应力的大小主要取决于内外壁的温差，其次与线膨胀系数有关，温差取决于壁厚，外径与内径之比越大，温差越大。

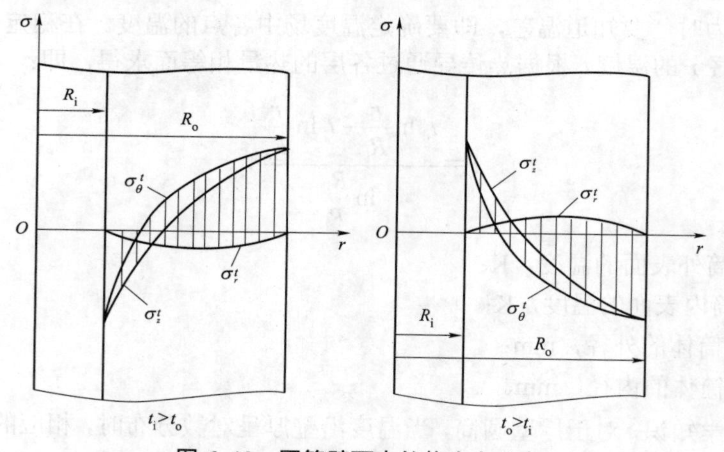

图 6–19　圆筒壁面中的热应力分布

二、温差应力的近似分析

由表 6–3 可知，温差应力的计算有些烦琐，工程上可采用近似计算方法。

1. 计算公式的简化

表 6–3 中的 $\frac{1}{\ln K}-\frac{2K^2}{K^2-1}$ 及 $\frac{1}{\ln K}-\frac{2}{K^2-1}$ 虽是 K 的函数，但其值比较接近于 1，因此，近似取 1 时可使得计算大为简化；其次，$p_t = \frac{E\alpha\Delta t}{2(1-\mu)}$ 中的 E 和 α 虽然均与温度有关，但随温度的变化趋势正好相反，其乘积变化不大，因此，可将 $\frac{E\alpha}{2(1-\mu)}$ 近似地视为材料的常数，

令 $m=\dfrac{E\alpha}{2(1-\mu)}$，则 m 的取值见表 6–4。

表 6–4　材料的 *m* 值

材料	高碳钢	低碳钢	低合金钢	Cr – Co 钢，Mo 钢，Cr–Ni 钢
m	1.5	1.6	1.7	1.8

由此，温差应力的近似计算方法为：

$$\sigma_{\theta}^{t}=\sigma_{z}^{t}\approx m\Delta t \tag{6–42}$$

温差的计算较烦琐，在无保温时，内、外壁的温差与内、外介质的传热系数有关，应通过传热计算确定。

2. 多层圆筒温差应力的近似计算

多层式的组合圆筒若层间毫无间隙，则与单层圆筒毫无区别。但实际上层与层之间不但总有间隙，而且还可能有锈蚀层存在，增加了传热阻力，使壁温差稍稍加大。工程中近似计算温差应力的方法为：

$$\sigma_{\theta}^{t}=\sigma_{z}^{t}\approx 2.0\Delta t$$

其中，内外壁温差对于多层组合容器则更难计算，工程上可近似取室外容器为 0.2δ ℃，室内为 1.5δ ℃，δ 为圆筒实际壁厚，计算出的温差应力单位为 MPa。

3. 不计温差应力的条件

凡符合下列条件之一者，均表示温差应力已小到可以忽略的程度，可不予考虑。

（1）内、外壁面的温差 $\Delta t\leqslant 1.1p$ 时的内压内加热单层圆筒。这是因为 p 小时，壁厚较薄，温差应力本身不会太大，内压下单层厚壁圆筒在内加热情况下，温差应力几乎可以忽略不计。但是，当属于外加热容器，即外壁温度大于内壁温度时，内壁面的应力更为集中，此时，温差应力不应忽略，而应对组合应力进行校核。

（2）有良好的保温层，此时内、外壁的温差已极小。

（3）高温操作的容器，材料已发生蠕变变形时，内、外层的热膨胀约束逐步解除，温差应力也随之可忽略。

（4）内压与温差同时作用的厚壁圆筒中的应力，当厚壁圆筒既受内压又受温差作用时，在弹性变形的前提下，筒壁的综合应力应该为两种应力的叠加，叠加时理应按各向应力代数叠加，内加热情况下内壁应力综合后得到改善，而外壁有所恶化；外加热时则相反，内壁的综合应力恶化，而外壁应力得到改善。

第六节　边界效应与应力集中

一、边界应力概念

承受内压的圆筒体，总是和封头、管板、端盖等连接在一起，组成一个封闭体，以满足使用要求。在内压作用下，它们的应力状态不同，变形量也不同。由于筒体和封头是连接在一起的，所以，它们的变形受到相互约束，最终达到某种协调。而这种变形的协调是由局部内力造成的，因为这种内力只存在于局部，因此，也称为边界应力。这种应力对筒体和封头的影响称为边界（边缘）效应。边界效应具有很强的局部特征，它存在于不同形状壳体的连接处，在开孔接管处、支座区等也存在边界效应。

1. 半径增量

以筒体和球形封头连接为例，连接线上各点是筒体与封头协调变形后的公共点，如图 6–20 所示。

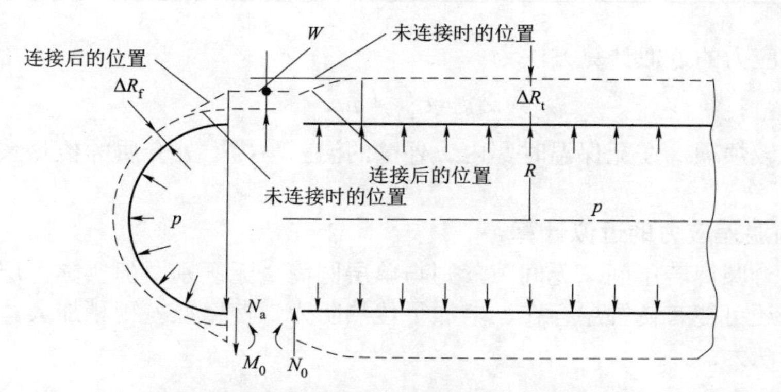

图 6–20　圆筒体与球形封头连接时的边界效应

（1）圆筒体的半径增量。设圆筒体的半径为 R，在内压作用下半径的增量为 ΔR_t，根据环向应变与半径增量之间的关系，有：

$$\varepsilon_\theta=\frac{2\pi(R+\Delta R_t)-2\pi R}{2\pi R}=\frac{\Delta R_t}{R}$$

$$\Delta R_t=\varepsilon_\theta R$$

根据广义胡克定律，环向应变与应力的关系为：

$$\varepsilon_\theta=\frac{1}{E}(\sigma_\theta-\mu\sigma_\varphi)=\frac{1}{E}\left(\frac{pR}{\delta}-\mu\frac{pR}{2\delta}\right)=\frac{pR}{2E\delta}(2-\mu)$$

$$\Delta R_t=\frac{pR^2}{2E\delta}(2-\mu)$$

（2）封头的半径增量。同样可以求出球形封头各点承受内压后的径向位移 $\Delta R_{球}$ 为：

$$\Delta R_{球}=\frac{pR^2}{2E\delta}(1-\mu)$$

同样可以求出标准椭球形封头赤道上各点承受内压后的径向位移 $\Delta R_{椭}$ 为：

$$\Delta R_{椭}=-\frac{pR^2}{2E\delta}(2+\mu)$$

由此可见，筒体、球形封头及标准椭球封头在连接处的径向位移均不相同，筒体与球形封头的径向位移差值为：

$$\Delta_1=\frac{pR^2}{2E\delta} \tag{6–43}$$

筒体与标准椭球封头的径向位移差值为：

$$\Delta_2=\frac{2pR^2}{E\delta} \tag{6–44}$$

因此，它们在连接处的变形是不连续的。

在连接线上，作为筒身的一部分应沿径向向外位移 ΔR_t；作为封头的一部分，应沿径向向外或向内位移 $\Delta R_{球（椭）}$，但封头在连接线上的径向位移量总是不同于筒体在连接线上的径向位移量，筒体向外的径向位移总是大于封头向外的径向位移。

实际情况是，连接线上的点在承受内压后只能有一个径向位移，最后的变形位置只能在二者单独变形的中间位置，这样才能保持构件在连接处变形后是连续的，即二者在连接处互相约束限制。

圆筒体受到封头的约束和限制，端部产生“收口”弯曲变形，以抵消内压作用于圆筒所产生的向外径向位移。

2. 轴对称载荷下的圆筒体弯曲问题

壳体边界变形的协调问题主要是由边界区域的弯矩和剪力引起的，因此，要进行边界应力分析，必须首先分析圆筒体在轴对称载荷作用下的弯曲问题。

筒体在轴对称载荷作用下，筒体变形后的形状是轴对称的，筒体变形后的母线发生挠曲变形，挠曲线用函数 $\omega(x)$ 表示，ω 以离开筒体轴线为正。在边界区域，载荷仍然是轴对称的，但沿筒体轴线不再是均匀分布的了。

如图 6–21 所示，圆筒壳可以被想象成由许多沿轴线并排的、互相靠近的细长梁构成，每条细长梁都夹在两边相邻细长梁之间，受到其约束和限制。圆筒壳轴向承受弯曲时，相当于各条细长梁都承受弯曲，由于每条细长梁在宽度方向（圆周方向）与其他细长梁连在一起，在宽度方向变形受到限制，因而，为了保持变形协调，圆筒壳受弯曲时不仅横截面内有弯矩和剪力，其纵截面内也有弯矩和剪力。这些弯矩、剪力是沿圆周均匀分布的，是单位长度（宽度）上的弯矩和剪力。

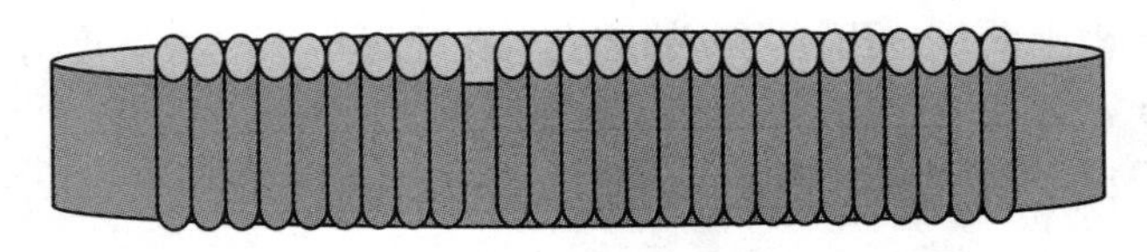

图 6–21　圆筒体简化成由细长梁组成

简言之，对圆筒壳分解成的纵向梁条，如无封头限制，承受内压后应整体沿圆筒径向向外位移；封头对圆筒的限制相当于在纵向梁条端部加上集中载荷，使梁条产生弯曲变形，而相邻梁条从两侧限制了纵向梁条的弯曲变形。而且，纵向梁条的弯曲变形倾向越大，相邻梁条的约束和限制力也越大。这有点像置于弹性地基上的铁轨，当车轮作用于铁轨使其发生弯曲变形时，弹性地基给铁轨以反弯曲的约束力，减弱和抵消铁轨的弯曲变形。车轮给铁轨的作用力越大，铁轨下陷弯曲的倾向越大，弹性地基对铁轨的反作用力也越大。由于弹性地基的约束作用，铁轨的弯曲变形仅限于车轮附近。在经典力学中，正是从分析弹性基础上的梁入手，分析处理圆筒壳的弯曲问题。

二、关于边界效应的一般性结论

（1）边界效应是圆筒体与其相连元件在承载后变形不一致、互相制约而产生附加内力和应力的现象。在下列情况下，均会产生边界效应及不连续应力：结构几何形状突变；同形状结构厚度突变；同形同厚结构材料突变。

（2）边界应力有明显衰减特征，即距离壳体连接处 $x \geqslant 2.6\sqrt{R\delta}$ 远时，边界应力已衰减到可以忽略不计的程度，故边界应力具有局部性。

（3）当相互连接的壳体处于弹性状态时，必然产生边界应力，但如果边界应力过高使材料发生屈服变形，则上述约束将得到缓解，应力重新分布，结果边界应力得到自动限制，因此，边界应力具有自限性。

（4）圆筒体与凸形封头连接时，连接处的边界应力很小，通常可以不予考虑；圆筒体与厚圆平板连接时，边界处的不连续应力较大。结构设计中，应尽量采用凸形封头，而少用平板封头。

三、应力集中

工程中由于结构或工艺上的需要，常开有孔槽或留有凸肩、表面切割螺纹等，使截面形状发生突变。研究表明，在截面突变处局部范围内，应力值将急剧增加，而距突变区较远处又渐趋平均。这种由于截面的突变而导致局部应力增大的现象，称为应力集中。

压力容器开孔会应力集中，靠近孔边的小范围内应力很大，而离开孔边较远处的应力降低许多，且分布较均匀。应力集中的程度，通常以最大局部应力与被削弱截面上的最大基本应力之比（称为理论应力集中系数）来衡量，理论应力集中系数以 K_{t} 表示。

$$K_{\mathrm{t}} = \frac{\sigma_{\max}}{\sigma} \tag{6–45}$$

下面主要分析开孔造成的应力集中情况。

1. 圆孔附近的应力集中

1） 单向均匀拉伸情况

在一块完整的平板上，开一孔径为 a 的圆孔（孔径远小于平板宽度），平板两端作用着均匀分布的拉伸应力 σ，如图 6–22 所示。

根据弹性力学得出平板中应力分量为：

$$\sigma_r = \frac{\sigma}{2}\left(1-\frac{a^2}{r^2}\right)+\frac{\sigma}{2}\left(1-\frac{4a^2}{r^2}+\frac{3a^4}{r^4}\right)\cos 2\theta$$

$$\sigma_\theta = \frac{\sigma}{2}\left(1+\frac{a^2}{r^2}\right)-\frac{\sigma}{2}\left(1+\frac{3a^4}{r^4}\right)\cos 2\theta$$

$$\tau_{r\theta} = -\frac{\sigma}{2}\left(1+\frac{2a^2}{r^2}-\frac{3a^4}{r^4}\right)\sin 2\theta$$

从平板单向均匀拉伸情况的应力公式可得出以下结论：

（1）在孔边缘（r=a）垂直于拉伸方向的截面上，应力 σ_θ 最大。

$$\sigma_r = \tau_{r\theta}=0,\ \ \sigma_\theta = (1-2\cos 2\theta)\sigma$$

σ_θ 的最大值在 $\theta = \pm\pi/2$ 处，即在垂直于拉伸方向的两端孔边，其值为 $\sigma_{\theta\max} = 3\sigma$。$\sigma_\theta$ 的最小值在 $\theta = 0$ 或 $\theta = \pi$ 处，即在拉伸方向的两端孔边，其值为 $\sigma_{\theta\min} = -\sigma$，如图 6–23 所示。

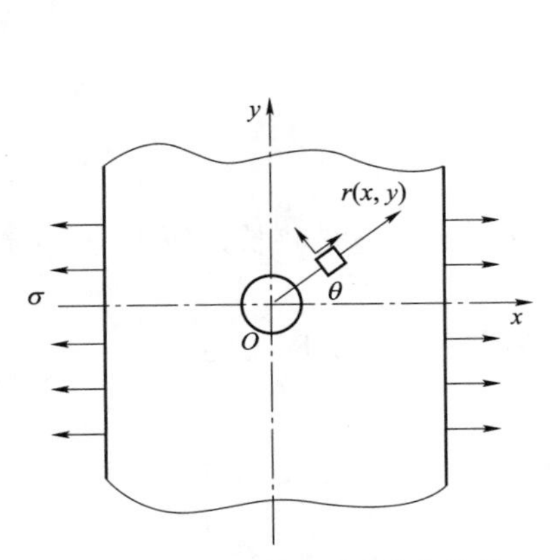

图 6–22 平板开圆孔单向拉伸

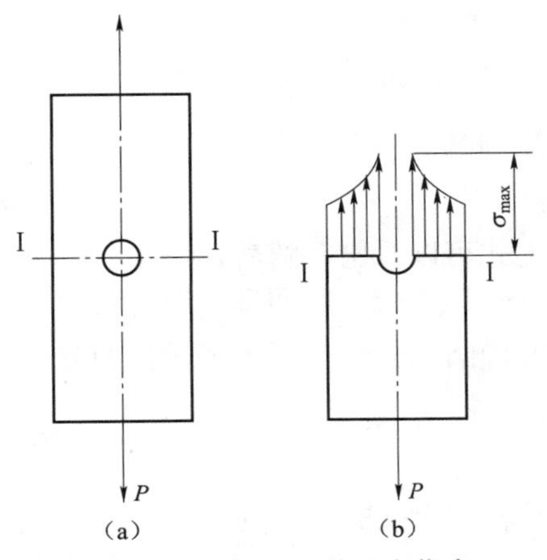

图 6–23 单向拉伸应力集中

（2）在孔边缘略远处，这一应力迅速衰减，一直衰减到无开孔时的平板应力为止。例如，当 r=2a 时，$\sigma_{\theta\max}=1.22\sigma$；当 r=3a 时，$\sigma_{\theta\max}=1.07\sigma$。

（3）理论应力集中系数 $K_t=\sigma_{\max}/\sigma=3\sigma/\sigma=3$。

2） 双向均匀拉伸情况

平板承受双向拉伸应力 σ_θ 和 σ_φ 时，孔边缘的应力可根据单拉伸叠加，如图 6–24 所示。

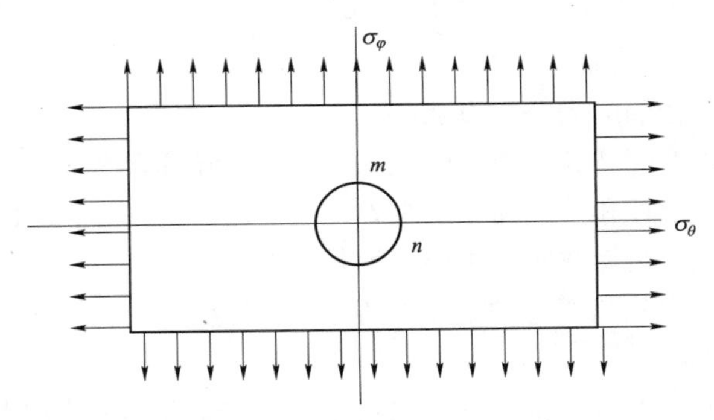

图 6–24 平板开圆孔双向拉伸

（1）当 σ_θ 单独作用时：$\sigma_{m1}=3\sigma_\theta$，$\sigma_{n1}=-\sigma_\theta$。

（2）当 σ_φ 单独作用时：$\sigma_{m2}=-\sigma_\varphi$，$\sigma_{n2}=3\sigma_\varphi$。

（3）当 σ_θ 和 σ_φ 同时作用时：$\sigma_m=\sigma_{m1}+\sigma_{m2}=3\sigma_\theta-\sigma_\varphi$，$\sigma_n=\sigma_{n1}+\sigma_{n2}=-\sigma_\theta+3\sigma_\varphi$。

当应力比 $\sigma_\theta/\sigma_\varphi=2$ 时，即相当于圆筒壳承受内压时的应力状态，其值为：

$$\sigma_m=\sigma_{m1}+\sigma_{m2}=2.5\sigma_\theta,\quad \sigma_n=\sigma_{n1}+\sigma_{n2}=0.5\sigma_\theta$$

则理论应力集中系数为：

$$K_t=\frac{\sigma_{\max}}{\sigma}=2.5\frac{\sigma_\theta}{\sigma_\theta}=2.5$$

2. 椭圆孔附近的应力集中

单向均匀拉伸情况如下：

（1）椭圆孔长轴垂直于平板拉伸方向时，在长轴端点出现的最大应力为：

$$\sigma_1 = \sigma\left(1 + \frac{2a}{b}\right)$$

在短轴端点处的应力为：

$$\sigma_2 = -\sigma$$

由上式可以看出，随着a/b值的增加，应力也增加。开孔越是狭长，应力也就越大。若$a/b = 2$时，$\sigma_1 = 5\sigma$，即理论应力集中系数为5。

（2）椭圆孔长轴平行于平板拉伸方向时，在短轴端点出现最大应力为：

$$\sigma_2 = \sigma\left(1 + \frac{2b}{a}\right)$$

在长轴端点处的应力为：

$$\sigma_1 = -\sigma$$

在圆筒壳上开椭圆孔时，短轴平行于圆筒体轴向方向时，可以得到比开圆孔更小的理论应力集中系数。所以，在工程上为了减少应力集中，需要在圆筒上开椭圆孔，使短轴平行于圆筒体轴向方向。但是，工程上很少开椭圆孔并用椭圆接管连接，这主要是因为由椭圆过渡到圆形的接管与外接管道相连，其制造费用比较昂贵。

思 考 题

1. 压力容器分析设计的应力分类有哪些？
2. 什么是回转壳体？回转壳体上经线和纬线是怎样确定的？
3. 什么是第一曲率半径和第二曲率半径？
4. 什么是边界效应？边界效应的主要特征是什么？
5. 对壳体进行应力分析有哪些理论？它们分别考虑了壳体中的哪些应力？为什么工程实践中可采用无力矩理论？
6. 证明无力矩理论得到的薄膜应力表达式在计算薄壁壳体应力时具有足够的工程精度。

第七章
压力容器强度设计及制造管理

学习指导

1. 了解压力容器强度设计的任务、设计准则，压力容器制造质量管理与质量保证。

2. 熟悉压力容器常用的钢材及其力学性能等要求，熟悉温度对材料力学性能的影响，熟悉筒体与封头的强度设计及其相关安全参数。

3. 掌握开孔补强面积计算、补强形式与结构及相关要求，掌握压力容器结构设计的安全问题。

第一节　强度设计概述

一、概述

零件失去预定的工作能力，称为零件失效。因强度不足引起的失效，称为强度失效。零件破坏或破裂、断裂是典型的强度失效。刚度不足或稳定性不足会造成零件过量弹性变形或失稳坍塌，从而导致刚度失效或失稳失效。压力容器的失效主要是强度失效，包括静载荷强度不足引起的静载荷强度失效及交变载荷长期反复作用引起的疲劳强度失效。承受外压的压力容器部件及元件，既可能产生强度失效，也可能产生失稳失效。如对承受外压且$\delta / D_o \leqslant 1/20$的薄壁圆筒，周向失稳往往发生在强度失效之前，所以，稳定性计算成为外压薄壁圆筒的主要问题。而对承受外压且$\delta / D_o \geqslant 1/20$的圆筒，则难以预测周向失稳在先，还是强度失效在先，需要兼顾强度与稳定性。

二、强度设计的任务

压力容器强度设计的主要任务是限制压力容器受压元件中的应力，避免压力容器的强度失效。同时，也避免外压元件的失稳失效，防范疲劳失效及其他失效。

具体来说，压力容器强度设计的任务是：

（1）根据受压元件的载荷和工作条件，选用合适的材料。

（2）基于对受压元件应力的限制，通过计算确定受压元件的壁厚。

（3）根据结构各处等强度的原则，进行结构强度设计，包括焊缝布置及焊接接头结构设计，开孔布置及接管结构设计，筒体与封头、管板、法兰连接结构设计，支承结构设计等。

（4）对设备制造质量及运行条件做出必要的规定。

三、强度理论及强度条件

压力容器一般由筒体和封头组成。旋转壳体的应力分析是设计筒体和封头的理论基础，而强度理论是确定当量应力和破坏判据的依据。在压力容器强度设计中，经常涉及的是材料力学介绍过的四种强度理论中的三种，即第一、第三及第四强度理论。强度条件是依据一定的强度理论建立的强度设计准则或失效控制条件，强度条件通常表达为：

$$S_i \leqslant [\sigma]$$

式中 S_i——依据一定的强度理论得出的当量应力，下标 i 表示相应的强度理论，如 S_1 表示依据第一强度理论得出的当量应力；

$[\sigma]$——材料的许用应力。

1. 第一强度理论

第一强度理论也叫最大拉应力强度理论。该理论认为，无论材料处于什么应力状态，只要发生脆性断裂，其共同原因都是由于构件内的最大拉应力σ_1达到了极限值。相应的强度条件式为：

$$S_1 = \sigma_1 \leqslant [\sigma]$$

压力容器通常都由弹塑性材料制成，一般不会发生脆性断裂，故不适合用第一强度理论进行失效控制。

2. 第三强度理论

第三强度理论也叫最大剪应力强度理论。该理论认为，无论材料处于什么应力状态，只要发生屈服失效，其共同原因都是由于构件内的最大剪应力 $\tau_{\max}$ 达到了极限值。相应的强度条件式为：

$$S_3 = (\sigma_1 - \sigma_3) \leqslant [\sigma]$$

第三强度理论适用于弹塑性材料，与实验结果比较吻合。故对压力容器进行强度设计时，均采用第三强度理论。

3. 第四强度理论

第四强度理论即形状改变比能理论。该理论认为，无论材料处于什么应力状态，只要材料的最大形状改变比能达到极限值，材料将出现屈服破坏现象。相应的强度条件式为：

$$S_4 = \frac{\sqrt{2}}{2}\sqrt{(\sigma_1 - \sigma_2)^2 + (\sigma_1 - \sigma_3)^2 + (\sigma_2 - \sigma_3)^2} \leqslant [\sigma]$$

与第三强度理论相似，第四强度理论适用于弹塑性材料，与实验结果吻合较好。但由于计算较为复杂，概念不够直观，所以，在压力容器强度设计中使用较少，仅用于某些高压厚壁容器的设计。

四、设计准则

1. 弹性失效准则

按照弹性强度理论，当容器上远离边缘区域的当量应力达到屈服时，即为容器承载的极限状态。它规定了屈服极限是容器失效的应力。考虑安全系数后，容器实际应力处在弹性范围之内。GB 150—2011《压力容器》对内压圆筒、内压凸形封头等元件的设计公式都是按弹性失效原则制定的。

2. 塑性失效准则

塑性失效准则认为，容器上某一点达到屈服时，并不会导致容器的失效。只有当整体屈服时，才是容器承载的极限状态。它规定了全屈服压力是容器失效的最高压力。考虑安全系数后，可得弯曲应力的强度校核条件达 $1.5[\sigma]^t$。

对于脆性材料，尽管也承受弯曲应力，但当器壁表面达到屈服强度 R_{eL}，再继续增加外载荷时，器壁表面不能产生较大的塑性变形而将导致开裂。所以，仅从压力容器设计中引入塑性失效准则这一点考虑，选材时也要尽量将塑性较差的脆性材料排除在外，或采取相应的限制性措施。

3. 弹塑性失效准则

弹塑性失效准则适用于反复加载过程。按照应力分类的概念，当容器边缘区域出现一定量的局部塑性变形时，即为容器承载的极限状态。它考虑到由于边界应力产生过大的塑性变形时，将会加速疲劳破坏或造成脆性断裂。由于这一失效准则允许结构有局部的塑性变形存在，且由于应力在结构各处的分布不均匀，局部塑性区被广大弹性区所包围，故称之为弹塑性失效准则。弹塑性失效准则也不适用于脆性材料。

4. 疲劳失效准则

疲劳失效准则认为，容器在交变载荷作用下，当最大交变应力（在循环次数一定时）或循环次数（在最大交变应力一定时）达到疲劳设计曲线的规定值时，即为容器承载的极限状态。当设计规定要求考虑容器的疲劳问题时，除对容器进行强度计算外，还需进行疲劳设计，即进行压力容器寿命计算。

5. 断裂失效准则

断裂失效准则是按照断裂力学概念，以造成容器低应力脆断时的应力或裂纹尺寸作为临界状态的一种计算准则。这种临界状态和相应的断裂失效准则有临界应力强度因子及 K 准则、临界裂纹张开位移及 COD 准则、临界 J 积分及 J 积分准则。断裂失效准则一般应用于带有超标缺陷的在役压力容器的评定，以判定该容器是否可以继续使用（有条件下的监督使用）或报废。

6. 蠕变失效准则

蠕变失效准则是压力容器处在高温工作下的一种设计准则。容器在高温和一定应力的长期作用下，塑性变形将不断积累。当其蠕变速率（或等效蠕变应力）达到一定值时，即为容器承载的极限状态。按照蠕变失效准则进行设计时，应将器壁的蠕变值限制在某一许用范围内。

五、应力分析设计

分析设计的基本思想是，对不同类型的应力，在建立设计判据时赋予不同重要性，概括起来主要包含以下几点：

（1）一次应力中总体薄膜应力的强度小于或等于许用应力，即 $p_m \leqslant [\sigma]$。

（2）一次应力中局部薄膜应力的强度小于或等于 $1.5[\sigma]$，即 $p_L \leqslant 1.5[\sigma]$。

（3）一次应力中总体薄膜应力或局部薄膜应力和弯曲应力之和的强度小于或等于 $1.5[\sigma]$，即 $p_m(p_L)+p_b \leqslant 1.5[\sigma]$。

（4）一次应力中总体薄膜应力或局部薄膜应力和弯曲应力与二次应力之和的强度小于或等于 $3[\sigma]$，即 $p_m(p_L)+p_b+Q \leqslant 3[\sigma]$。

碳钢、低合金钢中屈服强度 R_{eL}、抗拉强度 R_m、许用应力$[\sigma]$与一次应力、二次应力、峰值应力的关系如图 7–1 所示。

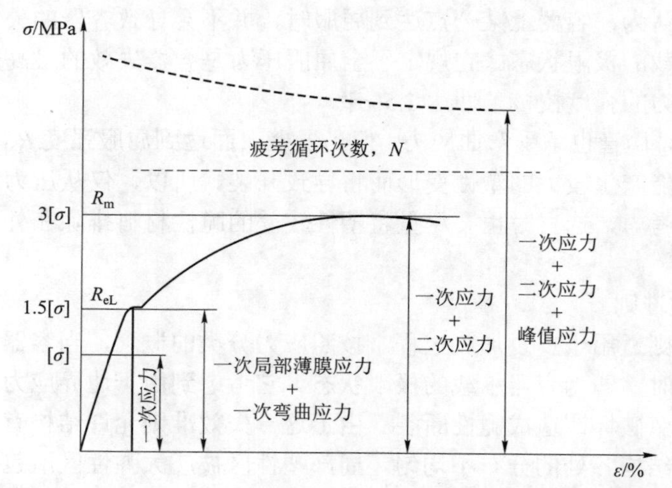

图 7–1　R_{eL}、R_m、$[\sigma]$与一次应力、二次应力、峰值应力的关系

第二节　压力容器用钢材

压力容器应用范围很广，工作条件多种多样，如高温、低温、高压、腐蚀介质作用等，因而压力容器能否安全运行，在很大程度上，取决于金属材料的性能。金属材料的性能包括使用性能和工艺性能。使用性能是指材料的物理性能、化学性能和力学性能；工艺性能是指金属的铸造性能、锻造性能、焊接性能、热处理性能和切削性能等。

要提高压力容器的安全可靠性，确保其安全运行，设计是第一个环节。设计压力容器首先就是材料的选择。由于绝大多数压力容器皆由钢板卷焊制成，因此，仅以压力容器用钢介绍其性能特点及应用。

一、金属材料的常温力学性能

力学性能是金属材料在外力作用下所表现出来的抵抗变形和破坏的能力。力学性能指标包括机械强度、塑性、硬度、韧性以及疲劳断裂性能等指标。

1. 强度与塑性指标

1）强度

强度是指金属材料在外力作用下抵抗变形和破坏的能力，常见的强度指标有：抗拉强度 R_m、屈服强度 R_{eL}，高温压力容器还需考虑高温持久强度σ_D、蠕变极限σ_n。

2）塑性

塑性是指金属材料产生塑性变形的能力。在拉伸试验中，材料的塑性用断后伸长率 A 和断面收缩率 Z 表示。

2. 硬度

硬度表示材料表面抵抗外物压入的能力，是衡量材料软、硬程度的指标。常用的硬度指标有布氏硬度（HBW）和洛氏硬度（HRC）。

3. 冲击韧度

冲击韧度是材料抵抗冲击载荷而不被破坏的能力，是衡量材料抵抗冲击载荷能力的指标。

二、钢材的力学性能

低碳钢是工程上应用最广泛的材料，同时，低碳钢试验中所表现出来的力学性能最为典型。将试件装上试验机后，缓慢加载，直至拉断，试验机的绘图系统可自动绘出试件在试验过程中工作段的变形和拉力之间的关系曲线。试件的拉伸图不仅与试件的材料有关，而且与试件的几何尺寸有关。用同一种材料做成粗细不同的试件，所得的拉伸图差别很大。所以，不宜用试件图表征材料的拉伸性能。将拉力 F 除以试件横截面积 S_o，得试件横截面上的应力 σ。将伸长量 Δl 除以试件的标距 l_0，得试件的应变 ε。以 ε 和 σ 分别为横坐标与纵坐标，这样得到的曲线则与试件的尺寸无关，此曲线为应力–应变图或 $\sigma-\varepsilon$ 曲线。

图 7–2 所示为低碳钢（Q235）拉伸试验的 $\sigma-\varepsilon$ 曲线。从图中可见，整个拉伸过程可分为四个阶段。

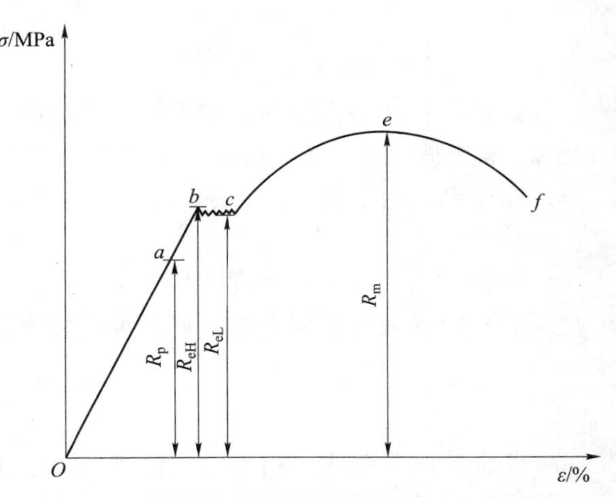

图 7–2 低碳钢（Q235）拉伸试验的 $\sigma-\varepsilon$ 曲线

1. 第Ⅰ阶段——弹性阶段

在试件拉伸的初始阶段，ε 和 σ 的关系表现为直线 Oa，ε 和 σ 成正比，直线的斜率为常数 E，所以有 $\sigma=E\varepsilon$，其中，E 为材料的刚度性能指标——弹性模量，这就是胡克定律。

直线 Oa 的最高点 a 所对应的应力，称为比例极限，用 R_p 表示，即只有应力低于比例极限，胡克定律才能适用。Q235 钢的比例极限 $R_p\approx200\text{ MPa}$。弹性阶段的最高点 b 所对应的应力是材料保持弹性变形的极限点，称为弹性极限。此时，在 ab 段已不再保持直线，但如果在 b 点卸载，试件的变形将会完全消失。由于 a、b 两点非常接近，所以，工程上对弹性极限和比例极限并不严格区分。

2. 第Ⅱ阶段——屈服阶段

当应力超过弹性极限时，$\sigma-\varepsilon$ 曲线上将出现一个近似水平的锯齿形线段，如图中 bc 段，这表明，应力在此阶段基本保持不变，而应变却明显增加，此阶段称为屈服阶段。若试件表面光滑，可看到其表面有与轴线大约呈 45°的条纹，此条纹称为滑移线，这是由最大剪应力引起的。

根据《金属材料拉伸试验 第 1 部分：室温试验方法》（GB/T 228.1—2010），材料的屈服强度分为上屈服强度 R_{eH}（定义为力首次下降前的最大值对应的应力）和下屈服强度 R_{eL}（定义为不计初始瞬时效应时屈服阶段中的最小值对应的应力），Q235 钢的屈服强度约为 235 MPa。

3. 第Ⅲ阶段——强化阶段

经过屈服阶段后，ce 段曲线又逐渐上升，表示材料恢复了抵抗变形的能力，且变形迅速加大，这一阶段称为强化阶段。强化阶段中的最高点 e 所对应的是材料所能承受的最大应力，称为抗拉强度，用 R_m 表示。在强化阶段，试件的横向尺寸明显缩小。Q235 钢的抗拉强度约为 400 MPa。

4. 第Ⅳ阶段——局部变形阶段

在强化阶段，试件的变形基本是均匀的。过 e 点后，变形集中在试件的某一局部范围内，横向尺寸急剧减少，形成缩颈现象。由于在缩颈部分横截面面积明显减少，使试件继续伸长所需要的拉力也相应减少，故在 $\sigma-\varepsilon$ 曲线中，应力由最高点下降到 f 点，最后试件在缩颈段被拉断，这一阶段称为局部变形阶段。

上述拉伸过程中，材料经历了弹性变形、屈服、强化和局部变形四个阶段。对应前三个特征点，其相应的应力值依次为比例极限、屈服强度和抗拉强度。对低碳钢来说，屈服强度和抗拉强度是衡量材料强度的主要指标。

试件拉断后，材料的弹性变形消失，塑性变形则保留下来，试件长度由原长 l_0 变为 l_1，试件拉断后的塑性变形量与原长之比以百分比表示，即：

$$A=\frac{l_1-l_0}{l_0}\times 100\% \tag{7–1}$$

式中　A——断后伸长率。

断后伸长率是衡量材料塑性变形程度的重要指标之一，Q235 钢的断后伸长率为 20%～30%。断后伸长率越大，材料的塑性性能越好。工程上将伸长率大于 5%的材料称为弹塑性材料，如铸钢、铝合金、青铜等。伸长率小于 5%的材料称为脆性材料，如铸铁、高碳钢、混凝土等。

衡量材料塑性变形程度的另一重要指标是断面收缩率 Z。设试件拉伸前的横截面积为 S_0，拉断后断口横截面面积为 S_1，则断面收缩率为：

$$Z=\frac{S_1-S_0}{S_0}\times 100\% \tag{7–2}$$

断面收缩率越大，材料的塑性越好，Q235 钢的断面收缩率为 50%。

通过拉伸试验，可以获得材料力学性能的下述三类指标：

（1）刚度指标——弹性模量 E。

（2）强度指标——屈服强度（R_{eH} 和 R_{eL}）和强度极限 R_m。

（3）塑性指标——断后伸长率 A 和断面收缩率 Z。

三、温度对材料力学性能的影响

温度对钢材的力学性能有显著的影响，图 7–3 所示为碳钢的力学性能随温度变化的情况。在 50 ℃～100 ℃时，碳钢的抗拉强度有所下降；在 200 ℃～300 ℃时，碳钢的抗拉强度有所提高并出现峰值，峰值对应的温度为 250 ℃左右；之后随温度升高，碳钢的抗拉强度急剧下降。与此相应，碳钢的塑性在 250 ℃前后的趋势是先下降而后明显上升。碳钢这种在 200 ℃～250 ℃时抗拉强度上升而塑性下降的现象叫“蓝脆性”。

合金钢的力学性能随温度的变化与碳钢相似，随着温度的升高，强度降低，塑性增大。

长期在高温条件下运行的压力容器，其金属材料还会出现蠕变、松弛等现象。

1. 蠕变

在高温和应力的长期作用下，材料的塑性变形逐渐增加的现象称为蠕变。碳钢在 350 ℃

左右时出现蠕变，合金钢出现蠕变的温度在 400 ℃以上。蠕变的快慢取决于载荷、温度、材质等因素。对一定的材质，进入蠕变温度范围以后，载荷越大，温度越高，蠕变速度越快，至蠕变破坏所需的时间越短。

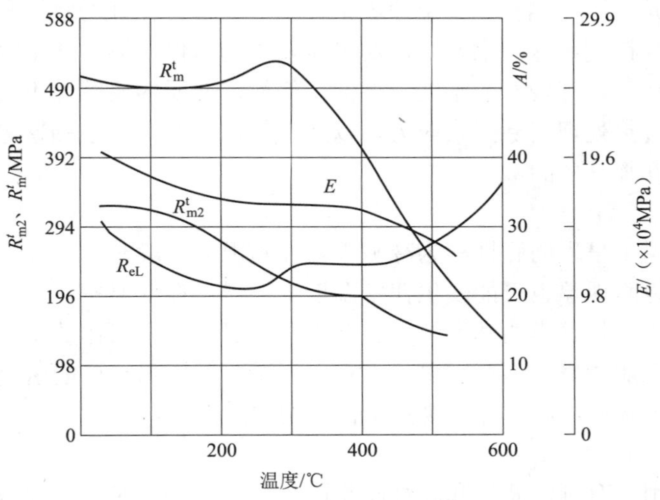

图 7–3 温度对 20 号钢力学性能的影响

通常用持久强度及蠕变极限表示钢材的高温强度，即抗蠕变能力。所谓持久强度是指在一定温度下，经过规定的工作期限（1×10^5 h）引起蠕变破坏的应力。蠕变极限则是在一定温度下，在规定的工作期限（1×10^5 h）内引起规定蠕变变形（1%）的应力，以 σ_n^t 表示。

2. 热松弛

热松弛是特定情况下的一种蠕变现象，承载初仅发生弹性变形的螺栓或弹簧，在高温和应力作用下逐步产生塑性变形，即蠕变变形，由于总应力不变，塑性变形的增加伴随着弹性变形的减少，即弹性变形逐步转化成塑性变形。而螺栓或弹簧中的应力是与弹性变形成正比的，随着弹性变形的减少和塑性变形的增加，螺栓或弹簧中的应力逐渐降低，本来拉紧的螺栓或弹簧产生了松弛。

3. 珠光体球化

压力容器常用碳素钢和低合金钢，如 20R、16MnR、15CrMo、12CrlMoV 等，在常温下的组织一般为铁素体+珠光体，而珠光体晶粒中的铁素体及渗碳体是呈薄片状相间排列的。当珠光体钢长期在高温下使用时，珠光体中的片状渗碳体会逐渐变成球状，并缓慢聚集长大成球团，这种现象称为珠光体球化。珠光体球化的结果使材料的常温强度及高温强度显著降低，塑性、韧性变差，材质老化。

4. 石墨化

钢在高温、应力长期作用下，珠光体内渗碳体自行分解出石墨的现象，称为石墨化或析墨现象。石墨的强度很低，相当于在金属内部形成了空穴，从而出现应力集中，使金属发生脆化，强度、塑性、冲击韧度降低。

石墨化与珠光体球化相关，珠光体球化到一定程度时，就会出现石墨化现象。焊缝的热影响区最易发生石墨化，往往沿着热影响区的外缘析出石墨。对于在用压力容器材料的珠光体球化和石墨化的检查，可采用金相检验法、化学成分分析法、硬度测定法及力学性能试验法等，以确定组织缺陷是否存在及严重程度。

四、钢材的脆性

压力容器受压元件所用钢材在常温静载条件下一般都有良好的塑性和韧性性能，工程上习惯称为塑性材料。在使用这些钢材时，对可能发生的脆性破坏往往不够注意。实际上，钢材只是在特定的条件下才有较好的塑性及韧性，例如，介质的腐蚀性不大、局部应力集中较小、加工成形后通过热处理消除残余应力，以及工作压力变化不很频繁等，但这些特定条件并不是每个受压元件都具备的。

1. 冷脆性

金属材料在低温下呈现的脆性称为冷脆性。冷脆现象一般在低于 0 ℃时出现，但经过长期蠕变的材料，其冷脆现象也可能发生在室温以上。对于在低温条件下工作的受压元件，考虑钢材冷脆性是选用钢材种类的基本要求。对于在高温条件下工作的受压元件，虽然在运行状态下材料的塑性性能较好，但在室温下进行水压试验时，仍有可能引起脆性破坏。为了避免在水压试验时发生破坏，国内外都规定了试验用水的温度。

1）韧脆转变温度

钢材在载荷作用下有延性断裂和脆性断裂两种形式，钢材对这两种破坏形式的抗力是不同的。若外界因素对钢材的作用首先到达某一种破坏形式的抗力，则钢材将发生该种形式的破坏。从宏观角度讲，延性断裂是由于外界因素所产生的最大剪应力先到达材料的切断抗力所致，而脆性断裂是最大拉应力先到达材料的断裂抗力所致。一般情况下，钢材的断裂抗力对温度变化不敏感，而切断抗力对温度变化很敏感，随着温度的增加急剧降低。因此，在温度较高时，外界因素所产生的最大切应力先到达切断抗力的可能性较大，材料呈延性断裂；在温度较低时，切断抗力增加速度比断裂抗力快得多，在最大切应力到达切断抗力前，最大拉应力可能已到达材料的断裂抗力，这样材料将呈脆性断裂。因此，当温度逐渐降低时，材料的破坏形式将由延性断裂逐渐转变为脆性断裂。两种破坏形式转变点的温度称为韧脆转变温度 T_K，T_K 值越高，材料延性断裂的温度范围就越小，脆性断裂的可能性越大。

2）脆性转变温度

为避免钢材在使用中因冷脆而断裂，就要测定该种钢由韧性转变为脆性的温度，即所谓的脆性转变温度 NDT（或称为无塑性转变温度）。

不同的材料具有不同的脆性转变温度。即使同一种材料，在不同的情况下（如热处理状态、晶粒度、内部缺陷尖锐程度及板厚等不同），脆性转变温度也会不同。测定材料的脆性转变温度，可通过试样在不同温度下的冲击试验，找出 A_K 值显著降低而呈现脆性的温度，即脆性转变温度。

2. 热脆性

钢材长时间停留在 400 ℃～500 ℃后再冷却至室温时，冲击韧度值有明显的下降，这种现象称为钢材的热脆性。值得注意的是，具有热脆性的钢材在高温下并不脆化，仍具有较高的冲击韧度，只有当冷却至室温时，才显示出脆化现象。对于工作温度在 400 ℃～500 ℃内的受压元件，必须重视热脆性问题。

3. 氢脆

金属中的氢是一种有害元素，只要极少量的氢（如质量分数为 1×10^{-6}）即可导致金属变脆。氢脆是在应力和氢的共同作用下使金属材料塑性、韧性下降的一种现象。引起氢脆的应力可以是外加应力，也可以是残余应力。金属中的氢则可能是本来就存在于其内部的，也可能是由表面吸附而进入其中的。例如，焊接过程中水分或油污在电弧高温下分解出的氢溶解入钢材中；压力容器运行中，蒸汽腐蚀产生的氢渗入钢材中，多发生在过热器管子、汽水分层且蒸汽停滞的蒸发受热面管子中。

氢对钢材的脆化过程是一个微观裂纹在高应力作用下扩展的过程。由于氢由原来的位置扩散到新的裂纹尖端处需要相当的时间，所以，氢脆是一种延迟断裂。为了防止发生氢脆，应对钢材中氢的来源进行严格控制。在焊接过程中，尽量去除焊条及焊剂中的水分，保持焊缝区清洁。对于氢脆倾向较大的钢材，在焊后必须进行消氢处理。此外，为了防止受压元件的蒸汽腐蚀，在结构设计及运行时，尽量避免管子超温过热。

4. 苛性脆化

苛性脆化是由于溶液内具有含量很高的苛性钠（NaOH）促使钢材腐蚀加剧而引起脆化的现象。一般认为苛性脆化是一种电化学腐蚀。当元件承受应力作用时，晶粒内部与晶间产生了电位差，具有负电位的晶界与溶液发生电化学反应，使晶界金属被腐蚀。苛性钠含量越高，OH^-越多，上述电化学反应越剧烈。由此可见，产生苛性脆化必须具备三个条件：一是元件承受较高的局部应力，一般至少应接近钢材的屈服强度；二是在元件高应力区具有与高含量苛性钠溶液相接触的条件；三是具有一定的工作温度。

五、钢材的腐蚀

1. 应力腐蚀

由拉应力与腐蚀介质联合作用而引起的脆性断裂称为应力腐蚀。不论是塑性材料，还是脆性材料都可能产生应力腐蚀。它与单纯的由应力造成的破坏或由腐蚀引起的破坏不同。一定的条件下，在较低的应力水平或腐蚀性较弱的介质中，也能引起应力腐蚀。应力腐蚀所引起的破坏在事先往往没有明显的变形预兆，突然发生脆性断裂，故它的危害性很大。

2. 氧腐蚀

天然水中常溶有一定量的氧气。当把未除氧或除氧不完全的水送入压力容器时，随着水被加热，水中溶解的氧将析出并与钢材壁面接触，使钢材产生以氧为去极剂的电化学腐蚀，造成金属腐蚀减薄或穿孔。

3. 压力容器在特定介质作用下的腐蚀

压力容器盛装的工作介质，很多具有腐蚀性，如各种酸、碱及气体介质。若防范不当，就会造成严重腐蚀。即使采取了一定的设计及运行措施，也往往难于避免这类腐蚀。

六、对压力容器用钢的要求

对压力容器用钢的要求主要包括冶金质量、力学性能、工艺性能和耐腐蚀性能。

1. 冶金质量

钢材的冶金质量一般包括冶炼方式，硫、磷及存在于钢中其他有害元素的含量，晶粒度，夹杂物的类型、数量和分布，气体含量及疏松、偏析、裂纹等问题。GB 150—2011《压力容器》规定，压力容器受压元件用钢应为平炉、电炉或氧化转炉冶炼。钢材的含碳量一般不大于 0.25%，为了减少钢材的热脆和冷脆倾向，钢材的化学成分中的硫、磷含量应予控制。钢材应具有良好的低倍组织和表面质量，分层、疏松、非金属夹杂物、气孔等缺陷应尽可能少，不允许有裂纹和白点。

2. 力学性能

制造压力容器部件的材料应具有足够的强度，以防止在承受压力时发生塑性变形，甚至断裂。对于在常温和蠕变温度以下使用的压力容器，强度指标主要是屈服强度 R_{eL} 和抗拉强度 R_m，它们是确定其钢板厚度的计算依据。对于长期在高温下使用的压力容器，还应考虑材料的抗蠕变性能，按材料的高温强度指标——蠕变极限 σ_n^t 与持久强度 σ_D^t，并同屈服强度 R_{eL}、抗拉强度 R_m 一起作为确定许用应力的依据。

为保证在承受载荷时不发生脆性破坏，制造压力容器的钢材除了要有足够的强度，还应有良好的塑性与韧性。从安全的角度考虑，良好的塑性和韧性是十分重要的。首先，塑性变形能够缓和应力集中，有利于防止元件产生不能预料的早期破坏；其次，良好的塑性是加工工艺的需要；最后，较高的韧性可以保证设备在承受外加载荷时不发生脆性断裂。根据使用状态的不同，材料的韧性指标包括常温冲击韧度、低温冲击韧度和时效冲击韧度等。有关标准还规定了压力容器用钢的最低塑性值，即钢材的断后伸长率 A 不得低于 18%。

3. 工艺性能

压力容器一般采用卷板或冲压成形的焊接结构，而钢板生产要经过锻造、热轧等过程。所以，要求钢材应具有良好的冷、热加工性能和焊接性能。良好的冷塑性变形能力可以使钢材在加工时容易成形且不会产生裂纹等缺陷。较好的可焊性，可以保证材料在规定的焊接工艺条件下，获得质量优良的焊接接头，具有适宜的热处理性能，容易消除加工过程中产生的剩余应力，而且对焊后热处理裂纹不敏感。

钢材的可焊性主要与钢材中碳的含量有关，也与其他合金元素的含量有关。合金元素对可焊性的影响比碳元素小。通常把合金元素折算成相应的碳元素，以碳当量的大小粗略地衡量钢材可焊性的大小。

经验表明，当碳含量 $\omega_{C_d} < 0.4\%$ 时，可焊性良好，焊接时可不预热；当 $\omega_{C_d} = 0.4\% \sim 0.6\%$ 时，钢材的淬硬倾向增大，焊接时需采用预热等技术措施；当 $\omega_{C_d} > 0.6\%$ 时，属于可焊性差或较难焊的钢材，焊接时需采用较高的预热温度和严格的工艺措施。

4. 耐腐蚀性能

耐腐蚀性能是指材料在使用条件下抵抗工作介质腐蚀的能力。设计压力容器时，必须根据其使用条件，选择适当的耐腐蚀材料。对于高温压力容器用材，还应具有抗氧化性能。

金属材料的腐蚀速度常用单位时间内单位面积的腐蚀质量或单位时间的腐蚀深度来评定。化工设备选材时，通常按腐蚀深度评定金属的耐腐蚀性能，以腐蚀速率小于 0.1 mm/a 为耐蚀；腐蚀速率为 0.1～1 mm/a 为耐蚀、可用；腐蚀速率大于 1 mm/a 为不耐蚀（不可用）。

实际上，均匀腐蚀现象在压力容器中并不多，常见的是点腐蚀、深坑腐蚀和最为危险的晶间腐蚀或应力腐蚀。这类腐蚀不但与介质性质有关，而且与使用的温度、压力等多种因素有关。例如，氢气在常温、低压下对碳钢无腐蚀，而在高温高压下则产生严重的氢腐蚀；干燥的氯气对钢不腐蚀，如含有水分则腐蚀严重。所以，在选材时，必须根据介质在正常操作和可能发生的不利条件下的耐腐蚀性能来考虑，必要时应通过模拟试验来确定。

七、压力容器常用的钢材

不同用途的压力容器，其工作压力、工作温度、介质特性各不相同，因此，需要结合使用条件来选用钢材。

1. 碳素钢

碳素钢具有良好的塑性和韧性，工艺加工性好，特别是可焊性好。虽然强度相对较低，但仍能满足一般压力容器受压元件的要求。

压力容器常用的碳素钢有碳素结构钢和专用碳素钢两种。GB 150—2011《压力容器》列入的碳素钢板有：普通碳素钢 Q235–B 和 Q235–C、压力容器钢 20R；碳素钢管 10、20、20G；碳素钢锻件 20、35；碳素钢螺柱和螺母 35 等。碳素钢一般用于制造中低压小型容器的壳体、法兰或管板等。

2. 低合金钢

在普通低碳钢内加入少量合金元素（一般总量小于 3%）就可获得高强度、高韧性和良好可焊性与耐腐蚀的普通低合金结构钢。常用的低合金钢材有四类：钢板、钢管、锻件和螺柱，其中钢板的用量最大。常用的钢板有 16MnR、15MnNbR、18MnMoNbR。常用的钢管有 16Mn、09MnD、12CrMo、10MnWVNb 等。

3. 高合金钢

常用的高合金钢材有 0Cr13、0Cr18Ni9、0Cr18Ni10Ti、0Cr17Ni12Mo2 等。0Cr13 是铁素体钢，以铬为主要合金元素，一般含碳量≤0.15%，含铬量在 12%～13%。这类钢在加热和冷却时不发生相变，因此，不能用热处理方法改变其组织和性能。通常用于腐蚀性不强和防污染的设备，如抗水蒸气、碳酸氢铵等设备。

4. 热强钢

受压元件的热强钢包括低合金热强钢、奥氏体不锈耐热钢和马氏体热强钢。热强钢的抗氧化性主要通过合金化实现，合金化作用的关键是在钢的表面形成一层完整、致密和稳定的氧化物保护膜，最有效的合金元素是 Cr、Si 和 Al。常见的热强钢包括 12CrMoG、15CrMoG、12Cr1MoVG、12Cr2MoWVTiB、1Cr18Ni9、1Cr19Ni9、10Cr9Mo1VNb 等。

5. 低温用钢

设计温度≤–20℃的压力容器为低温压力容器，其破坏的主要原因是低温脆性断裂。大多数钢材随着温度的降低，强度会有所增加，而韧性则下降，并且存在于钢中的硫、磷等微量元素和氮、氢、氧等对钢的低温韧性都产生不良的影响，所以，低温容器用钢中硫、磷的含量都低于一般合金钢。

第三节　筒体与封头强度设计

一、主要设计参数

1. 压力和温度

1）压力

（1）工作压力。工作压力是指在正常工作情况下，容器顶部可能达到的最高压力：对于内压容器，指容器在工作过程中其顶部可能出现的最高压力；对于真空容器，指容器在正常工作过程中其顶部可能出现的最大真空度；对于夹套容器，指夹套顶部可能出现的最大压力差值。

（2）设计压力。设计压力是指在相应设计温度下用以确定容器壳体厚度的压力，对于工作压力小于 0.1 MPa 的内压容器，设计压力取 0.1 MPa。

（3）计算压力。计算压力指在相应设计温度下，用以确定元件厚度的压力，其中包括液柱静压力。当元件所承受的液柱静压力小于 5%设计压力时，可忽略不计。

计算压力与设计压力的概念是有所区别的，设计压力是确定容器壳体厚度的压力，考虑一定的安全裕量或考虑设置安全泄压装置等因素，而计算压力是具体受压元件的计算参考，一台设备的多个元件可能有各自的计算压力，而设计压力只有一个。

一般情况下，压力容器的计算压力为最大工作压力的 1.0～1.1 倍。

2）温度

（1）工作温度。工作温度是指压力容器在正常工作情况下，其部件可能达到的最高温度。

（2）设计温度（计算壁温）。设计温度是用于确定壳体厚度的温度。压力容器根据工艺条件确定实际工作温度，在实际工作温度的基础上，向上圆整得到设计温度。

2. 安全系数与许用应力

材料许用应力是指在进行强度计算时实际元件材料所允许采用的最高应力。许用应力是以材料的极限应力为依据，并除以合理的安全系数后得到的，即：

$$[\sigma]=\frac{\text{极限应力}}{\text{安全系数}} \tag{7-3}$$

对于低碳钢或低碳合金钢，一般采用屈服强度 R_{eL} 和抗拉强度 R_m 作为极限应力。钢材在高温下工作时，还应考虑其蠕变极限和持久极限。这四种极限应力所对应的安全系数分别用符号 n_s、n_b、n_n 和 n_D 表示，其取值见表 7–1。

表 7–1　中、低压容器所用材料的安全系数

所用材料	安全系数			
碳素钢，低合金钢	$n_s \geqslant 1.6$	$n_b \geqslant 3$	$n_n \geqslant 1$	$n_D \geqslant 1.5$
高合金钢	$n_s \geqslant 1.5$[①]	$n_b \geqslant 3$	$n_n \geqslant 1$	$n_D \geqslant 1.5$
注：对奥氏体高合金钢受压元件，当设计温度低于蠕变温度，且允许有微量永久变形时，许用应力值可以适当提高至 $0.9R_{eL}$。此规定不适用于有少许变形就产生泄漏的场合，如法兰等。				

3. 减弱系数

1）焊缝减弱系数（焊接接头系数）

焊接部件的强度受焊接质量的影响。焊缝减弱系数 φ_h 表示焊缝中可能存在的缺陷对结构原有强度削弱的程度，其大小取决于施焊质量和无损检测情况。压力容器相关的技术规范中，分别对焊缝减弱系数做了规定，分别见表 7–2～表 7–4。

表 7–2 焊接接头系数（GB 150—2011）

焊缝接头形式	检验要求	焊缝系数 φ
双面焊对接接头或相当于双面焊的全焊透对接接头	100%无损检测	1.0
	局部无损检测	0.85
单面焊对接接头（沿焊缝根部全长有紧贴基本金属的垫板）	100%无损检测	0.9
	局部无损检测	0.8

表 7–3 焊缝减弱系数（GB/T 9222—2008）

焊接方法	焊缝形式	焊缝减弱系数 φ_h
手工电弧焊或气焊	双面焊接有坡口对接焊缝	1.00
	有氩弧焊打底的单面焊接有坡口对接焊缝	0.90
	无氩弧焊打底的单面焊接有坡口对接焊缝	0.75
	在焊缝根部有垫板或垫圈的单面焊接有坡口对接焊缝	0.80
熔剂层下的自动焊	双面焊接对接焊缝	1.00
	单面焊接有坡口对接焊缝	0.85
	单面焊接无坡口对接焊缝	0.80
电渣焊		1.00

表 7–4 对接焊缝减弱系数（GB/T 16508—2013）

焊接方法	焊缝形式	焊缝减弱系数 φ_h
手工电焊	双面焊	0.95
	焊缝根部有垫板的单面焊	0.80
	单面焊	0.70
熔剂层下的自动焊	双面焊	1.00
	单面焊	0.80

2）孔桥减弱系数

压力容器上常常开设一定数量的孔口，以便与管子或管道连接。壳体上开孔减小了金属承载面积，增大了开孔区特别是孔边的应力。设开孔的直径为 d_1，则其影响区半径 R_1 为：

$$R_1 = \frac{d_1}{2} + \sqrt{D_p \delta} \quad (7\text{–}4)$$

式中 D_p——壳体直径，mm；

δ——壳体厚度，mm。

同样，如果与 d_1 相邻孔的直径为 d_2，则其影响区半径 R_2 为：

$$R_2 = \frac{d_2}{2} + \sqrt{D_p \delta} \quad (7\text{–}5)$$

于是，相邻两孔高应力影响区重叠的临界节距为 t_0，如图 7–4 所示。其表达式为：

$$t_0 = R_1 + R_2 = \frac{d_1 + d_2}{2} + 2\sqrt{D_p \delta} \tag{7-6}$$

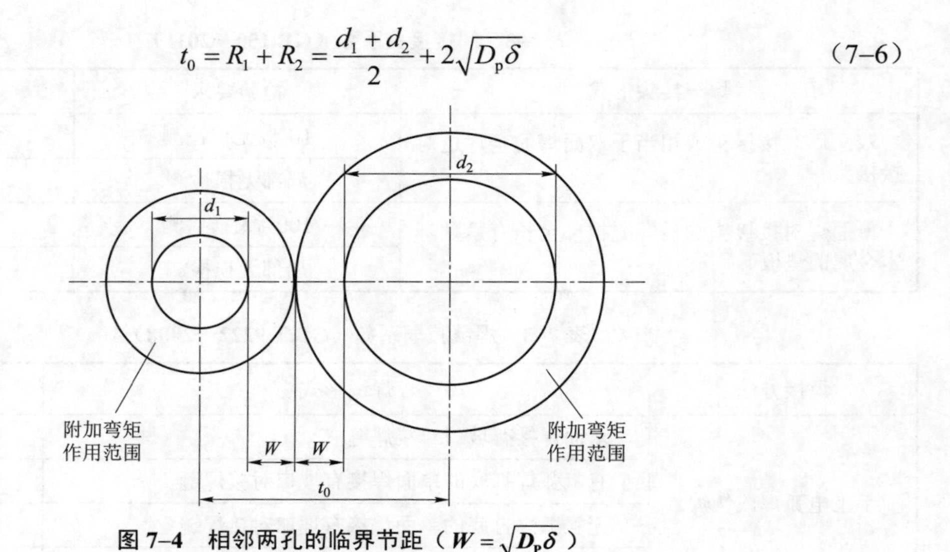

图 7–4　相邻两孔的临界节距（$W = \sqrt{D_p \delta}$）

如果相邻两孔之间的节距＜t_0，则表明两孔周围的高应力区相互重叠，对于塑性比较好的材料来说，该区域内的应力会重新分布；如果相邻两孔之间的节距＞t_0，则表明两孔周围的高应力区互不影响。根据两孔之间的距离和 t_0 可以将多孔布置分为单孔、孔排和孔桥。若相邻孔之间的节距≥t_0，则两孔之间的附加应力互不影响，这样的孔称为单孔；若相邻孔之间的节距＜t_0，则孔边附加应力相互重叠，这样的孔称为孔排；构成孔排的相邻孔之间的桥形地带称为孔桥。

根据孔桥的方位可以把孔桥分为三种：纵向孔桥、横向孔桥和斜向孔桥，如图 7–5 所示。孔桥上的应力基本呈均匀分布，因此，孔排对筒体强度的削弱程度可以用孔桥承载截面积的减少程度来表示，即开孔后的承载截面积与开孔前的承载截面积之比，称为孔桥减弱系数。

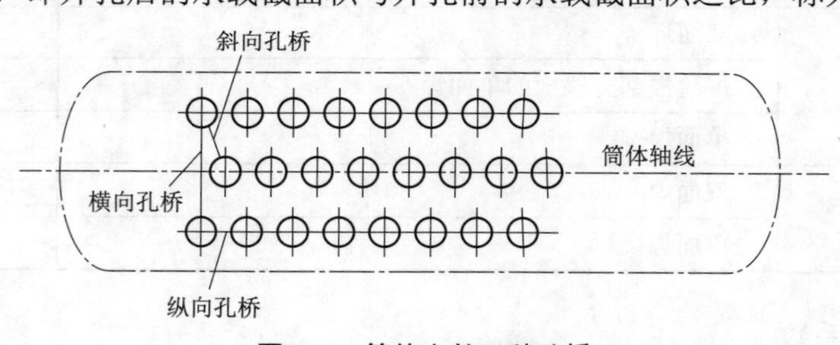

图 7–5　筒体上的三种孔桥

（1）纵向孔桥减弱系数。纵向孔桥的结构如图 7–6 所示。根据孔桥减弱系数的定义，纵向孔桥减弱系数为：

$$\phi = \frac{(t-d)\delta}{t\delta} = \frac{t-d}{t} \tag{7-7}$$

（2）横向孔桥减弱系数。横向孔桥的结构如图 7–7 所示，在一个圆弧形桥节距内开孔前后的承载截面积之比为：

$$\phi' = \frac{(t'-d)\delta}{t'\delta} = \frac{t'-d}{t'} \tag{7-8}$$

式中　t'——筒体平均直径（$D_i+\delta$）圆周上的节距。

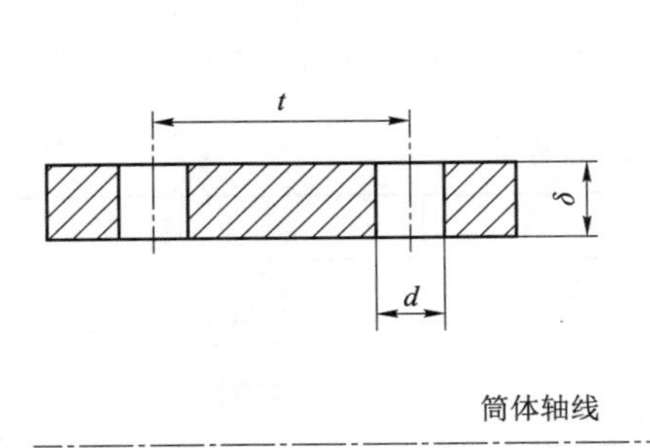

图 7–6　纵向孔桥的结构

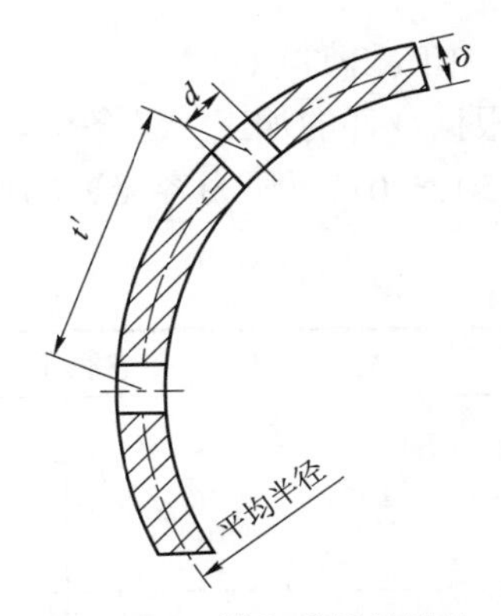

图 7–7　横向孔桥的结构

（3）斜向孔桥减弱系数。斜向孔桥的结构如图 7–8 所示，在一个空间弧形桥节距内，开孔前后的承载截面比为：

$$\phi''=\frac{(t''-d)\delta}{t''\delta}=\frac{t''-d}{t''} \tag{7–9}$$

式中　t''——斜向节距，$t''=\sqrt{a^2+b^2}$。其中，a 为两孔在筒体平均直径圆周上的节距，b 为两孔在轴线方向上的距离。

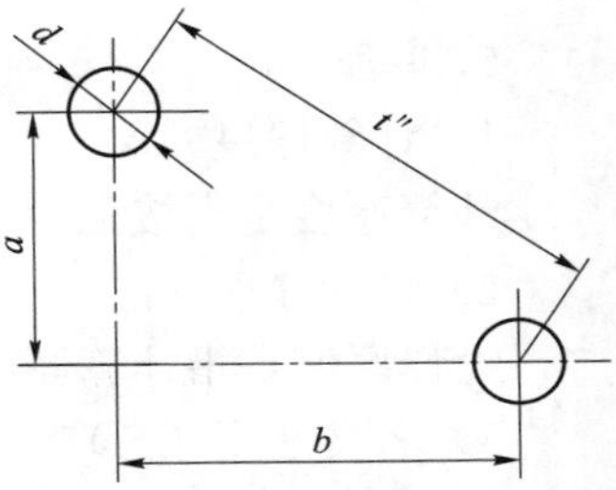

图 7–8　斜向孔桥的结构

4. 附加厚度

附加壁厚 C 包括钢板（管）负偏差 C_1、腐蚀裕度 C_2、加工减薄量 C_3。在压力容器设计中，仅考虑 C_1 和 C_2，它们的关系为：

$$C=C_1+C_2 \tag{7–10}$$

1）钢板（管）负偏差 C_1

国家标准允许供货的钢板（管）有一定的正负偏差，由于负偏差会带来钢板（管）的事实减薄，因此，在设计过程中必须予以考虑。钢板的负偏差可按表 7–5 考虑。

表 7–5　钢板负偏差　　mm

钢板厚度	2.5	2.8～3.0	3.2～3.5	3.8～4.0	4.5～5.5	6～7
负偏差	0.2	0.22	0.25	0.3	0.5	0.6
钢板厚度	8～25	26～30	32～34	36～40	42～50	52～60
负偏差	0.8	0.9	1.0	1.1	1.2	1.3

2）腐蚀裕度 C_2

腐蚀裕度由介质对材料的均匀腐蚀速率与容器的设计寿命决定，即

$$C_2=k_sB$$

式中　k_s——腐蚀速率，mm/a，查材料腐蚀手册或由试验确定；

B——容器设计寿命，通常为 10～15a。

当材料的腐蚀速率 k_s 为 0.05～0.1 mm/a 时，考虑单面腐蚀取 C_2=1～2 mm，双面腐蚀取 C_2=2～4 mm；当材料的 k_s<0.05 mm 时，考虑单面腐蚀取 C_2=1 mm，双面腐蚀取 C_2=2 mm。对不锈钢，当介质对钢材的腐蚀极轻微时，可以取 C_2=0。

3）加工减薄量 C_3

可根据部件的加工工艺条件，由制造单位依据加工工艺和加工能力自行选取，见表 7–6。按 GB 150—2011《压力容器》的规定，压力容器设计图样上注明的厚度不包括加工减薄量。

表 7–6　加工减薄量　　mm

卷制工艺		减薄量
热卷	高压或超高压筒体	4
	中压筒体	3
	低压筒体	2
冷卷	热校	1
	冷校	0

5. 厚度

1）计算厚度（δ）

计算厚度是指按强度理论建立的厚度计算公式而计算得到的厚度。

2）设计厚度（δ_d）

设计厚度是指计算厚度与腐蚀裕度 C_2 之和。

3）名义厚度（δ_n）

名义厚度是指设计厚度加上钢材厚度负偏差 C_1 后向上圆整至钢材标准规格的厚度，即标注在图样上的厚度。

4）有效厚度（δ_e）

有效厚度是指名义厚度减去钢材厚度负偏差 C_1 和腐蚀裕度 C_2 后的厚度。

压力容器设计中各种厚度之间的关系如图 7–9 所示。

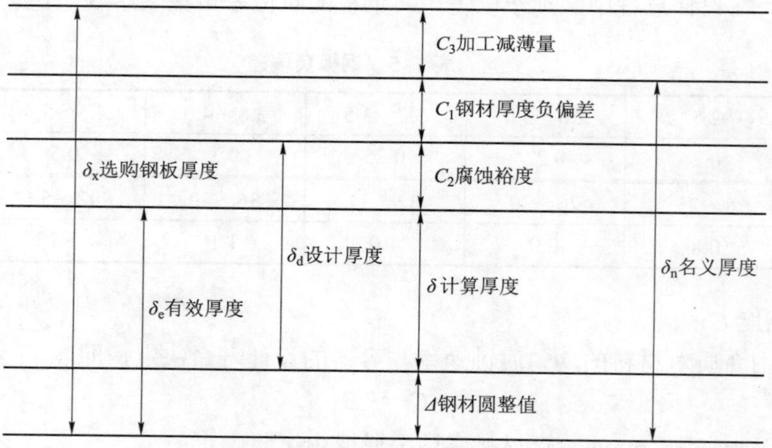

图 7–9　各种厚度之间的关系

二、内压筒体与封头设计

为了叙述方便，先将在本节使用的符号统一说明如下：

p_c——计算压力，MPa；D_i——内径，mm；C——壁厚附加量，mm，即 $C=C_1+C_2$；C_1——钢板厚度负偏差，mm；C_2——腐蚀裕度，mm；$[\sigma]^t$——设计温度下材料的许用应力，MPa；φ——焊缝系数；$[p_w]$——最大允许工作压力，MPa；σ^t——设计温度下的计算应力，MPa；δ——计算壁厚，mm；δ_d——设计壁厚，mm；δ_n——名义壁厚，mm；δ_e——有效壁厚，mm；R_i——碟形封头球面部分内半径，mm；r_i——碟形封头过渡区转角内半径，mm；h_i——封头内曲面高度，mm；K、M——椭球封头、碟形封头的形状系数。

各厚度之间存在如下关系：

$$\delta_d=\delta+C_2$$

$$\delta_n=\delta_d+C_1+\text{圆整量}$$

$$\delta_e=\delta_n-C$$

根据无力矩理论，承受内压回转薄壳呈双向应力状态，其主应力分别为：

$$\sigma_1=\sigma_\theta,\quad \sigma_2=\sigma_\varphi,\quad \sigma_3=\sigma_z=0$$

因为$\sigma_3=0$，所以，按第一强度理论和第三强度理论算得的当量应力相同，即：

$$S_1=S_3=\sigma_1-\sigma_3=\sigma_1=\sigma_\theta$$

1. 圆筒与球壳强度设计

1）圆筒

环向应力：
$$\sigma_1=\sigma_\theta=\frac{pR}{\delta}$$

经环向应力：
$$\sigma_2=\sigma_\varphi=\frac{pR}{2\delta}$$

径向应力：
$$\sigma_3=0$$

强度条件为：

$$S_3=\sigma_1-\sigma_3=\frac{pR}{\delta}\leqslant[\sigma]$$

考虑计算压力、焊缝系数及附加壁厚后，计算厚度的设计公式为：

$$\delta=\frac{p_c D_i}{2[\sigma]^t\varphi-p_c} \tag{7-11}$$

最大允许工作压力为：

$$[p_w]=\frac{2[\sigma]^t\varphi\delta_e}{D_i+\delta_e} \tag{7-12}$$

应力校核为：

$$\sigma^t=\frac{p_c(D_i+\delta_e)}{2\delta_e\varphi} \tag{7-13}$$

必须满足 $\sigma^t\leqslant[\sigma]^t$。

2）球壳

$$\sigma_1=\sigma_2=\sigma_\theta=\sigma_\varphi=\frac{pR}{2\delta}$$

$$\sigma_3 = 0$$

强度条件为：

$$S_3 = \sigma_1 - \sigma_3 = \frac{pR}{2\delta} \leqslant [\sigma]$$

考虑计算压力、焊缝系数及附加壁厚后，计算厚度设计公式为：

$$\delta = \frac{p_c D_i}{4[\sigma]^t \varphi - p_c} \quad (7\text{–}14)$$

最大允许工作压力为：

$$[p_w] = \frac{4[\sigma]^t \varphi \delta_e}{D_i + \delta_e} \quad (7\text{–}15)$$

应力校核为：

$$\sigma^t = \frac{p_c(D_i + \delta_e)}{4\delta_e \varphi} \quad (7\text{–}16)$$

必须满足 $\sigma^t \leqslant [\sigma]^t$。

［例 7–1］ 内径 D_i=800 mm 的圆筒体，采用 16MnR 钢板卷制而成。计算压力 p_c=2.5 MPa，设计温度 t = 300 ℃，腐蚀裕度 C_2=1.6 mm，焊缝系数 φ =1.0。试计算确定圆筒体的名义厚度。

［解］ 初步设定钢板的名义厚度在 6～16 mm 内，6～16 mm 厚的 16MnR 钢板在 300 ℃时的许用应力为$[\sigma]^t$ = 144 MPa。

（1）计算壁厚

$$\delta = \frac{p_c D_i}{2[\sigma]^t \varphi - p_c} = \frac{2.5 \times 800}{2 \times 144 \times 1.0 - 2.5} = 7.01 \text{（mm）}$$

（2）设计厚度

$$\delta_d = \delta + C_2 = 7.01 + 1.6 = 8.61 \text{（mm）}$$

（3）名义厚度

因设计厚度为 8.61 mm，所以，壳体的名义厚度一定在 8～25 mm，查表 7–5 可知厚度在 8～25 mm 的钢板负偏差 C_1=0.8 mm，则：

$$\delta_n = \delta_d + C_1 + \text{圆整值} = 8.61 + 0.8 + \text{圆整值} = 10 \text{（mm）}$$

故本圆筒体的名义厚度 δ_n =10（mm）。

名义厚度在假定范围 8～25 mm 计算合理。

2. 椭球形封头强度设计

考虑计算压力、焊缝系数及附加壁厚后，计算厚度设计公式为：

$$\delta = \frac{K p_c D_i}{2[\sigma]^t \varphi - 0.5 p_c} \quad (7\text{–}17)$$

式中 $K = (2 + D_i / 2h_i) / 6$。

对于标准椭球形封头：$D_i / 2h_i = 2$，所以 K=1，且封头有效厚度 δ_e 不小于封头内直径的 0.15%；其他椭球形封头有效厚度 δ_e 不小于封头内直径的 0.30%。

最大允许工作压力为：

$$[p_w]=\frac{2[\sigma]^t\varphi\delta_e}{KD_i+0.5\delta_e} \tag{7-18}$$

应力校核为：

$$\delta^t=\frac{p_c(KD_i+0.5\delta_e)}{2\sigma_e\varphi} \tag{7-19}$$

必须满足 $\delta^t \leqslant [\sigma]^t$。

第四节　开 孔 补 强

为了叙述方便，先将在本节使用的符号统一说明如下：

B——有效补强宽度，mm；h_1——容器外侧接管的有效补强高度，mm；h_2——容器内侧接管的有效补强高度，mm；δ_t——接管计算厚度，mm；δ_{nt}——接管名义厚度，mm；δ_{et}——接管有效厚度，$\delta_{et}=\delta_t-C_t$，mm；C_t——接管附加厚度，mm；$C_t=C_{t1}+C_{t2}$，C_{t1}——接管负偏差，C_{t2}——接管腐蚀裕度；d——开孔直径，圆形孔取接管内直径加两倍厚度附加量（$d=d_i+2C_t$），椭圆形或长圆形孔取所考虑平面上的尺寸（弦长，包括厚度附加量），mm；f_r——强度削弱系数，等于设计温度下接管材料与壳体材料许用应力之比值，当该比值大于 1.0 时，取 $f_r=1.0$。

一、不需补强的最大孔径

开孔会减弱容器的强度。开孔越大，孔边应力集中越严重，对容器强度的减弱越厉害。显然，容器厚度设计时应留有一定的安全裕量，可以根据容器壁厚安全裕量的大小，将开孔直径限制在一定的范围，使开孔造成的强度减弱正好由容器的富裕壁厚来补偿。因此，容器开孔同时满足下述要求的，可不另行补强：

（1）设计压力≤2.5 MPa。

（2）两相邻开孔中心的间距（对曲面间距以弧长计算）应不小于两孔直径之和的两倍。

（3）接管公称外径≤89 mm。

（4）接管最小壁厚满足表 7–7 的要求。

表 7–7　接管最小壁厚条件　　mm

接管公称外径	25	32	38	45	48	57	65	76	89
最小壁厚	3.5			4.0		5.0		6.0	
注：① 钢材的标准抗拉强度下限值 R_m＞540 MPa 时，接管与壳体的连接宜采用全焊透的结构形式。② 接管的腐蚀裕度为 1 mm。									

二、补强的有关要求

1. 有效补强范围

经应力分析可知，在压力容器壳体、接管及焊缝中都存在壁厚超过承受基本薄膜应力以外的多余金属，这部分金属称为富裕金属。富裕金属可以弥补因开孔导致的强度削弱和开孔边缘引起的应力集中。因强度削弱和应力集中都发生在开孔边缘的一定范围内，所以，富裕金属只在孔边缘区域的一定范围内才能起到补强作用。

在计算开孔补强时，有效补强范围及补强面积按图 7–10 所示中矩形 *WXYZ* 范围确定。

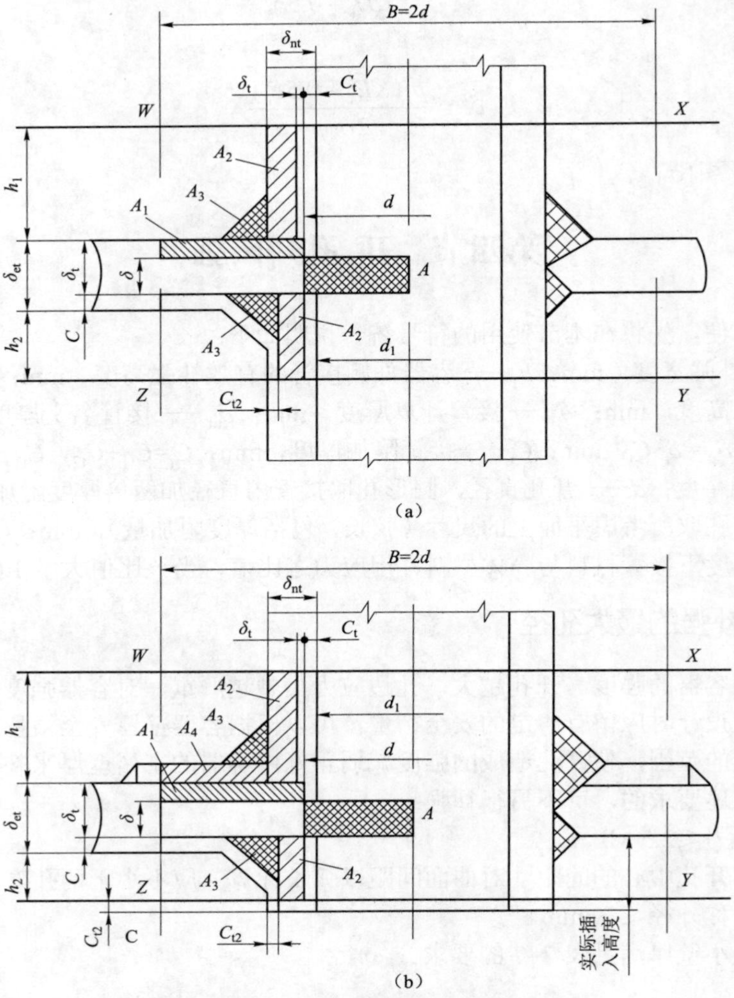

(a)

(b)

图 7–10　有效补强范围示意

1）有效宽度

有效宽度 B 按式（7–20）计算取二者中较大值。

$$B=2d$$
$$B=d+2\delta_{n}+2\delta_{nt} \tag{7–20}$$

2）有效高度

有效高度按式（7–21）和式（7–22）计算，分别取式中的较小值。

外侧高度（接管实际外伸高度）：

$$h_1=\sqrt{d\delta_{nt}} \tag{7–21}$$

内侧高度（接管实际内伸高度）：

$$h_2=\sqrt{d\delta_{nt}} \tag{7–22}$$

2. 等面积补强原则

等面积补强原则的主要思想是：在过壳体轴线及开孔中心线的纵截面中，在有效补强范围内，壳体及补强结构除了自身承受内压所需要的面积外，多余的富裕金属面积（称为补强面积，记为A_e）应不小于筒体因开孔所减少的承受基本薄膜应力的面积（称为补强需要面积，记为A），即：

$$A_e \geqslant A \tag{7–23}$$

3. 开孔所需补强面积（A）

筒体、球壳、锥壳、椭球封头上开孔后需要的补强面积，是通过开孔中心，且垂直于壳体表面的截面上所需的最小补强面积，按下列要求确定。

（1）圆筒或球壳开孔所需补强面积按式（7–24）计算：

$$A = d\delta + 2\delta\delta_{et}(1 - f_r) \tag{7–24}$$

式中　δ——圆筒或球壳开孔处的计算厚度，mm。

（2）锥壳（或锥形封头）开孔所需补强面积按式（7–24）计算，但式中δ是以开孔中心处锥壳内直径取代D_c计算后所得的锥壳厚度。

（3）椭球形封头开孔所需补强面积按式（7–24）计算，式中δ按式（4–17）计算。

三、补强面积

在有效补强范围内，可作为补强的截面积（mm^2）：

$$A_e = A_1 + A_2 + A_3 \tag{7–25}$$

式中　A_e——补强面积，mm^2；

A_1——壳体有效厚度减去计算厚度之外的多余面积（mm^2），即：

$$A_1 = (B - d)(\delta_e - \delta) - 2(2\delta_{nt} - C)(\delta_e - \delta)(1 - f_r) \tag{7–26}$$

A_2——接管有效厚度减去计算厚度之后的多余面积（mm^2），即：

$$A_2 = 2h_1(\delta_{et} - \delta_t)f_r + 2h_2(\delta_{et} - C_{t2})f_r \tag{7–27}$$

A_3——焊缝金属截面积（见图 7–10），mm^2；若焊脚高度为e，则$A_3 = e^2$（单面焊）或者$A_3 = 2e^2$（双面焊）。

若$A_e \geqslant A$，则开孔不需另加补强；若$A_e < A$，则开孔需另加补强，其另加补强面积（mm^2），即：

$$A_4 \geqslant A - A_e \tag{7–28}$$

式中　A_4——有效补强范围内另加的补强面积（见图 7–10），mm^2。

补强材料一般需与壳体材料相同。若补强材料许用应力小于壳体材料许用应力，则补强面积应按壳体材料与补强材料许用应力之比来增加；若补强材料许用应力大于壳体材料许用应力，则所需补强面积不得减小。

四、补强形式与结构

壳体的开孔补强应按具体条件选用下列补强结构形式。

1. 整体补强

增加壳体的厚度，或用全焊透的结构形式将厚壁接管或整体补强锻件与壳体相焊。常见的补强结构如图 7–11 所示。

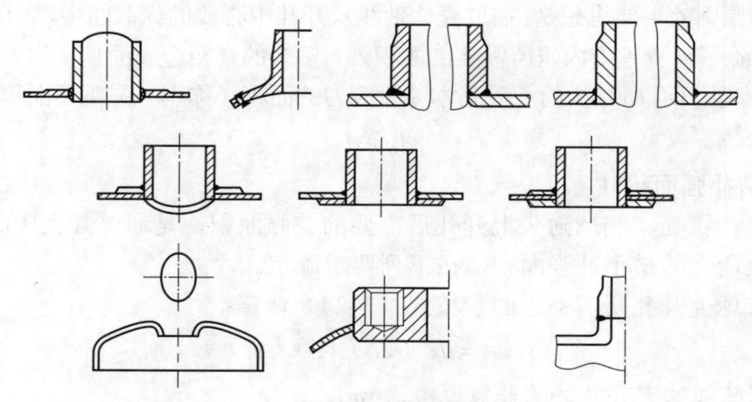

图 7–11　常见的补强结构

2. 补强圈补强

采用补强圈结构补强时，应遵循下列规定：钢材的标准抗拉强度 R_m≤540 MPa；补强圈厚度≤$1.5\delta_n$；壳体名义厚度 δ_n≤38 mm。

若条件许可，推荐以厚壁接管代替补强圈进行补强。

五、补强面积的分布

等面积补强是一种经验性的近似方法。实践证明，按照该方法进行补强计算，能够保证壳体开孔及接管的安全，而且计算较为简便。但由于开孔周围的峰值应力具有明显的衰减特征，即使在有效补强范围内的富裕金属，对补强的贡献也不相同，越靠近孔边缘的富裕金属，所承担的峰值应力越大，起到的补强作用也就越大。而等面积补强法没有考虑补强面积在有效补强范围内的分布情况。当 δ/δ_e 较小时，按等面积补强原则进行补强计算，就会出现不合理的现象。

当 $\delta_e/\delta=0.5$ 时，$A_1=(B-d)(\delta_e-\delta)-2(2\delta_{nt}-C)(\delta_e-\delta)(1-f_r)$

因 $B=2d$，则 $A_1=d\delta-2(2\delta_{nt}-C)(\delta_e-\delta)(1-f_r)$

将上式与式（7–24）比较可知：如果 $f_r=1.0$，则 $A_1=A$。

即在有效补强范围内筒体本身的多余面积就足以补偿开孔的减弱，不论开孔多大，都不需要用其他补强机构进行补强。这是因为等面积补强没有考虑 A_e 在有效补强范围内的分布和实际补强效果。

第五节　压力容器结构设计的安全问题

一、结构设计应遵循的原则

1. 结构不连续处应平滑过渡

受压壳体存在几何形状突变或其他结构上的不连续时，都会产生较高的不连续应力，因此设计时应尽量避免。对于难以避免的结构不连续，应采用平滑过渡的形式，防止突变。

2. 引起应力集中或削弱强度的结构应相互错开

在压力容器设计中，不可避免地存在一些局部应力较高或对部件强度有所削弱的结构，如开孔、转角、焊缝等部位。设计时应将这些结构相互错开，以防止局部应力叠加。

3. 避免采用刚性过大的焊接结构

刚性大的焊接结构不仅会使焊接构件因施焊时的膨胀和收缩受到约束而产生较大的焊接应力，而且使壳体在操作条件波动时的变形受到约束而产生附加弯曲应力。因此，设计时应采取措施予以避免。

4. 受热系统及部件的胀缩不要受限制

受热部件的热膨胀，如果受到外部或自身的限制，在部件内部就会产生热应力。设计时应使受热部件不受外部约束，减小自身约束。

5. 其他要求

（1）压力容器各部分在运行时能按设计预定方向自由膨胀。

（2）各受压部件应有足够的强度，并有可靠的安全保护设施，防止超压。

（3）受压元、部件结构的形式、开孔和焊缝的布置应尽量避免或减小复合应力和应力集中。

（4）压力容器结构应便于安装、检修和清洗内、外部。

（5）承重结构在承受设计载荷时应具有足够的强度、刚度、稳定性及防腐蚀性。

二、对封头及法兰结构的要求

1. 对封头的要求

1）椭球形封头

由于椭球壳体环向应力为压应力，为了使这部分壳体不至于失稳，对于标准椭球形封头，规定其有效厚度应不小于封头内直径的 0.15%，其他椭球形封头的有效厚度应不小于封头内直径的 0.30%。

2）球形封头

虽然球形封头壁厚比直径与压力相同的圆筒体减薄一半，但在实际工作中，为了焊接方便以及降低连接处的边缘应力，半球形封头常和筒体取相同的厚度。另外，球形封头成形较椭球形封头困难，且焊缝较多，故一般较少采用。

3）碟形封头

由于碟形封头的球面部分与过渡区、过渡区与直边段的曲率半径不同，造成结构不连续，会引起连接处的局部高应力，因此，规定碟形封头球面部分的半径一般不大于筒体内径，通常取封头内直径的 90%，而封头转角内半径应不小于筒体内直径的 10%，且不得小于 3 倍封头名义壁厚。

4）锥形封头

锥形封头分为无折边锥形封头和带折边锥形封头两种。对于锥体大端，当锥壳半顶角 $\alpha \leqslant 30°$时，可以采用无折边结构；当$\alpha > 30°$ 时，应采用带过渡段的折边结构。大端折边的过渡段转角半径应不小于封头大端内直径的 10%，且不小于该过渡段厚度的 3 倍。

对于锥体小端，当锥壳半顶角$\alpha \leqslant 45°$ 时，可以采用无折边结构；当$\alpha > 45°$ 时，应采用带过渡段的折边结构。小端折边的过渡段转角半径应不小于封头小端内直径的 5%，且不小于该过渡段厚度的 3 倍。

当锥壳半顶角$\alpha > 60°$时，其厚度可按平盖计算，也可以用应力分析方法确定。锥壳与圆筒的连接应采用全焊透结构。

5）平盖

与其他封头比较，平板封头受力情况最差。在相同的受压条件下，平板盖比其他形式的封头厚得多。但是，由于平板封头结构简单、制造方便，在压力不高、直径较小的容器中，采用平板封头比较经济简便。另外，在高压容器中，平板封头也用得较为普遍。这是因为高压容器的封头很厚，直径又相对较小，凸形封头的制造较为困难。在低压容器中，一般采用平板作为压力容器的人孔、手孔以及在操作时需要用盲板的端盖。

6）凸形封头的拼接

用多块扇形板组拼的凸形封头必须具有中心圆板，中心圆板的直径应不小于封头直径的 1/2。

2. 对法兰的要求

法兰连接是一种常见的可拆卸结构。实际应用中，由法兰密封不良而造成泄漏的现象较为常见。要保证法兰连接的紧密性，就必须合理地选择压紧面的形状。最常采用的压紧面形状有平面、凹凸面、榫槽面和梯形槽等。平面形压紧面用于压力不高的场合（$p \leqslant 2.5$ MPa），其密封性能较差，但结构简单，加工方便，便于进行防腐和衬里清洗；凹凸形压紧面适用于中压及温度较高的场合，其密封性能好，垫片易于对中，压紧时能防止垫片被挤出；榫槽形压紧面适于易燃、易爆和有毒介质的密封，密封性能可靠，但更换垫片较困难；梯形槽压紧面常与椭圆垫和八角垫配用，这是因为槽的锥面与垫圈形成线（或窄面）接触密封，此种结构常在压力（$p \geqslant 6.4$ MPa）、温度（$t \geqslant 350$℃）较高时采用。

三、对开孔的要求

壳体上开孔的形状有圆形、椭圆形或长圆形等。开孔尺寸应符合下列规定：

（1）在圆筒壳体上开孔，当内径≤1 500 mm 时，最大孔径应≤筒体内径的 1/2，且≤520 mm；当内径＞1 500 mm 时，最大孔径应≤筒体内径的 1/3，且≤1 000 mm。

（2）在凸形封头或球形容器上开孔，最大孔径应不大于壳体内径的 1/2。

（3）在锥形封头上开孔，最大直径应不大于孔中心处锥体内径的 1/3。

（4）在椭球形或碟形封头过渡部分开孔时，其孔的中心线宜垂直于封头表面。

容器上开孔后经计算需要补强时，应优先采用整体补强结构，如采用厚壁接管或整体补强锻件等。补强圈一般只适用于常温、中低压容器；当补强圈厚度大于 8 mm 时，应采用全焊透结构。

四、对焊接结构的要求

焊接是压力容器的重要制造工艺过程，焊接结构的形式和焊缝质量的好坏，在很大程度上决定了压力容器的安全可靠性。

1. 焊接接头形式

焊接接头的基本形式有对接接头、搭接接头、角接接头等，如图 7-12 所示。

对接焊缝是压力容器常用的接缝形式，接头及母材受力较均匀。焊制压力容器筒体的纵向接头，筒节与筒节连接的环向接头，以及封头、管板的拼接接头，必须采用全焊透的对接接头形式。

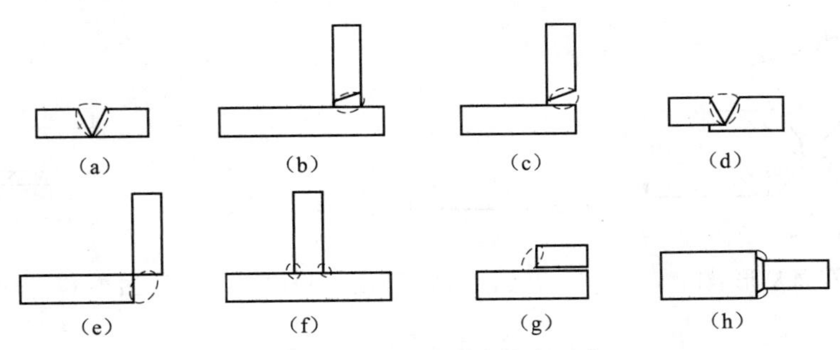

图 7–12　典型的焊接接头形式

（a）对接接头/对接焊缝；（b）T 形接头/对接焊缝；（c）角接接头/对接焊缝；（d）锁底接头/对接焊缝；（e）角接接头/角焊缝；（f）T 形接头/角焊缝；（g）搭接接头/角焊缝；（h）对接接头/角焊缝

搭接接头、角接接头所形成的焊缝都是角焊缝，焊缝所连接的两部分钢板不在同一平面或曲面上。角焊缝受力时，应力集中比较严重，除了拉伸、压缩应力外，还有剪切应力和弯曲应力。压力容器中，角焊缝有时是不可避免的，如有些平管板、平封头，管接头与筒体或封头的连接，角撑板与筒体及封头的连接，S 形下脚圈与筒壳的连接等。

2. 等厚度钢板的对接焊缝

为了避免焊接时产生过大的残余应力，应尽量采用等厚度钢板进行对接。当厚度在 6 mm 以下时，对接焊缝可不开坡口。厚度在 6 mm 以上的对接焊缝，为了防止产生未焊透等缺陷，应根据不同的钢板厚度开不同形式的坡口。

1）单面开坡口形式

对内侧无法施焊的容器，采用单面坡口。钢板厚度≤20 mm 时，采用 V 形坡口；钢板厚度＞20 mm 时，采用 U 形坡口，如图 7–13 及图 7–14 所示。

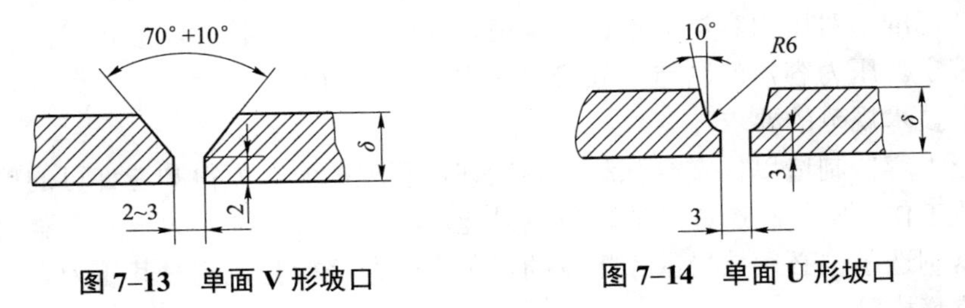

图 7–13　单面 V 形坡口　　**图 7–14　单面 U 形坡口**

2）双面开坡口形式

对于厚度较大的钢板，应采用双面开坡口结构。钢板厚度在 20～40 mm 时，采用双面 V 形坡口；钢板厚度在 30～60 mm 时，采用双面 U 形坡口，如图 7–15 及图 7–16 所示。

3）带垫板的对接焊缝

为保证焊根部分焊透，可采用带垫板的对接焊缝结构。垫板材料可用钢或紫铜，应注意垫板与焊接材料的密合，焊后应设法将垫板除去，如图 7–17 所示。

3. 不等厚度钢板的对接焊缝

B 类焊接接头以及圆筒与球形封头相连的 A 类焊接接头，当两侧钢材厚度不等时，若薄板厚度不大于 10 mm，两板厚度差超过 3 mm；或者薄板厚度大于 10 mm，两板厚度差大于薄板厚度的 30%，或超过 5 mm 时，均应按图 7–18 所示的要求单面或双面削薄厚板边缘，或按同样要求采用堆焊方法将薄板边缘焊成斜面。

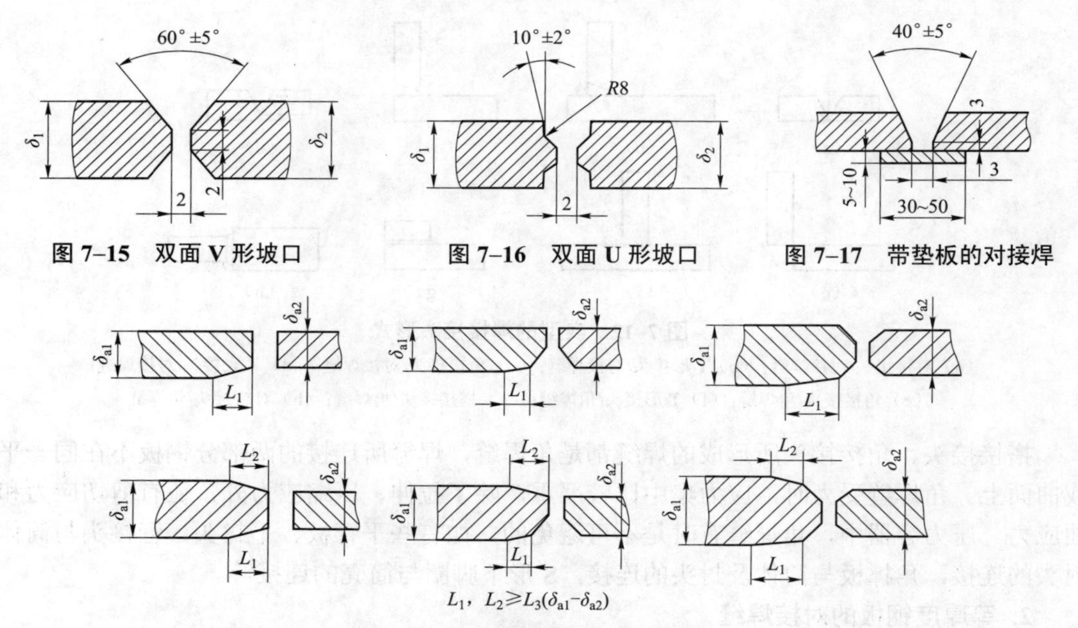

图 7–15 双面 V 形坡口　图 7–16 双面 U 形坡口　图 7–17 带垫板的对接焊

图 7–18 不等厚度钢板的焊接结构

第六节 压力容器制造管理

压力容器制造的主要工序为封头成形和筒身卷制、总装焊接、无损检测和热处理等，焊接、成形等制造缺陷对压力容器安全的影响重大，为了保证压力容器的安全，我国制定了许多专项法规、标准，对压力容器的设计、制造、安装、使用、检验、修理等方面进行了全面的强制性的规定。压力容器的制造必须符合《固定式压力容器安全技术监察规程》等国家强制标准和安全技术规范的要求。

国家对压力容器制造单位实行强制的制造许可管理，没有取得制造许可的单位不得从事压力容器制造工作，取得制造许可的单位也只能从事许可范围之内的压力容器制造工作。

压力容器制造单位必须接受国家授权的特种设备监督检验机构对其压力容器产品的安全性能进行的监督检验。

一、压力容器制造单位的资格

为确保压力容器的制造质量，对其制造单位的条件有基本的要求。压力容器的制造单位必须具备以下条件，并经特种设备安全监察部门许可，方可从事相应的活动。

（1）有与压力容器制造相适应的专业技术人员和技术工人。

（2）有与压力容器制造相适应的生产条件和检测手段。

（3）有健全的质量管理制度和责任制度。

压力容器的制造单位在取得相应级别的压力容器制造许可证后，应严格在许可证批准的生产地址（场所）、机构建制和级别、品种范围内，从事压力容器制造活动。若持证单位变更单位地址（搬迁），须由发证部门对其重新进行资格审查；变更单位名称须持有关部门的批准文件到发证部门核办更名手续；在批准的生产场所或建制以外增加压力容器生产场所或建制的，应按有关规定办理相关手续。

二、压力容器制造过程中的质量管理

压力容器制造过程中的质量管理是压力容器安全管理的重要环节，产品的制造质量如何，能不能达到设计的要求，在很大程度上取决于制造单位的技术能力和制造过程中的质量管理水平。制造过程中的质量管理主要包括质量控制、质量检验和质量分析三个方面。

1. 质量控制

制造压力容器的单位必须建立一套完整的质量管理制度，保证从原材料到产品出厂的各个环节严格按照有关规程、标准的规定执行，严格按照设计图样制造和组装压力容器。焊接工人必须经过考试，取得特种设备安全监察机构颁发的合格证，才准焊接受压元件。在制造过程中，若发现不正常的预兆，应立即采取措施，消除隐患。

质量控制应由具备相关专业知识和一定资历的专业人员完成，包括设计工艺、材料、焊接、理化、热处理、无损检测、压力试验和最终检验等质量控制系统责任人员。

2. 质量检验

为了保证产品质量，检查加工程度是否达到设计规定，在整个制造过程中必须同时存在一个检验过程，经检验合格的产品才能进入下道工序。每个零件、部件，甚至每道工序是否符合工艺设计的要求，都是保证产品整体质量的前提和基础。因此，制造过程中质量管理的一项重要内容就是质量检验，保证不合格的零部件不转工序，不合格的产品不出厂。

产品的质量检验方法根据不同的检验对象、不同的检验要求而有所不同。从工艺阶段来分，有预先检验、首件检验、中间检验和最后检验；从检验比例来分，有全数检验和抽样检验；从检验人员来分，有专职检验人员检验、加工工人自检和互检。检验中应根据容器的重要程度、检验要求来选用适当的检验方法。

3. 质量分析

质量控制和质量检验都提供了大量的有关产品质量的数据和情况，质量管理部门应该及时收集这些情况和数据，系统整理、认真分析，从而提出改进措施，挖掘提高产品质量的潜力。

三、质量保证系统和质量保证手册

1. 质量保证系统

压力容器制造质量保证系统应在明确的质量管理方针和质量目标的指导下，把影响制造质量的人、机、料、法等各主要因素组成一个有机的统一体，把各项技术要求融汇于制造和质量控制之中，形成一个完整的体系，并采取有效的技术、组织、控制和管理措施。

制造质量保证体系应有一套完整的质量保证系统，该系统应根据产品制造特点和制造单位的实际情况，把产品制造全过程及主要影响因素进行分解和归类，按其内在联系划分为若干个既相互独立又有机联系的系统、环节和控制点。由于压力容器制造单位的管理层次、生产规模及技术力量不尽相同，质量保证系统中的质量控制系统、控制点的设置也不尽相同。根据各单位制造全过程的内在联系及实际情况，质量保证系统中至少应包括设计质量控制、采购与材料控制、工艺质量控制、焊接质量控制、无损检测质量控制、热处理质量控制、理化检验质量控制、产品检验质量控制、人员培训及质量持续改进等控制系统。每个控制系统需建立若干个控制环节，每个控制环节又设置若干控制点。各控制点还可根据实际情况设立停止点，一般选择那些一旦失控会直接损害产品的安全性或给企业带来不可弥补损失的控制点，具体来说有设计质量审核控制、材料验收、产品焊接试板检验、开孔前的划线检验确认、热处理和耐压试验前的整体检验、耐压试验。在这些系统、环节和控制点上，根据产品质量问题的可能性，明确控制内容、控制依据和控制时限，按质量标准制定一系列的控制措施，并把责任落实到各责任人员，从而对压力容器的制造质量实行有效的控制。

由于质量保证系统肩负着对质量保证法规（包括技术法规、质量保证手册和质量控制管理制度）实施和监督的职能，对各项法规、规定的严格实施和对实施过程与结果的有效监督，就组成了质量控制和保证活动的内容。因此，压力容器制造质量保证体系中还应有一套较完整的质量保证法规系统。它包括有关的技术法规、质量保证手册及各项质量控制管理制度等，将产品制造要求、质量标准，质量保证体系各责任人员及各项产品制造与质量管理的主要操作人员的职责及工作程序、工作标准、工作条件等，以规章制度的形式明确地规定下来，作为质量保证体系建立和运行的依据和标准。

2. 质量保证手册

压力容器制造质量保证手册是质量保证体系的文字叙述，是制造单位质量管理工作的纲领性文件，也是有关部门对企业制造压力容器进行质量审查的一部分内容和依据，企业在生产经营和质量管理中必须严格执行质量保证手册。质量保证手册多以章节的形式编写，并附有一些图表，一般包括下述内容：

（1）企业宗旨、质量方针和目标，企业主要领导人的质量责任。

（2）制造的产品遵循的技术、管理规范，制造厂概况。

（3）质量保证体系的建立依据及原则。

（4）质量保证控制系统、环节、控制点的划分和设置，主要质量控制管理要求、依据、程序、标准和联系，并附有体系图、系统图、控制点一览表。

（5）质量保证机构设置责任人员职称、资格要求、任命程序、职责范围，并附有机构体制图、机构职责图。

（6）手册和质量控制管理制度的方法程序以及实施与监督规定，附有法规体系表。

思 考 题

1. 解释工作压力、设计压力。
2. 常温下碳素钢的力学性能有哪些？温度对材料力学性能的影响有哪些？
3. 说明计算厚度、设计厚度、名义厚度和有效厚度之间的关系。
4. 压力容器不另行开孔补强的最大开孔直径如何确定？
5. 采用补强圈补强应遵循的规定是什么？

第八章
压力容器安全装置

学习指导

1. 了解安全泄压装置的类型及其特点，了解压力表、液面计、减压阀、测温装置等安全附件的基本结构及工作原理，安装使用与维护检修。

2. 熟悉安全阀、爆破片的分类、选用与装设。

3. 掌握安全泄放量的计算，重点掌握安全阀、爆破片泄放量的计算。

压力容器的安全装置是指为了使压力容器能够安全运行而装设在设备上的一种能显示、报警、自动调节或自动消除压力容器运行过程中可能出现的不安全因素的附属机构，又常称为安全附件。按其使用性能或用途可以将其划分为以下四大类型。

1. 连锁装置

连锁装置是指为了防止人为操作失误而设置的控制机构，如紧急切断装置、连锁开关、联动阀等。

2. 警报装置

警报装置是指容器在运行过程中出现不安全因素，致使容器处于危险状态时，能自动给出报警信号的仪器，如压力报警器、温度检测仪、液位报警器等。

3. 计量装置

计量装置是指能自动显示容器运行中与安全有关的工艺器具，如压力表、温度计等。

4. 泄压装置

泄压装置是指当容器或系统内介质压力超过额定压力时，能自动地泄放部分或全部气体，以防止压力持续升高而威胁到容器正常使用的自动装置，如安全阀、爆破片等。

在压力容器的安全装置中，最常用而且最关键的是安全泄压装置。

第一节　安全泄压装置与安全泄放量

一、安全泄压装置

引起压力容器超压的原因很多，除了根据不同的原因，从根本上采取措施消除或减少可能引起压力容器超压的各种因素外，装设安全泄压装置是防止过压而发生事故的关键性措施。

1. 安全泄压装置的类型及其特点

安全泄压装置按其结构类型不同可以分为阀型、断裂型、熔化型和组合型。

1）阀型

阀型安全泄压装置就是常用的安全阀，它通过阀的开启排出气体来降低容器内的压力。

（1）优点。仅排泄压力容器内高于额定的部分压力，当容器内压力降至正常操作压力时，就自动关闭，所以，它可以避免一旦出现超压就把容器内气体全部排出而造成浪费和生产中断；本身可重复使用多次；安装调整比较容易。

（2）缺点。密封性能差，由于安全阀的阀瓣为机械动作元件，与阀座一起因受频繁起闭、腐蚀、介质中固体颗粒磨损的影响，易发生泄漏；由于弹簧的惯性作用，阀的开启有滞后现象，因此泄压反应较慢，不能满足快速泄压的要求；安全阀接触不洁净的气体介质时，阀口有被堵塞或阀瓣有被粘住的可能。

根据以上特点，阀型安全装置适用于介质比较洁净的气体（如空气、水蒸气等）的容器，不宜用于介质有剧毒或容器内有可能产生剧烈化学反应而使压力急剧升高的容器。

2）断裂型

断裂型安全泄压装置，常见的有爆破片和爆破帽。前者用于中、低压容器，后者多用于超高压容器。这类安全泄压装置是通过爆破元件，在较高的压力下发生断裂而排放气体使容器迅速泄压的。

（1）优点。密封性能较好，泄压反应较快，气体中的污染物对装置元件的动作影响较小；元件爆破前的正常工作状态完全无泄漏。

（2）缺点。元件因超压爆破泄压后不能重复使用，容器也因此而停止运行；爆破元件长期在高压力作用下，易产生疲劳损坏，因此元件的寿命短；爆破元件的动作压力不易控制。

断裂型安全泄压装置宜用于容器内因化学反应等升压速率高或介质具有剧毒性的容器；不宜用于液化气体储罐，否则会因元件爆破后泄压失控而造成液化气“爆沸”。另外，压力波动较大、超压机会较多的容器也不宜选用断裂型安全泄压装置。

3）熔化型

熔化型安全泄压装置就是常用的易熔塞。它是利用装置内低熔点合金在较高的温度下熔化，打开通道，使气体从原来填充有易熔合金的孔中排出而泄放压力的。

（1）优点。结构简单，更换容易，由熔化温度而确定的动作压力较易控制。

（2）缺点。完成降压作用后不能重复使用，容器停止运行；受易熔合金强度限制，泄放面积不能太大；这类装置有时还可能由于合金受压或其他原因脱落或熔化，致使意外事故发生。

熔化型安全泄压装置只能用于容器内气体压力完全取决于温度的小型压力容器，如液化气体气瓶。

4）组合型

组合型安全泄压装置由两种安全泄压装置组合而成。通常是阀型和断裂型组合，或阀型和熔化型组合，最常见的是弹簧式安全阀与爆破片串联组合。这种类型的安全泄压装置同时具有阀型和断裂型的优点，既可防止阀型安全装置的泄漏，又可以在排放过高的压力以后使容器继续运行。

组合装置的爆破片，可以根据不同的需要设置在安全阀的入口侧或出口侧。将爆破片设置在安全阀入口侧，可以利用爆破片将安全阀与气体隔离，防止安全阀受腐蚀或被气体中的污物堵塞或黏结。当容器超压时，爆破片断裂，安全阀开启后再关闭，容器可以继续暂时运行，待进行容器检修时再装上爆破片。这种结构要求爆破片的断裂不妨碍后面安全阀的正常动作，而且要在安全阀与爆破片之间设置压力检测仪，以防止二者之间有压力影响爆破片的动作（爆破片会因两边存在压差而造成爆破压力超过设定的绝对压力，使容器超压）。爆破片设置在安全阀出口侧，可以使爆破片免受气体压力与温度的长期作用而产生疲劳，爆破片可用于防止安全阀泄漏，这种结构同样要求及时将安全阀与爆破片之间的气体排出，否则安全阀失去作用。

纵观以上四种安全泄压装置，在工业生产中最常用、最普遍的是安全阀。组合型安全装置虽兼备两种以上安全泄压装置的优点（优缺点互补），但由于结构复杂，特别是在使用中必须保持两种泄压装置之间不能存在压力气体，而这点很难做到，所以未能广泛使用，一般只是用于工作介质有剧毒或工作介质为稀有气体的容器，并且由于避免不了安全阀滞后作用的缺点，而不能用于容器内升压速度极高的反应容器。

根据以上介绍，压力容器的本身特性和使用特性决定了其不可避免地在使用、运行过程中存在超压、超温的可能，因此，为了确保容器的正常运行和避免安全事故的发生，在压力容器上必须设置安全附件。

2. 安全泄压装置的基本要求

为使安全附件能真正发挥确保压力容器安全运行的作用，必须对安全附件的设置提出一定的要求。

1）设置原则

（1）凡《固定式压力容器安全技术监察规程》适用范围内的压力容器，应根据设计要求装设安全泄放装置。压力源来自压力容器外部，且得到可靠控制时，安全泄放装置可以不直接安装在压力容器上。在常用的压力容器中必须单独装设安全泄压装置的有以下几种：

① 液化气体储存容器（通用型液化气瓶除外）。

② 压缩机附属气体储罐。

③ 容器内进行放热或分解等化学反应，能使压力升高的反应容器。

④ 高分子聚合设备。

⑤ 由载热物料加热，使容器内液体蒸发汽化的换热容器。

⑥ 用减压阀降压后进气，且其许用压力小于压力源设备压力的容器。

⑦ 与压力源直通，而压力源处未设置安全阀的容器。

（2）安全阀不能可靠工作时，应装设爆破片装置，或采用爆破片装置与安全阀装置组合的结构。采用组合结构时，应符合 GB 150—2011《压力容器》附录 B 的有关规定。对串联在组合结构中的爆破片动作时不允许产生碎片。

（3）对易燃介质或毒性强度为极度、高度或中度危害介质的压力容器，应在安全阀或爆破片的排出口装设导管，将排放介质引至安全地点，并进行妥善处理，不得直接排入大气。

（4）压力容器所装设的安全附件必须按国家有关部门的规定和要求进行校验（安装前校验和使用后定期校验）和维护。安全附件的定期检验按照《在用压力容器检验规程》的规定进行。

（5）安全附件的装设位置，应便于观察（检验）和维修。

2）选用要求

（1）压力容器安全附件的设计、制造应符合《固定式压力容器安全监察规程》和相应国家标准或行业标准的规定。制造爆破片装置的单位应持有国家质量技术监督局颁发的制造许可证。

（2）安全阀、爆破片的排放能力，必须大于或等于压力容器的安全泄放量。对于充装处于饱和状态或过热状态的气液混合介质的压力容器，设计爆破片装置应计算泄放口径，确保不产生空间爆炸。

（3）如果在设计压力容器时采用最大允许工作压力作为安全阀、爆破片的调整依据，则应在设计图样上和压力容器铭牌上注明。

（4）压力容器的压力表、液面计等应根据压力容器的介质、最高工作压力和温度、黏度等正确选用。

二、安全泄放量

压力容器的安全泄放量是指当压力容器出现超压时，为了保证其压力不再持续升高而在单位时间内所泄放的气量。压力容器安全泄放装置的排放能力应不小于压力容器的安全泄放量，故安全泄放量是决定容器中的安全泄放装置是否有效、能否确保压力容器运行安全的关键。

压力容器的安全泄放量是容器在单位时间内由产生气体压力的设备所能输入的最大气量，或容器在受热时单位时间内所能蒸发、分解的最大气量。因此，对于各种压力容器，应该分别按不同的方法来确定其安全泄放量。

1. 盛装压缩气体或水蒸气的压力容器

用以储存或处理压缩气体、水蒸气的压力容器，由于容器内部不可能产生气体，而且即使容器受到较强的辐射热的影响，容器内气体的压力一般也不至于显著升高。这类压力容器的安全泄放量取决于容器的气体输入量。对压缩机储气罐和蒸汽罐等容器的安全泄放量，分别取该压缩机和蒸汽发生器的最大产气（汽）量，故安全泄放量按下式计算，即：

$$W_s = 2.83\times10^{-3}\rho v d^2 \tag{8-1}$$

式中 W_s——压力容器的安全泄放量，kg/h；

d——压力容器进料管的内径，mm；

v——压力容器进料管内气体的流速，m/s；

ρ——泄放温度下的介质密度，kg/m³。

如果压力容器有多个进料管，那么 d 必须是采用所有进料管总流通面积折算出的总内径。对于一般气体，v=10～15 m/s；对于饱和蒸汽，v=20～30 m/s；对于过热蒸汽，v=30～60 m/s。

2. 产生蒸汽的换热设备

安全泄放量按下式计算，即：

$$W_s = \frac{Q}{q} \tag{8-2}$$

式中 W_s——压力容器的安全泄放量，kg/h；

Q——输入热量，kJ/h；

q——在泄放压力下，液体的汽化热，kJ/kg。

3. 盛装液化气体的压力容器

1）有火灾危险环境下的液化气体储罐

当介质为易燃液化气体或位于可能发生火灾的环境下工作的非易燃液化气体时，安全泄放量的计算式如下：

（1）当无绝热保温层时，安全泄放量按下式计算，即：

$$W_s = \frac{2.55 \times 10^5 F A_r^{0.82}}{q} \tag{8–3}$$

（2）当有完善的绝热保温层时，安全泄放量按下式计算，即：

$$W_s = \frac{2.61(650 - t)\lambda A_r^{0.82}}{\delta q} \tag{8–4}$$

式中　W_s——压力容器的安全泄放量，kg/h；

A_r——容器的受热面积，m^2；

F——系数（容器装设在地面以下，用砂土覆盖时，F=0.3；容器装设在地面上时，F=1.0；对设置在大于 10 L/（m^2 • min）的水喷淋装置下时，F=0.6）；

q——在泄放压力下，液体的汽化热，kJ/kg；

t——泄放压力下介质的饱和温度，℃；

δ——容器保温层的厚度，m；

λ——650 ℃下绝热材料的热导率，kJ/（m • h • ℃）。

各种形式的压力容器，其受热面积 A_r 应分别按下列公式计算。

半球形封头的卧式容器：

$$A_r = \pi D_o L$$

椭圆形封头的卧式容器：

$$A_r = \pi D_o (L + 0.3 D_o)$$

立式容器：

$$A_r = \pi D_o L'$$

球形容器：

$$A_r = \frac{\pi {D_o}^2}{2}$$

或从地平面起到 7.5 m 高度以下所包含的球壳外表面积，取两者中的较大值。

式中　D_o——容器外径，m；

L——卧式容器总长，m；

L'——立式容器内最大液面高度，m。

2）无火灾危险环境下的液化气体储罐

介质为非易燃液化气体的容器，置于无火灾危险的环境下（如储罐周围不存放燃料，或用耐火建筑材料将储罐与其他可燃物料隔离）工作时，安全泄放量可以根据有无隔热保温层分别选用式（8–3）或式（8–4）计算，取不低于计算值的 30%。

3）因化学反应使气体体积增大的容器

由于介质的化学反应而使气体的体积增大，其安全泄放量应根据容器内化学反应可能生成的最大气量及反应所需的时间来确定。

第二节　安全阀和爆破片

一、安全阀

1. 安全阀概述

1）基本结构

安全阀主要由密封结构（阀座和阀瓣）和加载机构（弹簧或重锤、导阀）组成，这是一种由进口侧流体介质推动阀瓣开启，泄压后自动关闭的特种阀门，属于重闭式泄压装置。阀座和座体可以是一个整体，也有组装在一起的，与容器连通；阀瓣通常连带有阀杆，紧扣在阀座上；阀瓣上加载机构的载荷大小是可以根据压力容器的规定工作压力来调节的。

2）工作原理及过程

安全阀的工作过程大致可分为四个阶段，即正常工作阶段、临界开启阶段、连续排放阶段和回座阶段，如图 8–1 所示。在正常工作阶段，容器内介质作用于阀瓣上的压力小于加载机构施加在它上面的力，两者之差构成阀瓣与阀座之间的密封力，使阀瓣紧压着阀座，容器内的气体无法通过安全阀排出；在临界开启阶段，压力容器内的压力超出了正常工作范围，并达到安全阀的开启压力，预调好的加载机构施加在阀瓣上的力小于内压作用于阀瓣上的压力，于是介质开始穿透阀瓣与阀座密封面，密封面形成微小的间隙，进而局部产生泄漏，并由断续地泄漏而逐步形成连续地泄漏；在连续排放阶段，随着介质压力的进一步升高，阀瓣即脱离阀座向上升起，继而排放；在回座阶段，如果容器的安全泄放量小于安全阀的排量，容器内压力逐渐下降，很快降回到正常工作压力，此时介质作用于阀瓣上的力又小于加载机构施加在它上面的力，阀瓣又压紧阀座，气体停止排出，容器保持正常的工作压力继续工作。安全阀通过作用在阀瓣上的两个力的不平衡作用，使其启闭，以达到自动控制压力容器超压的目的。要达到防止压力容器超压的目的，安全阀的排气量不得小于压力容器的安全泄放量。

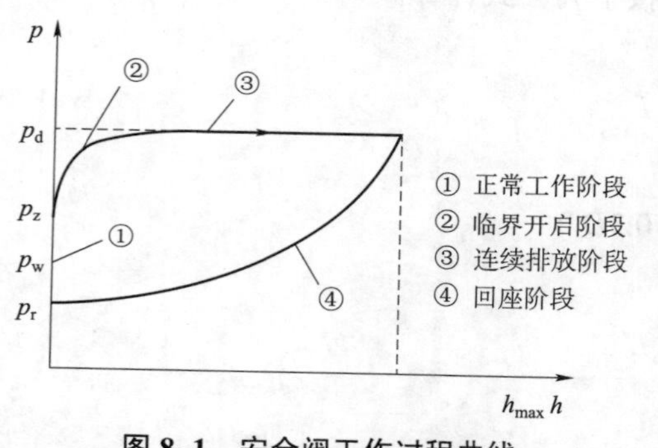

图 8–1　安全阀工作过程曲线

p_z—开启压力；p_d—排放压力；p_r—回座压力；p_w—容器最大工作压力

3）基本要求

为了使压力容器正常安全运行，安全阀应满足以下基本要求：

（1）安全阀必须是有质量保证的产品，即具有出厂随带的产品质量说明书，并且阀体外表面必须有装设牢固的金属铭牌。

（2）安全阀应该动作灵敏可靠，当压力达到开启压力时，阀瓣即能自动迅速地开启，顺利地排出气体。当压力降低后，能及时关闭阀瓣。

（3）在排放压力下，阀瓣应达到全开位置，并能排放出规定的气量。

（4）安全阀应该具有良好的密封性能，即要求不但能在正常工作压力下保持不漏，而且在开启排气并降低压力后能及时关闭，关闭后继续保持密封良好。

（5）安全阀应结构紧凑、调节方便且应确保动作准确可靠，即要求杠杆式安全阀应有防止重锤自由移动的装置和能限制杠杆越出的导架；弹簧式安全阀应有防止随便拧动调整螺钉的铅封装置；静重式安全阀应有防止重片飞脱的装置。

2. 安全阀的分类

1）按加载机构的类型分类

（1）重锤杠杆式安全阀。重锤杠杆式安全阀是利用重锤和杠杆来平衡施加在阀瓣上的力，其结构如图 8–2 所示。根据杠杆原理，加载机构（重锤和杠杆等）作用在阀瓣上的力与重锤重力之比等于重锤至支点的距离与阀杆中心至支点的距离之比。所以它可以利用质量较小的重锤通过杠杆的增大作用获得较大的作用力，并通过移动重锤的位置（或改变重锤的质量）来调整安全阀的开启压力。

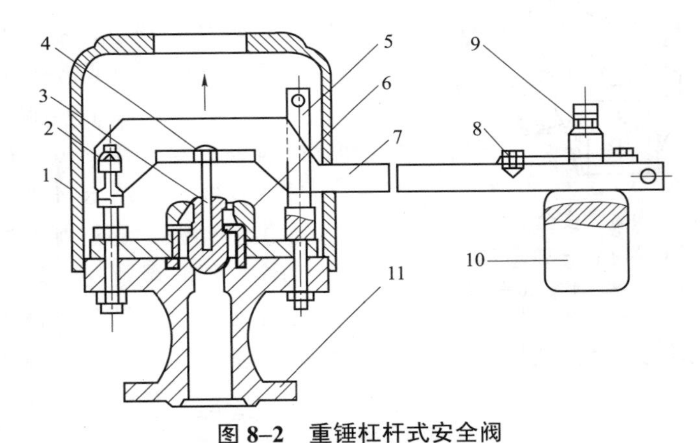

图 8–2　重锤杠杆式安全阀

1—阀罩；2—支点；3—阀杆；4—力点；5—导架；6—阀芯；7—杠杆；
8—调整螺钉；9—固定螺钉；10—重锤；11—阀体

重锤杠杆式安全阀结构简单，调整容易，又比较准确。因加载机构无弹性元件，故在温度较高的情况下及阀瓣升高过程中，施加于阀瓣上的载荷不发生变化，因而较为适合在温度较高的场合下使用，多用于使用蒸汽系统的压力较低、温度较高的固定式压力容器。但这种安全阀也存在不少缺点，它的结构比较笨重，重锤与阀体的尺寸很不相称；加载机构比较容易振动，并会因振动而影响密封性能；杠杆与阀杆的接触也存在一些问题，当杠杆升起之后，它上面的“刀口”，即阀杆与杠杆的接触点就与阀座、阀杆不在一条中心线上，这样容易因阀杆受力不垂直而把阀瓣压偏，尤其在阀杆顶端的刀口被磨损时情况更严重；这类安全阀的回座压力一般都比较低，有的甚至要降到工作压力的 70%以下才能保持密封。

（2）弹簧式安全阀。弹簧式安全阀是利用压缩弹簧的弹力来平衡作用在阀瓣上的力，其结构如图 8–3 所示。螺旋圈形弹簧的压缩量可以通过转动它上面的调整螺母来调节，利用这种结构就可以根据需要校正安全阀的开启压力。

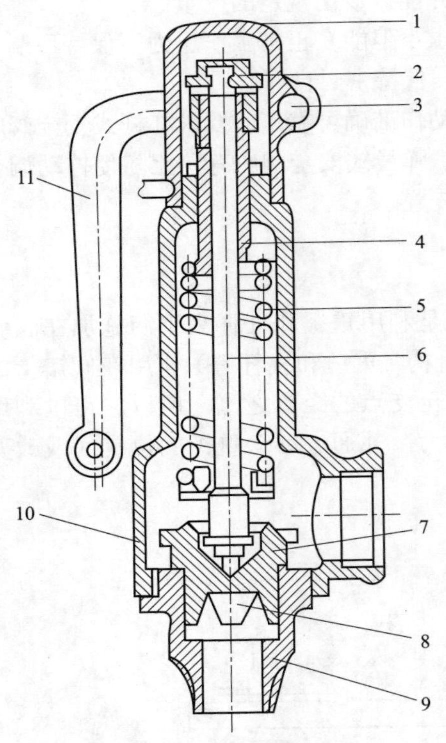

图 8-3 弹簧式安全阀

1—阀帽；2—调整螺钉；3—销子；4—弹簧压盖；5—弹簧；6—阀杆；7—阀盖；8—阀芯；9—阀座；10—阀体；11—手柄

弹簧式安全阀的结构轻便紧凑，灵敏度也较高，安装位置不受严格限制，是压力容器最常选用的一种安全阀。另外，因对振动的敏感性差，也可用于移动式压力容器。这种安全阀的缺点是不能迅速开启至顺畅排放，排放泄压滞后性明显。主要原因是施加在阀瓣上的载荷会随着阀的开启而发生变化。因为随着阀瓣的升高，弹簧的压缩量增大，作用在阀瓣上的力也随之增加，所以必须通过内压的继续升高来抵消弹簧因压缩而增加的力，使安全阀有足够的开启高度来确保排气量。这就造成弹簧式安全阀的开启压力略小于排放压力。

此外，弹簧还会因长期受高温的影响而导致弹力减小，故高温容器使用时，需考虑弹簧的隔热或散热问题。

（3）脉冲式安全阀。脉冲式安全阀是一种非直接作用式安全阀，它由主阀和脉冲阀构成，如图 8-4 所示。脉冲阀为主阀提供驱动源，通过脉冲阀的作用带动主阀动作。脉冲阀具有一套弹簧式的加载机构，它通过管子与装接主阀的管路相通。当容器内的压力超过规定的工作压力时，脉冲阀就会像一般的安全阀一样，阀瓣开启，气体由脉

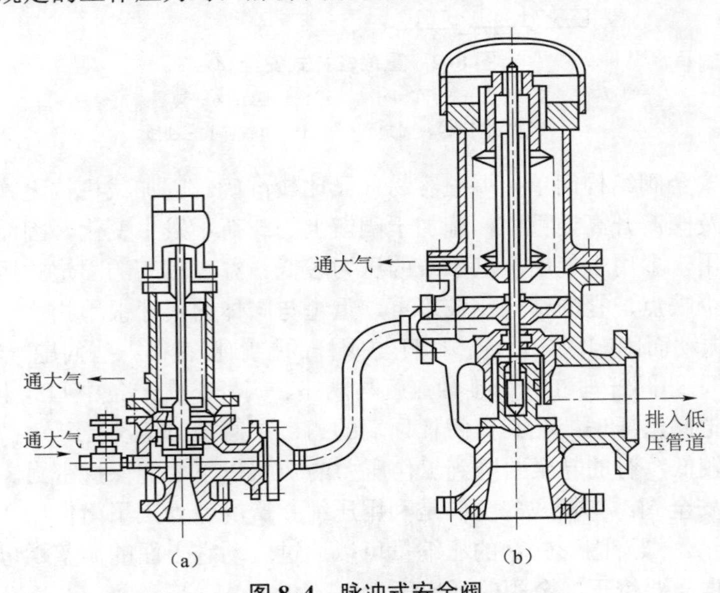

图 8-4 脉冲式安全阀

（a）主阀；（b）脉冲阀

冲阀排出后通过一根旁通管进入主阀下面的空室，并推动活塞。由于主阀的活塞与阀瓣是用阀杆连接的，且活塞的横截面积比阀瓣面积大，所以在相同的气体压力下，气体作用在活塞上的作用力大于作用在阀瓣上的力，于是活塞通过阀杆将主阀瓣顶开，大量的气体从主阀排出。当容器的内压降至工作压力时，脉冲阀上加载机构施加于阀瓣上的力大于气体作用在它上面的力，阀瓣即下降，脉冲阀关闭，使主阀活塞下面空室内的气体压力降低，作用在活塞上的力再也无法维持活塞通过阀杆将阀瓣继续顶开，因此主阀跟着关闭，容器继续运行。

由于脉冲式安全阀主阀压紧阀瓣的力可以比直接作用式安全阀大得多，故阀瓣与阀座之间可以获得较大的密封压力，其密封性能较好。同时也正因为主阀压紧阀瓣的力较大，且在同等条件下加载机构所承担的压紧力比直接作用式安全阀要小得多，相当于同等条件下可以大大地减少加载机构的尺寸，所以解决了重锤杠杆式安全阀和弹簧式安全阀不适用于安全泄放量较大的压力容器的问题。因为口径很大的安全阀如果用杠杆重锤式或弹簧式，要用质量很大的重锤或弹力很大的弹簧，而这两者一般都有一定的限制。为了操作方便，杠杆重锤式安全阀重锤的质量一般不宜超过 60 kg，而弹簧式安全阀弹簧的弹力最大不应超过 2×10^4 N，过大、过硬的弹簧不能准确地工作。而脉冲式安全阀正好能弥补这些不足，用于泄放压力高、泄放量大的场合。但脉冲式安全阀的结构复杂，动作的可靠性不仅取决于主阀，也取决于脉冲阀和辅助控制系统，受影响的因素太多，容易出现失灵或泄压不准确等现象。因此，使用上有一定的局限性，目前只在大型电站锅炉或水库中应用。

在上述的三种安全阀中，用得最普遍的是弹簧式安全阀。特别是随着技术的进步，弹簧式安全阀得到不断的改进，如弹簧在长期高温作用下弹力减退的问题已基本解决，因此杠杆重锤式安全阀就逐步被弹簧式安全阀所取代。

2）按安全阀的开启高度分类

安全阀的开启高度是按照其阀瓣开启的最大高度与阀孔直径之比来划分的，按这种方法分类可分为全启式和微启式两种。

安全阀开启排气时，可将气体流经整个安全阀的流通面积分为两段，一段是由阀进口端到阀瓣与阀座密封面前流道的通道面积，由于该流道的通道面积由阀体的结构所决定，是阀体所固有、不可调的，故将其称作不变流通面积。另一段是可变流通面积，安全阀开启阀瓣离开阀座，气体从阀瓣与阀座的密封面之间的空隙排走，而这一空隙会随着开启高度的变化而变化，因此将气体流经此空隙的有效流通面积称为可变流通面积。

（1）全启式安全阀。开启时，阀瓣可以上升到足够高度以达到完全开启的程度，即可变流通面积大于或等于不变流通面积。有的全启式安全阀装有上、下调节圈，图 8–5（a）所示为一种性能较好，带上、下调节圈的全启式安全阀。它有一个喷嘴式的阀座，以保证气体在阀座的窄断面处具有较高的流速。装在阀瓣外面的上调节圈和阀座上的下调节圈在气体出口处形成一个很窄的缝隙。当开启不大时，气流两次撞击阀瓣使它继续上升。开启高度增大后，上调节圈又使气流方向弯转向下，反作用力又使阀瓣进一步开启。这种安全阀的灵敏度较高，但对于两个调节圈的位置较难调节适当。近年来，发展了一种便于调整的简化结构，普遍将上调节圈改为反冲盘结构。反冲盘不能被上下调节，但与阀瓣活动连接，其结构如图 8–5（b）所示。这一结构的缺点是灵敏度要比装有调节圈的全启式安全阀稍低一些。

（2）微启式安全阀。开启高度较小，一般都不到孔径的 1/20。但是它的结构简单，制造、维修和调试都比较方便，宜用于泄放量不大、压力不高的场合。公称直径在 50 mm 以上的微启式安全阀，为了增大阀瓣的开启高度，使它达到 $h \geqslant d_o/20$ 的要求，一般都在阀座上装设一个简单的调节圈，通过它的上、下调节，可调整气体对阀瓣的作用力，如图 8–6 所示。对同样的排气量，全启式安全阀较微启式安全阀的体积小得多，尽管它结构、调试、维修复杂，回座压力也较低，但目前仍被较多地使用。

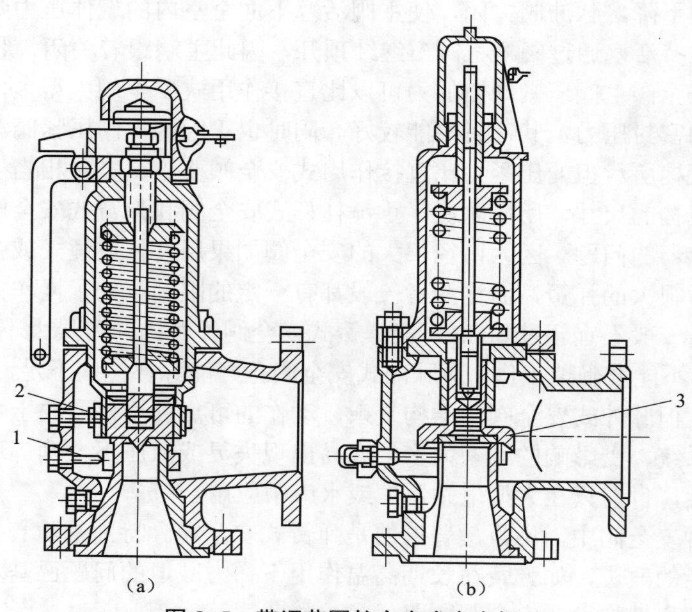

图 8–5 带调节圈的全启式安全阀

1—下调节圈；2—上调节圈；3—反冲盘

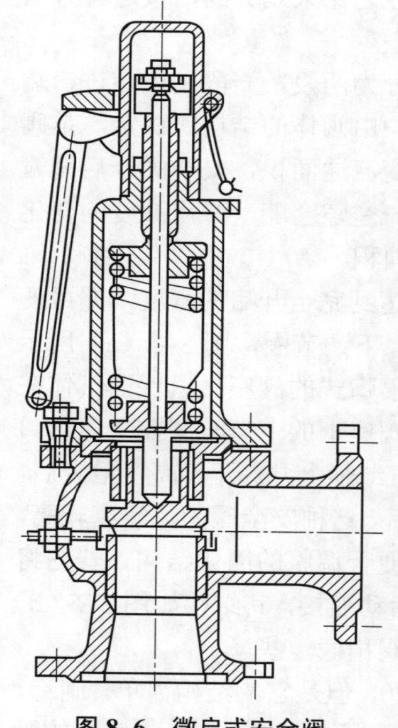

图 8–6 微启式安全阀

3）按介质排放方式分类

安全阀的种类按照介质排放方式的不同，可分为全封闭式、半封闭式和开放式三种。

（1）全封闭式。全封闭式安全阀排放时，气体全部通过排气管排放，介质不能向外泄漏，排气管排出的气被收集起来重新利用或做其他处理，因此，全封闭式安全阀主要用于有毒、易燃介质的容器。

（2）半封闭式。半封闭式安全阀所排出的气体大部分经排气管排走，但仍有一部分从阀盖与阀杆之间的间隙中漏出，半封闭式安全阀多用于介质为不会污染环境的气体的容器。

（3）开放式。开放式安全阀的阀盖是敞开的，使弹簧腔室或杠杆支点腔与大气相通，排放的气体直接进入周围的空间，主要适用于介质为蒸汽、压缩空气以及对大气不产生污染的高温气体的容器。

3. 安全阀额定泄放量的计算

每个合格的安全阀一般都会在其铭牌上标记该阀用于某种工作条件（压力、温度）下的额定泄放量，但实际使用条件往往与铭牌上的条件不完全相同，这就需要对安全阀的泄放量进行换算或重新计算。

1）介质为气体

为计算安全阀的额定泄放量，将安全阀启动排泄气体时气体的流速分为临界流速和亚临界流速。临界流速是指排气时气体由安全阀阀座喷口流出时所能达到的最大流速，相应地达到此流速的条件称作临界条件。大多数安全阀在排放气体时，气体流速都处于临界状态。

（1）临界条件，即 $\dfrac{p_o}{p_f} \leqslant \left(\dfrac{2}{\kappa+1}\right)\dfrac{\kappa}{\kappa-1}$ 时，泄放能力按下式计算：

$$W_s = 7.6 \times 10^{-2} CKp_f A\sqrt{\frac{M}{ZT_f}} \tag{8–5}$$

（2）亚临界条件，即 $\dfrac{p_o}{p_f} > \left(\dfrac{2}{\kappa+1}\right)^{\frac{\kappa}{\kappa-1}}$ 时，泄放能力按下式计算：

$$W_s = 55.85CKp_f A\sqrt{\frac{M}{ZT_f}\sqrt{\frac{\kappa}{\kappa-1}\left[\left(\frac{p_o}{p_f}\right)^{\frac{2}{\kappa}} - \left(\frac{p_o}{p_f}\right)^{\frac{\kappa+1}{\kappa}}\right]}} \tag{8–6}$$

式中　W_s——容器的安全泄放量，kg/h；

κ——气体等熵指数；

p_f——安全阀的泄放压力（绝压），包括动作压力和超压限度两部分，MPa；

p_o——安全阀的出口侧压力，MPa；

A——安全阀或爆破片的泄放面积，m^2；

C——气体特性系数；

K——安全阀的泄放系数，普通情况下取额定泄放系数（通常由安全阀制造厂提供）；对于液体介质，取值 0.62 或按有关安全技术规范的规定取值；

M——气体的摩尔质量，g/mol；

T_f——安全阀的泄放温度，K；

Z——气体的压缩系数，对于空气，Z=1.0。

其中，气体特性系数 C 按下式求取：

$$C = 520\sqrt{\kappa\left(\frac{2}{\kappa+1}\right)^{\frac{\kappa+1}{\kappa-1}}} \tag{8–7}$$

2）介质为水蒸气（饱和与过热）

$$W_s = 5.25KAC'p_f \tag{8–8}$$

式中　C'——水蒸气特性系数，蒸汽压力小于 11 MPa 的饱和水蒸气，$C' \approx 1$；对于过热水蒸气，C' 随过热温度的增加而减小。

3）介质为液体

$$W_s = 5.1\xi KA\sqrt{\rho\Delta p} \tag{8–9}$$

式中　ρ——流体密度，kg/m^3；

Δp——安全阀泄放时内、外侧的压力差，MPa；

ξ——液体黏度校正系数。

系数ξ的取值：当液体的黏度不大于 20 ℃水的黏度时，取$\xi=1.0$；当液体的黏度大于 20 ℃水的黏度时，液体阻力损失增大，此时$\xi<1.0$，可根据雷诺数查出。

4. 安全阀的选用与安装

1）安全阀的选用

安全阀的选用应根据容器的工作压力、工作温度、介质特性（毒性、腐蚀性、黏性和清洁程度等）及容器有无振动等综合考虑。

（1）阀型的选定。压力容器所用安全阀的类型，取决于压力容器的工艺条件及工作介质的特性，可根据安全阀的结构、排气方式等选取。

① 按安全阀的加载机构选用。一般压力容器宜用弹簧式安全阀，因其结构紧凑、轻便，也比较灵敏可靠；压力较低、温度较高且无振动的压力容器可采用重锤杠杆式安全阀。

② 按安全阀的排放方式选用。对有毒、易燃或如制冷剂等对大气造成污染和危害的工作介质的压力容器，应选用封闭式安全阀；对压缩空气、蒸汽或如氧气、氮气等不会污染环境的气体，采用开放式或半开放式安全阀。

③ 按安全阀的封闭机构选用。高压容器以及安全阀泄放量较大而壁厚又不太富裕的中、低压容器，最好采用全启式安全阀。对于安全泄放量较小或操作压力要求平稳的压力容器，宜采用微启式安全阀。在两者均可选取时，应首选全启式安全阀，因为同样的排量，全启式安全阀的直径比微启式的直径要小得多，故采用全启式安全阀可以减小容器的开孔尺寸。

（2）规格的确定。

① 公称压力。安全阀是根据公称压力p_N标准系列进行设计制造的。其型号有 1.6 MPa、2.5 MPa、4.0 MPa、6.4 MPa、10 MPa、16 MPa 和 32 MPa。公称压力表示安全阀在常温状态下的最高许用压力，因此高温容器选用安全阀时还应考虑高温对材料许用应力的降低，即

$$p_N \geqslant \frac{p}{\dfrac{[\sigma]^t}{[\sigma]}}$$

式中　p_N——安全阀的公称压力，MPa；

p——容器的设计压力，MPa；

$[\sigma]^t$——阀体材料在常温下的许用应力，MPa；

$[\sigma]$——阀体材料在工作温度下的许用应力，MPa。

安全阀的公称压力只表明安全阀阀体所能承受的强度，并不代表安全阀的排气压力，排气压力必须在公称压力范围内，不同的压力容器对安全阀的排气压力有不同的要求。因此，安全阀的设计在公称压力的范围内，还通过将弹簧分成适当的级别，以适应不同的排气压力（工作压力)，不同级别配备不同刚度的弹簧。例如，公称压力p_N=1.6 MPa 的安全阀，按压力大小配备有 5 种级别的弹簧，选用时应按压力容器的设计压力选定最接近的且稍大于排气压力的一种。

② 公称直径。安全阀的通径也是设定标准系列（公称直径）进行制造的。为了保证安全阀在容器超压并排放气体后，容器内的压力不再继续升高，要求安全阀的排量必须不小于容器的安全泄放量。在压力容器安全泄放量已知的情况下，就可以确定安全阀需要的泄放面积以及安全阀的流通直径 d_t，据计算得到的数值，取稍大或相近的标准系列直径，并按表 8–1

确定安全阀的公称直径 D_N。

表 8–1　公称直径 D_N 与流通直径 d_t　　mm

公称直径 D_N			15	20	25	32	40	50	80	100	150	200
流通直径 d_t	全启式 /MPa	p_N =1.6 p_N =2.5 p_N =4.0 p_N =6.4				20	25	32	50	65	100	125
		p_N =10				20	25	32	45	50	80	
		p_N =16 p_N =32				15	20					
	微启式 /MPa	p_N =1.6 p_N =2.5 p_N =4.0 p_N =6.4	12	16	20	25	32	40	65	80		
		p_N =16 p_N =32	8			12，14						

如果安全阀的铭牌上标注有排量，则可以选择排量略大于或等于容器安全泄放量的安全阀。但当容器的工作介质或设计压力、设计温度等与安全阀铭牌标注的条件不同时，则应该按铭牌上的排量换算成实际使用条件下的排量，并要求此排量不小于压力容器的安全泄放量。

2）安全阀的安装

为保证压力容器的安全运行，防止事故的发生，安装安全阀时需遵循以下几点要求：

（1）在安装安全阀之前，应根据使用情况对安全阀进行调试校验后才允许安装使用；调试校验原则上应由有压力容器安装资质的安装队或送经当地质监部门认可的安全阀校验站调试校验，并出具校验证。

（2）应垂直安装安全阀，并应将安全阀装设在压力容器液面以上的气相空间部分，或装设在与压力容器气相空间相连的管道上。

（3）对于压力容器与安全阀之间的连接管和管件的通孔，其截面积不得小于安全阀的进口截面积，其接管应尽量短而直，以尽量减少阻力，避免使用急弯管、截面局部收缩等增加管路阻力甚至会引起污物积聚而发生堵塞等的配管结构。

（4）压力容器的一个连接口上若装设两个或两个以上的安全阀，则该连接口入口的截面积应至少等于这些安全阀的进口截面积总和。

（5）安全阀与压力容器之间一般不宜装设截止阀。为实现安全阀的在线校验，可以在安全阀与压力容器之间装设爆破片装置。对于盛装毒性程度为极度、高度、中度的危害介质，易燃介质，腐蚀、黏性介质或贵重介质的压力容器，为便于安全阀的清洗与更换，经使用单位主管压力容器安全的技术负责人批准，并制定可靠的防范措施，方可在安全阀（爆破片装置）与压力容器之间装设截止阀。压力容器安全运行期间截止阀必须保证全开并加铅封或锁定，截止阀的结构和通径应不妨碍安全阀的安全泄放。安全阀的装设位置，应便于日常检查、维护和检修；安装在室外露天的安全阀，应有防止气温低于 0 ℃时阀内水分冻结，影响安全排放的可靠措施。

（6）针对介质按要求装设排放导管的安全阀，排放导管的内径不得小于安全阀的公称直径，并有防止导管内积液的措施。两个以上的安全阀若共用一根排放导管，则导管的截面积不应小于所有安全阀出口截面积的总和。氧气和可燃性气体以及其他能相互产生化学反应的两种气体不能共用一根排放导管。

（7）安装杠杆式安全阀时，必须使其阀杆严格保持在铅垂的位置。安全阀与它的连接管路上的连接螺栓必须均匀地上紧，以免阀体产生附加应力，妨碍安全阀的正常工作。

5. 安全阀的维护保养

要使安全阀经常处于良好的状态，保持灵敏可靠和密封性能良好，就必须在压力容器的运行过程中加强对它的维护和检查。

（1）要经常保持安全阀清洁，防止阀体弹簧等被油垢脏物粘满或被锈蚀，防止安全阀排放管被油垢或其他异物堵塞。对设置在室外露天的安全阀，还要注意防冻。

（2）经常检查安全阀的铅封是否完好。检查杠杆式安全阀的重锤是否有松动、被移动以及另挂重物的现象。

（3）发现安全阀有泄漏迹象时，应及时修理或更换。禁止用增加载荷的方法（如加大弹簧的压缩量或移动重锤和加挂重物等）减除阀的泄漏。

（4）对空气、水蒸气以及带有黏性物质而排气又不会造成危害的其他气体的安全阀，应定期做手提排气试验。手提排气试验的间隔期限可以根据气体的洁净程度来确定。

二、爆破片

爆破片是另一种常用的压力容器安全泄放装置，由爆破片本身和相应的夹持器组成，通常所说的爆破片包括夹持器等部件。爆破片是一种由压力差作用驱使膜片断裂而自动泄压的装置。与安全阀相比，它有两个特点：一是属于无机械动作元件，可以做到完全封闭；二是泄压时惯性小，反应迅速，爆破压力精度高。

爆破片装置结构简单，使用压力范围广，并可采用多种材料制作，因而耐腐蚀性强。但爆破片断裂泄压后不能继续工作，容器也只能停止运行，因而爆破片只是在不宜装设安全阀的压力容器中使用。由于爆破片装置是一种非自动关闭的动作灵敏的泄压装置，所以其爆破压力必须由对应的温度来确定。同时，爆破片的选用除根据不同的类型及材料以外，还与操作温度、系统压力和工作过程等诸多因素有关，因而爆破片的选型、安装及使用应比安全阀更严格和慎重。

1. 爆破片的分类

按破坏时的受力形式不同，爆破片可分为拉伸型、压缩型、剪切型和弯曲型。按爆破形式不同，爆破片可分为爆破型、触破型和脱落型。按爆破元件的材料不同，爆破片可分为金属爆破片和非金属爆破片。按产品外观不同，爆破片可分为正拱形、反拱形和平板形。

1）正拱形爆破片（拉伸型）

正拱形爆破片的压力敏感元件呈正拱形。安装后拱的凹面处于压力系统的高压侧，动作时该元件发生拉伸破裂。爆破片拱的成形压力为爆破压力的 75%～92%，所以普通爆破片的允许工作压力不应超过其规定爆破压力的 70%。当工作压力为脉动压力时，工作压力不应超过规定爆破压力的 60%。因而在正常工作压力下，爆破片膜片的形状一般不会改变。通常较适用于系统压力过程比较稳定的场合。

正拱形爆破片又分为正拱普通型爆破片、正拱开缝型爆破片和正拱刻槽型爆破片。其尺寸与应用范围见表 8–2。表 8–2 中的符号意义见表 8–3 和表 8–4。

表 8–2 正拱形爆破片的尺寸与应用范围

<table>
<tr><th rowspan="2">名称代号</th><th rowspan="2">D_N/mm</th><th rowspan="2">压力范围/MPa</th><th rowspan="2">简图</th><th colspan="3">特点</th></tr>
<tr><th>最大工作压力/MPa</th><th>介质状态</th><th>有无碎片</th></tr>
<tr><td>正拱普通平面形 LP/A</td><td>20～600</td><td>0.08～35</td><td> 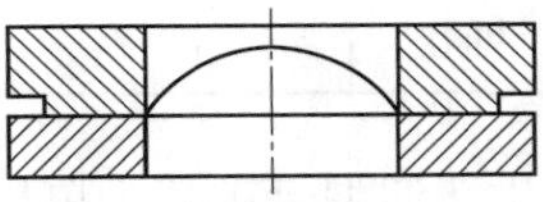</td><td rowspan="3">70%p_b</td><td rowspan="9">气、液</td><td rowspan="9">有</td></tr>
<tr><td>锥拱普通锥面形 LP/B</td><td>25～600</td><td>0.1～35</td><td> 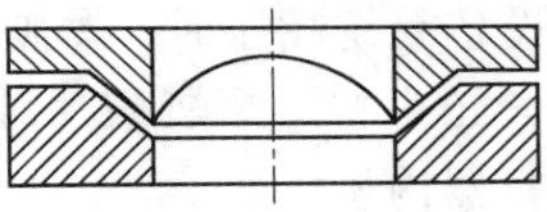</td></tr>
<tr><td>正拱普通平面托架形 LPT/A</td><td>50～600</td><td>0.1～40</td><td> 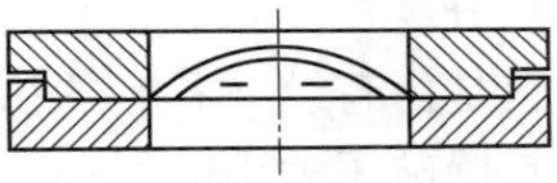</td></tr>
<tr><td>正拱普通锥面托架形 LPT/B</td><td>25～600</td><td>0.1～35</td><td> 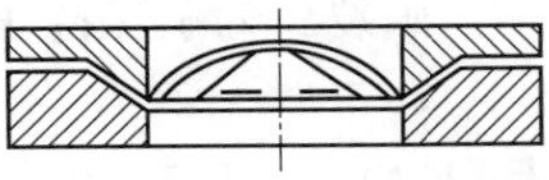</td><td rowspan="4">80%p_b</td></tr>
<tr><td>正拱开缝平面形 LF/A</td><td rowspan="5">25～600</td><td rowspan="4">0.01～35</td><td> 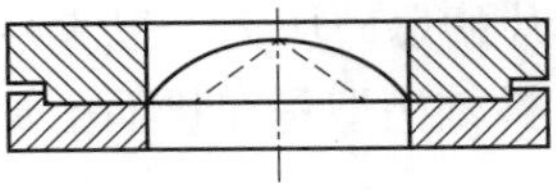</td></tr>
<tr><td>正拱开缝平面托架形 LFT/A</td><td> 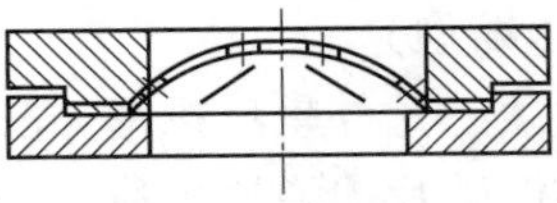</td></tr>
<tr><td>正拱开缝锥面形 LF/B</td><td> 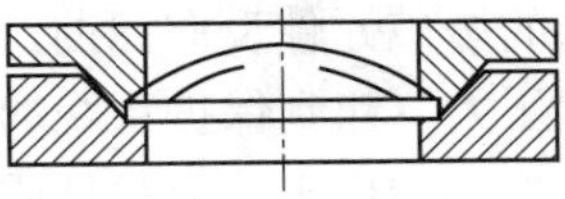</td></tr>
<tr><td>正拱开缝锥面托架形 LFT/B</td><td> 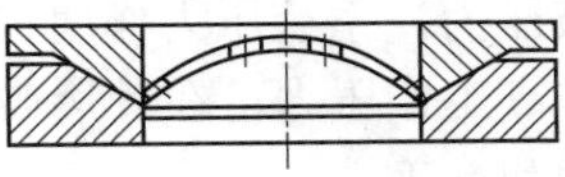</td><td rowspan="2">70%p_b</td></tr>
<tr><td>正拱刻槽形 LC/A</td><td>0.25～16</td><td> 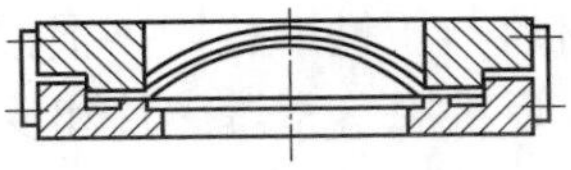</td></tr>
</table>

表 8–3 爆破片符号

爆破片类型	代号	爆破片特征	代号	装置中的附件	代号
正拱形（拉伸）	L	普通型	P	托架	T
		开缝型	F	加强环	H
		刻槽型	C		
反拱形（压缩）	Y	刀架	D	颚齿	E
				刻槽型	C

表 8–4 爆破片夹持面与密封面符号

夹持面形状	平面	A	外接密封面形状	平面	PI
	锥面	B		凹凸面	AT

（1）正拱普通型。正拱普通型爆破片为单层膜片，是由坯片直接成形的，爆破压力由爆破片的材料强度控制。当设备系统超压时，爆破片被双向拉伸，发生塑性变形，使壁厚减薄，以致最终破裂而泄放压力。正拱普通型爆破片装置是用塑性良好的不锈钢、镍、铜、铝等材料制成爆破片装在一副夹持器内构成。

（2）正拱开缝型。正拱开缝型是在正拱普通型的基础上为解决箔材的厚度不适应各种需要的压力动作而研制的。它是由有缝（孔）的拱形片与密封膜组成的正拱形爆破片。由于有缝（孔）造成薄弱环节，其爆破压力由薄弱环节控制。当膜片承压后，爆破片被双向拉伸，在压力达到规定时，薄弱环节破裂。为了保持在正常工作压力下的密封和变形，在膜片凹侧贴有一层含氟塑料。

膜片可以按箔材的成品厚度规格制造，调整孔桥间的宽度或小孔直径，但一般是调整小孔中心圆的直径来调节膜片的爆破压力，以满足容器设计压力的需要。

（3）正拱刻槽型。正拱刻槽型是在拱面上加工有槽的正拱形爆破片。开槽的作用与开缝相似。

2）反拱形爆破片（压缩型）

反拱形爆破片的压力敏感元件呈反拱形。安装后，拱的凸面处于压力系统高压侧，该系列爆破片的爆破压力是靠爆破片的弹性失稳控制的。当被保护系统超压时，爆破片被双向压缩发生弹性失稳，使预拱的爆破元件反向屈曲，快速翻转或被刀片切破，或沿爆破片上的槽裂开，打开排放截面泄放压力，起到保护系统的作用。

反拱形爆破片弥补了拉伸型爆破片靠拉伸强度控制爆破压力的缺陷。它利用爆破片材料的抗压强度来确定其爆破压力，系统压力作用在爆破片的凸面。这种爆破片几乎不会疲劳，不产生碎片，且系统的最高工作压力可在其爆破压力的90%或更高的条件下正常操作，比普通爆破片有更好的适应性和准确性。

反拱形膜片的制造材料与正拱形相同。根据泄放的方式不同，反拱形爆破片分为反拱刀架（或颚齿）型爆破片、反拱脱落型爆破片和反拱刻槽型爆破片，具体见表 8–5。

表 8–5　反拱形爆破片

名称代号	D_N/mm	压力范围/MPa	简图	特点		
				最大工作压力/MPa	介质状态	有无碎片
反拱刀架型 YD/A	25～600	0.08～64				
反拱颚齿型 YE/A	25～300	0.03～1.0		90%p_b	气	无
反拱刻槽型 YC/A	25～600	0.1～10.0				

（1）反拱刀架（或颚齿）型爆破片。反拱刀架（或颚齿）型爆破片是压力敏感元件失稳翻转时因触及刀刃（或颚齿）而破裂的反拱形爆破片，被较早和普遍应用。在爆破片泄放侧法兰下面固定着一组经热处理变硬的、刃磨得非常锋利的不锈钢刀片（或颚齿）。爆破片快速翻转时被刀片（或颚齿）刺破，从而实现系统的压力泄放。

反拱刀架（或颚齿）型爆破片泄放能力较差，不适用于低压、液体泄压及易燃气体泄放的情况。因为在液压下爆破片的翻转速度慢，没有足够的能量切破爆破片。对于易燃气体，刀刃切割膜片可能产生高度静电积聚甚至直接产生火花，有引燃气体的危险。

（2）反拱脱落型爆破片。反拱脱落型爆破片是指压力敏感元件失稳翻转时沿支承边缘破裂或脱落，并随高压介质冲出的反拱形爆破片。这种爆破片不宜在移动式压力容器、高温高压容器、可能出现负压工况的容器上选用，反拱脱落型爆破片是通过爆破片翻转时整体与夹持器分离来实现泄放的。振动、高温高压或负压的存在，均可能导致爆破片意外脱落。

（3）反拱刻槽型爆破片。反拱刻槽型爆破片是在爆破片拱顶的凹面刻下十字交叉的减弱槽，爆破片翻转时沿减弱槽拉断，形成一个畅通的孔，而且没有碎片，但加工较困难。

3）平板形爆破片（弯曲型）

平板形爆破片的压力敏感元件呈平板形，是较早的一种形式，常用脆性材料制成，如铸铁、硬塑料和石墨等。平板形爆破片分为平板开缝型爆破片和平板带槽型爆破片。平板开缝型爆破片的压力敏感元件由带缝（孔）的平板形片与密封膜组成，平板带槽型爆破片的压力敏感元件平面上加工有槽。平板形爆破片是利用膜片在较高的压力载荷下产生的弯曲应力达到材料的抗弯强极限而碎裂排气的，爆破片同时受拉伸与剪切作用。常用的爆破片安装形式有夹紧式和自由嵌入式两种，如图 8–7 所示。

2. 爆破片的选用

1）类型

应根据压力容器介质的性质、工艺条件及载荷特性等来选用爆破片。

（1）在介质性质方面，首先考虑介质在工作条件（如压力、温度等）下膜片有无腐蚀作用。对腐蚀性介质，宜采用正拱开缝型爆破片，或采用在介质的接触面上有金属或非金属保护膜的正拱形爆破片。如果介质是可燃气体，则不宜选用铸铁或碳钢等材料制造的膜片，以免膜片破裂时产生火花，在容器外引起可燃气体的燃烧爆炸。

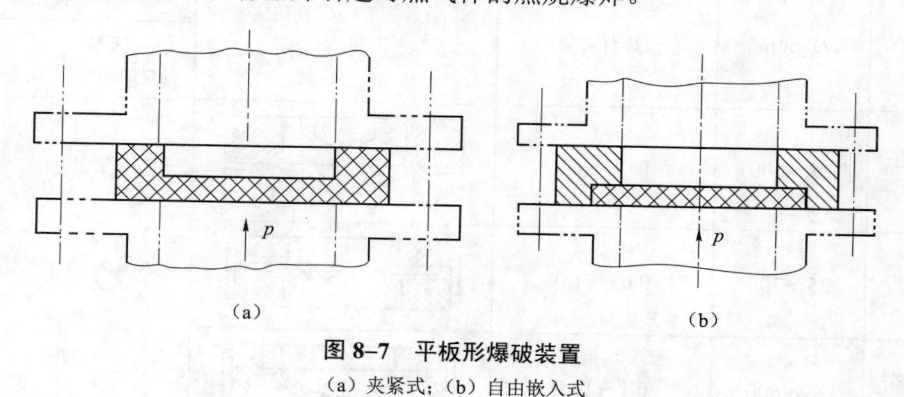

图 8–7　平板形爆破装置

（a）夹紧式；（b）自由嵌入式

（2）当容器内的介质为液体时，不宜选用反拱形。因为超压液体的能量不足以使反拱形爆破片失稳翻转。

（3）在压力较高时，宜选用正拱形；压力较低时，宜选用开缝型和反拱形。

（4）脉动载荷或压力大幅度频繁波动的容器，最好选用反拱形或弯曲型爆破片。因为其他类型的爆破片在工作压力下膜片都处于高应力状态，较易疲劳失效。

（5）当容器内为易燃、易爆介质或爆破片与安全阀组合使用时，需选择无碎片的爆破片，如正、反拱刻槽型，也可选用开缝型或反拱刀（颚齿）架型。

（6）对于在高温条件下产生蠕变的容器，应保证在操作温度下膜片材料的强度。常用膜片材料的许用温度极限见表 8–6。

表 8–6　常用膜片材料的许用温度极限

℃

膜片材料	铝	银	铜	奥氏体不锈钢	镍	蒙乃尔合金	因科镍
许用温度极限	100	120	200	400	400	430	280

（7）如系统有真空工况或承受背压，则爆破片需配置背压托架。

2）动作压力

为了确保压力容器不超压运行，爆破片的动作压力应不大于容器的设计压力。表 8–7 给出了不同结构形式爆破片的最低标定爆破压力与容器正常工作压力间的关系。对于装设爆破片的压力容器，在设计压力确定后，要由表 8–7 中给出的比值确定容器的操作压力；或者在一定的条件下，确定容器的设计压力。

表 8–7　最低标定爆破压力

爆破片的形式	载荷性质	最低标定爆破压力 p_{min}/MPa
正拱普通型	静载荷	≥1.43 p_w
正拱开缝型、正拱刻槽型	静载荷	≥1.25 p_w
正拱形	脉动载荷	≥1.70 p_w

续表

爆破片的形式	载荷性质	最低标定爆破压力 p_{min}/MPa
反拱形	静载荷、脉动载荷	$\geqslant 1.10\ p_w$
平板形	静载荷	$\geqslant 1.70\ p_w$
注：p_w 为容器的工作压力，MPa。		

3）泄放面积

为了保证爆破片爆裂时能及时泄放容器内的压力，防止容器继续升压操作，爆破片必须具有足够的泄放面积。根据 GB 150—2011《压力容器》中的规定，爆破片泄放面积的计算方法如下。

（1）气体。分两种情况：

临界条件，即 $p_o/p_f \leqslant [2/(\kappa+1)]^{\frac{\kappa}{(\kappa-1)}}$ 时，爆破片的排放面积按下式计算，即：

$$A = 13.16\frac{W_s}{CKp_f}\sqrt{\frac{ZT_f}{M}} \tag{8-10}$$

亚临界条件，即 $p_o/p_f > [2/(\kappa+1)]^{\frac{\kappa}{(\kappa-1)}}$ 时，爆破片的排放面积按下式计算，即

$$A \geqslant \frac{1.79\times 10^2 W_s}{Kp_f\sqrt{\frac{M}{ZT_f}}\sqrt{\frac{\kappa}{\kappa-1}\left[\left(\frac{p_o}{p_f}\right)^{\frac{2}{\kappa}}-\left(\frac{p_o}{p_f}\right)^{\frac{\kappa+2}{\kappa}}\right]}} \tag{8-11}$$

式中　A——安全阀或爆破片的泄放面积，mm²；

C——气体特性系数；

K——泄放装置的泄放系数；

M——气体的摩尔质量，kg/mol；

T_f——泄放装置的泄放温度，K；

W_s——容器的安全泄放量，kg/h；

Z——气体的压缩系数，对于空气，Z=1.0。

其中，对于爆破片中 K 的取值，当满足以下四个条件时，K 是与爆破片装置入口管道形状有关的系数，如图 8–8 所示。

① 直接向大气排放。

② 爆破片安全装置离容器本体的距离不超过 8 倍管径。

③ 爆破片安全装置泄放管长度不超过 5 倍管径。

④ 爆破片安全装置上、下游接管的公称直径不小于爆破片安全装置的泄放口公称直径。

当入口管道形状不易确定或不满足上述四个条件时，可按实测值确定或取 K=0.62。

（2）水蒸气（饱和与过热）安全泄放面积按下式计算，即：

$$A = 0.196\frac{W_s}{KC'p_f} \tag{8-12}$$

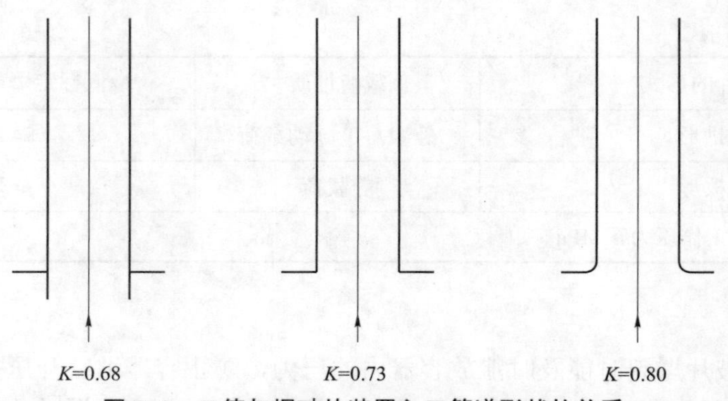

图 8–8 *K* 值与爆破片装置入口管道形状的关系

式中 A——安全阀或爆破片的泄放面积，mm^2；

C'——水蒸气特性系数，蒸汽压力小于 11 MPa 的饱和水蒸气，$C' \approx 1$，对于过热水蒸气，随过热温度的增加而减小；

K——泄放装置的泄放系数；

W_s——容器的安全泄放量，kg/h。

液体安全泄放面积按下式计算，即

$$A = 0.196 \frac{W_s}{\zeta K \sqrt{\rho \Delta p}} \tag{8–13}$$

式中 A——安全阀或爆破片的泄放面积，mm^2；

K——泄放装置的泄放系数；

Δp——泄放装置泄放时内、外侧的压力差，MPa；

W_s——容器的安全泄放量，g/h；

ρ——流体密度，kg/m^3；

ζ——液体动力黏度校正系数。

其中，系数的取值：当液体的黏度不大于 20 ℃水的黏度时，取 ζ =1.0；当液体的黏度大于 20 ℃水的黏度时，液体阻力损失增大，此时 ζ <1.0，可根据雷诺数查出 ζ 值。

3. 爆破片的装设

爆破片的装设主要分为单独使用爆破片作为安全泄压装置，或爆破片与安全阀一起作为安全泄压装置，这主要根据压力容器的用途、介质的性质及设备运转条件来确定。

1）爆破片单独作为泄压装置

在压力快速增长，或者对密封有较高要求，或者容器内物料会导致安全阀失灵以及安全阀不能适用的情况下，必须采用爆破片装置。而对于有较高密封要求的情况，一般指物料毒性程度为高度或极度危害的容器，该类容器仅安装安全阀不能满足高密封要求。另外，当容器内物料的黏度较大或可能产生粉尘时，可能导致安全阀失灵。

爆破片单独作为泄压装置时，其安装如图 8–9 所示。爆破片的安装位置要靠近压力容器，泄放道要直并且泄放的管道要有足够的支撑，以免由于负荷过重而使爆破片受到损伤。当爆破压力较高时，还要考虑爆破时的反冲力与振动问题。通常在爆破片的进口处设置一个截止阀，截止阀的泄放能力要大于爆破片的泄放能力，它的作用是更换爆破片时切断气流，在正常工作时，它总是处于全开状态并固定。爆破片的尺寸应尽量大，必要时可装两个或多个爆破片。

在使用两个或两个以上爆破片时，根据需要可以串联安装，也可以并联安装，如图 8–10 所示。因为爆破片是利用两侧的压力差达到某个预定值时才爆破的，因此，在串联时必须在两个爆破片之间安装压力表和放气阀，分别用以观察前级爆破片有无泄漏及排放两爆破片之间可能积聚起来的压力。

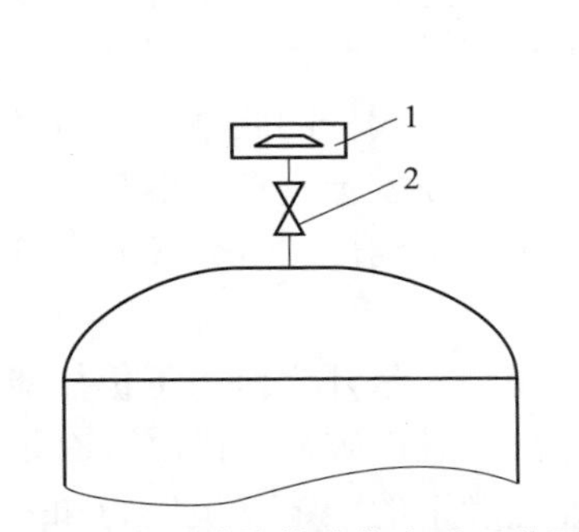

图 8–9　爆破片单独作为泄压装置

1—爆破片；2—截止阀

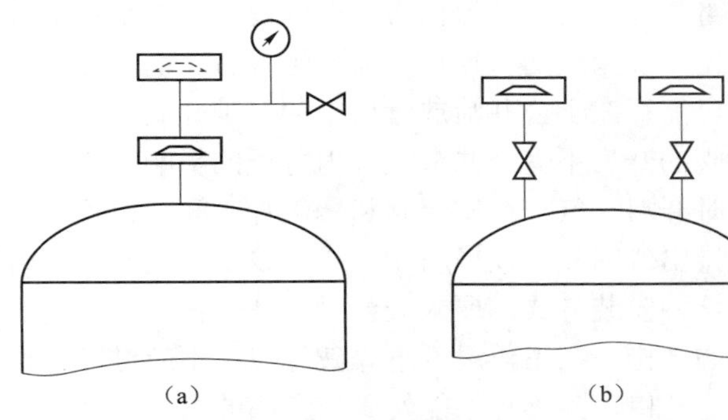

图 8–10　两个或多个爆破片的结构

(a) 串联安装；(b) 并联安装

2）爆破片与安全阀串联使用

当容器安装于某种可能损害安全阀动作性能的环境中，如该环境可能产生粉尘团、纤维团、飞溅碎物和腐蚀性气体等，而这些有害物质又可能从安全阀出口进入阀体，导致弹簧卡塞、元件腐蚀时，应采用爆破片与安全阀串联组合成安全泄放装置。

常见的串联组合型安全泄放装置为弹簧式安全阀和爆破片的组合使用，爆破片可设在安全阀入口侧，也可设在出口侧，其安装情况如图 8–11 所示。

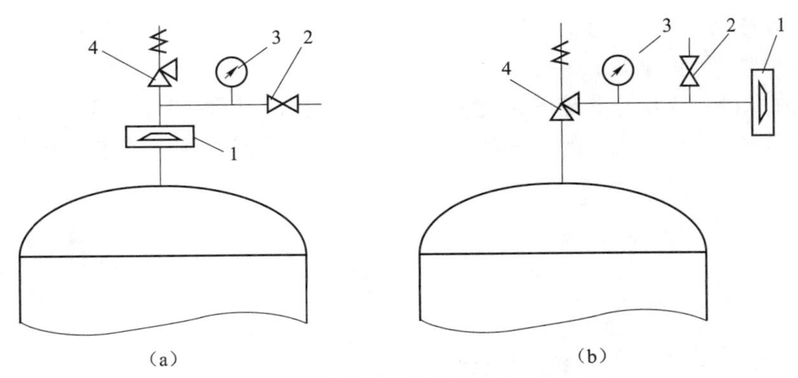

图 8–11　爆破片与安全阀串联使用

(a) 爆破片装在安全阀进口侧；(b) 爆破片装在安全阀出口侧

1—爆破片；2—截止阀；3—压力表；4—安全阀

图 8–11（a）所示为将爆破片装在安全阀进口处的串联组合安全泄放装置，它利用爆破片将安全阀与介质隔开，防止安全阀受腐蚀或被气体中的污物堵塞或黏结，以保证安全阀的正常使用。当容器内部压力超过爆破片的爆破压力时，爆破片动作，安全阀自行开启和关闭，容器可继续运行。这种连接方式使两者的优点都能得到很好的发挥，爆破片后面的安全阀可不采用昂贵的耐蚀材料，介质损耗也少。这种布局还便于在现场校验安全阀，校验时不必拆下安全阀，

可直接向安全阀与爆破片之间充压，系统内压力仍可以保持，但需要在爆破片下设置真空托架。

爆破片与安全阀串联使用时需要注意的是：选用的爆破片在破裂后，其碎片不能妨碍安全阀的工作，其出口通道面积不得小于安全阀的进口截面积。爆破片与安全阀之间要装压力表、旋塞、放空管或报警装置，用以指示和排放积聚的压力介质，及时发现爆破片的泄漏或破裂。

图 8–11（b）所示为将爆破片设置在安全阀的出口处，对于介质是比较洁净的昂贵气体或剧毒气体和有公共泄放管道的情况，普遍采用这种装置。这种安装方式可使爆破片避免受介质压力及温度的长期作用而产生疲劳，而爆破片则用以防止安全阀的泄漏，还可以将安全阀与可能存在于公共泄放管道中的腐蚀介质隔开，防止对安全阀弹簧和阀杆的腐蚀，并可使安全阀的开启不受公共泄放管内背压的影响。为防止阀门背压累积，使安全阀在容器超压时能及时开启排气，在安全阀和爆破片之间应设置放压口，将由安全阀泄漏出的气体及时、安全地排出或回收，或采用先导式、波纹管式安全阀结构。

这种安装方式，要求安全阀即使是在背压的情况下，必须采用在正常开启压力下仍然能动作的结构。在工作温度下爆破片应在不超过容器设计压力时爆破，且爆破片爆破时应有足够大的开口，其碎片不能妨碍安全阀的工作。爆破片在对应设计温度下的额定爆破压力和安全阀与爆破片之间连接管道压力之和不得超过容器的最大允许压力或安全阀的开启压力。

3）爆破片与安全阀并联使用

爆破片与安全阀并联使用如图 8–12 所示。对于因物理过程瞬时的超压仅由安全阀泄放，而剧烈的化学反应过程持续较长，严重的超压由爆破片和安全阀共同泄放。在这种情况下，安全阀作为主要的泄压装置（一级泄压装置），爆破片则作为在意外情况下的辅助泄压装置（二级泄压装置）。

这种并联方式，爆破片是一个附加的安全设施。爆破片的爆破压力稍高于安全阀的开启压力。其中安全阀的动作压力应不大于容器的设计压力，爆破片的动作压力不大于 1.04 倍的设计压力。爆破片与安全阀泄放能力之和应大于容器所需的安全泄放量。

4）爆破片与安全阀串联、并联组合使用

这种布局如图 8–13 所示，这是上述两种情况的组合。并联的爆破压力应稍高，当系统超压时，串联的爆破片爆破，起泄放作用。如果压力继续升高，则并联的爆破片爆破，使系统泄压。

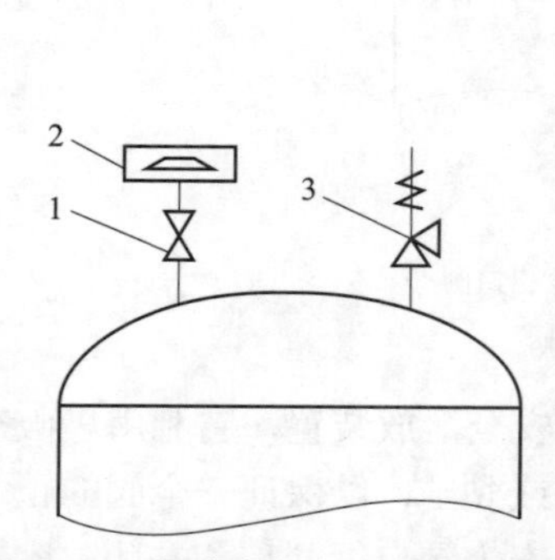

图 8–12　爆破片与安全阀并联使用

1—截止阀；2—爆破片；3—安全阀

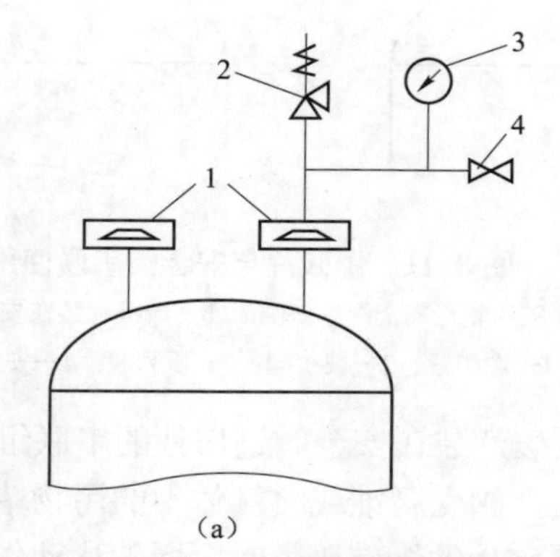

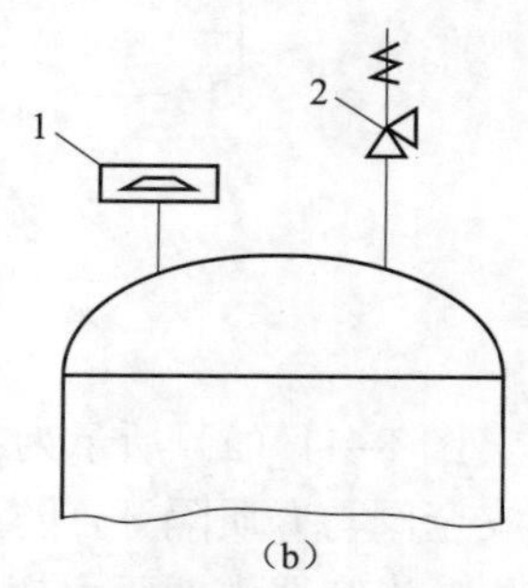

图 8–13　爆破片与安全阀串联、并联组合使用

1—爆破片；2—安全阀；3—压力表；4—截止阀

第三节　其他安全附件

压力容器的安全附件除前面所介绍的安全阀、爆破片作为压力容器安全运行保障的核心附件外，还包括压力表和液面计，压力表和液面计就相当于观察和操控压力容器的眼睛。它们的设置可以避免压力容器盲目操作。另外，压力容器的安全附件还包括测温装置和减压阀等。

一、压力表

1. 压力表的结构和工作原理

压力表的种类较多，有液柱式、弹性元件式、活塞式和电量式四大类。

液柱式压力表分为U形管、单管和斜管等形式。其测量原理是利用液体静压力的作用，根据液柱的高度差与被测介质的压力相平衡来确定所测的压力值。这类压力表的特点是结构简单，使用方便，测量准确。但因为受液柱高度的限制，只适用于测量较低的压力。

弹性元件式压力表有单圈弹簧式、螺旋形（多圈）弹簧式、薄膜式（又称波纹平膜式）、波纹筒式和远距离传送（接触点式、带变阻器式的传送器）等多种形式。它是利用各种不同形状的弹性元件，在压力下产生变形的原理制成的压力测量仪表，根据元件变形的程度来测定被测的压力值。这类压力表的优点是结构坚固，结实耐用，不易泄漏，测量范围宽，具有较高的准确度，对使用条件的要求也不高。但使用期间必须经过检验，而且不宜用于测定频率较高的脉动压力。在压力容器中使用的压力表一般为弹性元件式，且大多数是单弹簧管式压力表。只有在一些工作介质有较大腐蚀性的容器中，才使用波纹平膜式压力表。

活塞式压力表是做校验用的标准仪表。它利用加在活塞上的力与被测压力平衡的原理，根据活塞面积和加在其上的力来确定所测的压力。它的准确度很高，测定范围较广，但不能连续测量。

电量式压力表是利用金属或半导体的物理特性，直接将压力或是形变转换为电压、电流或频率信号输出，有电阻式、电容式、压电式和电磁式等多种形式。这类压力表可以测量快速变化的压力和超高压力，精确度可达0.02级，测量范围从数十帕至700 MPa不等，应用也较广泛。

2. 常用的压力表

1）单弹簧管式压力表

单弹簧管式压力表是利用中空的弹簧弯管在内压作用下产生变形的原理制成的。按位移量转换机构的不同，这种压力表又可以分为扇形齿轮式和杠杆式两种。如图8–14和图8–15所示为两种压力表的结构。

压力表的主要元件是一根横断面呈椭圆形或扁平形的中空弯管，通过压力表的接头与承压设备相连接。当有压力的流体进入这根弯管时，由于内压的作用，弯管向外伸展，发生位移变形。这些位移通过拉杆带动扇形齿轮或弯曲杠杆的传动，带动压力表的指针转动。进入弯管内的流体压力越高，弯管的位移越大，指针转动的角度也越大。这时指针在压力表表盘上指示的刻度值就是压力容器内压力的数值。

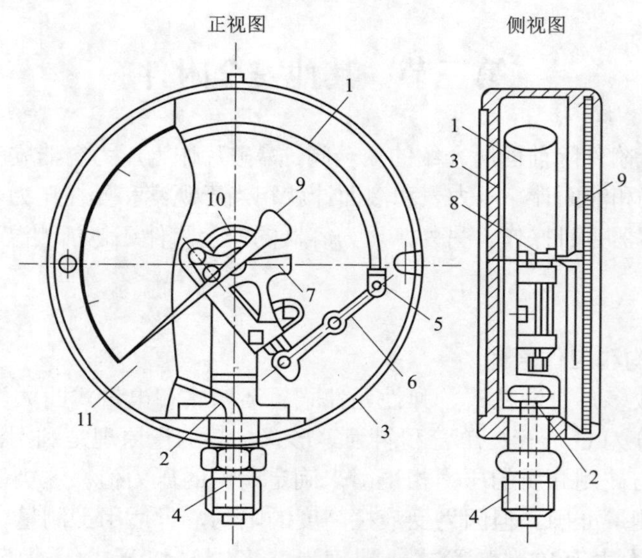

图 8–14　扇形齿轮式单弹簧管式压力表

1—弹簧弯管；2—支座；3—表壳；4—接头；5—带铰轴的塞子；6—拉杆；7—扇形齿轮；8—小齿轮；9—指针；10—游丝；11—刻度盘

2）波纹平膜式压力表

波纹平膜式压力表的弹性元件是波纹薄膜，薄膜被一副特制的盒形法兰夹持住，上、下法兰分别与压力表表壳及管接头相连。容器内的介质压力通过接头进入薄膜下部的气腔内，使薄膜受压向上凸起，并通过销柱、拉杆、齿轮转动机构等带动指针，从而使容器内介质的压力由指针在刻度盘上指示出来。这种压力表的结构如图 8–16 所示。

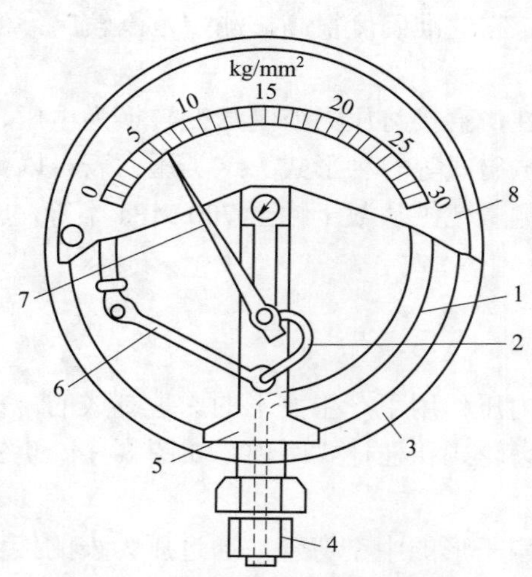

图 8–15　杠杆式单弹簧管式压力表

1—弹簧弯管；2—弯曲杠杆；3—表壳；4—接头；5—支座；6—拉杆；7—指针；8—刻度盘

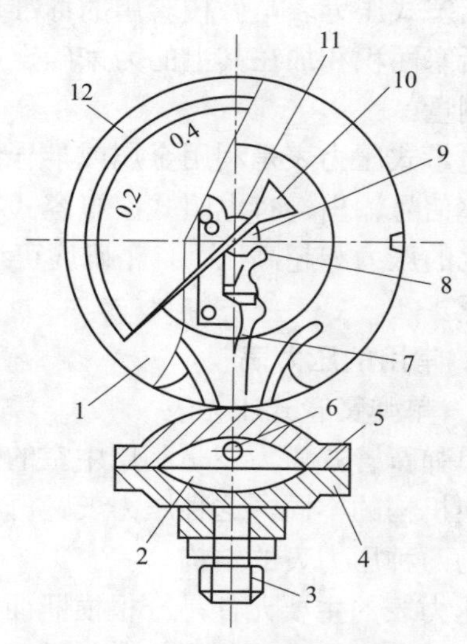

图 8–16　波纹平膜式压力表

1—表壳；2—平面薄膜；3—接头；4—下法兰；5—上法兰；6—销柱；7—拉杆；8—扇形齿轮；9—小齿轮；10—指针；11—针游丝；12—刻度盘

波纹平膜式压力表不能用于较高压力的测量（一般不大于 3.0 MPa），且测量的灵敏度和准确度都较差。但它对振动和冲击不太敏感，特别是它可以在薄膜底部用抗介质腐蚀的金属材料制成保护膜，将腐蚀性介质与压力表的其他元件隔绝，因而常用于装有腐蚀性介质的化工容器中。

3. 压力表的选用与安装

1）压力表的选用

选用压力表时应注意以下事项：

（1）压力表的量程。选用的压力表必须与压力容器的工作压力相适应。压力表的量程最好选用设备工作压力的 2 倍，最小不应小于 1.5 倍，最大不应高于 3 倍。从压力表的寿命与维护方面来要求，在稳定压力下，使用的压力范围不应超过刻度极限的 70%；在波动压力下，不应超过 60%。如果选用量程过大的压力表，就会影响压力表读数的准确性。而压力表的量程过小，压力表刻度的极限值接近或等于压力容器的工作压力，又会使弹簧弯管经常处于很大的变形状态下，因而容易产生永久变形，引起压力表的误差增大。

（2）压力表的精度。选用的压力表精度应与压力容器的压力等级和实际工作需要相适应，压力表的精度是以它的允许误差占表盘刻度极限值的百分数按级别来表示的（如精度为 1.5 级的压力表，其允许误差为表盘刻度极限值的 1.5%），精度等级一般都标在表盘上。工作压力小于 2.5 MPa 的低压容器所用压力表，其精度一般不应低于 2.5 级；工作压力大于或等于 2.5 MPa 的中、高压容器用压力表，精度不应低于 1.5 级。

（3）压力表的表盘直径。为了方便、准确地看清压力值，选用压力表的表盘直径不能过小，一般不应小于 100 mm。压力表表盘直径常用的规格为 100 mm 和 150 mm。如果压力表安装得较高或工作离岗位较远，表盘直径还应增大。

2）压力表的安装

压力表的安装应符合以下规定：

（1）压力表的接管应直接与承压设备本体相连接，装设的位置应便于操作人员观察和清洗，并且要防止压力表受到辐射、冻结或振动。

（2）为了便于更换和校验压力表，压力表与承压设备接管中应装设三通旋塞或针形阀，三通旋塞或针形阀应装在垂直的管段上，并应有开启标记和锁紧装置。

（3）用于工作介质为高温蒸汽的压力表，在压力表与容器之间的接管上要装有存水弯管，使蒸汽在这一段弯管内冷凝，以避免高温蒸汽直接进入压力表的弹簧管内，致使表内元件过热而产生变形，影响压力表的精度；为了便于冲洗和校验压力表，在压力表与存水弯管之间应装设三通阀门或其他相应装置。

（4）用于具有腐蚀性或高黏度工作介质的压力表，则应在压力表与容器之间装设能隔离介质的缓冲装置；如果限于操作条件不能采取这种保护装置，则应选用抗腐蚀的压力表，如波纹平膜式压力表等。

（5）可以根据压力容器的最高许用压力在压力表的刻度盘上画上警戒红线，并注明下次校验的日期，加铅封。但不应把警戒红线涂画在压力表的玻璃上，以免玻璃转动产生错觉，造成事故。

4. 压力表的维护与校验

要使压力表保持灵敏、准确，除了合理选用和正确安装以外，在压力容器运行过程中还应加强对压力表的维护和校验。压力表的维护和校验应符合国家计量部门的有关规定，并应做到以下几点：

（1）压力表应保持洁净，表盘上的玻璃要明亮清晰，保证表盘内指示的压力值清楚易见。

（2）压力表的连接管要定期吹洗，特别是用于含有较多油污或其他黏性物料气体的压力表连接管，以免堵塞。

（3）经常检查压力表指针的转动与波动是否正常，检查连接管上的旋塞是否处于全开启状态。

（4）压力表必须按计量部门规定的限期进行定期校验，校验由国家法定的计量单位进行。

二、液面计

液面计又称液位计，用来观察和测量容器内液位位置的变化情况。特别是对于盛装液化气体的容器，液位计是一个必不可少的安全装置。操作人员根据其指示的液面高低来调节或控制装置，从而保证容器内介质的液面始终在正常范围内。盛装液化气体的储运容器，包括大型球形储罐、汽车罐车和铁路罐车等，需装设液面计，以防止容器内因充满液体发生液体膨胀而导致容器超压。用作液体蒸发用的换热容器、工业生产装置中的一些低压废热锅炉和废热锅炉的锅筒，也都应装设液面计，以防止容器内液面过低或无液位而发生超温事故烧坏设备。

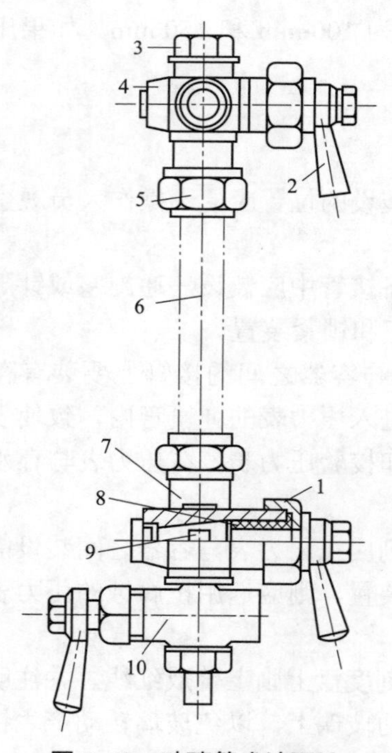

图 8–17　玻璃管式液面计

1—封口螺母；2—手柄；3—玻璃管盖；4—上阀体；5—玻璃管螺母；6—玻璃管；7—下阀体；8—填料；9—塞子；10—放水阀

1. 液面计的分类

按工作原理不同液面计分为直接用透光元件指示液面变化的液面计（如玻璃管液面计或玻璃板液面计）以及借助机械、电子和流体动力学等辅助装备间接反映液面变化的液面计（如浮子液面计、磁性浮标液面计和自动液面计等）。此外，还有一些带附加功能的液面计，如防霜液面计等。固定式压力容器常用的是玻璃管式和平板玻璃两种，移动式压力容器常用的是滑管式液面计、旋转管式液面计和磁力浮球式液面计。这里主要介绍下面四种。

1）玻璃管式液面计

玻璃管式液面计主要由玻璃管、气（汽）旋塞、液（水）旋塞和放液（水）旋塞等部分组成，如图 8–17 所示。这种液面计是根据连通管的原理制成的。气（汽）旋塞、液（水）旋塞分别由气（汽）连管及液（水）连管和压力容器气（汽）、液（水）空间相连通，所以压力容器液面能够在玻璃管中显示出来。

2）平板玻璃液面计

平板玻璃液面计主要由平板玻璃、框盒、气

（汽）旋塞、液（水）旋塞等部分组成，如图 8–18 所示。平板玻璃液面计用经过热处理、具有足够强度和稳定性的玻璃板，嵌在一个锻钢盒内，以代替玻璃管。

3）旋转管式液面计

旋转管式液面计主要由旋转管、刻度盘、指针和阀芯等组成，如图 8–19 所示。旋转管式液面计的测量原理是，由弯曲旋转管内小孔向外喷出气相或液相介质来测量液面位置。管子的旋转动作带动表盘指针来指示水液面高度。

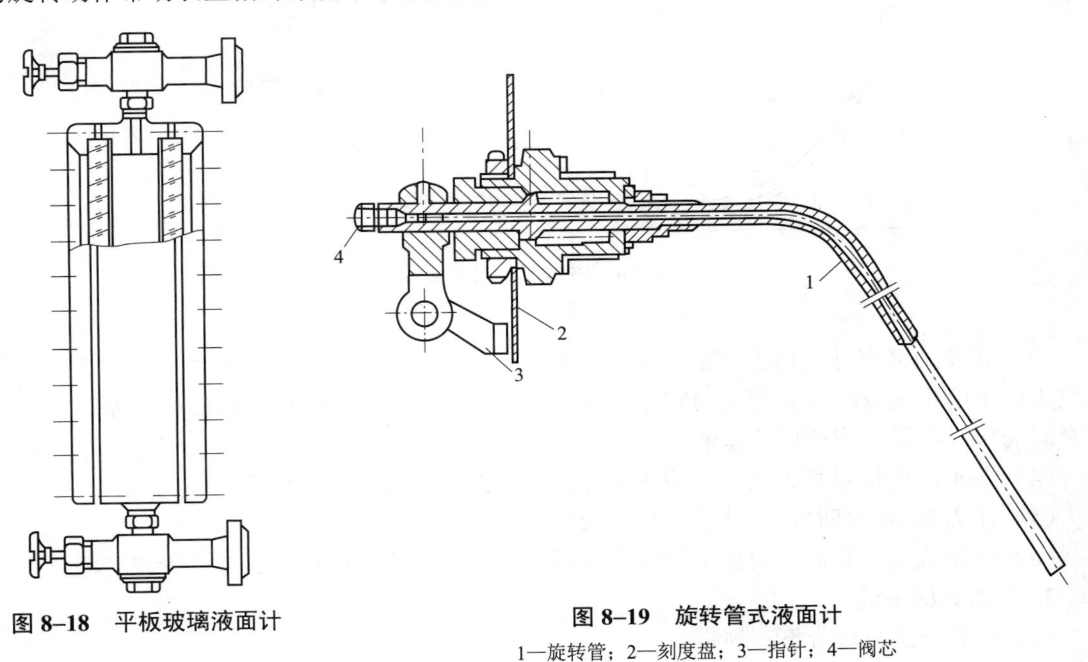

图 8–18　平板玻璃液面计

图 8–19　旋转管式液面计

1—旋转管；2—刻度盘；3—指针；4—阀芯

旋转管式液面计一般安装在罐体后封头中部，比较方便操作观测。但仍存在由于动作快慢和喷出时间而存在误差的缺点。旋转管式液面计结构牢固，显示准确、直观，且操作方便，因而在槽车上得到广泛的应用。

4）磁力浮球式液面计

磁力浮球式液面计是利用磁力线穿过非磁性不锈钢材料制成的盲板，在罐体外部用指针表盘方式来表示液面高度，如图 8–20 所示。

磁力浮球式液面计的工作原理是利用液体对浮球的浮力作用，以浮球为传感元件，当罐内液位变化时，浮球也随之做升降运动，从而使与齿轮同轴的磁钢产生转动，通过磁力的作用带动位于表头内的另一块磁钢做相应的转动，与磁钢同轴的磁针便在刻度板上指示一定的液位值。磁力浮球式液面计不怕振动，指示表头与被测液体互相隔离，因而密封性与安全性好，适合各类液化气槽车使用。但它结构复杂，对材料的磁性有一定的要求。

2. 液面计的选用原则

液面计应根据压力容器的介质、最高工作压力和温度正确选用。

（1）盛装易燃，毒性程度为极度、高度危害介质的液化气体压力容器应采用玻璃板液面计或自动液面指示器，并应有防止泄漏的保护装置。

（2）低压容器选用管式液面计，中、高压容器选用承压较大的板式液面计。

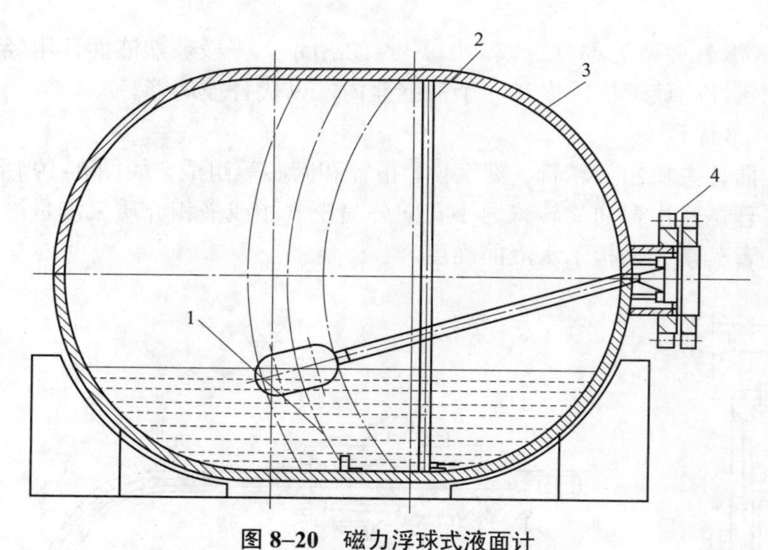

图 8–20　磁力浮球式液面计

1—避振装置；2—导向杆；3—储罐；4—液位计

（3）寒冷地区室外使用的容器，或由于介质温度与环境温度的差值较大，导致介质的黏度过大而不能正确反映真实液面的容器，应选用夹套型或保温型结构的液面计。盛装 0 ℃以下介质的压力容器，应选用防霜液面计。

（4）要求液面指示平稳的，不应采用浮标式液面计，可采用结构简单的视镜。

（5）压力容器较高时，宜选用浮标式液面计。

（6）移动式压力容器不得使用平板式液面计，一般应选用旋转管式或滑管式液面计。

3. 液面计的安装

液面计的安装应符合下列规定：

（1）在安装使用前，低、中压容器用液面计应进行 1.5 倍液面计公称压力的液压试验；高压容器的液面计，应进行 1.25 倍液面计公称压力的液压试验。

（2）液面计应安装在便于观察的位置。若液面计的安装位置不便于观察，则应增加其他辅助设施。大型压力容器还应有集中控制的设施和警报装置。

（3）液位计安装完毕并经调校后，应在刻度表盘上用红色漆画出最高、最低液面的警戒线。要求液面指示平稳的，在液面计上部接管可设置挡液板。

4. 液面计的使用和维护

液面计的使用温度不要超过玻璃管（或板）的允许使用温度。在冬季，则要防止液面计冻堵和发生假液位。对易燃、有毒介质的容器，照明灯应符合防爆要求。

压力容器操作人员应加强对液面计的维护管理，使液面计经常保持完好和清晰。使用单位应对液面计实行定期检修制度，可根据运行的实际情况，规定检修周期，但不应超过压力容器内、外部检验周期。液面计有下列情况之一的，应停止使用并更换。

（1）超过检修周期。

（2）玻璃板（管）有裂纹、破碎。

（3）阀件固死。

（4）经常出现假液位。

（5）指示模糊不清。

三、减压阀

减压阀是通过控制阀体内启闭件的开度来调节介质的流量，使流体通过时节流压力减小的阀门，常适用于要求更小的流体压力输出或压力稳定输出的场合。减压阀主要有两个作用：一是将较高的气（汽）体压力自动降低到所需的较低压力；二是当高压侧的介质压力波动时，能自动调节，使低压侧的气（汽）压稳定。

1. 减压阀的分类及原理

减压阀按结构形式不同，可分为薄膜式、弹簧薄膜式、活塞式、杠杆式和波纹管式；按阀座数目不同，可分为单座式和双座式；按阀瓣的位置不同，可分为正作用式和反作用式。下面介绍几种常用的减压阀。

1）弹簧薄膜式

弹簧薄膜式减压阀的结构如图 8–21 所示，当薄膜下侧的气（汽）体压力高于薄膜上侧的弹簧压力时，薄膜向上移动，压缩弹簧，阀杆随即带动阀芯向上移动，使阀芯的开启度减小，于是由高压端进入的气（汽）流量随之减少，从而使出口压力降低到规定的范围内。当薄膜下侧的气（汽）体压力小于上侧的弹簧压力时，弹簧伸长，顶着薄膜向下移动，阀杆随即带动阀芯向下移动，使阀芯的开启度增大，于是由高压端进入的气（汽）流量随之增多，从而使出口处的压力升高到规定的范围内。

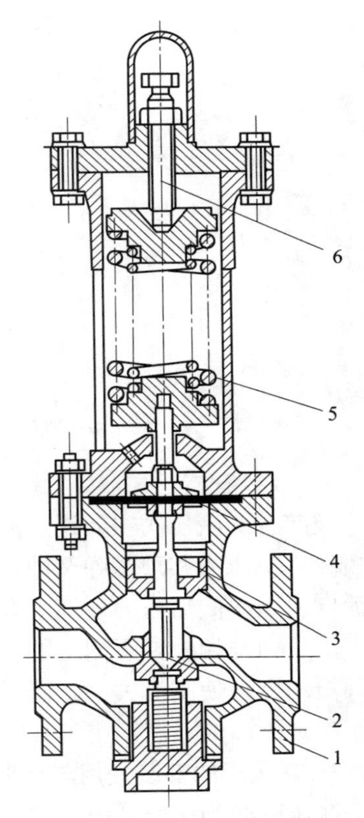

图 8–21　弹簧薄膜式减压阀的结构

1—阀芯；2—阀体；3—阀杆；4—薄膜；5—弹簧；6—调节螺栓

弹簧薄膜式减压阀的灵敏度较高，而且调节比较方便，只需旋转手轮来调节弹簧的松紧度即可。但是，薄膜承受的温度和压力不能太高，同时行程大时，橡胶薄膜容易损坏。因此，弹簧薄膜式减压阀被普遍使用在温度和压力不太高的蒸汽和空气介质管道上。

2）活塞式

活塞式减压阀主要通过活塞来平衡压力，如图 8–22 所示。当调节弹簧在自由状态时，由于阀前压力的作用和下边的主阀弹簧顶着，主阀瓣和辅阀瓣处于关闭状态。拧动调整螺栓顶开辅阀瓣，介质由进口通道经辅阀通道进入活塞上方。由于活塞的面积比主阀瓣大，受力后向下移动，使主阀开启，介质流向出口；同时介质经过通道进入金属薄膜下部，逐渐使压力与调节弹簧压力平衡，使阀后压力保持在一定的误差范围内。若阀后压力过高，膜下压力大于调节弹簧压力，膜片即向上移动，辅阀关小，使流入活塞上方介质减少，引起活塞及主阀上移，减小主阀瓣开启程度，出口压力随之下降，达到新的平衡。

活塞式减压阀的活塞在气缸中的摩擦较大，灵敏度比弹簧薄膜式减压阀差，制造工艺要求严格，所以它适用于温度、压力较高的蒸汽和空气介质管道和设备上。

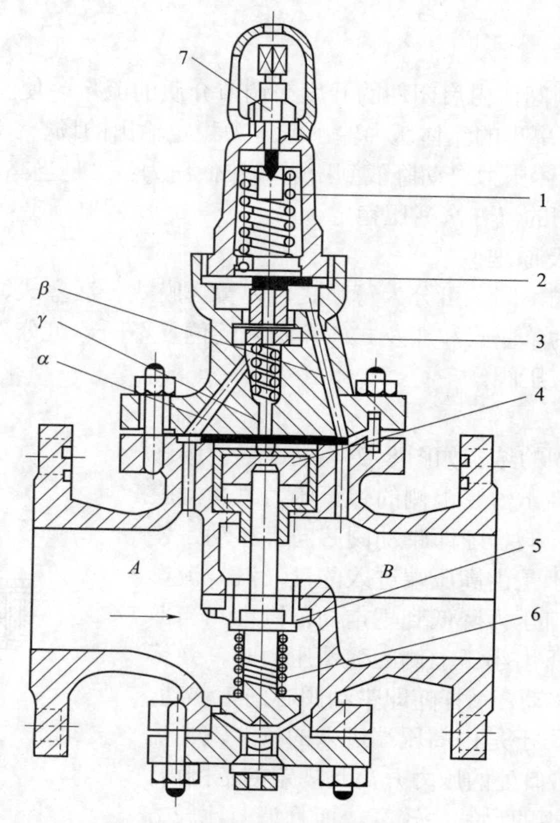

图 8–22　活塞式减压阀结构

1—调节弹簧；2—金属薄膜；3—辅阀瓣；4—活塞；5—主阀瓣；6—主阀弹簧；7—调整螺栓

3）波纹管式

波纹管式减压阀主要通过波纹管来平衡压力，如图 8–23 所示，当调节弹簧在自然状态时，阀瓣在进口压力和顶紧弹簧的作用下处于关闭状态，拧动调整螺栓使调节弹簧顶开阀瓣，介质流向出口，阀后压力逐渐上升至所需压力。阀后压力经通道作用于波纹管外侧，使波纹管向下的压力与调整弹簧向上的压力平衡，从而使阀后的压力变大，波纹管向下的压力大于调节弹簧压力，使阀瓣关小，阀后压力降低，达到所要求的压力。波纹管式减压阀主要适用于介质参数不高的蒸汽和空气管路上。

2. 减压阀的安装使用与定期检修

减压阀必须在产品限定的工作压力、工作温度范围内工作，减压阀的进出口必须有一定的压力差。在减压阀的低压侧必须装设安全阀和压力表。不能把减压阀当截止阀使用，当减压阀用气（汽）设备停止用气（汽）后，应将减压阀前的截止阀关闭。

定期检修的内容如下：

（1）检查主阀、导阀的磨损情况。

（2）检查各部分弹簧是否疲劳。

（3）检查膜片是否疲劳。

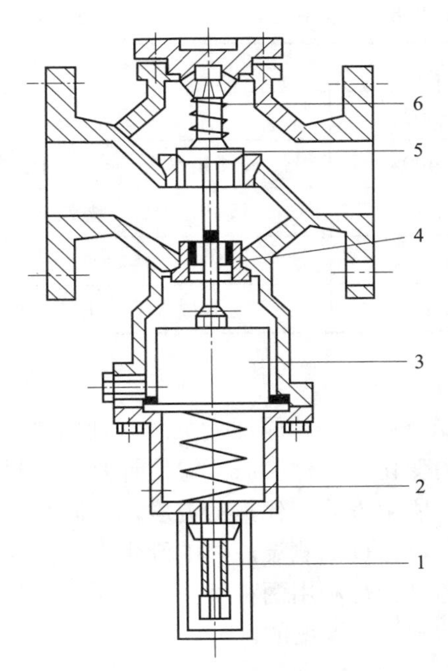

图 8–23　波纹管式减压阀结构

1—调整螺栓；2—调节弹簧；3—波纹管；4—压力通道；5—阀瓣；6—顶紧弹簧

（4）检查气缸是否磨损及腐蚀。

（5）检查活塞环是否失去涨力。

（6）拧开阀盖上的螺塞，取出过滤网，以清除内腔的污物。

（7）拧下阀底的螺塞，打开下阀盖，清除阀体下腔和弹簧内所积存的污物以及主阀瓣上的污垢。

四、测温装置

压力容器测温通常有两种形式：测量容器内工作介质的温度，使工作介质的温度控制在规定的范围内，以满足生产工艺的需要；对需要控制壁温的压力容器进行壁温测量，防止壁温超过金属材料的允许温度。在这两种情况下，通常需要装设测温装置。常用的压力容器测温装置有温度表、温度计、测温热电偶及其显示装置等。这些测温装置有的独立使用，有的同时组合使用。

1. 温度计的分类与工作原理

根据测量温度方式的不同，温度计可分为接触式温度计和非接触式温度计两种。接触式温度计有液体膨胀式、固体膨胀式、压力式以及热电阻和热电偶温度计等。非接触式温度计有光学高温计、光电高温计和辐射式高温计等。非接触式温度计的感温元件不与被测物质接触，而是利用被测物质的表面亮度和辐射能的强弱来间接测量温度。各种温度计的使用范围与应用场合见表 8–8。压力容器常用的温度计是固体膨胀式、压力式以及热电阻和热电偶温度计。

表 8–8　各种温度计的使用范围与应用场合

温度计类型		测量温度范围/℃	应　　用
膨胀式		–200～600	测量轴承、定子等处的温度，做现场指示
热电阻式	铂	–800～400	测量易燃、有振动处的温度，传送距离不很远
	铜	–50～150	液体、气体、蒸汽中、低温测量，能远距离传送
热电偶式		0～1 600	液体、气体、蒸汽中、高温测量，能远距离传送
辐射式		600～2 000	测量火焰、钢液等不能直接测量的高温场合

1）膨胀式温度计

膨胀式温度计是以物质受热后膨胀的原理为基础，利用测温敏感元件在受热后尺寸或体积发生变化来直接显示温度的变化。液体膨胀式温度计是应用最早而且当前使用最广泛的一种温度计，其测温上限取决于所用液体汽化点的温度，下限受液体凝点温度的限制。为了防止毛细管中液柱出现断续现象，并提高测温液体的沸点温度，常在毛细管中液体上部充以一定压力的气体。固体膨胀式温度计是利用两种不同膨胀系数的材料受热时产生机械变形而使表盘内的齿轮转动，通过指针来指示温度的。

2）压力式温度计

压力式温度计是利用温包里的气体或液体受热使体积膨胀而引起封闭系统中压力变化，通过压力大小间接测量温度的。其结构如图 8–24 所示。

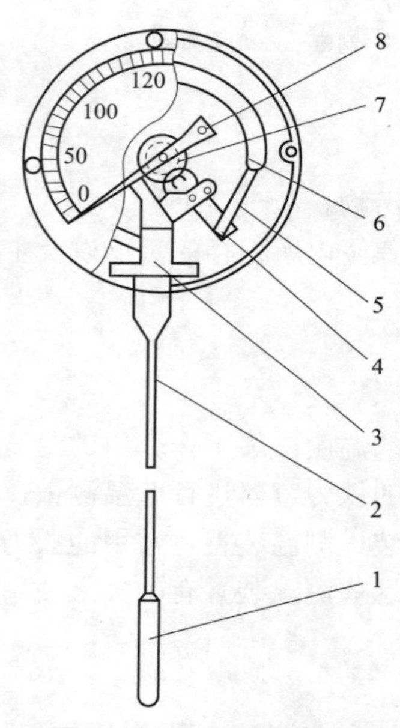

图 8–24　压力式温度计

1—温包；2—毛细管；3—支撑座；4—扇形齿轮；5—连杆；6—弹簧管；7—小齿轮；8—指针

3）热电阻式温度计

热电阻式温度计根据热电效应原理，导体和半导体的电阻与温度之间存在着一定的函数关系，利用这一函数关系，通过测量电阻的大小，可得出所测温度的数值。目前由纯金属制造的热电阻的主要材料是铂、铜和镍，它们已得到广泛的应用。

4）热电偶式温度计

热电偶是当前热电测温中普遍使用的一种感温元件，它是利用热电偶由两种不同材料的导体在两个连接处的温度不同产生热电动势的现象制成的。

5）辐射式高温计

辐射式高温计是利用物质的热辐射特性来测量温度的。因为这种温度计是利用光的辐射特性，所以可以实现快速测温。

2. 安装使用与维护保养

1）介质温度的测量

用于测量压力容器介质温度的主要有插入式温度计和插入式热电偶测量仪，也有的直接使用水银（酒精）温度计。这些温度仪测温的特点是温感探头直接或带套管（腐蚀性介质或高温介质时用）插入容器内与介质接触测温，温度直接在容器上显示，测温热电偶则可通过导线将显示装置引至操作室或容易监控的位置。为防止插入口泄漏，一般在压力容器设计上留有标准规格温度计接口，接口连接形式有法兰式和螺纹连接两种，并带有密封元件。

2）壁温的测量

对于在高温条件下操作的压力容器，当容器内部在介质与容器壁之间设置有保温砖等的绝热、隔热层时，为了防止由于隔热、绝热材料安装质量、热胀冷缩或者是隔热、绝热减薄或损坏等造成容器壁温过高，导致容器破坏，需要对这类压力容器进行壁温的测量。此类测温装置的测温探头紧贴容器器壁，常用的有测温热电偶、接触式温度计和水银温度计等。

3）使用维护

压力容器的测温仪表必须根据其使用说明书的要求和实际使用情况，结合计量部门规定的限期设定检验周期进行定期检验。壁温测量装置的测温探头必须根据压力容器的内部结构和容器内介质反应和温度分布的情况，装贴在具有代表性的位置，并做好保温措施，以消除外界引起的测量误差。测温仪的表头或显示装置必须安装在便于观察和方便维修、更换、检测的地方。

思 考 题

1. 试述安全泄压装置的分类及其优缺点。
2. 解释安全泄放量。
3. 一台液化气体储罐，介质具有毒性和严重的腐蚀性，储罐最适宜装设哪种类型的安全泄压装置？
4. 阐述安全阀的工作原理及过程。
5. 爆破片有哪几种形式？各有何特点？爆破片的选用原则是什么？
6. 试述压力容器中的其他安全附件主要包括的仪表。

第九章
压力容器失效形式及预防

学习指导

1. 了解压力容器的失效形式。

2. 熟悉断裂的定义和类型，重点熟悉延性断裂、脆性断裂、疲劳断裂、应力腐蚀断裂、蠕变断裂等产生的原因。

3. 掌握延性、脆性、疲劳、应力腐蚀、蠕变等断裂的特征与预防方法。

机器设备及其零部件常会由于设计结构不合理、制造质量不良、使用维护不当或其他原因而发生早期失效（即在规定的使用期限内失去按原设计进行正常工作的能力）。断裂是其主要的失效形式，特别是脆性断裂，在工程上是一个长期存在的问题。

一般机器零件的失效，可以有三种类型：过量的变形（弹性、塑性）、零件断裂、表面状态恶化（磨损、腐蚀）等，其中以断裂的危害最大。

要防止压力容器承压零件的断裂爆炸事故，首先要了解它的破坏机理，即了解它为什么会发生断裂，它又是怎样断裂的。只有掌握了它发生断裂的规律，才能采取正确的防止破坏的措施，避免事故的发生。

第一节　断裂的定义及类型

断裂是指固体在机械力、热、磁、声响、腐蚀等单独作用或者联合作用下，使物体本身遭到连续性破坏，从而发生局部开裂或分裂成几个部分的现象。前者称局部断裂，如各种裂纹；后者称完全断裂，如整体脆断等。

金属构件的断裂可以有许多种分类方法，具体如下：

（1）按断裂形态不同，金属构件的断裂可分为延性断裂和脆性断裂。延性断裂是指构件在断裂前发生了显著的塑性变形；脆性断裂是指构件在断裂前没有或仅有少量的塑性变形。

（2）按裂纹扩展路径不同，金属构件的断裂可分为穿晶断裂和沿晶断裂。穿晶断裂是指裂纹穿过晶内；沿晶断裂是指裂纹沿晶界扩展。

（3）按断口宏观取向不同，金属构件的断裂可分为正断和切断。正断是指断裂的宏观表面垂直于最大正应力方向，一般为脆性断裂；切断是指断裂面与最大正应力方向成 45° 角，多数为延性断裂。

（4）按受力状态不同，金属构件的断裂可分为短时与长时断裂、冲击断裂和疲劳断裂。

（5）按环境不同，金属构件的断裂可分为低温冷脆断裂、高温蠕变断裂、延滞断裂（氢脆断裂与应力腐蚀）、辐照和噪声损伤等。

断口是指零件断裂的自然表面。断口一般是材料中性能最弱或应力最大的部位，因为在金属材料中裂纹总是沿着阻力最小的路径扩展。

根据断裂的形式及其基本原因不同，把承压部件的断裂分为延性断裂、脆性断裂、疲劳断裂、腐蚀断裂和蠕变断裂等几种形式，并对其产生的过程、特性及原因等分别进行讨论。

第二节　延性断裂

一、概述

压力容器承压部件的延性断裂是在器壁发生大的塑性变形之后产生的，器壁的变形将引起容器容积的变化，而器壁的变形又是在压力载荷下产生的，所以对于具有一定直径与壁厚的容器，它的容积变形与它所承受的压力有很大的关系。若以容器的容积变形率为横坐标，容器的压力为纵坐标，则可以得到容器的压力–容积变形图，如图 9–1（内径为 600 mm、壁厚为 10 mm、两端椭圆封头、20 G 钢板焊接的容器进行水压爆破时实际测出的压力–容积变形曲线）所示，图中的曲线形状与器壁材料的拉伸图有某些相似之处。

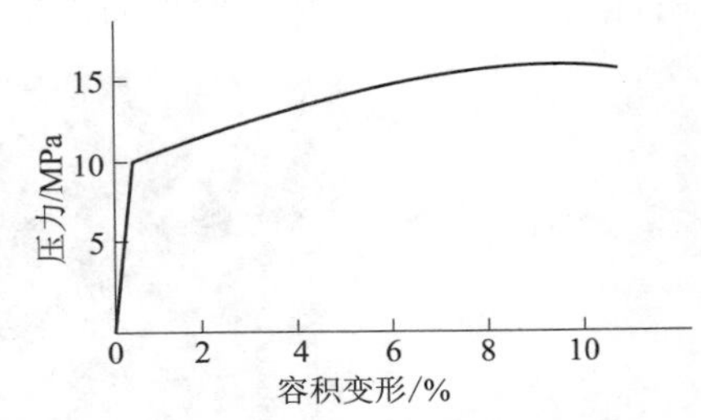

图 9–1　容器的压力–容积变形曲线

压力较小时，器壁的应力也较小，器壁产生弹性变形，容器的容积与压力成正比增加，保持直线关系。如果卸除载荷，即把容器内的压力降低，容器的容积即恢复原来的大小，而不会产生容积残余变形。

当压力升高至使容器器壁上的应力超过材料的弹性极限时，变形曲线开始偏离直线，即容器的容积变化不再与压力成正比关系，而且在压力卸除之后，容器不能完全恢复原来的形状，而是保留一部分容积残余变形。根据这种特性，压力容器进行耐压试验时，测出容器在试验前后的容积变化，以确定容器在试验压力下，器壁的应力是否在材料的弹性极限之内。

若容器内的压力升高至使器壁上的应力达到材料的屈服强度，由于器壁产生明显的塑性变形，容器的容积将迅速增大，那么在压力不再增高甚至下降的情况下，容器的容积变形仍在继续增加。这种现象与金属材料拉伸图中的屈服现象相同，也可以说容器处在全面屈服状态。承压部件的这种屈服现象，在水压爆破试验时经常出现。当容器内的压力升至一定值时，尽管水压泵仍在不断地转动，加水计量管也表明容器内继续进水，但压力表的指针却突然停止不前，有时还可能有轻微下降的现象。这是因为容器整个截面上的材料已达到屈服强度，此时的压力被认为是容器的实际屈服压力。

承压部件在延性断裂前先产生大量的容积变形，这种现象对防止某些容器发生断裂事故也是有利的。例如，充装过量的液化气体气瓶会由于介质温度增高而使压力急剧升高，致使容积的大量变形，有利于缓解器内压力的激增，有时还会避免容器的断裂。对于一些器壁严重减薄的气瓶或其他容器，有时会在充气或进行水压试验过程中，因压力表突然停止不动而被发现其已达到屈服状态。

容器的内压力超过它的屈服压力以后，如果把压力卸除，容器也会留下较大的容积残余变形，有些用肉眼或直尺测量即可发现。因为圆筒形容器的环向应力比径向应力大一倍，所以一般总是环向产生较大的残余变形，即容器的直径增大。而圆筒形容器端部的径向增大又受到封头的限制，因而在壁厚比较均匀的情况下，圆筒形容器的变形总是呈现两端较小而中间较大的腰鼓形。这样，一些发生过屈服的容器就易于被发现。

容器内压超过屈服压力以后，如果压力继续升高，容积变形程度将更快地增大，致使器壁上的应力达到材料的断裂强度，容器则发生延性断裂。

二、延性断裂的特征

金属材料的延性断裂是显微空洞形成和长大的过程。对于常用以制造压力容器的碳钢及低合金钢，这种断裂首先是在塑性变形严重的地方形成显微空洞（微孔），夹杂物是显微空洞成核的位置。在拉力作用下，大量的塑性变形使脆性夹杂物断裂或使夹杂物与基体界面脱开而形成空洞。空洞一经形成，即开始长大和聚集，聚集的结果是形成裂纹，最后导致断裂。所以金属材料特别是塑性较好的碳钢及低合金钢，在发生延性断裂时，总是先产生大量的塑性变形。这种现象对于防止机器设备发生断裂事故是十分有利的。因为在零件断裂以前，设备即会由于过量的塑性变形而失效。微观断口上常可见到微坑存在，如图 9–2 所示。

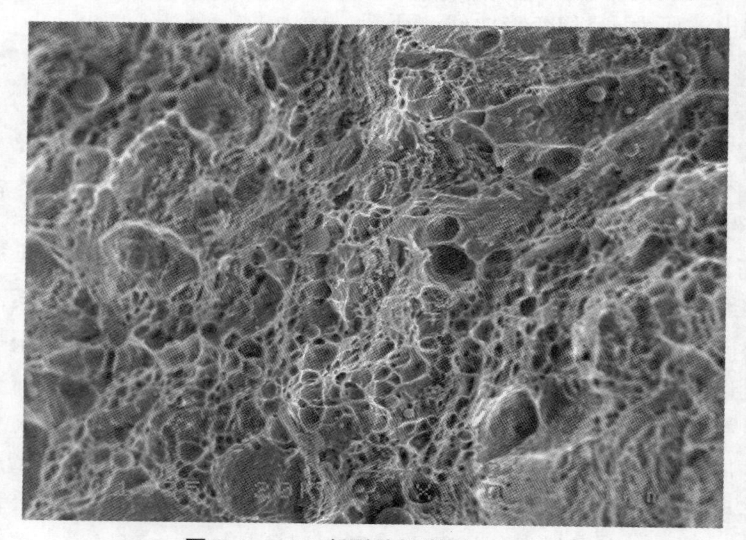

图 9–2　20G 断裂处韧窝（×1 000）

发生延性断裂的承压部件，从它破裂以后的变形程度、断口和破裂的情况以及爆破压力等方面，常常可以看出金属延性断裂所具有的一些特征。

1. 破裂容器发生明显变形

金属的延性断裂是在大量的塑性变形后发生的，塑性变形使金属断裂后在受力方向留存较大的残余伸长，表现在容器上则是直径增大和壁厚减薄，如图 9–3 所示。所以，具有明显的形状改变是压力容器延性断裂的主要特征。从许多爆破试验和爆炸事故的容器所测得的数据表明：延性断裂的容器，最大圆周伸长率常在 10%以上，容积增大率（根据爆破试验加水量计算或按破裂容器的实际周长估算）也往往高于 10%，有的甚至在 20%～30%。

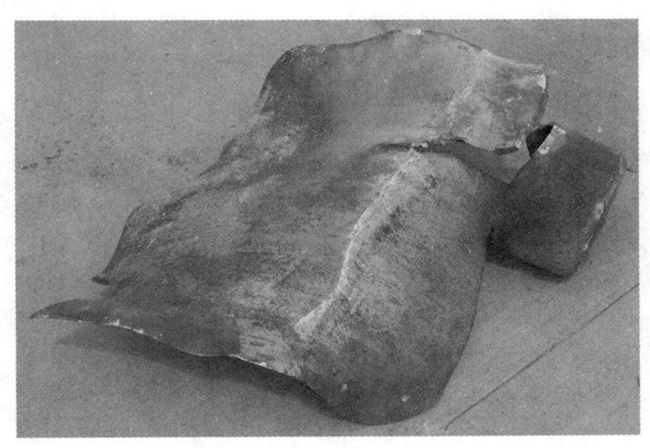

图 9–3 事故后容器变薄

2. 断口呈暗灰色纤维状

碳钢和低合金钢延性断裂时，由于显微空洞的形成、长大和聚集，最后形成锯齿形的纤维状断口。这种断裂形式多数属于穿晶断裂，即裂纹发展途径是穿过晶粒的。因此，断口没有闪烁金属光泽而是呈暗灰色。由于这种断裂是先滑移而后断裂，所以它的断裂方式一般是切断，即断裂的宏观表面平行于最大切应力方向，而与最大主应力成 45°角。承压部件延性断裂时，它的断口往往也具有金属延性断裂的特征：断口也是暗灰色的纤维状，没有闪烁金属光泽；断口不齐平，而与主应力方向约成 45°角。

3. 容器一般不是碎裂

延性断裂的容器，因为材料具有较好的塑性和韧性，所以破裂方式一般不是碎裂，即不产生碎片，而只是出现一个裂口。壁厚比较均匀的圆筒形容器，常常是在中部裂开一个形状为“X”的裂口。裂口的大小则与容器爆破时释放的能量有关。盛装一般液体（例如水）时，因为液体的膨胀功较小，所以容器破裂的裂口也较窄，最大的裂口宽度一般也不会超过容器的半径。盛装气体时，因膨胀功较大，裂口也较宽。特别是盛装液化气体的容器，破裂以后容器内压力下降，液化气体迅速蒸发，产生大量气体，使容器的裂口不断扩大。

金属的延性断裂是经过大量的塑性变形，而且是在外力引起的应力达到它的断裂强度时产生的。所以延性断裂的承压部件，器壁上产生的应力一般都达到或接近材料的抗拉强度，即设备是在较高的应力水平下破裂的。它的实际爆破压力往往与计算爆破压力相接近。

三、延性断裂事故的预防

1. 延性断裂的基本条件

容器产生显著的塑性变形的情况，只有在它受力的整个截面上的材料都处于屈服状态下才能产生。如果在某一截面中仅有一部分由于局部应力过高产生塑性变形，而其他大部分还是弹性变形，则局部应力高的部分的塑性变形就会受到相邻部分的抑制而仅仅产生微量的变形，并降低过高的局部应力。所以承压部件的延性断裂是由于它的薄膜应力超过材料的屈服强度而产生的。如果只在承压部件的某些部位存在较高的局部应力，有时还可能超过材料的屈服强度，它并不会引起部件的显著变形。但这种局部应力对于那些反复加压和卸压的设备是十分不利的，因为它会导致容器的疲劳断裂，但它不会直接引起延性断裂。

2. 常见压力容器延性断裂事故

1）液化气体容器充装过量

有些盛装高临界温度的液化气体的气罐、气桶和气瓶，往往由于操作疏忽、计量错误或其他原因造成充装过量，使容器在充装温度下即被液态气体充满（因为液化气体的充装温度一般都低于室温），因此在运输或使用过程中，器内液体的温度会受环境温度的影响或太阳曝晒而升高，体积急剧膨胀，造成容器压力迅速上升并产生塑性变形，最后造成断裂事故。

2）压力容器在使用中超压

违反操作规程、操作失误或其他原因可造成设备内的压力升高，并超过它的最高许用压力，而设备又没有装设安全泄压装置或安全泄压装置不灵，因而使压力不断上升，最后发生过量的塑性变形而破裂。

3）设备维护不良以致壁厚减薄

有些部件因为介质对器壁产生腐蚀，或长期闲置不用而又没有采取有效的防腐措施，以致器壁发生大面积腐蚀，壁厚严重减薄，结果部件在正常的操作压力下发生破裂。

3. 压力容器延性断裂事故的预防

要防止压力容器发生延性断裂事故，最根本的办法是保证承压部件在任何情况下，器壁上的当量应力都不超过材料的屈服强度。

（1）使用的压力容器必须按规定进行设计，承压部件必须经过强度验算，未经正式设计而制成的压力容器禁止投入运行。

（2）禁止将一般容器改成或当成压力容器使用，防止不承压的容器因结构或操作的原因在容器内产生压力。

（3）压力容器应按规定装设性能和规格都符合要求的安全泄压装置，并经常保持其处于灵敏、可靠的状态。

（4）认真执行安全操作规程。要经常注意监督检查，防止压力容器超压运行。

（5）做好压力容器的维护保养工作，采取有效措施防止腐蚀性介质与大气对设备的腐蚀，并经常保持防腐措施处于良好的有效状态。特别是对于长期停用的容器，更应注意保养维护。

（6）严格执行定期检验制度，检验时若发现承压部件器壁被腐蚀而致厚度严重减薄，或容器在使用中曾发生过显著的塑性变形时应停用。

第三节 脆性断裂

运行中的设备或构件，当外载荷超过该设备或构件的静强度时（$\sigma > [\sigma]$）就发生破坏，也就是说，设备或构件处于不安全状态。那么通常所说的设计准则就是$\sigma < [\sigma]$。

但是否工作应力$\sigma < [\sigma]$，设备就一定安全呢？事实上，也并非安全。脆性断裂（$\sigma \ll \sigma_s$）就是例外。即许多压力容器破裂，并非都经过显著的塑性变形，有些容器破裂时根本没有宏观变形，而且根据破裂时的压力计算得到器壁的薄膜应力也远远没有达到材料的强度极限，有的甚至还低于屈服强度。这种断裂多表现为脆性断裂。由于它是在较低应力状态下发生的，所以又称为低应力脆性断裂。

一、脆性断裂的基本原因

脆性断裂都是在较低的应力水平（即断裂时的应力一般低于材料的屈服强度）下发生的，究竟是什么原因使这些钢制结构件在这样低的应力水平下发生断裂的呢？

首先把钢的脆性断裂和低温联系起来，而且从大量的冲击试验中获知，钢在低温下的冲击值显著降低。钢在低温下冲击韧性降低，表明在温度低时钢对缺口的敏感性增大，所以最初人们都认为构件的脆性断裂是低温引起的。

钢构件的脆性断裂与它的使用温度低有一定的关系，这是无疑的。但是低温并不是脆性断裂的唯一因素，因为钢的冷脆性（表现为低温下冲击韧性降低）表明它在低温时对缺口的敏感性增大。显然，“缺口”的形状和大小就必然是影响脆性断裂的主要因素。

材料力学是建立在材料是均匀和连续的基础上的，而不均匀和不连续却是绝对的。任何材料和它的构件总是存在各式各样的缺陷，只不过是有时候缺陷比较小，用肉眼不易被观察到，或是探伤检测仪器灵敏度低而没有被发现而已。因此，用材料力学计算的结果就不能反映材料的断裂行为。

断裂力学承认材料或构件内部存在缺陷（将它简化为裂纹），而且脆性断裂总是由材料中宏观裂纹的扩展引起的。当带有宏观裂纹的材料或构件受到外力作用时，裂纹尖端附近的区域就产生应力应变集中效应。当此区域的应力应变高到一定的数值，超过材料的负荷极限时，裂纹便开始迅速扩展（称为失稳扩展），并造成整个材料或构件在低应力状态下产生脆性断裂。这就是断裂力学对断裂现象的解释。

二、脆性断裂的特征

承压部件发生脆性断裂时，在破裂形状、断口形貌等方面都具有一些与延性断裂正好相反的特征。

1. 容器没有明显的伸长变形

由于金属的脆性断裂一般没有使残余伸长，因此脆性断裂后的容器就没有明显的伸长变形。许多在水压试验时脆性断裂的容器，其试验压力与容积增量关系在断裂前基本上还是线性关系，即容器的容积变形还是处于弹性状态。有些脆裂成多块的容器，将碎块组拼起来再测周长，往往与原来的周长相比没有变化或变化甚微。容器的壁厚一般也没有减薄。

2. 裂口齐平，断口呈金属光泽的结晶状

脆性断裂一般是正应力引起的断裂，所以裂口齐平并与主应力方向垂直。容器脆断的纵缝裂口与器壁表面垂直，环向脆断时，裂口与容器的中心线相垂直。又因为脆断往往是晶界断裂，所以断口形貌呈闪烁金属光泽的结晶状，如图 9–4 所示。在器壁很厚的容器脆断口上，还常常可以找到人字形纹路（辐射状），这是脆性断裂的最主要宏观特征之一。人字形的尖端总是指向裂纹源，始裂点往往都有缺陷或在几何形状突变处。

图 9–4　脆性断裂断面

3. 容器常破裂成碎块

由于容器脆性破裂时材料的韧性较差，而且脆断的过程又是裂纹迅速扩展的过程，破坏往往在一瞬间发生，容器内的压力无法通过一个裂口释放，因此脆性破裂的容器常裂成碎块，且常有碎片飞出。即使是在水压试验时，器内液体膨胀功并不大，也经常产生碎片。如果容器在使用过程中发生脆性断裂，器内的介质为气体或液化气体，则碎裂的情况就更严重。

4. 断裂时的名义应力较低

金属的脆性断裂是由于裂纹而引起的，所以脆断时并不一定需要很高的名义应力。容器破裂时器壁上的名义应力常常低于材料的屈服强度，所以这种破裂可以在容器的正常操作压力或水压试验压力下发生。

5. 破坏多数在温度较低的情况下发生

由于金属材料的断裂韧度随着温度的降低而降低，所以脆性断裂常在温度较低的情况下发生，包括较低的水压试验温度和较低的使用温度。

此外，脆性破裂常见于用高强度钢制造的容器及厚壁容器。当器壁很厚时，厚度方向的变形受到约束，接近所谓的“平面应变状态”，于是裂纹尖端附近形成了三向拉应力，材料的断裂韧度随之降低，这就是所谓的“厚度效应”，所以这样的钢材，厚板要比薄板更容易脆断。同样材料的强度等级越高，其断裂韧度往往越低。

三、脆性断裂事故的预防

1. 脆性断裂的基本条件

纵观国内外的脆性断裂事故，其主要影响因素是构件存在缺陷以及材料的韧性差。所以，防止脆性断裂最基本的措施就是减小或消除构件的缺陷，要求材料具有较好的韧性。

2. 压力容器脆性断裂事故的预防

（1）减少部件结构及焊缝的应力集中。裂纹是造成脆性断裂的主要因素，而应力集中往往又是产生裂纹的主要原因。许多容器破坏事故都是在应力集中处先产生裂纹，然后以很快的速度扩展而致整体破坏。

在承压部件中，引起应力集中的因素是多方面的，诸如结构形状的不连续、焊缝的布置不当和焊接不符合规定等。所以必须在设计及制造工艺上采取具体措施来减少或消除应力集中。

（2）确保材料在使用条件下具有较好的韧性。材料的韧性差是造成脆性断裂的另一个主要原因，因此要防止承压部件的脆性断裂，必须保证设备在使用条件下材料的韧性。

合理选材，确保材料在使用条件和使用温度下有较好的韧性。在低温下使用的容器，应提出材料在使用温度下必需的最低冲击值。材料的断裂韧度不但与它的化学成分有关，而且还与它的金相组织有关。所以在制造容器时，要防止焊接及热处理不当造成材料韧性的降低。在使用过程中也需要防止容器材料的韧性降低，如防止容器的使用温度低于它的设计温度，开停容器时要防止压力的急剧变化等，因为材料的断裂韧度会因加载速度过大而降低。

（3）消除残余应力。容器中残余应力（由装配、冷加工、焊接等产生）的存在也是产生脆性断裂的一个原因，更多的情况是残余应力与外力的叠加而促使破坏发生的。

容器大多数是焊接容器，焊缝的残余应力是最主要的残余应力，特别是在一些布置不合理的焊缝中。所以在焊接容器时应采取一些适当的措施，以减少或消除焊接残余应力。焊接较厚的容器时要在焊后进行消除残余应力的热处理。

当然，有些容器虽然名义应力并不太大，但因为存在较大的残余应力，这两者互相叠加往往就足以使裂纹扩展，最后导致整个容器脆性断裂。所以消除残余应力也是防止容器发生脆性断裂的一个重要措施。

（4）加强对设备的检验。裂纹等缺陷既然是导致脆性断裂的首要原因，因此应对已经制成的或在使用的压力容器加强检验，力争及早发现缺陷，这也是防止设备发生脆性断裂事故的一项措施。容器中有些宏观裂纹是在焊接过程中产生的，如果在焊后加强对焊缝等的宏观检查和无损探伤，则可以避免把这些有裂纹的容器盲目地投入使用以致发生脆性断裂。事实上有些部件虽然有裂纹，经过消除或采取一些防止裂纹扩展的措施后仍可继续使用；即使没有补救措施而致部件报废，也可以避免在使用过程中发生爆炸事故而造成更大的损失。

第四节　疲 劳 断 裂

疲劳断裂是压力容器承压部件较为常见的一种破裂形式。据英国一个联合调查组统计，容器在运行期间发生的破坏事故，有 89.4%是由裂纹引起的。而在由裂纹引起的事故中，原因是疲劳断裂的占 39.8%。国外还有些资料估计，压力容器运行中的破坏事故有 75%以上是由疲劳引起的。由此可见，压力容器的疲劳断裂是绝不能忽视的。

一、金属疲劳现象

大约在一百多年以前，人们就发现，承受交变载荷的金属构件，尽管载荷在构件内引起的最大应力并不高，有时还低于材料的屈服强度，但如果长期在这种载荷作用下，它也会突然断裂，且无明显的塑性变形。由于这种破坏通常都经历过一段时间才发生，人们就把它归因于金属的“疲劳”。试验证明，引起这种破坏的最主要因素是反复应力的作用，而与载荷作用的时间无关。所以严格来讲，“疲劳破坏”实质上应该说是“反复应力破坏”。

引起疲劳断裂的交变载荷及应力，可以是机械载荷及机械应力，也可以是热应力。后一种疲劳又称为“热疲劳”。

所谓交变载荷，是指载荷的大小、方向或大小和方向都随时间发生周期性变化的一类载荷。这种交变载荷的特性一般用它的平均应力（即循环应力中的最大应力与最小应力的平均值）、应力半幅（最大应力与最小应力之差的一半）和应力循环对称系数 r（最小应力与最大应力之比）来描述。即：

平均应力：

$$\sigma_{\mathrm{m}}=\frac{1}{2}(\sigma_{\max}+\sigma_{\min})$$

应力半幅：

$$\sigma_{\mathrm{a}}=\frac{1}{2}(\sigma_{\max}-\sigma_{\min})$$

循环对称系数：

$$r=\frac{\sigma_{\min}}{\sigma_{\max}}$$

1. 疲劳曲线与疲劳极限

人们经过大量的试验发现，金属疲劳有这样的规律：金属承受的最大交变应力越大，它所能承受的最大交变次数就越少；反之，若最大交变应力越小，交变次数就越多。若把金属所受的最大交变应力和相对应的交变次数绘成线图，则可以得到如图 9–5 所示的曲线，称为疲劳曲线。金属的疲劳曲线表明，当金属所能承受的最大交变应力不超过某一数值时，交变次数为无穷，即它可以在无数次的交变应力作用下不会发生疲劳断裂。这个应力值（即曲线平直部分所对应的应力）称为材料的疲劳极限（或持久极限）。有些金属，如常温下的钢铁材料等，疲劳曲线有明显的平直部分；而有些金属，如在高温下或在腐蚀介质作用下的钢材以及部分有色金属等，曲线没有平直部分。这样，一般规定与某一个交变循环次数相对应的应力作为"条件疲劳极限"。金属的疲劳极限通常以 σ_r 表示，下标 r 表示应力循环对称系数，如果是对称应力循环，$r = -1$，则它的疲劳极限用 σ_{-1} 表示。

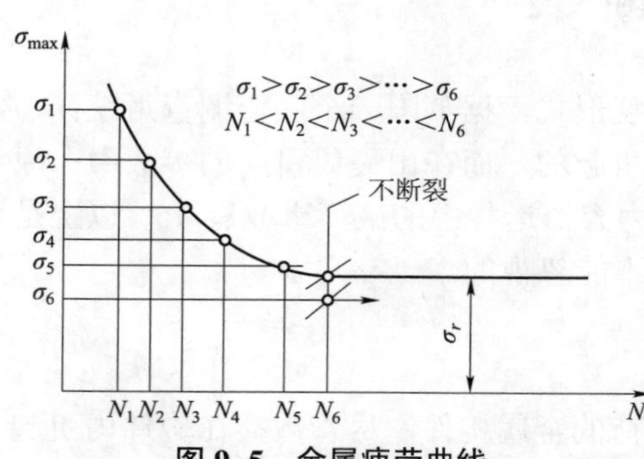

图 9–5 金属疲劳曲线

试验得知，结构钢的疲劳极限与它的抗拉强度有一定的比例关系。对称应力循环中，疲劳极限 σ_r 约为抗拉强度 R_m 的 40%；若仅承受拉伸的脉动循环（即应力的方向不变，而应力的大小发生变化），则此比例值还要高一些。

2. 低周疲劳的规律

疲劳通常分为高周疲劳与低周疲劳。一般转动机械发生的疲劳断裂，应力水平较低，而疲劳寿命较高，疲劳断裂时载荷交变周次 $N \geqslant 1 \times 10^5$ 次，称作高周疲劳或简称疲劳。若交变载荷引起的最大应力超过材料的屈服强度，而疲劳寿命 $N = 10^2 \sim 10^4$ 次，则为大应变低周疲劳或简称低周疲劳。对于压力容器，通常承受的是低周疲劳。

低周疲劳的特点是应力较高而疲劳寿命较低。试验表明，低周疲劳寿命 N 取决于交变载荷引起的总应变幅度。

曼森–柯芬根据试验提出如下关系式：

$$N^m \varepsilon_t = C \tag{9–1}$$

式中 N——低周疲劳寿命，次；

m——指数，与材料种类及试验温度有关，一般为 0.3～0.8，通常取 m=0.5；

ε_t——构件在交变载荷下的总应变幅度，包括弹性应变幅度和塑性应变幅度两部分，以后者为主；

C——常数，与材料在静载拉伸试验时的真实伸长率 e_K 有关，C=(0.5～1)e_K，而 e_K 与材料的断面收缩率 Z 有如下关系：

$$e_K = \ln \frac{1}{1-Z} \tag{9–2}$$

因而 $C = (0.5 \sim 1)\ln \dfrac{1}{1-Z}$。

如式（9–1）和式（9–2）所示，相应于一定的交变载荷和总应变幅度，低周疲劳寿命取决于材料的塑性。塑性越好 Z 值越大，C 值越大，相应的低周疲劳寿命 N 越大。

为了使用方便，将总应变幅度，包括弹性应变及塑性应变，均按弹性应力–应变关系折算成应力。由于塑性变形时应力–应变关系不遵守胡克定律，所以这样的折算是虚拟的，折算出的应力幅度称为虚拟应力幅度（也称作应力半幅），其计算式为：

$$\sigma_a = \frac{1}{2}E\varepsilon_t \tag{9–3}$$

式中　σ_a——虚拟应力幅度，MPa；

ε_t——总应变幅度；

E——材料的弹性模量，MPa。

按上述折算办法可把 $\varepsilon_t - N$ 关系转化为 $\sigma_a - N$ 关系，考虑一定的安全裕度，可得出许用应力幅度与寿命的关系式及关系曲线，即 $[\sigma_a] - N$ 曲线。该曲线通常称为低周疲劳设计曲线，可用于决定低周疲劳寿命或许用应力幅度，美国最先将它用作简易疲劳设计的依据，至今已被许多国家采用，如图 9–6 所示。

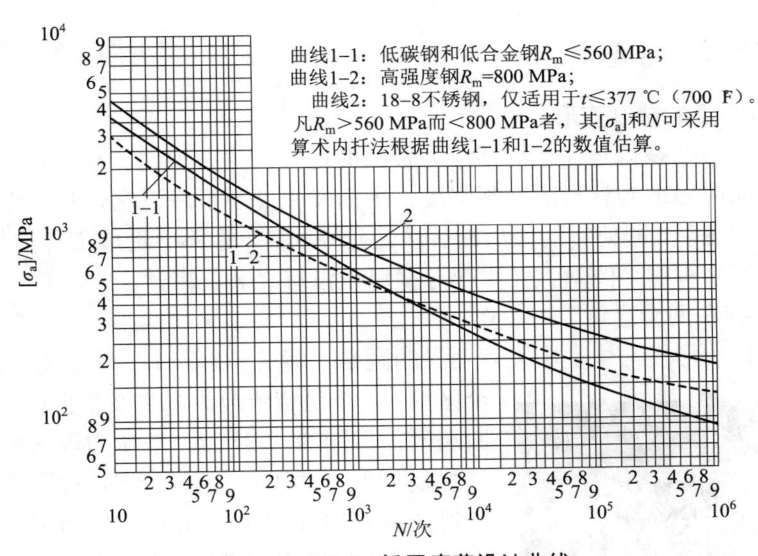

图 9–6　ASME 低周疲劳设计曲线

二、压力容器承压部件的疲劳断裂

压力容器的疲劳问题过去并未引起人们的普遍重视。因为它不像高速转动的机器那样承受很高交变次数的应力，而且以往又多采用塑性较好的材料，设计应力也较低，所以问题并不突出。在常规强度设计中，人们关心的主要是承压部件的静载强度失效问题。但实践表明，由于压力容器存在起动停运、调荷变压、反复充装等问题，从宏观上说压力容器承受的压力载荷仍是交变的，交变频率较低，周期较长，多属于脉动载荷（$r=0$）。随着压力容器参数的提高和高强钢的应用，疲劳断裂问题在国内外日益受到关注。

承压部件的疲劳断裂，绝大多数是属于金属的低周疲劳，金属低周疲劳的特点是承受较高的交变应力，而应力交变的次数并不需要太多，这些条件在许多压力容器中是存在的。

1. 存在较高的局部应力

低周疲劳的一个条件是它的应力接近或超过材料的屈服强度。这在承压部件的个别部位是可能存在的。因为在承压部件的接管、开孔、转角以及其他几何形状不连续的地方，在焊缝附近，在钢板存在缺陷的地方等都有不同程度的应力集中。有些地方的局部应力往往要比设计应力大好几倍，所以完全有可能达到甚至超过材料的屈服强度。如果反复地加载和卸载，将会使受力最大部位产生塑性变形并逐渐发展成微小的裂纹。随着应力的周期变化，裂纹逐步扩展，最后导致部件断裂。

2. 存在反复的载荷

承压部件器壁上的反复应力主要是在以下的情况中产生：

（1）间歇操作的设备经常进行反复的加压和卸压。

（2）在运行过程中设备压力在较大的范围内变动（一般超过 20%）。

（3）设备工艺温度及器壁温度反复变化。

（4）部件强迫振动并引起较大的局部附加应力。

（5）气瓶等充装容器多次充装等。

三、疲劳断裂的特征

1. 部件没有明显的塑性变形

承压部件的疲劳断裂也是先在局部应力较高的地方产生微细的裂纹，然后逐步扩展，到最后所剩下的截面应力达到材料的断裂强度，因而发生开裂。所以它也和脆性断裂一样，一般没有明显的塑性变形。即使它的最后断裂区是延性断裂，也不会造成部件的整体塑性变形，即破裂后的直径不会有明显的增大，大部分壁厚也没有显著的减薄。

2. 断裂断口存在两个区域

疲劳断裂断口的形貌与脆性断裂有明显的区别。疲劳断裂断口一般都存在比较明显的两个区域：一个是疲劳裂纹产生及扩展区；另一个是最后断裂区，如图 9–7 所示。在压力容器的断口上，裂纹产生及扩展区并不像一般受对称循环载荷的零件那样光滑，因为它的最大应力和最小应力都是拉伸应力而没有压应力，断口不会受到反复的挤压研磨。但它的颜色和最后断裂区有所区别，而且大多数承压部件的应力交变周期较长，裂纹扩展较为缓慢，所以有时仍可以见到裂纹扩展的弧形纹线。如果断口上的疲劳线比较清晰，还可以由它比较容易地找到疲劳裂纹产生的策源点。策源点和断口其他地方的形貌不一样，而且常常产生在应力集中的地方，特别是在部件的开孔接管处。

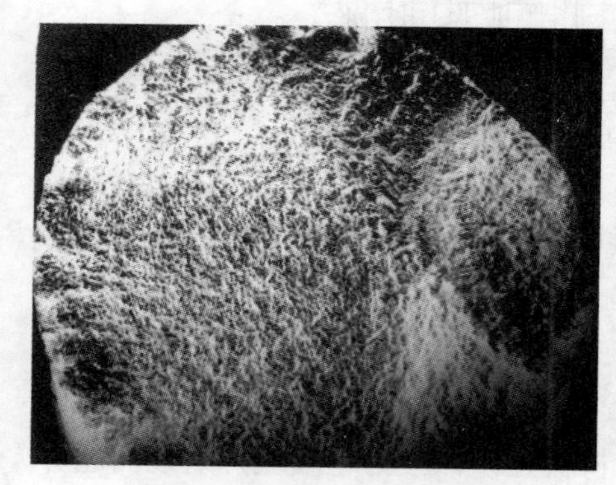

图 9–7　疲劳断裂样品照片

3. 设备常因开裂泄漏而失效

承受疲劳的承压设备或部件，一般不像脆性断裂那样常常产生碎片，而只是开裂一个破口，使部件因泄漏而失效。开裂部位常是开孔接管处或其他应力集中及温度交变部位。

4. 部件在多次承受交变载荷后断裂

承压部件的疲劳断裂是器壁在交变应力作用下，经过裂纹的产生和扩展然后断裂的，所以它总要经过多次反复载荷以后才会发生，而且疲劳断裂从产生、扩展到断裂，发展都比较缓慢，其过程要比脆性断裂慢得多。一般来说，即使原来存在裂纹，只要裂纹的深度小于失稳扩展的临界尺寸，则裂纹扩展至最后的疲劳断裂，都需要经过多次的交变载荷。对于压力容器这样的低周疲劳断裂，一般认为低周疲劳寿命在 10^2～10^5 次。

四、压力容器疲劳断裂的预防

（1）在保证结构静载强度的前提下，选用塑性好的材料。

（2）在结构设计中尽量避免或减小应力集中。

（3）在运行中尽量避免反复频繁地加载和卸载，减少压力和温度波动。

（4）加强检验，及时发现和消除结构缺陷。

（5）对于可能存在多次的反复载荷及局部应力较高的承压部件，应考虑做疲劳设计。

第五节　应力腐蚀断裂

压力容器的腐蚀断裂是指承压部件由于受到腐蚀介质的腐蚀而产生的一种断裂形式。据美国总电站公司对美国及欧洲 700 个公司关于配管系统事故情况的调查统计，在 399 件破坏事例中，属于腐蚀破坏的有 112 件，约占总件数的 28%。在国内，容器因腐蚀而在运行中发生破裂爆炸的事例也是常见的，特别是在石油化工容器中。

钢的腐蚀破坏形式按它的破坏现象来分，可以分为均匀腐蚀、点腐蚀、晶间腐蚀、应力腐蚀和腐蚀疲劳。其中，点腐蚀和晶间腐蚀属于选择性腐蚀，应力腐蚀和腐蚀疲劳属于腐蚀断裂。

根据承压设备的情况，主要讨论应力腐蚀断裂。应力腐蚀是特殊的腐蚀现象和腐蚀过程，应力腐蚀断裂是应力腐蚀的最终结果。

一、应力腐蚀及其特点

应力腐蚀又称腐蚀裂开，是金属构件在应力和特定的腐蚀性介质共同作用下导致脆性断裂的现象，叫应力腐蚀断裂。金属发生应力腐蚀时，腐蚀和应力起互相促进的作用，一方面腐蚀使金属的有效截面积减小，表面形成缺口，产生应力集中；另一方面应力加速腐蚀的进程，使表面缺口向深处（或沿晶间）扩展，最后导致断裂。所以应力腐蚀可以使金属在应力低于它的强度极限的情况下破坏。应力腐蚀及其断裂有以下特点：

（1）引起应力腐蚀的应力必须是拉应力，且应力可大可小，极低的应力水平也可能导致应力腐蚀破坏。应力既可由载荷引起，也可是焊接、装配或热处理引起的内应力（残余应力）。压缩应力不会引起应力腐蚀及断裂。

（2）纯金属不发生应力腐蚀破坏，但几乎所有的合金在特定的腐蚀环境中，都会产生应力腐蚀裂纹。极少量的合金或杂质都会使材料产生应力腐蚀。各种工程实用材料几乎都有应力腐蚀敏感性。

（3）产生应力腐蚀的材料和腐蚀性介质之间有选择性和匹配关系，即当两者是某种特定组合时才会发生应力腐蚀。常用金属材料发生应力腐蚀的敏感介质见表 9–1。

表 9–1　常用金属材料发生应力腐蚀的敏感介质

材料	可发生应力腐蚀的敏感介质
碳钢	氢氧化物溶液，硫化氢水溶液，碳酸盐、硝酸盐或氰酸盐水溶液，海水，液氨，湿的 $CO-CO_2$–空气，硫酸–硝酸混合液，热三氯化铁溶液
奥氏体不锈钢	海水，热的氢氧化物溶液，氯化物溶液，热的氟化物溶液
铝合金	潮湿空气，海水，氯化物的水溶液，汞
钛合金	海水，盐酸、发烟硝酸，300 ℃以上的氯化物，潮湿空气，汞

（4）应力腐蚀是一个电化学腐蚀过程，包括应力腐蚀裂纹萌生、亚稳扩展、失稳扩展等阶段，失稳扩展即造成应力腐蚀断裂。

化工压力容器中常见的应力腐蚀有：液氨对碳钢及低合金钢的应力腐蚀，硫化氢对钢制容器的应力腐蚀，苛性碱对压力容器的应力腐蚀（碱脆或苛性脆化），潮湿条件下一氧化碳对气瓶的应力腐蚀等。国内外均发生过多起压力容器应力腐蚀断裂事故。

二、应力腐蚀断裂的特征

（1）即使具有很高延性的金属，其应力腐蚀断裂仍具有完全脆性的外观，属于脆性断裂，断口平齐，没有明显的塑性变形，断裂方向与主应力垂直。突然脆断区断口，常有放射花样或人字纹。

（2）应力腐蚀是一种局部腐蚀，其断口一般可分为裂纹扩展区和瞬断区两部分。前者颜色较深，有腐蚀产物伴随；后者颜色较浅且洁净。断口微观形貌在其表面可见到覆盖的腐蚀产物及腐蚀坑。

（3）应力腐蚀断裂一般为沿晶断裂，也可能是穿晶断裂。裂纹形态有分叉现象，呈枯树枝状，由表面向纵深方向发展，裂纹的深宽比（深度与宽度的比值）很大。

（4）引起断裂的因素中有特定介质及拉伸应力。

三、应力腐蚀断裂过程

应力腐蚀断裂过程可分为以下三个阶段。

1. 孕育阶段

这是裂纹产生前的一段时间，在此期间主要是形成蚀坑，作为裂纹核心。当部件表面存在可作为应力腐蚀裂纹的缺陷时，则没有孕育期而直接进入裂纹扩展期。

2. 裂纹亚稳扩展阶段

在应力和介质的联合作用下，裂纹缓慢地扩展。

3. 裂纹失稳扩展阶段

这是裂纹达到临界尺寸后发生的机械性断裂。

四、应力腐蚀断裂的预防

由于对应力腐蚀的机理尚缺乏深入的了解和一致的看法，因而在工程技术实践中，常以控制应力腐蚀产生的特点和条件作为预防应力腐蚀的主要措施，其中常见的有：

（1）选用合适的材料，尽量避开材料与敏感介质的匹配，如不以奥氏体不锈钢作为接触海水及氯化物的容器。

（2）在结构设计中避免过大的局部应力。

（3）采用涂层或衬里，把腐蚀性介质与容器承压壳体隔离。

（4）在制造中采用成熟合理的焊接工艺及装配成形工艺并进行必要合理的热处理，消除焊接残余应力及其他内应力。

（5）应力腐蚀常对水分及潮湿气氛敏感，使用中应注意防湿防潮。对设备加强管理和检验。

第六节　蠕 变 断 裂

金属材料在应力与高温的双重作用下会产生缓慢而连续的塑性变形，最终导致断裂，这就是金属的蠕变现象。高温容器的承压部件如果长期在金属蠕变温度范围内工作，直径就会增大，壁厚逐步减薄，材料的强度也有所降低，严重时会导致承压部件的断裂。

一、高温部件蠕变断裂的常见原因

高温部件蠕变断裂的常见原因有以下两个：

（1）选材不当。例如，由于设计时的疏忽或材料管理上的混乱，错用碳钢代替抗蠕变性能较好的合金钢制造高温部件。

（2）结构不合理，使部件的部分区域过热；制造时材料组织改变，抗蠕变性能降低。例如，奥氏体不锈钢的焊接常常使其热影响区材料的抗蠕变性能恶化，大的冷弯变形也有可能产生同样的影响。有些材料长期受到高温和应力的作用而发生金相组织的变化，包括晶粒长大、再结晶及回火效应，碳化物、氮化物及合金组分的沉淀以及钢的石墨化等，特别是钢的石墨化，因石墨化可使钢的强度及塑性显著降低而造成部件的破坏。有些管子就会因选材不当或局部过热引起石墨化，并降低抗蠕变强度而破裂。此外，操作不正常、维护不当，致使承压部件局部过热，也常常是造成蠕变断裂的一个主要原因。

二、蠕变过程及蠕变断裂

蠕变过程通常通过蠕变曲线表示。蠕变曲线是蠕变过程中变形与时间的关系曲线，如图 9–8 所示。曲线的斜率表示应变随时间的变化率，叫蠕变速度，其计算式为：

$$v_c = \frac{d\varepsilon}{dt} = \tan\alpha$$

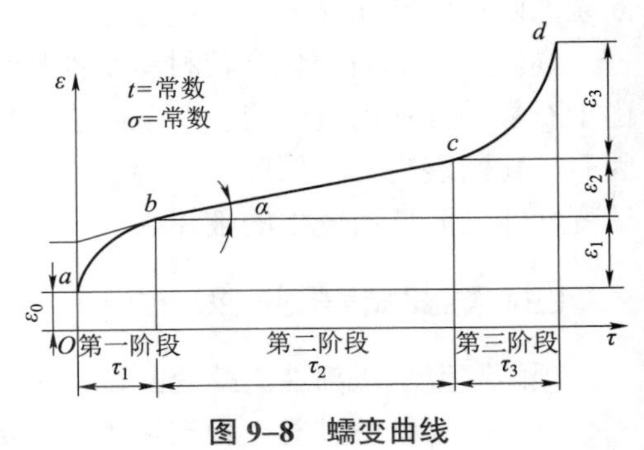

图 9–8　蠕变曲线

试验表明，对一定材料，在一定的载荷及温度作用下，其蠕变过程一般包括三个阶段。如图 9–8 所示中 Oa 表示试件加载时的初始变形，它可以是弹性的，也可以是弹塑性的，因载荷大小而异，但它不是蠕变变形。

第一阶段：蠕变的减速期，以曲线的 *ab* 段表示。即试件开始蠕变时速度较快，随后逐步减慢，这一段是不稳定蠕变期。

第二阶段：蠕变的恒速期，以曲线的 *bc* 段表示。*bc* 近似为一条直线，当应力不太大或温度不太高时，这一段持续时间很长，是蠕变寿命的主要构成部分，也叫稳定蠕变阶段。

第三阶段：蠕变的加速期，以曲线的 *cd* 段表示。此时蠕变速度越来越快，直至 *d* 点试件断裂。

蠕变断裂是蠕变过程的结果。不同材料、不同载荷或不同温度，可以有形状不同的蠕变曲线，但均包含上述三个阶段，不同蠕变曲线的主要区别是恒速期的长短。

实际在高温下运行的构件，一般难以避免蠕变现象和蠕变过程，但可以控制蠕变速度，使之在规定的服役期限内仅发生减速及恒速蠕变，而不发生蠕变加速及蠕变断裂。

三、蠕变断裂的特征

宏观上可见到蠕变胀粗形貌，如图 9–9 所示为延迟焦化加热炉炉管局部鼓胀，材料为 Cr5Mo，介质为渣油，入口温度为 400 ℃，压力为 2 MPa，出口温度为 500 ℃，压力为 0.2 MPa。

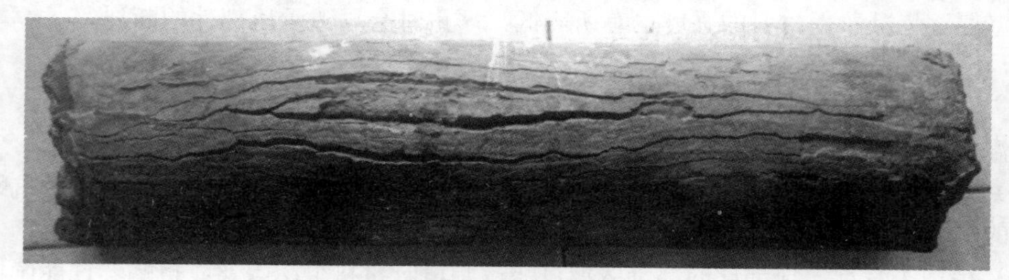

图 9–9　延迟焦化加热炉炉管局部鼓胀

金属材料的蠕变断裂基本上可分为两种：穿晶型断裂和沿晶型断裂。

穿晶型蠕变断裂在断裂前有大量塑性变形，断裂后的伸长率高，往往形成缩颈，断口呈延性形态，因而也称为蠕变延性断裂。

沿晶型蠕变断裂在断裂前塑性变形很小，断裂后的伸长率甚低，缩颈很小或者没有，在晶体内常有大量细小的裂纹，这种断裂也称为蠕变脆性断裂。

蠕变断裂形式的变化与温度、压力等因素有关。在高应力及较低温度下蠕变时，发生穿晶型蠕变延性断裂；在低应力及较高温度下蠕变时，发生沿晶型蠕变脆性断裂。另外，蠕变断裂的断口常有明显的氧化色彩。

高温下钢的石墨化会使材料塑性显著降低，因石墨化而引起断裂的断口呈脆性断口，并由于石墨的存在而呈现黑色。从断裂的性态来说，这种断裂实际上是高温下的脆性断裂（钢因石墨化断裂也称“黑脆”）。因它是在长期高温作用下产生的，所以也可以把它看作由于抗蠕变性能的降低而发生的破坏。

四、蠕变断裂的预防

预防高温承压部件的蠕变断裂，主要从以下几个方面来考虑：

（1）在设计部件时，根据使用温度选用合适的材料，并按该材料在使用温度和需要的使用寿命下的许用应力选取相应强度指标。

（2）合理进行结构设计和介质流程布置，尽量避免承受高压的大型容器直接承受高温，避免结构局部高温及过热。

（3）采用合理的焊接、热处理及其他加工工艺，防止在制造、安装、修理中降低材料的抗蠕变性能。

（4）严格按操作规程运行设备，防止总体或局部超温、超压，从而降低蠕变寿命。

思　考　题

1. 延性断裂的基本条件及特征是什么？
2. 脆性断裂有哪些特征及预防方法？
3. 疲劳断裂是怎么产生的？
4. 造成应力腐蚀断裂的条件是什么？采取哪些措施可防止应力腐蚀断裂？
5. 造成压力容器部件蠕变断裂的原因是什么？

第十章
压力容器安全检测技术

学习指导

1. 了解无损检测技术的定义、分类及其发展过程。

2. 理解射线、超声、磁粉、渗透、涡流、声发射等无损检测的基本原理、适用范围与特点。

3. 理解耐压试验、泄漏试验的目的和作用，熟悉耐压试验、泄漏试验的种类，掌握其试验方法与程序。

第一节 无损检测

随着现代工业的发展，对产品的质量和结构安全性、使用可靠性提出了越来越高的要求。由于无损检测技术具有不破坏试件、检测灵敏度高等优点，所以其应用日益广泛。目前，无损检测技术不仅应用于压力容器的制造检验和在用检验，而且在国内许多行业和部门如机械、冶金、石油天然气、石化、化工、航空航天、船舶、铁道、电力、核工业、兵器、煤炭、有色金属和建筑等都得到了广泛的应用。

一、概述

1. 无损检测的定义与分类

在不损坏试件的前提下，以物理或化学方法为手段，借助先进的技术和设备器材，对试件的内部及表面的结构、性质、状态进行检查和测试的方法，称为无损检测。

在无损检测技术发展过程中出现过三个名称，即无损探伤（Non-destructive Inspection）、无损检测（Non-destructive Testing）和无损评价（Non-destructive Evaluation）。一般认为，这三个名称体现了无损检测技术发展的三个阶段，其中无损探伤是早期阶段的名称，其含义是探测和发现缺陷；无损检测是当前阶段的名称，其内涵不仅是探测缺陷，还包括探测试件的一些其他信息，如结构、性质和状态等，并试图通过测试掌握更多的信息；而无损评价则是即将进入或正在进入的新的发展阶段。无损评价包含更广泛、更深刻的内容，它不仅要求发现缺陷，探测试件的结构、性质和状态，还要求获取更全面、更准确的综合信息，如缺陷的形状、尺寸、位置、取向、内含物，缺陷部位的组织、残余应力等，结合成像技术、自动化技术、计算机数据分析和处理等技术，与材料力学、断裂力学等知识综合应用，对试件或产品的质量和性能给出全面、准确的评价。

射线检测（Radiography Testing，RT）、超声检测（Ultrasonic Testing，UT）、磁粉检测（Magnetic Testing，MT）和渗透检测（Penetrant Testing，PT）是开发较早、应用较广泛的探测缺陷的方法，称为四大常规检测方法。到目前为止，这四种方法仍是压力容器制造质量检验和在用检验最常用的无损检测方法。其中，射线检测和超声检测主要用于探测试件内部缺陷，对于检查材料内部的面型缺陷，以超声检测为宜；对体积型缺陷，则以射线检测更为敏感。磁粉检测和渗透检测主要用于探测试件表面缺陷，磁粉检测主要用于铁磁性材料制的承压设备表面和近表面缺陷的检测，渗透检测主要用于非多孔性金属材料和非金属材料制的承压设备的表面开口缺陷的检测。其他用于压力容器的无损检测方法有涡流检测（Eddy current Testing，ET）和声发射检测（Acoustic Emission，AE）等，具体见表 10–1。

表 10–1　无损检测的方法

检测方法	用　途	特　点
γ射线	检测焊接不连续性(包括裂纹、气孔、未融合、未焊透及夹渣）以及腐蚀和装配缺陷。最易检查厚壁体积性缺陷	优点：可获得永久记录，并且可以定位在物体内
		缺点：有辐射、不安全
超声	检测锻件的裂纹、分层、焊缝中的裂纹、气孔、夹渣、未熔合、未焊透、型材的裂纹、分层、夹杂、折叠；铸件中的缩孔、气泡、热裂、冷裂、疏松、夹渣等缺陷及厚度测量	优点：对平面型缺陷十分敏感，易于携带，穿透力强
		缺点：要求被测的表面光滑；难以检测出细小裂纹；不适用于形状复杂或表面粗糙的情况
磁粉	检测铁磁性材料和加工表面或近表面的裂纹、折叠、夹层、夹渣等，并能确定缺陷的位置、大小和形状	优点：简单、操作方便
		缺点：仅限于铁磁性材料，检测前必须清洁工件，难以确定缺陷深度
渗透	检测金属和非金属材料的裂纹、折叠、疏松、针孔等缺陷，并确定缺陷的位置、大小和形状	优点：除疏松多孔性材料外，对其他任何种类的材料都适用
		缺点：只能检测出表面开口的缺陷，对埋藏缺陷和闭合型的表面缺陷无法检出，且难以确定缺陷的深度
涡流	检测导电材料表面和近表面的裂纹、夹杂、折叠、凹坑、疏松等缺陷，并能确定缺陷的位置和相对尺寸	优点：经济，简便，可自动对准工件检测
		缺点：仅限于导体材料
声发射	检测构件的动态裂纹、裂纹萌生及裂纹生长率等	优点：实时并连续监控探测，可以遥控
		缺点：试件必须处于应力状态
X 射线	检测焊缝未焊透、气孔、夹渣、铸件中的缩孔、气孔、疏松、热裂等	优点：功率可调，照相质量高，可永久记录
		缺点：投资大，不易携带，有危险
噪声	检测设备内部结构的磨损、撞击、疲劳等缺陷，寻找噪声源（故障源）	优点：仪器轻便，检测分析速度快，可靠性高
		缺点：仪器较贵，对人员要求高
工业 CT	缺陷检测，尺寸测量，装配结构分析，密度分布表征	优点：能给出检测试件断层扫描图像和空间位置、尺寸、形状，成像直观；分辨率高；不受几何结构的限制
		缺点：检测成本高，效率低

2. 无损检测的应用特点

1）无损检测要与破坏性检测相配合

无损检测的最大特点是能在不损伤材料、工件和结构的前提下进行检测，所以实施无损检测后，产品的检查率可以达到100%。但是，并不是所有需要测试的项目和指标都能进行无损检测，无损检测技术自身还有局限性，某些试验只能采用破坏性检测，因此，目前无损检测还不能完全代替破坏性检测。也就是说，对一个工件、材料、机器设备的评价，必须把无损检测的结果与破坏性检测的结果互相对比和配合，才能做出准确评定。如液化石油气钢瓶除了无损检测外，还要进行爆破试验；压力容器焊缝有时要切取试样做力学性能和金相断口检验。

2）正确选用实施无损检测的时机

在进行无损检测时，必须根据无损检测的目的，正确选择实施无损检测的时机。例如，锻件的超声检测，一般安排在锻造完成且进行过粗加工后，钻孔、铣槽、精磨等最终机加工前，因为此时扫查面较平整，耦合较好，有可能干扰检测的孔、槽、台还未加工，发现质量问题处理也较容易，损失也较小；要检查高强钢焊缝有无延迟裂纹，实施无损检测的时机就应安排在焊接完成24 h以后进行；要检查热处理工艺是否正确，就应将实施无损检测的时机放在热处理之后进行。只有正确地选用实施无损检测的时机，才能顺利地完成检测，正确评价产品质量。

3）正确选用最适当的无损检测方法

无损检测在应用中，由于检测方法本身有局限性，不能适用于所有工件和所有缺陷，为了提高检测结果的可靠性，必须在检测前，根据被检物的材质、结构、形状和尺寸，预计可能产生什么种类、什么形状的缺陷，在什么部位、什么方向产生，根据以上各种情况进行综合分析，然后根据无损检测方法各自的特点选择最合适的检测方法。例如，钢板的分层缺陷因其延伸方向与板平行，不适合用射线检测，而应选择超声检测；检查工件表面细小的裂纹，就不应选择射线和超声检测，而应选择磁粉和渗透检测。此外，选用无损检测方法和应用时还应充分认识到，检测的目的不是片面追求那种要求过高的“高质量”产品，而是在保证安全性的同时要保证产品的经济性。只有这样，无损检测方法的选择和应用才是正确、合理的。

4）综合应用各种无损检测方法

在无损检测应用中，必须认识到任何一种无损检测方法都不是万能的，每种无损检测方法都有它自己的优点和缺点。因此，在无损检测的应用中，如果可能不要只采用一种无损检测方法，而应尽可能多地同时采用几种方法，以便保证各种检测方法互相取长补短，从而取得更多的信息。另外，还应利用无损检测以外的其他检测所得的信息，利用有关材料、焊接、加工工艺的知识及产品结构的知识，综合起来进行判断，例如，超声波对裂纹缺陷探测灵敏度较高，但定性不准是其不足，而射线的优点之一是对缺陷定性比较准确，两者配合使用，就能保证检测结果既可靠又准确。

3. 压力容器无损检测标准

压力容器无损检测现行的标准是JB/T 4730—2005。该标准规定了射线检测、超声检测、磁粉检测、渗透检测和涡流检测五种无损检测方法，适用于金属材料（碳钢、不锈钢、铝和钛）制压力容器的原材料、零部件和焊缝的检测与缺陷等级评定。

二、射线检测

1. 射线及其特性

射线是一种电磁波，它与无线电波、红外线、可见光、紫外线等本质相同，具有相同的传播速度，但频率与波长则不同，射线的波长短、频率高，因此它有许多与可见光不同的性质。射线不可见，不带电荷，所以不受电场和磁场的影响。它能够透过可见光不能透过的物质，能使物质产生光电子、反跳电子以及引起散射现象。它可以被物质吸收产生热量，也能使气体电离，并能使某些物质起光化学反用，使照相胶片感光，又能使某些物质发生荧光。

2. 射线的产生

1）X 射线

在工业应用上，X 射线是由一种特制的 X 射线管产生的，X 射线管的原理如图 10–1 所示，它由阴极、阳极（靶）和高真空的玻璃管和陶瓷外壳组成。阴极是一加热灯丝，用于发射电子。阳极靶由耐高温的钨制成。工作时在两极之间加有高电压，从阴极灯丝发射的高速电子撞击到阳极靶上，其动能消耗于阳极材料原子的电离和激发，然后转变为热能，部分电子在原子核场中受到急剧阻止，产生所谓的韧致 X 射线，即连续 X 射线。

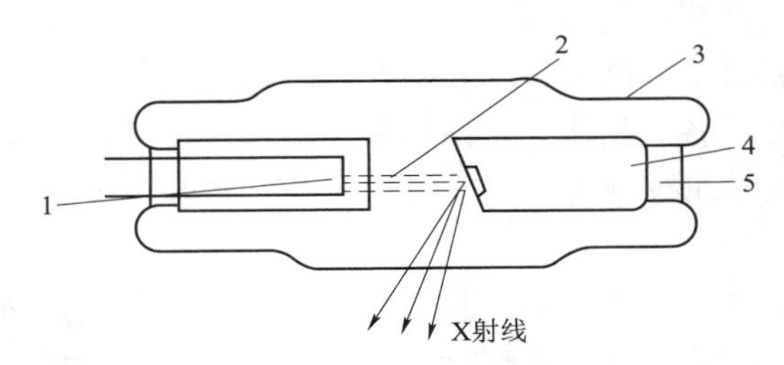

图 10–1　X 射线管的原理

1—阴极（灯丝）；2—电子束；3—陶瓷外壳；4—玻璃管；5—阳极（靶）

电子从阴极发射出来，其数量取决于灯丝电压。X 射线管所产生 X 射线量的大小主要取决于从阴极飞往阳极的电子流（管电流）。至于 X 射线值的高低，或其穿透力的强弱，则主要取决于电子从阴极飞往阳极的运动速度，从而取决于 X 射线管的管电压。

普通 X 射线和 γ 射线检测，由于其能量低，穿透能力差，检测能力受到限制。例如，超过 100 mm 厚的钢板不能用一般 X 射线检测，超过 300 mm 厚的钢板很难用 γ 射线进行检测。此时可采用加速器产生的高能 X 射线检测，所谓高能 X 射线，是指能量超过 1 000 kV 的射线。例如，对于厚度达 300～500 mm 的钢板，采用高能 X 射线检测可以获得满意的结果。

高能 X 射线的产生和上述基本相似，所不同的是高能 X 射线的电子发射源不是热灯丝，而是电子枪，电子运动的加速也不是由于管电压，而是加速器。射线检测中应用的加速器都是电子加速器，能量在数兆电子伏到数十兆电子伏范围内。

2）γ 射线

γ 射线和 X 射线从本质上和性质上并没有区别，只是其产生方式有所不同。γ 射线是由放射性同位素产生的，放射性同位素是一种不稳定的同位素，能不停地衰变释放出 γ 射线，γ 射线的能量等于两个能级间的能量差。射线检测中所用的 γ 射线通常是由核反应制成的人工放射源，应用较广的 γ 射线源有钴 60、铱 192、铯 75 等。

3. 射线检测的基本原理

射线检测的基本原理是利用强度均匀的 X 射线和 γ 射线照射工件，使照相胶片感光。当射线透过被检测物体时，有缺陷部位（如气孔、非金属夹杂物等）与无缺陷部位对射线吸收的能力不同（以金属物体为例，缺陷部位所含空气和非金属夹杂物对射线的吸收能力大大低于金属对射线的吸收能力），透过有缺陷部位的射线强度高于无缺陷部位的射线强度，因而可以通过检测透过工件后的射线强度差异来判断工件中是否存在缺陷。

目前，国内外应用最广泛、灵敏度比较高的射线检测方法是射线照相法。它是采用感光胶片来检测射线强度的，在射线感光胶片上对应的有缺陷部位因接收较多的射线而形成黑度较大的缺陷影像。

当缺陷沿射线透照方向长度越大或被透照物线吸收系数越大，透过有缺陷部位和无缺陷部位的射线强度差越大，感光胶片上缺陷与本体部位的黑度差越大，底片的对比度也就越大，缺陷就越容易被发现。

4. 射线检测技术

射线检测技术分为三级：A 级、AB 级和 B 级。其中，A 级射线检测技术属于低灵敏度技术，AB 级射线检测技术属于中灵敏度技术，B 级射线检测技术属于高灵敏度技术。

射线检测技术等级的选择应符合制造、安装、在用等有关技术法规、标准及设计图样的规定。承压设备对接焊接接头的制造、安装、在用时的射线检测，一般应采用 AB 级射线检测技术进行检测。对重要设备、结构、特殊材料和特殊焊接工艺制作的对接焊接头，可采用 B 级技术进行检测，A 级射线检测通常用于承压设备的支承件和结构件对接接头的检测。

5. 射线透照方式

按射线源、工件和胶片三者之间的相互位置关系，透照方式分为纵缝透照法、环缝外透法、环缝内透法、双壁单影法和双壁双影法五种，如图 10–2 所示。

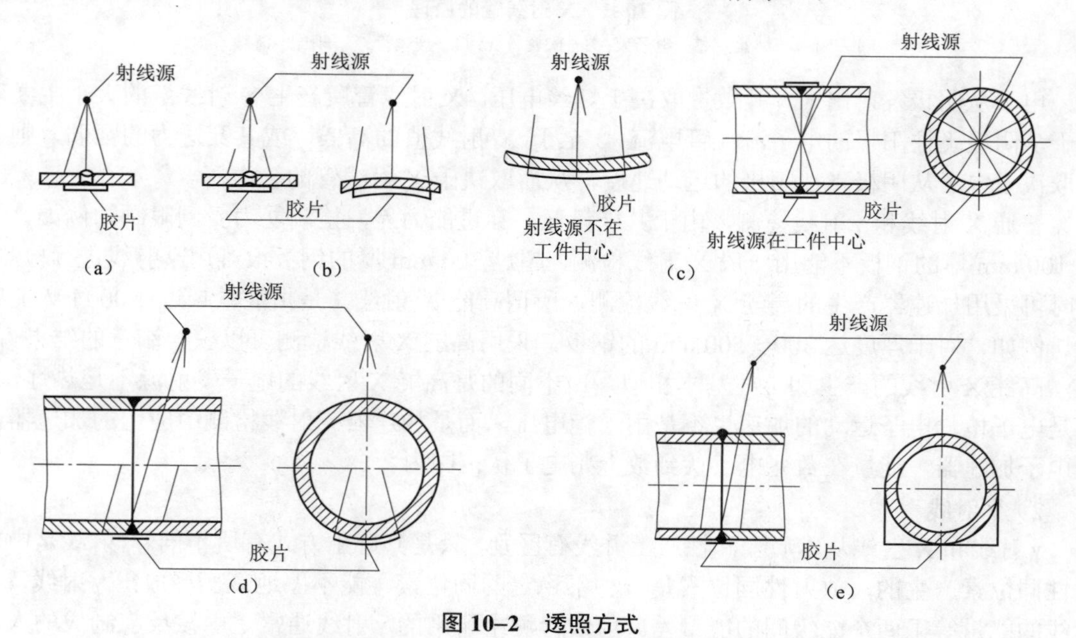

图 10–2 透照方式

(a) 纵缝透照法；(b) 环缝外透法；(c) 环缝内透法；(d) 双壁单影法；(e) 双壁双影法

射线透照方式应根据工件特点和技术条件的要求选择适宜的透照方式。由于单壁透照方式的灵敏度明显要高于双壁透照方式，因此，在可以实施的情况下应尽量选用单壁透照方式，在单壁透照不能实施时才允许采用双壁透照方式。

6. 射线检测方法的适用范围

射线检测能确定缺陷平面投影的位置、大小，可获得缺陷平面图像，并能据此判定缺陷的性质。射线检测适用于金属材料制承压设备熔焊对接接头的检测，用于制作对接焊接接头的金属材料包括碳素钢、低合金钢、不锈钢、铜及铜合金、铝及铝合金、钛及钛合金和镍及镍基合金。射线检测不适用于锻件、管材和棒材的检测。T 形焊接接头、角焊缝以及堆焊层的检测一般也不采用射线检测。

射线检测的穿透厚度主要由射线能量确定，如表 10–2 所示。

表 10–2　不同射线源检测的厚度范围

射线源	透照厚度（AB 级）/mm	射线源	透照厚度（AB 级）/mm
X 射线（300 kV）	≤40	钴 60	40～200
X 射线（300 kV）	≤80	X 射线（1～4 MeV）	30～200
铯 78	10～40	X 射线（4～12 MeV）	50～400
铱 192	20～100	X 射线（>12 MeV）	≥80

7. 射线检测方法的特点

（1）射线检测方法有底片，能够详细记录检测的信息，且可以长期保存，从而使射线照相法成为各种无损检测方法中记录最真实、最直观、最全面、可追踪性最好的检测方法。

（2）在定量方面，射线检测方法对体积型缺陷（气孔、夹渣类）的尺寸确定比较准确，检出率高。但对面积型缺陷（如裂纹、未熔合类），若缺陷端部尺寸（高度和张口宽度）很小，则底片上影像尖端延伸可能辨别不清，此时定量数据会偏小，检出率会受到多种因素的影响。

（3）普通的射线检测适宜检验厚度较薄的工件，对于较厚的工件，需要高能量的射线检测设备。此外，随板厚增大，射线照相的绝对灵敏度是下降的，也就是说对厚工件采用射线照相，小尺寸缺陷以及一些面积型缺陷漏检的可能性增大。

（4）适宜检测对接焊缝。检测角焊缝的透照布置比较困难，摄得底片的黑度变化大，成像质量不够好，所以检测效果较差。另外板材、锻件中的大部分缺陷与板平行，射线照相无法检出，因此不适宜检测板材、棒材和锻件。

（5）由于是穿透法检验，检测时需要接近工件的两面，因此结构和现场条件有时会限制检测的进行，如有内件的容器、有厚保温层的容器、内部液态或固态介质未排空的容器等均无法检测。采用双壁单影法透照虽然可以不进入容器内部，但只适用于直径较小的容器，对直径较大（一般大于 1 000 mm）的容器，双壁单影法透照很难实施。此外，射线照相源至胶片的距离（焦距）有一定要求，如焦距太短，则底片清晰度会很差。

（6）根据射线底片的缺陷图像，可以精确地判别缺陷在平面（垂直于射线透照方向的平面）上的位置、尺寸和种类，但对缺陷在工件中厚度方向（射线透照方向）的位置、尺寸（高度）的确定比较困难。

（7）射线不仅对人体有伤害，而且对环境也有一定的污染作用，因此需要对射线进行防护，以保证操作人员的健康及生命安全。目前国内采用的防护措施主要有屏蔽防护、距离防护和时间防护。

三、超声检测

1. 超声波的性质

超声波是弹性介质中的机械振动，与人耳可以听到的声波类似，所不同的是人耳所能感受的振动频率为20～20 000 Hz，频率超过20 000 Hz的才是超声波。在检测中用得最多的超声波频率为2～5 MHz。

超声波具有以下一些类似于光的传播特性。

（1）超声波能在固体、液体和空气中直线传播。超声波有良好的指向性（束射性），当频率越高、波长越短时，其指向性越好。指向性好，声束所传播的能量集中，检测的灵敏度和分辨率也就较高，因而易于发现微小缺陷并确定其位置，这和聚光的手电筒射出的光束能清楚地分辨黑暗中的物体是同样的道理。

（2）超声波在界面的反射和折射。超声波与光波一样，在界面具有反射和折射的性质。由于超声波振动频率高、波长短，在均匀介质中能定向传播且能量衰减很小，因此可传播很远的距离。但当它在传播路径上遇到不同介质的界面时，能反射和折射，遇到一个细小的缺陷，如气孔、裂纹等缺陷（缺陷大多为空气囊）时，在空气与金属界面上就会发生反射，并且当两介质的声阻抗（介质密度和声速的乘积为声阻抗）相差越大时，反射率就越大。如钢的声阻抗比空气的声阻抗大得多，所以在传播的超声波遇到裂纹等缺陷时，其反射率接近100%。测出反射回来的超声波，就能判别缺陷是否存在，这就是超声检测的基本依据。

当超声波垂直地传到界面上时，一部分超声波被反射，而剩余的部分就穿透过去，这两部分的比率取决于两种介质的声阻抗。例如，在钢与空气的界面，其反射率接近100%；而钢与水接触时，则有88%的声能被反射，有12%的声能穿透进入水中。当超声波斜射到界面上时，在界面上会产生反射和折射。

（3）超声波在介质中传播时会逐渐衰减。超声波在气体介质中衰减最快，液体次之，固体最慢。因此，它在金属材料中可以传播很远。探测钢材或构件的最大厚度常达数米。超声波在金属中的衰减程度与其波长和金属的晶粒大小有关。波长越短，晶粒越大，则衰减越大。奥氏体晶粒粗大，因此超声波在奥氏体不锈钢中衰减很快，晶粒粗大的铸件中也有类似情况。所以一般的超声检测仪就不适合于探测奥氏体不锈钢和铸件中的缺陷。

此外，当超声波遇到比其波长小得多的障碍物（即较小的缺陷）时，由于衍射作用，会发生绕射现象。这样波的传播与缺陷的存在与否就没有关系了。因此，在超声检测中，检测出的缺陷尺寸极限与超声波的波长有关，一般为波长的一半。

2. 超声波的波形特征

在检测中所用的超声波波形主要有纵波、横波、表面波和板波。

1）纵波

声波在介质中传播时，质点振动方向与波的传播方向一致的波称为纵波。纵波可在各种介质中传播，在固体介质中传播时，速度为横波的2倍。

目前使用中的探头（超声波辐射器）所产生的波型一般是纵波形式。纵波在被检零件中的传播情况如图 10–3 所示。利用纵波，可以检验几何形状简单的物体的内部缺陷。

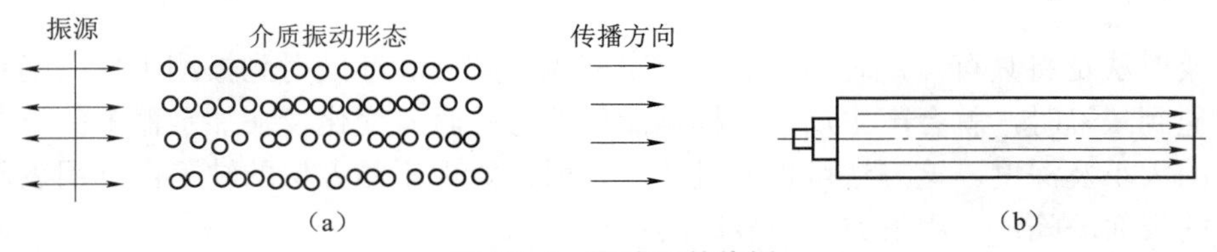

图 10–3 纵波及其传播

（a）纵波振动形式；（b）纵波传播情况

2）横波

质点振动方向与波的传播方向相互垂直时的振动波称为横波。横波只能在固体和切变模数高的黏滞流体中传播。横波在被检零件中的传播情况如图 8–4 所示。

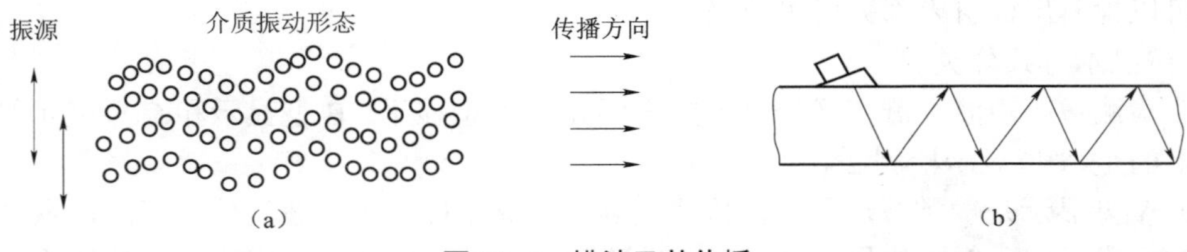

图 10–4 横波及其传播

（a）横波振动形式；（b）横波传播情况

横波通常是由纵波通过波型转换器转化而来的。利用横波可以探测管件、杆件和其他几何外形复杂零件的缺陷。在同样工作频率下，横波检测的分辨率要比纵波几乎高 1 倍。

3）表面波

表面波是沿着零件表面传播的波。其幅值随传播深度增加而迅速减小，传播速度约为横波的 90%。表面波的产生也是通过波型转换器转化而得到的。由于表面波是沿着零件表面进行传播的，因此它用来检测零件表面的裂纹和缺陷。

4）板波

板波是在无限大板状介质的整个厚度范围内传播的波。其传播速度与材质、板厚和频率有关。

3. 超声波的产生和接收

产生超声波的方法有很多，如热力学法、力学法、电磁法、电动法、激光法和压电法等，目前在超声检测中应用最广的是压电法。在应用中，常采用装有压电晶体的探头来发射和接收超声波。压电晶体能将电能转变为机械能，也可将机械能转变为电能。通过对压电晶体施加一个处于超声频率范围的交变电压，晶体就会产生超声振荡。当探头与表面光洁并涂有耦合剂的被测工件紧密接触时，这种超声振荡就通过耦合剂进入工件，一旦遇到缺陷就会在缺陷形成的空气囊和金属本体的界面上产生反射。反射波回到探头的压电晶体上又被转变为交变电压，经仪器接收、放大，最后在显示仪器上显示出反射的缺陷。

4. 超声检测的方法

超声检测可按多种方法进行分类。

1）按原理分类

超声检测按原理可分为脉冲反射法、穿透法和共振法三种。目前用得最多的是脉冲反射法。

脉冲反射法是将具有一定时间和一定频率间隔的超声脉冲发射到被测工件，当超声波在工件内部遇到缺陷时，就会产生反射，根据反射信号的时差变化及在显示器上的位置就可以判断缺陷的大小及深度。该方法可以通过改变入射角发现不同方位的缺陷；利用表面波检测复杂形状的表面缺陷；利用板波对薄板缺陷进行检测。

穿透法是根据超声波穿透工件后能量的变化来判断工件内部有无缺陷。适于探测较薄工件的缺陷和衰减系数较大的匀质材料工件，但是不能检测缺陷的深度，检测灵敏度较低。该方法设备简单、操作容易，检测速度快，对形状简单、批量较大的工件容易实现连续自动检测，但对发射探头和接收探头的位置要求较高。

共振法是利用共振现象来检测物体缺陷的，常用于壁厚的测量。该方法设备简单、测量准确，可以检测出板材内部夹层等缺陷。

2）按显示方式分类

超声检测按超声波检测图形的显示方式可分为A型显示、B型显示和C型显示等。目前用得最多的是A型显示检测法。

（1）A型显示是一种波形显示，检测仪屏幕的横坐标代表声波的传播距离，纵坐标代表反射波的幅度。由反射波的位置可以确定缺陷位置，由反射波的幅度可以估算缺陷大小。该方法的特点是可以在显示器上以脉冲形式来显示缺陷大小，根据脉冲位置来判断缺陷深度和部位。A型显示可用纵波、横波检测，设备简单、方便。

（2）B型显示是一种图像显示，屏幕的横坐标代表探头的扫查轨迹，纵坐标代表声波的传播距离，因而可直观地显示出被探工件任一纵截面上缺陷的分布及缺陷的深度。B型显示也可以在显示器上显示缺陷的断面像，即缺陷在某截面上的范围、深度和大小。为了有利于检测自动化和不使探头磨损，常采用液浸法方式。

（3）C型显示也是一种图像显示，屏幕的横坐标和纵坐标都代表探头在工件表面的位置，探头接收信号幅度以光点辉度表示，因而当探头在工件表面移动时，屏上显示出被探工件内部缺陷的平面图像，但不能显示缺陷的深度。

3）按检测波型分类

超声检测按超声波的波型可分为纵波检测法（直射检测法）、横波检测法（斜射检测法）、表面波检测法和板波检测法四种。用得较多的是纵波和横波检测法。

纵波检测法是利用纵波进行检测的方法。检测时探头放置在探测面上，电脉冲激励的超声脉冲通过耦合剂耦合进入工件，如果工件中有缺陷，超声脉冲的一部分被缺陷反射回探头，其余部分到达底面后再返回探头。纵波检测主要能发现平行于探测面或稍有倾斜的较大的缺陷，而对于垂直于探测面或相对探测面斜度较大的缺陷就难以发现，且要求工件有比较规则的几何形状。

横波检测法是利用横波进行检测的方法。横波检测法对垂直于探测面或相对探测面斜度较大的缺陷比较敏感，特别是检查类似于表面张口的裂纹缺陷。横波检测对工件的几何形状要求低。

表面波是超声波在介质中传播的一种形式。它只在物体表面很浅的表层上传播。当其沿表面传播的过程中遇到表面裂纹时，表面波的传播将会发生变化。因此，表面波检测法主要探测表面和近表面的裂纹。

板波检测法是利用超声波在板中传播时，频率、板厚、入射超声速度之间可以满足一定的关系来进行检测的方法。板波检测法一般应用于薄板、薄壁钢管检测。

4）按探头分类

超声波探头是一种电–声换能器，主要由压电晶片组成。其主要作用是在高频电脉冲激发下发射超声波信号，再将接收到的超声波信号转换成电信号，从而以波幅和数字的形式显示出来。

按检测时探头形式、晶片尺寸、功能、使用条件等不同，探头分为直探头、斜探头、水浸探头、聚焦探头和可变焦探头。压力容器检测中最常用的有单晶探头、双晶探头（纵波）和单晶斜探头。

（1）单直探头。单直探头主要用于发射和接收纵波，又称为纵波探头。

（2）单斜探头。根据入射角度的不同，单斜探头可分为纵波斜探头、横波斜探头、表面波斜探头、爬波探头和板波探头。

（3）双晶探头（分割探头）。双晶探头有两块压电晶片，一块用于发射超声波，一块用于接收超声波。根据探头的入射角不同，双晶探头分为双晶纵波探头和双晶横波探头两种，主要用于检测近表面的缺陷。

（4）聚焦探头。根据焦点形状不同可分为点聚焦和线聚焦。点聚焦的声透镜为球面，线聚焦的声透镜为柱面。根据耦合情况不同，聚焦探头可分为水浸聚焦和接触聚焦两种。

（5）可变焦探头。可变焦探头的入射角是可变的，可实现纵波、横波、表面波和板波检测。

5）按接触方法分类

按探头与试件的接触方法不同可分为直接接触法和水浸法两种。直接接触法是利用探头与工件表面直接接触而对缺陷进行检测的一种方法。通过在探头与工件表面之间的一层很薄的耦合剂来实现。

水浸法是在探头与工件表面直接充以液体，或将探头与工件全部浸入液体进行检测。它是把探头发射的超声波经过液体耦合层后，再入射到工件中，探头与工件不直接接触。

5. 超声检测方法的适用范围

超声检测适用于板材、复合材料、碳钢和低合金钢锻件、管材、棒材奥氏体不锈钢锻件等承压设备原材料和零部件的检测，也适用于承压设备对接接头、T 形焊接接头、角焊缝以及堆焊层等的检测。不同检测对象相应的超声厚度检测范围见表 10–3。

表 10–3　不同检测对象相应的超声厚度检测范围

超声检测对象	适用的厚度范围/mm	超声检测对象	适用的厚度范围/mm
碳素钢、低合金钢、镍及镍合金板材	母材为 6～250	碳钢、低合金钢螺栓件	直径大于 36
		全熔焊钢对接焊接头	母材厚度为 6～400
铝及铝合金和钛合金板材	厚度≥6	铝及铝合金制压力容器对接焊接接头	母材厚度≥8

续表

超声检测对象	适用的厚度范围/mm	超声检测对象	适用的厚度范围/mm
碳钢、低合金钢锻件	厚度≤1 000	钛及钛合金制压力容器对接焊接接头	母材厚度≥8
不锈钢、钛及钛合金、铝及铝合金、镍及镍合金复合板	基板厚度≥6	碳钢、低合金钢压力管道环焊缝	壁厚≥4，外径为 32～159，或壁厚为 4～6，外径≥159
碳钢、低合金钢无缝钢管	外径为 12～660，壁厚≥2	铝及铝合金接管环焊缝	壁厚≥5，外径为 80～159，或壁厚为 5～8，外径≥159
奥氏体不锈钢无缝钢管	外径为 12～400，壁厚为 2～35	奥氏体不锈钢对接焊接接头	母材厚度为 10～50

6. 超声检测方法的特点

（1）超声检测时，缺陷检测的灵敏度受缺陷反射面的影响较大。对于体积型缺陷，如果缺陷不是相当大或比较密集，就不能提供好的反射面和获得足够的反射波，因而体积型缺陷的检出率较低。而对于面积型缺陷，只要超声波垂直射向它，就能获得足够的反射波，因而检出率较高。

（2）超声检测适用于金属板材、管材、棒材、钢锻件和焊缝等的检测，应用范围广。但晶粒度对工件不规则的外形检测有影响，因此不适用或很难适用粗晶材料（如奥氏体钢）、形状复杂和表面粗糙的工件。

（3）可以检验厚度较大的工件。采用纵波直射法检测工件（如锻件）内部缺陷，其最大有效探测深度可达 1 m；采用横波斜射法检测工件（如焊缝），其最大有效探测深度可达 0.5 m。

（4）对缺陷在工件厚度方向上的定位（位置和缺陷高度）较准确。

（5）一般情况下检测结果没有记录，无法得到缺陷的直观图像，定性困难，定量精度也不高。

7. 超声波相控阵无损检测技术

普通的超声波采用单一晶片探头，采用缺陷反射波和底波来检测金属内部缺陷，这种检测技术很难分辨出缺陷的性质，检测精度和效率均很低。而超声波相控阵技术中采用的探头具有多个晶片，即阵列探头。每个晶片相当于一个普通探头，具有独立的脉冲驱动和信号接收放大电路，相当于一部完整的普通超声波探测仪，称为一个通道。在检测当中，通过计算机控制按照预定的规则顺序激发各晶片，可以获得在某个方向上或摆动的主声束或聚焦点，极大地提高了检测效率和精度。

最初，由于系统的复杂性、固体中波动传播的复杂性及成本费用高等原因，超声波相控阵技术在工业无损检测中的应用受限。然而随着电子技术和计算机技术的快速发展，这种技术逐渐应用于工业无损检测，特别是在核工业及航空工业等领域。

超声波相控阵换能器的设计基于惠更斯原理。换能器由多个相互独立的压电晶片组成阵列，每个晶片称为一个单元，按一定的规则和时序用电子系统控制激发各个单元，使阵列中各单元发射的超声波叠加形成一个新的波阵面。同样，在反射波的接收过程中，按一定规则和时序控制接收单元的接收并进行信号合成，再将合成结果以适当形式显示。

由其原理可知，相控阵换能器最显著的特点是可以灵活、便捷而有效地控制声束性能和声压分布。其声束角度、焦柱位置、焦点尺寸及位置在一定范围内连续、动态可调，而且探头内可快速平移声束，如图 10–5 所示。

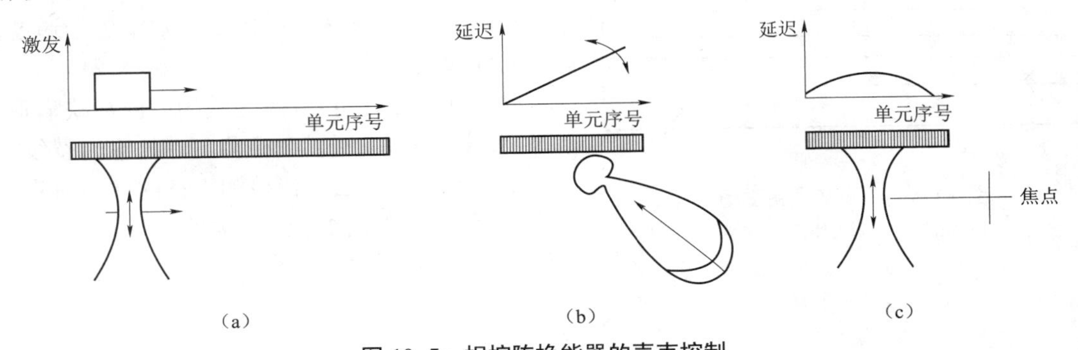

图 10–5　相控阵换能器的声束控制

（a）声束平移；（b）声束角控制；（c）聚焦控制

因此，与传统超声检测技术相比，相控阵技术的优势是：用单轴扇形扫查替代栅格形扫查，可提高检测速度；不移动探头或尽量少移动探头，可扫查厚大工件和形状复杂工件的各个区域，成为解决可达性差和空间限制问题的有效手段；通常不需要复杂的扫查装置，不需更换探头就可实现整个体积或所关心区域的多角度多方向扫查，因此在核工业设备检测中可减少受辐照时间；优化控制焦柱长度、焦点尺寸和声束方向，在分辨力、信噪比和缺陷检出率等方面具有一定的优越性。

超声波相控阵换能器按其晶片形式主要分三类，即线阵列、面阵列和环形阵列。线阵列最为成熟，已有含 256 个单元的线阵（$N\times1$，N 为单元序号），可满足多数情况下的应用要求；面阵列又叫二维阵列（$N\times M$），可对声束实现三维控制，对超声成像及提高图像质量大有益处，目前已有含 128×128 阵列的超声成像系统应用于金属和复合材料的检测与性能评价，该系统具有实时扫描成像功能，以标准视频图像在液晶显示器上显示，然而同线阵列相比，面阵列的复杂性剧增，其经济适用性影响该类探头在工业检测领域的应用；环形阵列在中心轴线上的聚焦能力优异，旁瓣低，电子系统简单，应用广泛，但不能进行声束偏转控制。

四、磁粉检测

1. 检测原理

对于没有缺陷的铁磁性材料和零件，经外加磁场磁化后，由于介质是连续均匀的，故磁力线的分布也是均匀的。当材料中有缺陷存在时，缺陷本身（裂纹、气孔、非金属夹杂物等）是空气和夹杂物，其磁导率远远小于铁磁性材料本身的磁导率。由于缺陷的存在，引起磁力线密度的变化。磁力线必须绕过磁阻较大的缺陷处，因而产生磁力线突变。位于表面或近表面的缺陷，磁力线将暴露在空气中，形成漏磁场，如图 10–6 所示。缺陷处的漏磁场强度与漏磁场的磁通密度成正比。其强度和分布状态取决于缺陷的尺寸、位置及磁化强度等。漏磁场强度越大，缺陷越容易吸附磁粉，如图 10–6 中 a 处所示；内部缺陷的漏磁场有时也可在表面显示，但比开口缺陷的漏磁场要弱，如图 10–6 中 b 处所示；如果缺陷的方向平行于磁力线的方向，因为缺陷不切割磁力线，无法吸附磁粉，缺陷就无法显示，如图 10–6 中 c 处所示。

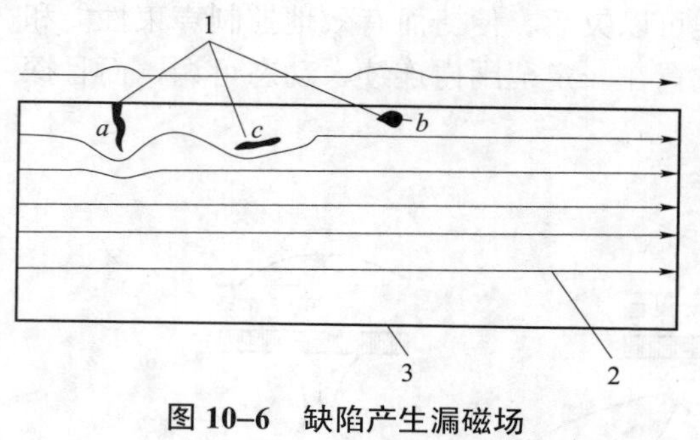

图 10-6　缺陷产生漏磁场

1—缺陷；2—磁力线；3—工件

磁粉检测的基本原理就是将钢铁等磁性材料磁化后，利用位于磁力线上缺陷部位能吸收磁粉的原理来检测表面和近表面缺陷。如使漏磁场吸附磁粉，即为磁粉检测法；如对漏磁场通过检测元件和指示仪表显示，即为漏磁检测法。

由基本原理可知，磁力线的方向与缺陷垂直时，漏磁场最大，所以在检测工件的纵向裂纹时，应采用周向磁化法；在检测工件的横向缺陷时，应采用纵向磁化法。这是两种最基本的磁化方法，如图 10–7 所示，H 表示磁场强度。

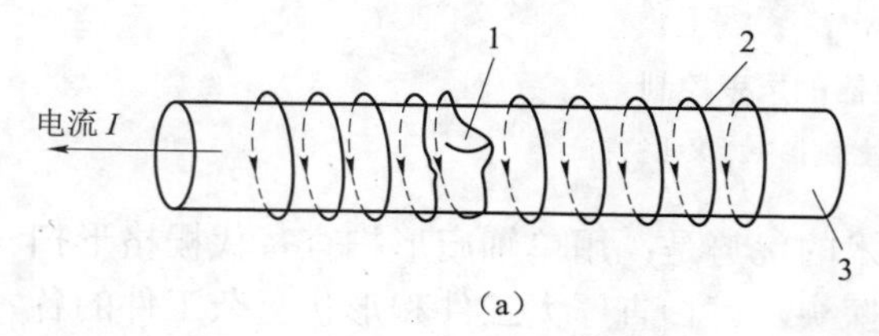

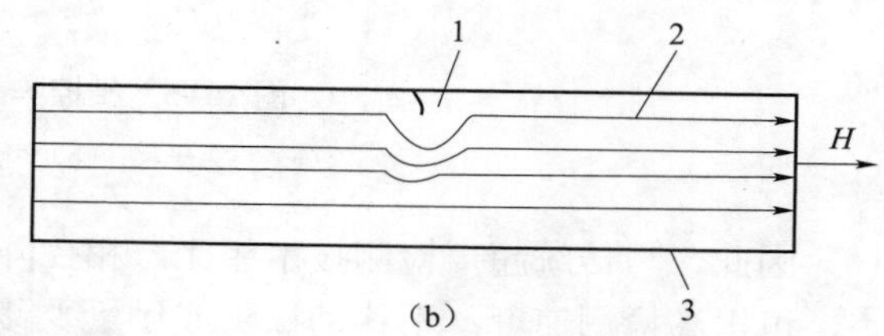

图 10–7　周向磁化和纵向磁化

（a）周向磁化；（b）纵向磁化

1—缺陷；2—磁力线；3—工件

值得注意的是，漏磁场吸附磁粉，就会形成与缺陷形状一致的磁粉堆积区，这种堆积区叫作磁痕，磁痕的宽度远大于缺陷的实际宽度（一般大 10～20 倍），所以磁粉检测能够显示出人眼不可见的微细缺陷。

另外，较深缺陷的漏磁场无法暴露于工件的表面。所以这种方法仅限于检查铁磁性材料的表面和近表面缺陷。交流磁化还由于趋附效应的影响，使磁力线集中在工件的表面，检查的深度更浅，约为 2 mm；直流磁化法可检测表层 4～6 mm 范围内的缺陷。

2. 影响漏磁场的几个因素

（1）外加磁场强度越大，形成的漏磁场强度也越大。

（2）在一定外加磁场强度下，材料的磁导率越高，工件越易被磁化，材料的磁感应强度越大，漏磁场强度也越大。

（3）当缺陷的延伸方向与磁力线的方向垂直时，由于缺陷阻挡磁力线穿过的面积最大，形成的漏磁场强度也最大。随着缺陷的方向与磁力线方向的夹角从 90°逐渐减小（或增大），漏磁场强度明显下降，因此磁粉检测时，通常需要在两个（两次磁力线的方向互相垂直）或多个方向上进行磁化。

（4）随着缺陷的埋藏深度增加，溢出工件表面的磁力线迅速减少。缺陷的埋藏深度越大，漏磁场就越小。因此，磁粉检测只能检测出铁磁材料制成的工件表面或近表面的裂纹及其他缺陷。

3. 检测用材料

1）磁粉

磁粉（一般为 Fe_3O_4 或 Fe_2O_3 的粉末）应具有高磁导率、低矫顽力和低剩磁，并应与被检工件表面颜色有较高的对比度。湿法磁粉的平均粒度为2～10 μm，最大粒度不大于45 μm。干法磁粉的平均粒度不大于90 μm，最大粒度应不大于180 μm。按加入的染料不同，可将磁粉分为荧光磁粉和非荧光磁粉，非荧光磁粉有墨色和红色等。由于荧光磁粉的显示对比度比非荧光磁粉高得多，所以采用荧光磁粉进行检测具有磁痕观察容易、检测速度快、灵敏度高的优点。但荧光磁粉检测需暗环境和黑光灯。

2）载体

湿法应采用水或低黏度油基载体作为分散媒介。若以水为载体，应加入适当的防锈剂和活化剂，必要时添加消泡剂。油基载体的运动黏度在38 ℃时小于或等于3.0 mm^2/s，使用温度下小于或等于5.0 mm^2/s，闪点不低于94 ℃，且无荧光和无异味。

3）磁悬液

磁悬液浓度应根据磁粉种类、粒度、施加方法和被检工件表面状态等因素来确定。一般情况下，磁悬液的配比要求应符合表10–4的规定。

表10–4　磁悬液配比要求

磁粉类型	配制浓度/（$g \cdot L^{-1}$）	沉淀浓度（含固体量）/［$mL \cdot (100\ mL)^{-1}$］
非荧光磁粉	10～25	1.2～2.4
荧光磁粉	0.5～3.0	0.1～0.4

4. 磁粉检测方法分类

磁粉检测方法有多种分类方式，根据不同的分类条件，磁粉检测方法分类见表10–5。

表10–5　磁粉检测方法分类

分类条件	磁粉检测方法
施加磁粉的载体	干法（荧光、非荧光）、湿法（荧光、非荧光）
施加磁粉的时机	连续法、剩磁法
磁化方法	线圈法、磁轭法、中心导体法、旋转磁场法、交叉磁轭法、轴向通电法、触头法

按施加磁粉的载体分类可分为干法和湿法。其中，干法直接喷洒干粉，湿法采用磁悬液。前者多用于粗糙表面，后者适宜检测表面光滑工件上的细小缺陷。压力容器焊接接头表面呈焊态和轧制态，比较光滑，湿法比较适用。

按施加磁粉的时机不同可分为连续法和剩磁法。磁化、施加磁粉和观察同时进行的方法称为连续法；先磁化，后施加磁粉和检验的方法称为剩磁法。剩磁法只适用于剩磁很大的硬磁材料，如某些高压螺栓可以应用。压力容器材料多为软磁材料，所以焊缝的检测一般都采用连续法。

检测方法按磁化方法分类有很多种。利用通电线圈环绕试件的局部或全部进行磁化的方法为线圈法；借助磁轭将纵向磁场导入试件中的一部分的磁化方法为磁轭法；用一根通电的棒、管或电缆从试件的内孔或开孔中心穿过而进行磁化的方法为中心导体法；利用旋转磁场进行磁化的方法为旋转磁场法；交叉磁轭是由两个轭状电磁铁以一定的夹角进行空间或平面交叉，并用两个不同相位的交流电激励而产生旋转磁场的方法。

按使用电流的种类不同可分为交流法和直流法两大类。交流电因有趋肤效应，对表面缺陷的检测灵敏度较高。对厚度在 10 mm 以上的压力容器焊缝的检测采用交流磁轭。

按磁粉的种类不同可分为荧光法和非荧光法。其中，荧光法所用的磁粉外表面用荧光染料包覆，在紫外光照射下发出明亮的黄绿光，显示对比度很高，所以比非荧光法的灵敏度高得多。

交流法、连续法、荧光法、湿法是大型压力容器内壁焊缝检测常用的、效果较好的检测方法。

5. 磁粉检测的适用范围

磁粉检测适用于铁磁性材料制板材、管材以及锻件等表面和近表面缺陷的检测，也适用于铁磁性材料的对接接头、T 形接头以及角焊缝等表面和近表面缺陷的检测。不适用于非铁磁性材料的检测。

对于铁磁性材料的承压设备和零部件，应主要采用磁粉检测方法，只有在不能使用磁粉检测时，方可采用渗透检测。这是因为对尺寸相当的表面开口缺陷检测，用磁粉检测一般要比用渗透检测灵敏度高。并且磁粉检测不仅能检出表面开口缺陷，也能有效地检出表面不开口缺陷和近表面缺陷，而渗透检测不能检出后者。

6. 磁粉检测的特点

（1）适用于铁磁性材料检测，不能用于奥氏体、钛及钛合金、铝及铝合金、铜及铜合金等非铁磁性材料检验。

（2）对于表面和近表面缺陷检出率比较高，但难以检测内部缺陷。可检出的缺陷的埋藏深度与工件状况、缺陷状况以及工艺条件有关。

（3）检测灵敏度比渗透检测高，可以发现极细小的裂纹以及其他缺陷。

（4）能确定缺陷的位置和表面指示长度，但无法判断缺陷在深度方向的尺寸和趋向。

（5）检测成本很低，速度快。

（6）工件的形状和尺寸有时对检测有影响，因其难以磁化而无法检测。

磁粉检测的磁化方法有很多种，根据工件的形状、尺寸和磁化方向的要求，选取合适的磁化方法是磁粉检测工艺的重要内容。如果选择磁化方法不当，有可能导致检测失败。

五、渗透检测

1. 渗透检测原理

零件表面被施涂含有黄绿色荧光渗透液或着色染料的渗透液后，在毛细管作用下，经过一定时间，渗透液可以渗进表面开口的缺陷中，去除零件表面多余的渗透液后，再在零件表面施涂显像剂。同样，在毛细管作用下，显像剂将吸引缺陷中保留的渗透液，渗透液回渗到显像剂中；在一定的光源下（紫外线光或白光），缺陷处的渗透液痕迹被显示（黄绿色荧光或鲜艳红色），从而探测出缺陷的形貌及分布状态。

2. 渗透检测方法分类

根据渗透剂和显像剂的种类不同，渗透检测方法可按表 10–6 进行分类。

表 10-6 渗透检测方法分类

<table>
<tr><th colspan="2">渗透剂</th><th colspan="2">渗透剂的去除</th><th colspan="2">显像剂</th></tr>
<tr><th>分类</th><th>名称</th><th>分类</th><th>名称</th><th>分类</th><th>名称</th></tr>
<tr><td>Ⅰ</td><td>荧光渗透检测</td><td>A</td><td>水洗型渗透检测</td><td>a</td><td>干粉显像剂</td></tr>
<tr><td>Ⅱ</td><td>着色渗透检测</td><td rowspan="2">B</td><td rowspan="2">亲油型后乳化渗透检测</td><td>b</td><td>水溶解显像剂</td></tr>
<tr><td rowspan="3">Ⅲ</td><td rowspan="3">荧光着色渗透检测</td><td>c</td><td>自显像</td></tr>
<tr><td>C</td><td>溶剂去除型渗透检测</td><td>d</td><td>溶剂悬浮显像剂</td></tr>
<tr><td>D</td><td>亲水型后乳化渗透检测</td><td>e</td><td>水悬浮显像剂</td></tr>
</table>

1）根据渗透剂成分

根据渗透剂所含染料成分不同，渗透检测方法可分为荧光法和着色法两大类。渗透液内含有荧光物质，缺陷图像在紫外线下能激发荧光的方法为荧光法。渗透液内含有色染料，缺陷图像在白光或日光下显色的方法为着色法。此外，还有一类方法是同时加入荧光和着色染料，缺陷图像在白光或日光下能显色，在紫外线下又激发出荧光。

2）根据渗透剂去除方法

根据渗透剂去除方法分类，渗透检测方法可分为水洗型、后乳化型和溶剂去除型三大类。水洗型渗透法是渗透剂内含有一定量的乳化剂，零件表面多余的渗透剂可直接用水洗掉。有的渗透剂虽不含乳化剂，但溶剂是水，即水基渗透剂，零件表面多余的渗透剂也可直接用水洗掉，它也属于水洗型渗透法。后乳化型渗透法的渗透剂不能直接用水从零件表面洗掉，必须增加一道乳化工序，即零件表面上多余的渗透剂要用乳化剂“乳化”后方能用水洗掉。溶剂去除型渗透法是用有机溶剂去除零件表面多余的渗透剂。

3）显像法的种类

在渗透检测中，常用的显像方法有湿式显像法、快干式显像法和干式显像法。

（1）湿式显像法。湿式显像法是把白色细粉末状的显像材料在水中调匀作为显像剂的一种方法。把试件浸渍在显像剂中或者用喷雾器把显像剂喷在试件上，当显像剂干燥时，在试件上就形成白色显像薄膜，由白色显像薄膜吸出缺陷中的渗透液而形成显示痕迹。这种显像方法适合于大批量工件的检测，其中，水洗型荧光渗透检测法用得最多。但必须注意，缺陷显示痕迹是会扩散的，所以随着时间的推移，痕迹大小和形状会发生变化。

（2）快干式显像法。快干式显像法是把白色细粉末状的显像材料在高挥发性的有机溶剂中调匀作为显像剂的一种方法。将显像剂喷涂到试件上，在试件表面快速形成白色显像薄膜，由白色显像薄膜吸出缺陷中的渗透液而形成显示痕迹。因这种显像方法操作简单，在溶剂去除型荧光渗透检测和着色渗透检测法中用得最多。但该方法随着时间的推移，缺陷的显示痕迹会扩散，因此必须注意显示痕迹的大小和形状变化。

（3）干式显像法。干式显像法是直接使用干燥的白色显像粉末作为显像剂的一种方法。显像时，直接把白色显像粉末喷洒到试件表面，显像剂附着在试件表面上并从缺陷中吸出渗透液形成显示痕迹。用这种方法，缺陷部位附着的显像剂粒子全部附在渗透剂上，而没有渗透剂的部分就不附着显像剂。因此，显像痕迹不会随着时间的推移发生扩散，却能显示出鲜明的图像。这种显像方法在后乳化型荧光渗透检测和水洗型荧光渗透检测中用得较多。而着色渗透检测法，因为显示痕迹的识别性能很差，所以不适于干式显像法。

压力容器通常使用的是水洗型着色渗透、快干式显像，或溶剂去除型着色、快干式显像的渗透检测法。

3. 渗透检测方法的选用

着色法只需在白光或日光下进行，在没有电源的场合下也能操作。荧光法需要配备黑光灯和暗室，无法在没有电源及暗室的场合下工作。

水洗着色法适于检查表面较粗糙的零件，操作简便，成本较低。该法灵敏度较低，不易发现微细缺陷。水基渗透液着色法适用于检查不能接触油类的特殊零件，但灵敏度很低。后乳化型着色法具有较高的灵敏度，适宜检查较精密的零件，但对螺栓、有孔或槽的零件以及表面粗糙的零件不适用。溶剂去除型着色法应用较广，特别是使用喷罐，可简化操作，适用于大型零件的局部检验。

水洗型荧光法成本较低，有明亮的荧光，易于水洗，检查速度快，适用于表面较粗糙的零件，带有螺纹、键槽的零件，及大批量小零件的检查。但其灵敏度较低，对宽而浅的缺陷容易漏检，表面粗糙度值小的零件重复检查效果差，水洗操作时容易过洗，荧光液容易被水污染。后乳化型荧光法具有极明亮的荧光，对细小缺陷检验灵敏度高，能检出宽而浅的缺陷，重复检验效果好，但成本较高。因清洗困难，不适用于有螺纹、键槽及盲孔零件的检查，也不适用于表面粗糙零件的检验。溶剂去除型荧光法轻便，适用于局部检验，重复检验效果好，可用于无水源场所，灵敏度较高，成本也较高。

4. 渗透检测方法的适用范围

渗透检测主要适用于非多孔金属材料或非金属材料制承压设备表面开口缺陷的制造、安装检测和在用检测，这是因为渗透检测基于毛细作用，使渗透剂渗入工件表面开口缺陷中，从而达到检测的目的。若是缺陷在工件表面没有开口或是开口被阻塞，则渗透检测就无能为力了。此外，对于多孔型金属材料来说，由于金属材料中存在许多连通或是不连通的孔、洞，破坏了毛细作用的基础，因此也无法采用渗透检测。

另外，对于可以使用磁粉检测的场合，应尽量使用磁粉检测。大量的工程实践证明尚未开口的近表面缺陷与表面开口缺陷对工件的危害是相同或相近的。铁磁性材料制成的承压设备可使用磁粉检测方法检测表面和近表面缺陷，而对于非铁磁性材料，如铝、铜、钛、奥氏体不锈钢等，则只能依靠渗透检测方法。所以在使用渗透检测方法进行表面检测时，就不可避免地会漏检近表面不开口缺陷，给承压设备的安全使用留下隐患。

5. 渗透检测方法的特点

（1）渗透检测可以用于除了疏松多孔性材料外任何种类的材料，因此该检测方法对压力容器材料的适应性是最广的。但考虑到方法、特性、成本、效率等各种因素，一般对铁磁材料工件首选磁粉检测，渗透检测只是作为替代方法。但对非铁磁材料，渗透检测是表面缺陷检测的首选方法。

（2）与磁粉检测相比，工件几何形状对渗透检测的影响很小。因此，对于形状复杂的部件，或因结构、形状、尺寸不利于实施磁化的工件，可考虑用渗透检测代替磁粉检测。另外，对同时存在几个方向的缺陷，用一次渗透检测操作就可完成检测。而磁粉检测往往需要进行至少两个方向的磁化检测，才能保证缺陷不漏检。

（3）可以检出表面开口的缺陷，但对埋藏缺陷或闭合型的表面缺陷无法检出。由渗透检测原理可知，渗透液渗入缺陷并在清洗后能保留下来，才能产生缺陷显示。缺陷空间越大，保留的渗透液越多，检出率越高。埋藏缺陷渗透液无法渗入，闭合型的表面缺陷没有容纳渗透液的空间，所以无法检出。

（4）试件表面的粗糙度对渗透检测的影响大，因此检测结果往往容易受操作人员水平的影响。由于渗透检测是手工操作，过程工序多，如果操作不当，就会造成漏检。而且由于检测工序多，速度慢。

（5）渗透检测不需要大型的设备，可不用水、电。对无水源、电源或高空作业的现场，使用携带式喷罐着色渗透检测剂十分方便。

（6）检测灵敏度比磁粉检测低，比射线照相或超声检测高。检测用材料较贵、成本较高。

（7）渗透检测所用的检测剂，几乎都是油类可燃性物质，一般是低毒的，如果人体直接接触和吸收渗透液、清洗剂等，有时会感到不舒服，会出现头痛和恶心。尤其是在密封的容器内或室内检测时，容易聚集挥发性气体和有毒气体，所以必须进行充分通风。

六、涡流检测

1. 涡流检测原理

涡流检测是以电磁感应理论为基础。通过对探头中的激励线圈接通电流，给试件施加交流磁场，试件在交变磁场作用下产生感应涡流，涡流的分布又影响着线圈周围的磁场，使线圈的阻抗产生增量。当导体中存在缺陷时，相当于一个等效的电流源，它在空间产生扰动磁场，使线圈阻抗增量发生变化，涡流检测仪器根据该变化来识别缺陷。

2. 检测线圈分类

实际应用的检测线圈可以按励磁电源不同分为正弦波电源激励线圈和脉冲波电源激励线圈；按运动形式不同分为固定式线圈、平移式线圈和旋转式线圈；按获取信号的方式不同分为磁差式线圈和电差式线圈；按试件和工件的相互位置不同分为穿过式线圈、内通式线圈和放置式线圈。

3. 涡流检测的应用范围与特点

涡流检测适用于导电金属材料和焊接接头两者的表面和近表面缺陷的检测。其特点如下：

（1）适用于各种导电材质的试件检测，包括各种钢、钛、镍、铝、铜及其合金。

（2）因为涡流电是交流电，所以在导体的表面电流密度较大。随着向内部的深入，电流按指数函数而减少，这种现象叫作趋肤效应。因此，涡流检测可以检出表面和近表面缺陷，对埋藏较深的缺陷无法检出。

（3）探测结果以电信号输出，容易实现自动化检测。由于采用非接触式检测，所以检测速度很快。

（4）形状复杂的试件很难应用，因此一般只用其检测管材、板材等轧制型材。

（5）不能显示出缺陷图形，因此无法从显示信号判断出缺陷性质。各种干扰检测的因素较多，容易引起杂乱信号。

七、声发射检测

1. 声发射检测原理

当材料或构件在应力作用下发生微观活动（变形或断裂）时，会以弹性波的形式释放出应变能，这种现象即为声发射现象。声发射检测技术就是利用材料声发射的原理对材料中的动态活动缺陷进行检测的，是一种动态检测技术。

声发射检测是被动接收缺陷声发射的应力波，应力波在材料中传播，可以使用压电材料制作的换能器将其接收，并转化成电信号进行处理，因此其监测范围仅仅和传感器的接收半径以及材料的声衰减和监测通道数相关。理论上声发射检测可以监视任何复杂的结构件，而不受被检件形状、尺寸的影响。但同时声发射对材料十分敏感，不同的材料由于其声发射特性不同，会对声发射检测造成一定的影响，如声发射对某些贫声材料和脆性材料的检测就存在很大的技术难度。但实际生产生活中碰到的绝大多数金属材料基本上都适合用声发射检测。

2. 影响材料声发射特性的有关因素

不同材料的声发射特性差别很大，即使是同一材料也有很大不同，这说明其影响因素很复杂。其中除了凯塞尔效应即不可逆效应外，可概括为外部影响因素和内部影响因素。材料的塑性变形和材料的扩展是不可逆的，如果试样第一次受力后，再以同样的方式受力，那么即使是达到前一次加载，仍不产生声发射的现象称为不可逆效应。它可用来检测声发射信号的真实性，还可用来判断材料曾经受过的最大应力。

声发射的不可逆效应是近似的，有些材料在某些试验条件下不存在不可逆效应，如第二次加载方式或方向与第一次不同时，不可逆效应就不存在；还有些材料卸载后长期放置，内部结构会发生变化，声发射会恢复；还有些材料，如碳纤维复合材料，二次加载时应力可能重新分布，某些地方有新的扩展，声发射还会提前出现。

1）外部有关影响因素

外部因素包括试验条件、试件形状、变形速度、试验温度和加载方式等，而且多数材料的声发射特性与变形速度有关，称为应变速率效应。无缺陷试样在拉伸试验时常常出现幅度低但是信号密度大的连续声发射信号，变形速率越大，声发射计数率越高，在屈服点附近声发射计数率达到最大值。

声发射信号的平均强度也随应变速率的增大而增大。同一材料在相同试验条件下，试样的厚度不同，声发射特性也有所不同，这种效应称为声发射的体积效应。研究表明，试样的厚度影响带裂纹试样的突发型声发射强度，如 25 mm 和 37.5 mm 厚度的拉伸试样的声发射信号幅度有明显差别。厚的试样信号强度大，这是由于厚的试样裂纹前沿的三向应力大，它可能会改变试样的断裂形式。

试验的温度也会影响试样的变形和断裂形式，同一材料在高温下容易产生塑性变形，连续声发射比较活跃，随着温度降低，往往由塑性断裂变成脆性断裂，容易出现突发型声发射信号，声发射的强度与活动性都会增大。

2）内部有关影响因素

内部因素是指试件内部的晶体结构、均匀性、热处理引起的组织结构变化等，它们会明显地改变材料的声发射特性。

金属材料的晶体结构是影响声发射信号幅度的一个基本因素。往往可以根据材料晶体结构的不同估计这种材料的声发射状态。一般说来，各向异性大的晶体结构，声发射信号的幅度也大，如六方晶系的材料变形时，其声发射信号比立方晶系强，锡是立方晶系，在弯曲时可以听到“噼噼啪啪”的“锡鸣”声。晶体的结构对声发射信号的影响主要是变形的机理，如孪生变形的声发射强度比滑移变形的声发射强度大，马氏体相变是非扩散型的相变，这种相变改变了晶格结构的正方性，会出现强烈的声发射，而扩散型相变几乎不出现声发射。

材料的均匀性也明显地影响声发射特性。对存在着杂质的、第二相的金属材料，由不同的材料制成的复合材料，其声发射特性与原材料相比有着明显的不同，如断裂韧度试验中含有非金属杂质时，非金属杂质的开裂和非金属夹杂物与金属机体界面的开裂会形成很强的声发射源。如果开裂尖端非金属夹杂物较多，则裂纹穿过非金属夹杂物的区域就会有较强的声发射信号出现。此外，夹杂物的取向对声发射特性也有一定的影响，如钢中的 MnS 夹杂物在板材的厚度方向取样进行拉伸试验，则突发型的事件计数随含硫量的提高而增加，而在纵向取样和横向取样时，只观察到连续型声发射，且声发射的强度与含硫量无关。

热处理工艺不同，如晶体的细化、强度的提高、组织结构的变化、变形方式和断裂方式的变化等，将导致不同的应力腐蚀敏感性，使声发射有较大的差异。

3. 声发射检测的适用范围

声发射检测通常用于确定内部或表面存在的活性缺陷的强度和大致位置，也适用于对承压设备在加载过程中进行局部或整体检测，以及用于在线检测。

4. 声发射检测的特点

（1）声发射检测相对于其他无损检测技术而言，具有动态、实时、整体、连续等特点，能够监控和探测出活动的缺陷，为在用压力容器的使用安全评定提供了依据。

（2）声发射检测无法探测静态缺陷，因此不能作为压力容器制造质量的控制方法和验收依据。

（3）声发射产生的物理基础和声发射波在材料中传播的复杂性决定了该技术易受噪声的干扰。

（4）声发射检测对检测人员的分析水平和实践经验要求较高。

第二节　耐压试验和泄漏试验

一、耐压试验

耐压试验是检验压力容器的重要手段之一。压力容器制成后，应当进行耐压试验。耐压试验分为液压试验、气压试验以及气液组合压力试验，是一种验证性的综合检验，用于压力容器的制造、安装、运行、定期检验修理、改造等各个环节的检验。但它不是压力容器检验的唯一手段，不能代替别的检验方法。

1. 目的和作用

耐压试验是用适宜的液体介质或气体介质，对压力容器的受压元件进行强度和密封性的综合检验。耐压试验的目的是检验受压元件在超负荷条件下的结构强度，验证其是否具备在设计压力下安全运行所必需的承压能力，同时检查压力容器的致密性及是否产生局部变形等，从而可以在压力容器投运之前及时发现材料、结构和制造工艺中存在的缺陷和问题。在压力容器使用中进行耐压试验时，受压零件的实际最高工作压力低于设计压力，则耐压试验可验证它是否具备在最高工作压力下安全运行所需的承压能力。进行耐压试验时，对于高压或小容量压力容器，还可进行残余变形测定，以判明受压元件材料是否已出现整体屈服。对中低压压力容器，不易准确测定残余变形值，可以从试验过程中升压异常及直接观测来考察是否出现屈服。压力容器如果存在潜在性缺陷或连接部件不严密问题，也可以在做耐压试验的同时发现其是否泄漏。

根据断裂力学理论，压力容器的线弹性断裂判据为：

$$K_{IC} = y\sigma\sqrt{\pi\alpha_c} \tag{10–1}$$

式中 K_{IC}——应力强度因子；

y——几何因子；

σ——周向应力，MPa；

α_c——临界裂纹尺寸，mm。

在设计（工作）压力载荷下：

$$K_{IC} = y\sigma_D\sqrt{\pi\alpha_{cD}} \tag{10–2}$$

在水压试验载荷下：

$$K_{IC} = y\sigma_\tau\sqrt{\pi\alpha_{c\tau}} \tag{10–3}$$

式中 σ_D——设计（工作）应力，MPa；

σ_τ——水压试验应力，MPa；

α_{cD}——设计（工作）应力下临界裂纹尺寸，mm；

$\alpha_{c\tau}$——水压试验应力下可能存在的最大裂纹尺寸，mm。

则：

$$\frac{\sigma_\tau}{\sigma_D} = \sqrt{\frac{\alpha_{cD}}{\alpha_{c\tau}}} \tag{10–4}$$

通常 $\sigma_\tau = 1.25\sigma_D$，则：

$$\frac{\alpha_{cD}}{\alpha_{c\tau}} = 1.25^2 \text{ 或 } \alpha_{c\tau} = 0.64\alpha_{cD}$$

或 $\sigma_\tau = 1.5\sigma_D$，则：

$$\frac{\alpha_{cD}}{\alpha_{c\tau}} = 1.5^2 \text{ 或 } \alpha_{c\tau} = 0.44\alpha_{cD}$$

以上分析说明，安全通过耐压试验的压力容器受压元件，至少不存在大于 $0.64\alpha_{cD}$ 或 $0.44\alpha_{cD}$ 的裂纹。从这个意义上说，耐压试验也是一种特殊的无损检测。

耐压试验还可以改善缺陷处的应力状况，使裂纹产生闭合效应。较高的试验压力，可以使裂纹尖端产生较大的塑性变形，裂纹尖端的曲率半径将增大，从而使裂纹尖端处材料的应力集中系数减小，降低尖端附近的局部应力。在卸压后，裂纹尖端的塑性变形区会受到周围弹性材料收缩的影响，使此区域出现剩余压缩应力，从而可以部分抵消容器所承受的拉伸应力。因此容器存在的裂纹经受过载应力后，在恒定低载荷下，裂纹扩展速度可能明显延缓。

此外，耐压试验可以通过超压改变容器的应力分布。由于结构或工艺方面的原因，容器局部区域可能存在较大的剩余拉伸应力。试验时，它们与试验载荷应力相叠加，有可能使材料局部屈服而产生应力再分布，从而消除或减小原有的剩余拉伸应力，使应力分布均匀。压力容器中存在的某些缺陷经耐压试验可使其扩展导致泄漏，而将隐蔽缺陷暴露出来，从而避免恶性事故的发生。

当压力容器或其零件的强度难以准确地计算时，还可以采用耐压试验来确定最高许用工作压力。

2. 试验介质

压力容器耐压试验的压力要比容器实际工作压力高，因此，容器在试验压力下发生破裂的可能性也大。为了防止压力容器在耐压试验时发生破裂造成严重事故，除了采取其他防护措施外，最重要的是采用卸压释放能量较小的介质作为试验介质。

压力容器爆炸时释放出的能量与其试验介质的物性状态有很大的关系。由于一般液体（如水）的压缩性很小，因此爆炸时的膨胀功也很小。

水的等温压缩系数很小，而气体的压缩性要大得多。如果压力容器在进行耐压试验时，气压试验的爆破能量将比水大得多，可以认为容器破裂时瞬间泄压的过程为绝热膨胀过程，气体的状态参数应符合等熵指数。由此可以推导出压缩气体的膨胀倍数为：

$$n = p^{\frac{1}{\kappa}} \tag{10–5}$$

式中　n——压缩气体介质容器破裂时的气体膨胀系数；

p——容器破裂前内压力，MPa；

κ——气体的等熵指数，对于空气，κ=1.4。

常温下有压力的水在容器破裂时的容积膨胀倍数为：

$$n' = \frac{V_1}{V_2} \tag{10–6}$$

式中　n'——容器破裂时水的膨胀倍数；

V_1——水在容器破裂后的比体积，m^3/kg；

V_2——水在耐压试验压力下的比体积，m^3/kg。

比较式（10–5）和式（10–6）可以看出，在同样的试验压力下，气体的体积膨胀倍数比水大得多。因此，容器在耐压试验时一旦破裂，压缩气体的释放能量也大得多，气压试验的危险性很大。一般在相同的试验压力下，气体的爆炸能量比水大数百倍甚至数万倍，压力越高，其差值越大。所以，为了防止事故发生，进行压力容器耐压试验时通常采用液体作为试验介质，其中最易得到的和最适宜的液体就是水，通常将液体耐压试验称为水压试验。

以水为介质进行耐压试验时，其所用的水必须是符合设计图样或有关标准规定的洁净水。奥氏体不锈钢压力容器用水进行耐压试验后，应及时将水渍去除干净，控制水的氯离子含量不超过 25 mg/L，防止氯离子对奥氏体不锈钢造成晶间腐蚀。如无法达到这一要求，则应控制水中氯离子的含量。若水中氯离子的含量过高，则可加硝酸钠溶液进行处理。

如果由于某种特殊原因不能用水做耐压试验，则可采用不会导致危险的液体，在低于其沸点的温度下进行耐压试验。当采用可燃性液体进行耐压试验时，试验温度必须低于可燃性液体的闪点。试验场地附近不得有火源，且应配备适用的消防器材。

当由于结构或支承原因，不能向压力容器内安全充灌液体进行耐压试验，以及运行条件是压力容器不允许残留试验液体时，可按设计图样规定采用气压试验。气压试验所用气体应为干燥洁净的空气、氮气或其他惰性气体。具有易燃介质的在用压力容器，必须进行彻底的清洗和置换，否则严禁用空气作为试验介质。

3. 试验温度

耐压试验温度的确定应考虑两个因素。一方面由于在压力容器上广泛使用的碳素钢、普通低合金钢等珠光体钢存在一个无延性转变温度，低于该温度，材料韧性急剧下降，因此必须保证耐压试验时器壁温度高于钢材的无延性转变温度。耐压试验时，试验温度（容器器壁金属温度）应当比容器器壁金属无延性转变温度高 30 ℃。此温度对确定高温容器的耐压试验温度下限尤为重要，这是由于高温容器的材料一般多注意高温力学性能，而很少注意低温下的低应力脆性。低应力脆性破坏是结构存在一定的裂纹缺陷，并在一定的应力条件和温度下发生的，试验结果证明，当名义应力降低到一定程度后，无论在多低的温度下都不会发生脆性破坏。当温度升高到一定程度后，无论多大的裂纹都不再扩展，而是被阻止。无塑性转变温度是材料在破裂前没有变形（实际上是有少量变形）的最高温度，低于此温度，脆性裂缝很容易通过弹性载荷区域传播，即所谓的“全塑性破坏”。另一方面，耐压试验温度过高或过低都会影响观察。当温度值过低时，在容器外壁表面易结存空气中的水分（结露），甚至冻结，影响观察；温度过高，当少量液体泄漏时将会很快蒸发，不易被观察到。

为使耐压试验安全进行且保证试验的观察效果，耐压试验的温度按《固定式压力容器安全技术监察规程》和 GB 150—2011《压力容器》的要求规定，Q345R、Q370R、07MnMoVR 制容器进行液压试验时，液体温度不得低于 5 ℃；其他低合金钢制压力容器，液体温度不得低于 15 ℃。如果由于板厚等因素造成材料无延性转变温度升高，则需相应提高液体温度。其他材料制压力容器液压试验温度按设计图样规定。在进行铁素体钢制低温压力容器液压试验时，液体温度不得低于受压元件及焊接接头进行夏比冲击试验的温度，且需要再加 20 ℃。当用可燃、易燃液体介质代替水进行耐压试验时，其试验温度上限不仅应低于该介质沸点的一定数值，还必须低于其闪点。

采用气体进行气压试验时，碳素钢和低合金钢制压力容器的试验用气体温度不得低于 15 ℃；其他材料制压力容器，其试验用气体温度应符合设计图样的规定。

4. 试验压力

对于耐压试验的压力与压力容器最高工作压力（设计压力）的比值，各类标准中的规定不完全相同，这主要与它所采用的设计安全系数有关。《固定式压力容器安全技术监察规程》规定，内压容器耐压试验压力应符合设计图样的要求，且不小于表 10–7 的规定。

表 10–7　试验压力的确定

压力容器名称	压力等级	耐压试验压力 $p_{\tau}=\eta p$		气密性试验压力
		液（水）压	气压	
钢制和有色金属制压力容器	低压	1.25 p	1.10 p	1.00 p
	中压	1.25 p	1.10 p	1.00 p
	高压	1.25 p		1.00 p
铸铁		2.00 p		1.00 p
搪玻璃		1.25 p	1.15 p	1.00 p

（1）钢制压力容器耐压试验压力取 1.25 p 和 p+0.1 MPa 两者中的较大值。

（2）对不是按内压强度计算公式决定壁厚的压力容器（如考虑稳定性等因素设计的），应适当提高耐压试验压力。

（3）对设计温度（壁温）大于或等于 200 ℃的钢制压力容器，以及大于或等于 50 ℃的有色金属制压力容器，耐压试验压力 p'_{τ} 按下式计算，即：

$$p'_{\tau} = p_{\tau}\frac{[\sigma]}{[\sigma]^{t}} = \eta p\frac{[\sigma]}{[\sigma]^{t}} \tag{10-7}$$

式中　p——压力容器的设计压力（对在用压力容器来讲，最高为工作压力），MPa；

p'_{τ}——设计温度下的耐压试验压力，MPa；

p_{τ}——试验温度下的耐压试验压力，MPa；

η——耐压试验压力系数；

$[\sigma]$——试验温度下材料的许用应力（或者设计应力强度），MPa；

$[\sigma]^{t}$——设计温度下材料的许用应力（或者设计应力强度），MPa。

外压容器和真空容器进行液压试验时，耐压试验压力按下式确定。

$$p_{\tau} = 1.25p \tag{10-8}$$

式中　p——设计外压力，MPa。

外压容器和真空容器进行液压试验时，耐压试验压力按下式确定，即：

$$p_{\tau} = 1.1p \tag{10-9}$$

对于带夹套的压力容器，应在设计图样上分别注明内筒和夹套的试验压力。当内筒设计压力为正值时，按内压容器确定内筒的试验压力；当内筒设计压力为负值时，按外压容器规定进行内筒的液压试验。夹套内的试验压力按内压容器计算公式确定，确定试验压力后，必须校核内筒在该试验外压力作用下的稳定性。如不能满足稳定要求，则应规定做夹套的液压试验时，必须同时在内筒内保持一定压力，以使整个试验过程（包括升压、保压和卸压）中的任一时间内，夹套和内筒的压力差不超过设计压差。设计图样上应注明这一要求，以及试验压力和允许压差。

立式容器在进行液压试验时：其底部除承受液压试验时的压力载荷外，还要承受整个容器充满液体时的重量载荷，两者的共同作用有可能使容器底部所产生的应力超过应力校核的允许值，此时，则应适当增加底部的器壁厚度。如果立式容器采用卧式进行液压试验，为了与立置试验时底部承受的载荷相同，其试验压力值应为立置时的试验压力加上液柱静压力。

5. 耐压试验时的压力校核

耐压试验前，应当对压力容器进行应力校核，圆筒的环向薄膜应力按下式计算，即：

$$\sigma_{\tau} = \frac{p_{\tau}(D_{i} + \delta_{e})}{2\delta_{e}\varphi} \tag{10-10}$$

式中　σ_{τ}——筒的环向薄膜应力，MPa；

D_{i}——圆筒的内直径，mm；

p_{τ}——试验压力，MPa；

δ_{e}——圆筒的有效厚度，mm；

φ——圆筒的焊缝系数。

环向薄膜应力值应当符合以下要求：

（1）液压试验时，不得超过试验温度下材料屈服强度的 90%与焊缝系数的乘积。

（2）气压试验时，不得超过试验温度下材料屈服强度的 80%与焊缝系数的乘积。

校核应力时，所取的壁厚为实测壁厚最小值扣除腐蚀量，液压试验所取压力还应当计入液柱静压力。对壳程压力低于管程压力的列管式热交换器，可以不扣除腐蚀量。

6. 试验程序

1）耐压试验前的准备工作

（1）查阅容器设备档案，在内外部检验的基础上确定耐压试验压力，如因腐蚀等原因使壁厚减薄，应对其进行强度核算。

（2）耐压试验前，压力容器各连接部位的紧固螺栓应当装配齐全，紧固妥当。

（3）进行耐压试验前，必须彻底清除容器内的残留物以及与试验介质接触后能引起器壁强烈腐蚀的物质。

（4）试验用压力表应至少采用两个量程相同并且经过校验的压力表，压力表的最大量程应为试验压力的 1.5～3 倍，最好选用 2 倍，表盘直径不应小于 100 mm，精度等级应符合试验要求，低压容器使用的压力表精度不应低于 2.5 级，中压及高压容器使用的压力表精度等级不应低于 1.5 级，试验用压力表应当安装在被试验压力容器顶部便于观察的位置。

（5）耐压试验时，压力容器上焊接的临时受压元件，应当采取适当的措施，保证其强度和安全性。

（6）耐压试验场地应当有可靠的安全防护设施，并且经过单位技术负责人和安全管理部门检查认可。

2）耐压试验通用要求

（1）保压期间不得采用连续加压来维持试验压力不变，耐压试验过程中不得带压紧固螺栓或者向受压元件施加外力。

（2）耐压试验过程中，不得进行与试验无关的工作，无关人员不得在试验现场停留。

（3）压力容器进行耐压试验时，监检人员应当到现场进行监督检验。

（4）耐压试验后，对于焊接接头或者接管泄漏时进行返修的，或者返修深度大于 1/2 厚度的压力容器，应当重新进行耐压试验。

7. 液压试验

1）液压试验要求

（1）压力容器中应当充满液体，排净滞留在压力容器内的气体，并使压力容器外表面保持干燥。

（2）当压力容器器壁金属温度与液体温度接近时，才能缓慢升压至设计压力，确认无泄漏后继续升压到规定的试验压力，保压 30 min；然后降至设计压力，保压足够时间进行检查，检查期间压力应当保持不变，不得采用连续加压维持试验压力不变的做法。不得在压力下紧固螺栓或者向受压元件施加外力。

（3）液压试验完毕后，使用单位按其规定进行试验液体的处置以及对内表面进行专门的技术处理。新制造的压力容器液压试验完毕后，应当用压缩空气将其内部吹干。

（4）对内筒外表面仅部分被夹套覆盖的压力容器，分别进行内筒与夹套的液压试验；对内筒外表面大部分被夹套覆盖的压力容器，只进行夹套的液压试验。

（5）液压试验合格标准为：无渗漏，无可见的异常变形，试验过程中无异常的响声。

2）液压试验分析

压力容器耐压试验时如果受压部件已产生肉眼可见的塑性变形，表明器壁材料已整体屈服。表示材料产生微量塑性变形抗力的强度指标有比例极限 R_p、弹性极限 σ_e、屈服强度 R_{eH} 和 R_{eL}。规定的残余变形率相应为 $R_p = 0.001\,5\%$～0.01%、$\sigma_e = 0.005\,5\%$～0.05%、$\sigma_s = 0.1\%$～0.5%。国内外有关压力容器规范习惯上以残余变形率不超过 0.03%为合格。

在容器进行水压试验时测定其残余变形，然后按下式计算出容器的残余变形率。

$$\varepsilon = \frac{\Delta V'}{\Delta V} \times 100\% \tag{10–11}$$

式中　ε——水压试验容积残余变形率；

$\Delta V'$——容积的残余变形值，cm^3；

ΔV——容积的全变形值，cm^3。

容积的全变形值包括水压试验时容器器壁材料的弹性变形和残余变形使容器容积增长的数值。筒形容器水压试验径向残余变形率 0.03%与容积变形率 10%大致相对应，容积残余变形率的测定有两种方法，即直接测量法和计算法。直接测量法是直接测量径向残余变形值或容积残余变形值。但这种方法很少被采用，如直径为 0.8 m 的筒形容器，按残余变形率 0.03%计算，允许径向残余变形的绝对值仅 0.24 mm，虽然可以用一般的千分卡尺测量得到数值，但由于受器壁表面情况、量具固定、测量时振动等因素的影响，测值误差很大。

水压试验容积残余变形多采用内测法测定，然后通过计算求出其残余变形率。内测法求取水压试验容积残余变形率的原理如图 10–8 所示。容器充水后停留一段时间让水中气体充分逸出，试压系统管路也不应留有气体，水温一般维持在 5 ℃～40 ℃。然后调整量筒水位到零刻度，容器连接试压泵后按耐压试验程序升压到试验压力，试压泵将量筒中或计量系统中的水压入容器内。但试压时压入容器的水量与容器的全变形值是两个完全不同的概念。

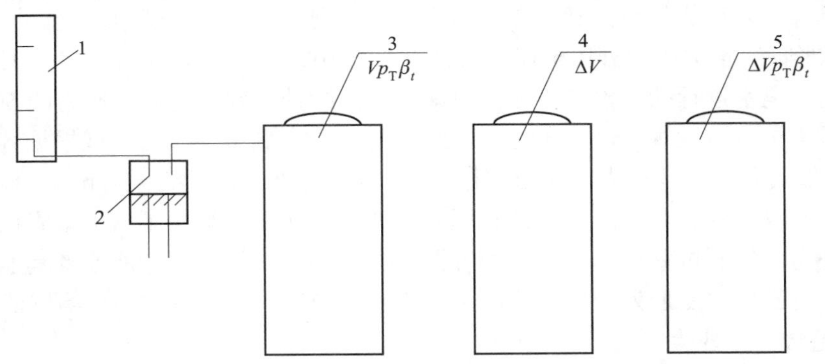

图 10–8　内测法求取水压试验容积残余变形率的原理

1—量筒；2—试压泵；3、4、5—容器

试压时压入容器的水量包括以下三部分：

① 打压前已注入容器内水的压缩量，大小为 $Vp_T\beta_t$。

② 容器在试验压力下容积增加，即容积全变形值 ΔV，对一般高压容器，这部分水量占总压入水量的 20%～30%。

③ 因容器容积变形需补充加水，该部分补充水受压的压缩量，大小为 $\Delta Vp_T\beta_t$，其数值

较小。在水压试验检查后，将容器及试压系统压力卸到常压，但是筒中水位已回复不到零刻度，这部分水量差值就是水压试验时所产生的容积残余变形值，可直接由量筒读数求得。容器的全变形值可通过计算获得。

$$A-B=Vp_{\mathrm{T}}\beta_t+\Delta V+\Delta Vp_{\mathrm{T}}\beta_t$$

$$\Delta V=\frac{A-B-Vp_{\mathrm{T}}\beta_t}{1+p_{\mathrm{T}}\beta_t} \tag{10-12}$$

式中 A——试验时总压入水量实测值，cm^3；

B——试验管路在水压试验温度和压力下压入的水量，cm^3；

ΔV——水压试验时容器的容积全变形值，cm^3；

V——容器的实际容积，cm^3；

p_{T}——水压试验压力，MPa；

β_t——试验温度和压力下水的等温压缩系数，$\mathrm{Pa/cm}^2$。

其中，管路压入水量 B 由试验求得，当管路行程确定后，在 5 ℃～40 ℃的任意水温下加压实测均可，实测值扣除管路容积后即为 B 值。但如果同一管路用于不同试验压力，应按不同的水压试验压力分别测定。管路如果变动，也应重新测定。

容器的实际容积应在水压试验前实际测定。从设备档案中查得的容器容积是不可靠的，因为腐蚀及内件变更都将使容器的容积改变，水在不同温度和压力下的压缩系数也是不同的。

8. 气压试验

试验前必须对容器的主要焊缝进行无损检测，并且应全面核查容器的有关技术资料和检验报告，制定和落实试验时的安全防护措施，经批准和安全措施合格后方可进行试验。气压试验时，试验单位的安全部门应进行现场监督。

气压试验时试验温度（容器器壁金属温度）应当比容器器壁金属无延性转变温度高 30 ℃；如果由于板厚等因素造成材料无延性转变温度升高，则需相应提高试验温度。

做气压试验时，应先缓慢升压至规定试验压力的 10%，保压 5～10 min，并且对所有焊缝和连接部位用肥皂水进行初次检查；如无泄漏，可继续升压到规定试验压力的 50%，如无异常现象，其后再按每级为规定试验压力的 10%，逐级升压到试验压力，或根据容积大小保压 10～30 min；然后降至设计压力，保压进行检查，其保压时间不少于 30 min。检查期间压力应保持不变，不得采取连续加压维持试验压力不变的做法。不得在压力下紧固螺栓或者向受压元件室加外力。气压试验过程中，压力容器无异常响声，经过肥皂液或者其他检漏液检查无漏气，无可见的异常变形为合格。气压试验检查完毕后，开启放空阀，缓慢泄压至常压。

9. 气液组合压力试验

（1）对因承重等原因无法注满液体的压力容器，可根据承重能力先注入部分液体，然后注入气体，进行气液组合压力试验。

（2）试验用液体、气体应当分别符合上述液压试验与气压试验的有关要求。

二、泄漏试验

泄漏试验的目的是检查压力容器的焊缝质量和各连接部位的密封性。

1. 需要进行泄漏试验的条件

（1）耐压试验合格后，对于介质毒性程度为极度、高度危害或者设计上不允许有微量泄漏的压力容器，应当进行泄漏试验。

（2）设计图样要求做气压试验的压力容器，是否需要再做泄漏试验，应当在设计图样上写出规定。

2. 泄漏试验种类

泄漏试验根据试验介质的不同，分为气密性试验以及氨检漏试验、卤素检漏试验和氦检漏试验等。

1）气密性试验

（1）气密性试验的基本要求。

① 气密性试验应在液压试验合格后进行。对设计图样上要求进行气压试验的压力容器，是否需做气密性试验，应在设计图样上作出具体规定。

② 对碳素钢和低合金钢制压力容器，其试验用气体的温度不应低于 5 ℃，其他材料制的压力容器按设计图样规定进行。

③ 气密性试验用气体应符合气压试验的规定。

④ 对压力容器进行气密性试验时，安全附件应安装齐全，各紧固螺栓必须装配齐全，紧固牢靠。可拆部件一般应拆卸。

⑤ 压力表应经计量检定合格并在有效期内。压力表的精度与刻度，必须与试验要求相匹配，并便于观察和记录。

⑥ 有衬里的压力容器进行气密性试验，应考虑气体介质对衬里材料的影响，如试验气体中氯、氟、硫元素的含量应满足衬里材料的要求。

（2）试验的检查方法。

① 在被检查部位涂（喷）肥皂水，检查肥皂水是否鼓泡。

② 检查试验系统和容器上装设的压力表，其指示值是否下降。

③ 小型容器可浸入水中检查，被检部位应在水压 20～40 mm 深处，检查是否有气体逸出。

④ 多层包扎压力容器进行气密性试验时，应对各层板的检漏孔进行检查。可采用在检漏孔接管上装设压力表的方法检查，或采用对试验介质气体会产生变色反应的变色剂检查各层板检漏孔的泄漏现象。

（3）试验升压程序。

① 首先应使试验系统压力保持平衡。

② 缓慢通入试验气体。当达到试验压力的 1%（不小于 1 个表压）时应暂停进气，对连接密封部位及焊缝等进行检查，若无泄漏或异常现象则可继续升压。

③ 升压应按相同梯次逐级提高，每级一般为试验压力的 10%～20%，每级之间应适当保压，以观察有无异常现象。

④ 在升压过程中，严禁工作人员在现场作业或进行检查工作。

⑤ 在达到试验压力后，首先观察有无异常现象，然后由专人进行检查和记录。保压时间一般不应小于 10 min，保压过程中试验压力不得下降。禁止采用连续加压以维持试验压力不变的做法。

⑥ 试验过程带有压力时，不得紧固螺栓或进行修理工作。试验完毕后，应缓慢将试验气体排净。

⑦ 对盛装易燃介质的容器，在气密性试验前，必须进行彻底的蒸汽清洗、置换，并且经

过取样分析合格，否则严禁用空气作为试验介质。如果以氮气进行气密性试验，试验后应保留 0.05～0.1 MPa 的余压，并保持密封。

⑧ 容器上开孔补强圈的气密性试验，必须在容器耐压试验之前进行，不允许先进行耐压试验然后再装焊补强圈的做法，以防因开孔削弱而使容器在耐压试验中过载损坏。补强圈气密性试验的压力为 0.4～0.5 MPa。

2）氨检漏试验

氨具有较强的渗透性，并且易溶于水，因此，对有较高致密性要求的容器，如液氨蒸发器、带衬里的容器等，常常在压力容器中充入 100%（体积分数，下同）、30%或 1%的氨气为试验介质进行气密性试验，又称氨渗透试验。氨渗透试验属于比色法检漏，氨为示踪剂。

常用的氨渗透试验方法有以下三种：

（1）氨–空气法。在试验时，在空气中加入 1%（体积分数）的氨气为试验介质，被检查的部位贴上用 5%（质量分数）的硝酸亚汞或酚酞溶液浸过的纸带试纸。若有不致密的地方，氨气就会透过而使试纸的相应部位形成黑色的痕迹。对压力容器常用此方法进行检漏。

（2）氨–氮法。在试验时，先用氮气置换容器内的空气，达到规定的含氧量要求后抽真空，然后充入氨气与氮气的混合气体，将检漏试纸涂敷在待检部位进行检漏试验。该方法常用于管壳程压差较大的换热器和对泄漏要求较高的容器。

（3）100%氨气法。试验时先将容器抽真空至真空度 93.7 kPa，然后注入 2～3 kPa 的纯氨进行检漏。试验后再将氨抽至水中。此方法多用于小容器的检漏。

3）卤素检漏试验

卤素检漏试验利用卤素化合物具有足够蒸发压力的特点，用氟利昂和其他卤素压缩空气作为示踪气体，在待检部位用铂离子吸气探针进行探测检漏。一般用于不锈钢及钛设备的气密性试验。

4）氦检漏试验

在试验介质中充入氦气，在不致密的地方，因氦气质量小，能穿过微小的空隙，就可以利用氦气检漏仪（氦质谱分析仪）检测出氦气。目前的氦气检漏仪可以发现气体中含有千万分之一的氦气存在，相当于在标准状态下漏气率为 1 cm^3/a，因此氦检漏试验是一种灵敏度极高的致密性试验方法。该方法对工件清洁度和试验环境要求较高，一般仅用在有特殊要求容器的检漏。

第三节　其他检测技术

一、磁记忆检测技术

1. 磁记忆检测技术原理

任何物质都是由原子组成的，而原子又是由原子核和电子组成的。电子不停地做两种运动，即环绕原子核的运动和本身的自旋运动。这两种运动可看作形成了一个个闭合电流，由此将产生一个个磁矩，这些磁矩便产生磁效应。一般将由电子绕核运动产生的磁矩称为轨道磁矩，而电子的自旋运动产生的磁矩称为自旋磁矩。铁磁性物质的自旋磁矩在无外加磁场的条件下自发地取向一致，这种行为称为自发磁化。铁磁体在被磁化之前，其内部早已存在自发磁化的小区域，这些自发磁化了的小区域称为磁畴。在外加磁场磁化前，磁畴的磁化向量是无序分布的，总磁矩为零；被磁化后，在外加磁场的作用下，磁畴取向于磁场方向，铁磁物质便表现出强烈的磁性。评价组成不同物体的物质的磁性大小，常用单位体积中的磁矩来表示，称为物质的磁化强度 M。

计算漏磁场的分布如图 10–9 所示。

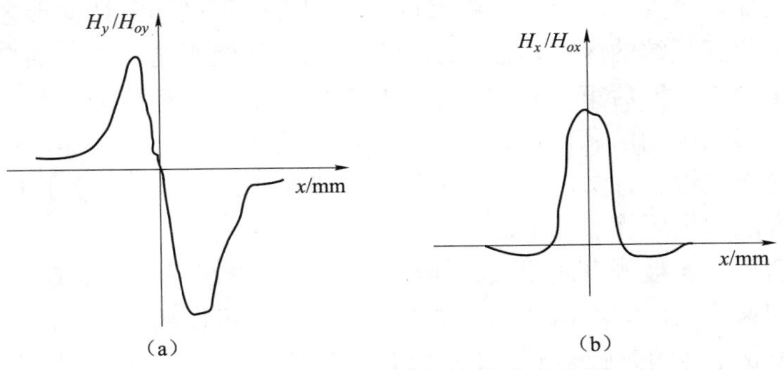

图 10–9　漏磁场分量的空间分布曲线

（1）漏磁场垂直分量 H_y/H_{oy}–x 曲线在中点（即应力集中点）有过零值点，且靠近中点两侧各有一个大小相等、正负相反的极值。

（2）漏磁场的水平分量 H_x/H_{ox}–x 曲线与纵轴对称，在中心处有极大值。

磁记忆检测仪正是基于漏磁场强度的法向分量 H_p（y）改变符号的性质，通过对 H_p（y）过零点的检测来判断应力集中的部位，对有可能形成缺陷的部位实行早期诊断。

2. 磁记忆检测仪器

磁记忆检测仪器是基于磁记忆效应原理开发出来的无损检测设备，它与其他电磁检测设备一样，都是由传感器、主机及其他辅助设备组成的。如图 10–10 所示为典型的磁记忆检测

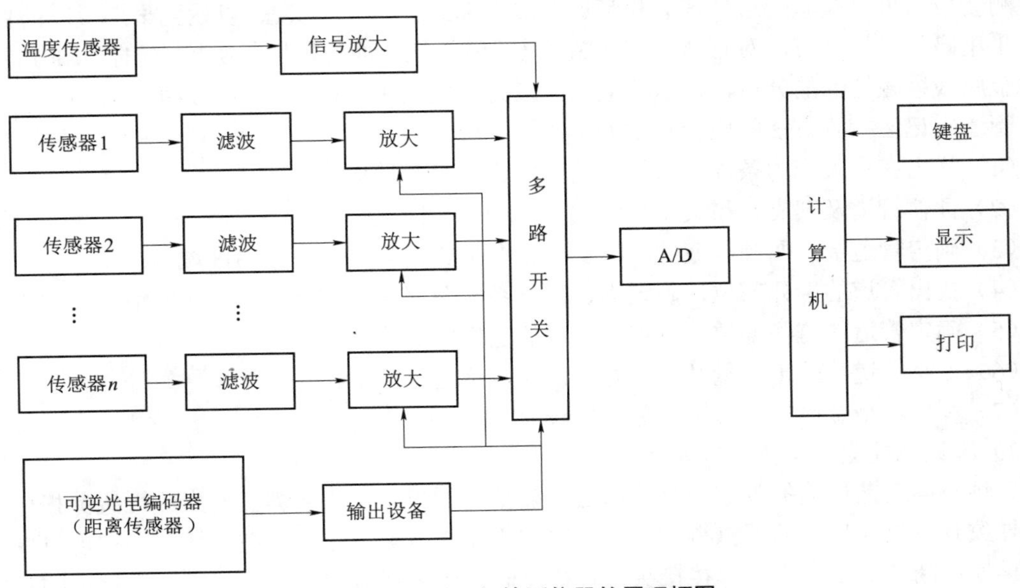

图 10–10　磁记忆检测仪器的原理框图

仪器的原理框图，它包括由磁敏传感器、温度传感器、测速装置组成的探头，由滤波器、放大器及 A/D 转换器等组成的信号处理电路，显示及键控装置，CPU 系统等。其中，传感器是磁记忆检测仪器中相当重要的部件，传感器性能的好坏对检测结果的影响非常大。

3. 磁记忆检测的应用

金属磁记忆方法的本质为漏磁检测方法。金属磁记忆法具有高灵敏度（能按危险程度对缺陷和应力集中区加以分类）的特点，能够区别出弹性变形区和塑性变形区，能确定金属层滑动面位置和产生疲劳裂纹的区域，能显示出裂纹在金属组织的走向，确定裂纹是否继续发展。磁记忆检测是继声发射后第二次利用结构自身发射信息进行检测的方法，能提供被检测对象实际应力—变形状况的信息，并找出应力集中区的形成原因。当然，该方法目前不能单独作为缺陷定性的无损检测方法，在实际使用中，必须辅助以其他的无损检测方法。

磁记忆检测方法的主要优点如下：

（1）不需要清理金属被测表面或做其他准备工作，可以在保持金属原始状态下进行检测。

（2）传感器和被测表面间不需要充填耦合剂，传感器可以离开金属表面。

（3）不需要采取专门的充磁装置（即不需要主动励磁设备），而是利用管道工作过程中的自磁化现象。

（4）应力集中点是未知的，可以准确地在检测过程中确定。

（5）检测仪器体积小、质量小，有独立的电源及记录装置，检测速度快。

金属磁记忆方法的应用和发展有以下几方面：研究金属的物理和力学性能；各工业部门中技术对象的检测和诊断；在制造过程中检测机械零件质量；检测修理工艺质量；建立各种设备部件状态的数据库；完善检测装置和处理检测结果的软件；检测方法的标准化等。

1）管道的磁记忆检测

机械应力集中是各种不同用途管道（包括电站汽、水管道，油管道等）破坏的主要原因。现有的无损检测方法只能用于查找常见的缺陷，而不能进行管道的早期诊断。利用金属磁记忆检测新技术可以检验管道外表面和管道金属内部的应力分布状态，以达到早期诊断的目的。

采用磁记忆检测方法对管道进行诊断，是沿着管道表面探测散射磁场 H_p 的法向分量，通过对金属残余磁特性的分析，指示管道工作应力与残余应力作用下的应力集中区域。

管道磁记忆检测方法的应用范围如下：

（1）找出在最大应力条件下易损伤的管段、弯管及坡口。

（2）评估管道及其支、吊架系统的实际应力变形情况。

（3）确定管道金属腐蚀、疲劳、蠕变等正在加剧的最大应力集中区域。

（4）找出管道的卡死部位，确定支、吊架系统及固定系统不正常工作的情况及原因。

（5）确定管道的监测部位，以观察其以后运行中的情况。

（6）缩小管道检验工作量及检验时间，减少管道更换量。

（7）利用典型金属样品确定实际使用寿命。

2）磁记忆检测方法在对接焊缝中的应用

各种不同工艺用途的管道和容器以及重要结构的焊接接头会突然发生脆性疲劳损坏，有时会导致具有重大后果的严重事故。现有的常规无损检测方法不能在破坏前期实现对焊接接头的早期诊断。而制造厂对焊接接头进行检测时，基本任务也是找出超过允许标准的具体缺陷。当应力等级和均匀性、几何形状偏差、焊缝组织变化、塑性变形以及其他因素对焊接接头的可靠性产生影响时，必须采取从整体上对接头状态进行鉴定的诊断方法。

采用磁记忆检测方法可以实施对焊缝状态的早期诊断。根据磁记忆检测原理可知，在焊接接头中其他条件相同的情况下，焊缝中会有残余磁化现象产生，其残余磁化分布的方向和性质完全取决于焊接完成后金属冷却时形成的残余应力和变形的方向与分布情况，因此在焊缝的应力集中部位或在金属组织不均匀处和有焊接缺陷的地方，散射磁场的法向分量 H_p 具有突跃性变化，散射磁场 H_p 改变符号并具有零值。这样，通过读出在焊接过程中形成的散射磁场，就可以完成对焊缝实际状态的整体鉴定，同时确定每道焊缝中残余应力和变形以及焊接缺陷的分布。

二、磁光/涡流成像技术

1. 概述

磁光/涡流成像（Magneto-Optic Imaging，MOI）技术运用了涡流感应和法拉第磁光效应，在被测试件中的磁光成像区域产生直线流动、均匀分布的层状电涡流，如果试件中被成像区域有缺陷，则缺陷处电涡流的流动将发生变化，从而引起该处磁场发生变化，再用磁光传感元件将磁场的变化转换成相应发光强度的变化，即可对缺陷进行实时成像。

法拉第磁光效应的原理简述如下：以平行于外磁场方向传播的线性偏振光传播穿过磁场中的旋光介质时，其偏振平面会被扭转，如图 10–11 所示。由光源发出的光通过起偏器后变成线性偏振光（检偏器的透光轴方向与起偏器一致）。如果没有施加外磁场，线性偏振光传播穿过旋光介质时其偏振平面不产生转动，线性偏振光将全部通过检偏器；如果施加了外磁场，线性偏振光在传播穿过磁光介质时，其偏振平面将发生转动，而只有与检偏器透光轴平行的光分量才能通过检偏器，故此时在检偏器后观察到的发光强度将会减弱；如果光的偏振平面与检偏器透光轴垂直，将没有光线通过检偏器。

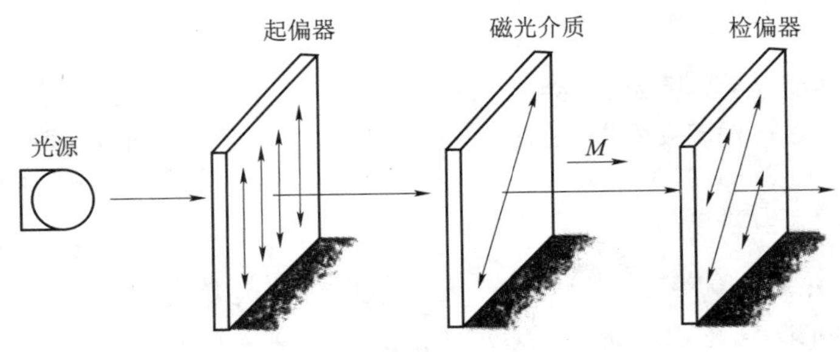

图 10–11　法拉第磁光效应

法拉第旋光度定义为磁光片光偏振平面的旋转角度 θ，其计算式为：

$$\theta=\frac{\theta_f(\bar{K}\bar{M})h}{|\bar{K}||\bar{M}|} \tag{10–13}$$

式中　θ_f ——磁光片的法拉第旋光率，（°）；

$\bar{K}$ ——通过旋光介质的入射光波矢量；

h ——旋光介质的厚度，mm；

$\bar{M}$ ——旋光介质的磁化强度矢量。

由式（10–13）可见，如果旋光介质的厚度、材料和入射光的大小、方向一定，则 θ 的大小只与磁化强度矢量有关。为了提高检测的灵敏度，磁光/涡流成像装置通常采用法拉第旋光率 θ_f 或其他磁性晶体作为旋光介质。典型的磁光传感元件有在直径为 3 in①、厚度为 0.02 in 的钆镓石榴石（GGG）晶体上生长一层厚度约为 3 μm 的掺铋钇铁石榴石晶体薄膜。

2. 磁光/涡流检测装置

磁光/涡流检测成像装置如图 10–12 所示，成像装置由光源、起偏器（提供偏振光）、偏压线圈（用于清除磁光片原来记忆的图像）、涡流线圈及涡流电源（提供磁光片旋转所用磁场，即涡流产生部分）、磁光敏感元件（磁光片、背面带光反射层）和检偏器（显示光学图像）等部分组成。

工件中涡流产生部分如图 10–13 所示。变压器的初级线圈、次级线圈由薄铜片制成，次级产生的涡电流为 280～350 A。磁光片要求磁光传感器具有以下几个特性，以保证检测的有效性。

（1）尽可能大的磁光旋转系数，以提高图像的对比度。

（2）尽可能高的温度稳定度，以保证执行过程的稳定。

（3）近似线性的磁光响应曲线，以获得简洁的调节操作。

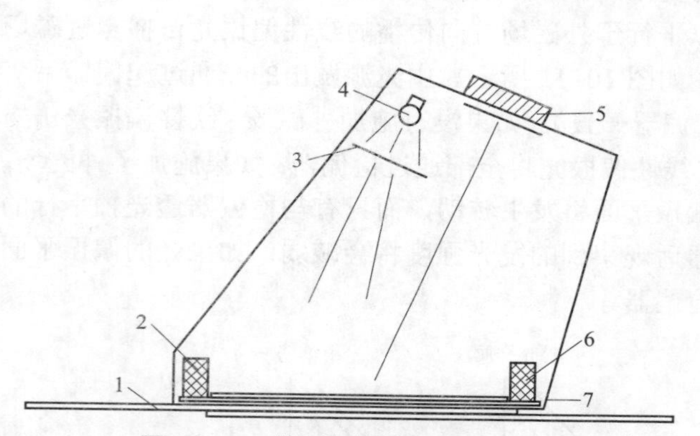

图 10–12　磁光/涡流检测成像装置

1—重叠接合部件；2—偏压线圈；3—起偏器；4—光源；5—检偏器；6—磁光传感器；7—感应铜片

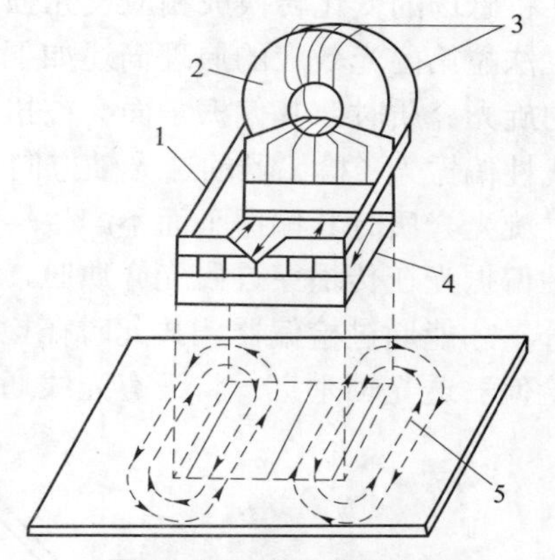

图 10–13　涡流线圈示意

1—次级线圈；2—变压器；3—初级线圈；4—导电铜片；5—感应电涡流

由光源发出的光经起偏器变为线性偏振光，投射到磁光传感元件上，光线通过传感元件后，经反射层反射回来再次穿过磁光传感元件，故光矢量偏振平面的偏转角为 2 θ。

成像过程为：先在围绕磁光传感元件的偏压线圈中加上宽度约为 0.001 s 的电脉冲，清除磁光片原来记忆的图像，调节检偏器的角度，在检偏器视场呈现均匀的最高亮度。随后涡流线圈和偏压线圈轮流通电，在涡流线圈通电后，偏压线圈通电前，当检测到该区域有缺陷时，由于缺陷使涡流的电流流动路径发生变化，从而引起该局部区域的磁场发生变化，并使线性偏振光在通过磁光传感元件的相应部位时产生不同的旋转角度，在检偏器上便能观察到表示缺陷存在的图像。由于传感元件具有“记忆”能力，所以图像将保留，直至在偏压线圈中再次通过电脉冲。成像时图像的刷新时间为 1/26 s，检测过程中涡流线圈的通电时间仅为检测周期的 20%，这可有效避免涡流线圈中由于大电流通过而产生的发热现象。

① 1 in=25.4 mm。

一个实际缺陷的磁光/涡流成像情况如图10–14所示，在图中可看到涡流线圈和被测试件中的电流轨迹。在一个完整的电流周期中，用实线来表示前半周期（或正半周）电流，用虚线来表示后半周期（或负半周）电流。试件中感应涡流的畸变是由于被测试件的不连续性（如洞、铆钉或裂纹等）引起的，通常会产生一个垂直于被测试件表面的可检测的磁场。注意，只有这个磁场才位于平行于磁光传感元件的磁化易轴方向，故此才能由磁光传感元件检测出来。图中还分别用实线和虚线描绘出对应于一个完整的电流周期的正半和负半周期间在被测试件中感应涡流产生磁场的垂直分量。这些时变电磁场通常与裂纹或腐蚀等缺陷相联系，且在该装置所采用的频率下能轻易穿透薄（相对于被测试件的表皮深度而言）铜片（涡流线圈），所以能影响磁光传感元件的磁化状态。

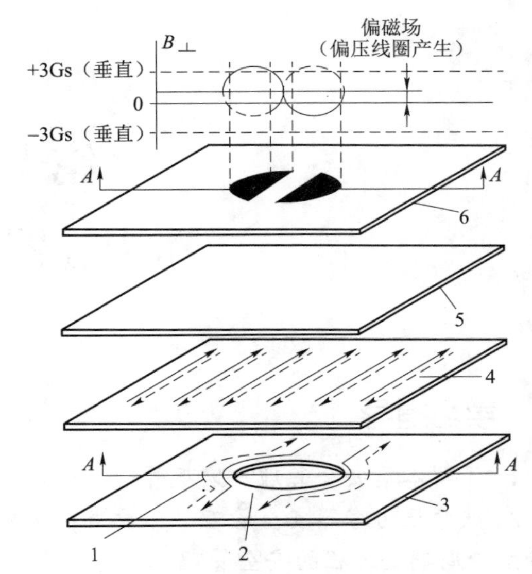

图10–14 缺陷及其磁光/涡流图像

1—感应涡流；2—缺陷；3—工件；4—导电铜片上的层状电流；5—反射表面；6—磁光传感器及图像

3. 磁光/涡流成像检测技术的特点

（1）可对表面和近表面缺陷进行快速实时成像检测。检测的深度主要取决于涡流的渗透深度，成像的清晰度则受缺陷深度影响，缺陷越深，成像越不清晰。

（2）探伤准确度高。研究表明，磁光/涡流成像技术的探伤性能等同甚至优于采用的常规涡流方法。

（3）探伤效率高。磁光/涡流实时成像一次即可完成对磁光传感元件覆盖区域的检测，其探伤速度为常规涡流方法的5～10倍。

（4）检测前不需对油漆或贴花纸等表面覆层进行清除。因为磁光/涡流成像的质量不受小距离（0.04 cm）的影响，而常规涡流检测则必须对表面覆层进行清除。

（5）检测的结果图像化，直观易懂，且操作直接简便，检测人员经短期培训基本上即可胜任检测工作。

（6）检测结果很容易用录像进行保存或直接用电视屏幕进行监测。

磁光/涡流成像检测技术自20世纪90年代初开始引入无损检测，发展得相当迅速。目前主要用于航空部门对飞机进行维修检查，可对表面及近表面的疲劳裂纹、腐蚀损伤等缺陷进行实时成像检测，具有快速、直观、准确、结果易于记录等特点。

思 考 题

1. 无损检测技术的发展过程是怎样的？
2. 有哪几种常规无损检测方法及其检测特点？
3. 解释耐压试验和泄漏试验。

第十一章
压力容器安全管理

学习指导

1. 了解本质安全管理、宏观管理、微观管理、生命周期全过程安全管理的思想。

2. 熟悉压力容器安全管理总体要求，熟悉压力容器设计、制造、使用、运行、修理、改造等生命周期全过程的安全管理。

3. 掌握压力容器事故分类。

第一节　压力容器安全管理思想

一、本质安全管理思想

狭义的本质安全是指机器、设备本身所具有的安全性能。当系统发生故障时，机器、设备能够自动防止操作失误或引发事故，即使由于人为操作失误，设备系统也能够自动排除、切换或安全地停止运转而保障人身、设备和财产的安全。

广义的本质安全是指“人—机—环境—管理”这一系统表现出的安全性能。简单来说，就是通过优化资源配置和提高其完整性，使整个系统安全可靠。本质安全理念认为，所有事故都是可以预防和避免的。

通过人的、物的、系统的安全可靠性、管理规范和持续改进，实现系统的安全。从安全管理学角度看，本质安全是安全管理理念的转变，表现为对事故由被动接受到积极事先预防，以实现从源头杜绝事故，保护人类自身安全。过去人们普遍认为，高危险行业发生事故是必然的，不发生事故是偶然的。而本质安全理论则认为，如果在工作中处处按照标准和规程作业，可以把事故降到最低，甚至实现零事故；发生事故是偶然的，不发生事故是必然的。压力容器安全管理要遵循本质安全管理思想进行管理。

二、宏观管理与微观管理相结合的思想

压力容器安全管理的具体内容主要来源于宏观的压力容器安全管理法律法规框架和多年来积累的微观压力容器安全使用维护管理知识。因此，将两者紧密结合，才能将压力容器安全管理工作做好。一方面，必须坚决贯彻压力容器的相关法律法规，如《特种设备安全监察条例》《固定式压力容器安全监察规程》等；另一方面，必须坚决执行压力容器的操作规程等，通过安全教育、宣传、培训等方式不断提高从业人员的安全意识和安全技能，加强对压力容

器使用、维护保养等环节的管理，通过管理工作的规范化、程序化，使压力容器保持良好状态，降低事故发生的概率。

三、生命周期全过程安全管理的思想

压力容器安全贯穿于压力容器的设计、制造、安装、使用、维护、检验、修理、改造及报废环节之中，其生命周期的每一环节都与安全有关。一个环节出现漏洞，会为其安全使用埋下隐患或直接造成事故。因此，必须对压力容器实行生命周期的全过程管理。

第二节　压力容器安全管理体系

压力容器的工作条件特殊，如高温、高压，介质具有强腐蚀性、毒性及易燃、易爆性等，必然增大了发生事故的概率。因此，做好压力容器的安全技术管理工作，消除隐患，预防事故，对保证人身和财产安全，促进生产和经营具有重大意义。

一、管理总体要求

1. 领导重视

领导重视是搞好压力容器安全技术管理的关键。只有从单位的高层领导到使用车间的领导都能抓起，管理工作才能有力度，有关人员才能共同做好这项工作，专职人员也才能很好地发挥作用。

2. 层层负责

层层负责是搞好压力容器安全技术管理的基础。单位职能部门应设专职管理人员，控制设备入厂质量、检验、修理和改造等关键环节，各分厂、车间、班组做到按规程操作，定期和不定期检查压力容器使用状况，及时消除安全隐患，做到层层负责。

3. 依法管理

依法管理是搞好压力容器安全技术管理的根本。法律、法规、标准、规范都是理论和实践的科学总结，是压力容器安全运行的根本保证，因此，必须严格执行。目前已颁发和实施的压力容器主要法规及标准有：《特种设备安全监察条例》《固定式压力容器安全技术监察规程》《压力容器》《压力容器焊工考试规则》等。

二、生命周期全过程安全管理

1. 压力容器设计与制造管理

压力容器发生事故的直接原因一般有两种，即容器本身的不安全因素和操作人员的不安全行为，而容器本身的不安全因素主要源于设计和制造过程。因此，为保证压力容器的质量，减少容器本身的不安全因素，在容器设计和制造两个过程的各个环节上，需要加强全面的质量和安全管理，尽可能地消除影响压力容器质量的各种因素。

为确保压力容器的安全，国家质量监督检验检疫总局颁布了《压力容器》《固定式压力容器安全技术监察规程》等，作为压力容器安全技术监督和管理的基本法规，对压力容器的材料、设计、制造、安装、使用和管理，以及安全附件等都做了严格而明确的规定。对于压力容器的设计和制造必须严格遵守其中的各项规定，否则不予验收和投产。

1）压力容器的设计管理

压力容器的设计是否安全可靠，主要取决于设计过程中材料的选择、结构设计和容器壁厚的确定。另外，还应考虑适应生产能力，保证强度和稳定性、密封性，以及制造、运输、安装、检修的方便性和总体设计的经济性。

（1）压力容器设计单位的资格与审批。压力容器的设计单位应当具备下列条件，方可向主管部门提出设计资格申请：要有与压力容器设计相适应的设计人员、设计审核人员；有与压力容器设计相适应的健全的管理制度和责任制度。设计单位的设计资格审批工作按以下程序进行：设计单位应向主管部门和同级特种设备安全监察管理部门提出申请；压力容器的设计单位，必须按压力容器的种类划分，实行分级审批；设计单位经批准后，由批准机关发给《压力容器设计单位批准书》。主管部门和监察管理部门每年应对设计单位进行一次检查，发现违反规程、规定，设计资料不齐全，没有认真履行审批手续或设计错误等情况，应限期改进、责令整顿或给以严肃处理，直至撤销设计资格。

（2）压力容器设计文件管理。压力容器的设计文件编制必须遵循现行规范、标准和有关规程的规定，其结构、选材、强度计算和制造技术条件均应符合《压力容器》和《固定式压力容器安全技术监察规程》等要求，必要时还可参考国外规范和标准。压力容器的设计文件包括设计图样、技术条件、强度计算书，必要时还应包括设计或安装、使用说明书。

① 设计图样。压力容器设计图样应符合相应标准规定的内容和格式，且对每台容器应单独出具图样，通常包括装配图和零部件图两部分。装配图除了表示容器的结构、尺寸、各零部件之间的装配和内外部连接关系外，还应按《固定式压力容器安全技术监察规程》的要求，注明设计压力、最高工作压力、设计温度、介质名称（或其特性）、容积、焊缝系数、腐蚀裕度、主要受压元件材质、容器类别和充装系数等典型特性参数及制造、检验和试验等方面的技术要求。零部件图需表示零部件之间的关系、形状、尺寸、加工和检验等要求。

② 技术条件。对于较为复杂或结构新颖的压力容器，需要说明容器的工艺操作过程、结构特性、工艺原理、制造和安装要求、操作性能、维护与检修注意事项等。

③ 强度计算书。其内容至少应包括设计条件、所用规范和标准、材料、腐蚀裕量、计算厚度、名义厚度、计算应力等。装设安全阀、爆破片装置的压力容器，设计单位应向使用单位提供压力容器安全泄放量、安全阀排量和爆破片泄放面积的计算书。

2）压力容器的制造管理

（1）压力容器的制造工艺管理。压力容器通用的制造工艺和程序包括准备工序、零部件的制造、整体组对、焊接、无损探伤、焊后热处理、压力试验、油漆包装、出厂证明文件的整理等。对于特殊材料或特别用途的容器还需要进行特殊工艺处理，如对用奥氏体不锈钢制造的容器还应进行酸洗钝化，对某些有机化学制品所用容器还要进行抛光处理等特殊工艺。压力容器的零部件制造和组对主要采用焊接方法，因而焊接质量是压力容器制造质量的重要组成部分。焊接质量管理包括焊接方法的选择、焊接工艺管理、焊接工艺评定管理、焊接材料管理、焊工资格考核、产品试板要求、焊接缺陷返修和焊后热处理等。

（2）压力容器制造单位的资格与审批。压力容器制造和现场组焊单位必须具备下列条件，方可向主管部门和当地压力容器安全监察部门提出制造资格申请，并报送《压力容器制造与质量保证手册》。

① 具有与所制造的压力容器类别、品种相适应的技术力量、工装设备和检测手段。焊接

工人必须经过考试，取得当地压力容器安全监察部门颁发的合格证才能焊接受压元件。

② 具有健全的制造质量保证体系和质量管理制度。

③ 能严格执行有关规程、规定、标准和技术要求，保证产品制造质量。

经审查后，由当地压力容器安全监察部门发给《压力容器制造申请与批准书》，填报审批。压力容器制造单位必须按压力容器的种类划分，实行分级审批。经省、市、自治区压力容器安全监察部门会同主管部门初审，报上一级主管部门和压力容器安全监察部门复审。复审合格后，在《制造批准书》中填入批准制造的压力容器类别、品种名称，并签字盖章，发给制造单位和有关部门，同时发给监察部门签署的“压力容器制造许可证”。制造单位只能按批准的范围制造和组焊，无证单位不得制造和组焊压力容器。

（3）压力容器制造产品质量的管理和监督。为确保压力容器的安全使用，制造过程应严格控制工作质量和产品质量。如焊工考核、材料焊接性鉴定、焊接工艺评定、材料标记及标记移植、材料复验、零部件冷热加工成形、焊接试板、筒节施焊、焊缝外观及无损检验、焊接返修、容器组装、容器整体或局部热处理、强度试验、气密性试验、包装等工作质量及产品质量的控制。

2. 压力容器安全使用管理

压力容器安全使用管理的目的是达到正常、满负荷开车，生产合格产品，使压力容器的工艺参数、生产负荷、操作周期、检修、安全等方面具有良好的技术性能，促使压力容器处于最佳工作状态。同时，使压力容器的最初投资、运行费用、检修、更换配件和改造更新的经济性最好，生命周期费用最小，在保证安全的前提下同时获得最佳经济效益。

压力容器的安全使用包括正确操作、维护保养和定期检修等方面。使用单位应制订合理的工艺操作规程，控制操作参数，压力容器在设计要求的范围内运行。在具体操作过程中，应做到以下几方面：

1）平稳操作

在操作过程中，尽量保持压力容器的操作条件（如工作压力和工作温度）相对稳定。因为操作条件（尤其是工作压力）的频繁波动，对容器的抗疲劳破坏性能不利，过高的加载速度会降低材料的断裂韧度，即使容器存在微小缺陷，也可能在压力的快速冲击下发生脆性断裂。

2）防止过载

防止压力容器过载主要是防止超压。压力来自外部（如气体压缩机等）的容器，超压大多是由于操作失误而引起的。为了防止操作失误，除了装设连锁装置外，还可实行安全操作挂牌制度。在一些关键性的操作装置上挂牌，牌上用明显标记或文字注明阀门等的开闭方向、开闭状态和注意事项等。对于通过减压阀降低压力后才进气的容器，要密切注意减压装置的工作情况，并装设灵敏、可靠的安全泄压装置。

由于内部物料的化学反应而产生压力的容器，往往因加料过量或原料中混入杂质而使反应后生成的气体密度增大或反应过快而造成超压。要预防这类容器超压，必须严格控制每次投料的数量及原料中杂质的含量，并有防止超量投料的严密措施。

储装液化气体的容器，为了防止液体受热膨胀而超压，一定要严格计量。对于液化气体储罐和槽车，除了密切监视液位外，还应防止容器意外受热，造成超压。如果容器内的介质是容易聚合的单体，则应在物料中加入阻聚剂，并防止混入可促进聚合的杂质。物料储存的时间也不宜过长。

3）发现故障，紧急停车

压力容器在运行过程中，当突然发生故障，严重威胁设备及人身安全时，操作人员应马上采取紧急措施，停止容器运行，并报告有关部门。

4）制定合理的安全操作规程

为保证压力容器安全使用，切实避免盲目或误操作而引起事故，容器使用单位应根据生产工艺要求和容器的技术性能制定各种容器的安全操作规程，并对操作人员进行必要的培训和教育，要求他们严格遵照执行。

安全操作规程应至少包括以下内容：

（1）容器的正常操作方法。

（2）容器的操作工艺指标及最高工作压力、最高或最低工作温度。

（3）容器开车、停车的操作程序和注意事项。

（4）容器运行中应重点检查的项目和部位（包括安全附件保持灵敏、可靠的措施），以及运行中可能出现的异常现象和防止措施。

（5）容器停用时的维护和保养。

（6）异常状态下的紧急措施（包括开启紧急泄放阀或安全阀、放料阀等），并报告有关部门。这里所指的异常状态包括：容器的工作压力、介质温度或壁温超过许可值，采取措施仍不能使之降低；容器主要受压元件发生裂纹、鼓包、变形、泄漏等缺陷危及安全；安全附件失效，接管端断裂，紧固件损坏，难以保障安全运行；发生火灾等突发事件威胁到容器的安全运行等。

5）贯彻岗位安全生产责任制，实行压力容器的专责管理

从事故统计资料看，压力容器的超压爆炸多是由于操作失误引起的。如误将压力容器的出口阀关闭，而压气机等仍不断地向容器输气，使容器压力急剧升高，加上泄压装置失灵，因而发生爆炸；或者误开不应开启的阀门，使较高压力的气体进入容器，或进入其他介质与容器内介质发生化学反应而引起爆炸。为了防止操作失误，除了装有连锁装置外，还需要贯彻岗位安全生产责任制，实行压力容器的专责管理。

压力容器的使用单位应根据本单位情况，在总技术负责人的领导下，由设备管理部门设专职或兼职技术人员负责压力容器的技术管理工作。压力容器专责管理人员的职责如下：

（1）贯彻执行国家有关压力容器的管理规范和安全技术规定。

（2）参与压力容器验收及试运行工作。

（3）监督检查压力容器的运行、维护和安全装置校验工作。

（4）根据容器的定期检验周期，组织编制容器年度检验计划，并负责组织实施。

（5）负责组织压力容器的改造、修理、检验及报废技术审查工作。

（6）负责压力容器的登记、建档及技术资料的管理和统计报表工作。

（7）参加压力容器的事故调查、分析和上报工作，并提出处理意见和改进措施。

（8）定期向有关部门报送压力容器的定期检验计划执行情况及容器存在的缺陷等。

（9）负责对压力容器检验人员、焊工和操作人员进行安全技术培训和技术考核。

6）建立压力容器技术档案

压力容器的技术档案是对容器设计、制造、使用、检修全过程的文字记载，可提供各个

过程的具体情况，也是压力容器定期检验和更新报废的主要依据之一。完整的技术档案可帮助人们正确使用压力容器，能有效地避免因盲目操作而可能引发的事故。因此，针对每台压力容器都应建立相应的技术档案。

压力容器的技术档案包括以下五种资料：

（1）压力容器的设计资料。设计资料应包括压力容器的设计计算书、总装图、各主要受压元件的强度计算和某些特殊要求，如开孔补强、局部应力、疲劳、蠕变计算等。

（2）压力容器的制造资料。制造资料除了必须具有产品出厂合格证和技术说明书外，还应有详细的制造质量证明，其内容包括主要受压元件所用材料的化学成分和力学性能的实际检验数据、焊接试板接头的力学性能、焊缝无损探伤记录和评定结果、焊缝返修记录（包括返修部位、次数及返修后的检验评定结论等）、容器的水压试验、气密性试验和原始记录等。

（3）容器的操作工艺条件，如操作压力、温度及其波动范围、介质及其特性（是否有腐蚀性）等。

（4）安全装置的技术资料。安全装置的技术资料应包括名称、形式、规格、结构图、技术条件（如安全阀的起跳压力、排放压力和排气量，爆破片的设计爆破压力等）适用范围、安全装置检验或更新记录、检验或校验日期、检验单位及校验结果、下次检验日期等。

（5）压力容器的使用情况记录。压力容器开始运行以后，应按时记录使用情况，存入技术档案内。使用情况记录包括运行情况记录和检验修理记录两部分，其主要内容有：压力容器开始使用日期、每次开车和停车日期、实际操作压力及温度等；检修或检验日期、内容；检验中所发现的缺陷及其消除情况，检验结论、强度试验、气密性试验情况及试验评定结论；主要受压元件的修理、更换情况等。

3. 压力容器安全运行管理

为了维持企业生产的顺利进行，充分保障国家财产和人民生命财产的安全，必须加强压力容器的投运、运行操作、停运全过程的安全管理。

1）压力容器运行的工艺参数控制

压力容器投运前，使用单位和有关人员应对压力容器本体、附属设备、安全装置等进行必要的检查，看是否完好无损并正常工作，同时还做好必要的管理工作，制定相关的管理制度和安全操作规程。

压力容器运行中，常伴随高温、高压及受介质影响，所以，投运后还必须严格控制工艺参数，包括温度、压力、液位、介质腐蚀、投料等参数。如控制介质的成分及其杂质，减缓腐蚀速度、控制投料量、投料速度、投料顺序及物料配比等。

2）压力容器的安全操作和运行检查

压力容器的正确操作，不仅关系到容器的安全运行，而且还直接影响到稳定生产及容器的使用寿命。正确地操作压力容器必须做到：

（1）严格控制工艺参数，将容器缺陷的产生和发展控制在一定的范围内，并保持连续稳定生产。

（2）平稳操作，即缓慢加载和卸载，保持载荷的相对稳定，避免容器产生脆性断裂和疲劳断裂。

（3）根据生产工艺要求，制定并严格执行操作规程。

（4）加强设备维护保养，运行中保持完好的防腐层，消除产生腐蚀的因素，消灭容器的

"跑、冒、滴、漏"，经常保持容器外表及附件等完好。

压力容器运行中，除了正确操作外，还必须坚持做好定点、定线巡回检查，包括容器本体和安全附件的检查。

3）压力容器停止运行的要求

压力容器停止运行是指泄放容器内的气体和其他物料，使容器内的压力下降，并停止向容器内输入气体及其他物料。生产实际中有正常停运和紧急停运两种情况，对于系统中连续性生产的容器，紧急停运时必须做好与其他相关岗位的联系工作，停运时应精心而慎重地操作，否则可能会酿成事故。

（1）正常停运。容器及设备按规定进行定期检验、检修、技术改造，或因原料、能源供应不上，内部填料定期处理、更新，或因工艺要求采用间歇式操作等正常原因，均属于正常停运。正常停运时应注意：

① 容器停运过程是一个变操作参数的过程，确定正确的停运方案非常重要。

② 停运中应严格控制降温、降压速度，避免造成过大的温度应力或材料力学性能变化。

③ 容器内剩余物料多是有毒、易燃、有腐蚀性的介质，因此必须清除剩余物料。

④ 准确执行停运操作，如开关阀门要缓慢。

⑤ 对于残留物料，特别是易燃和有毒物料，应妥善处理。

⑥ 停运操作期间，容器周围要严禁烟火。

（2）紧急停运。当容器发生压力、温度超过许用值而得不到有效控制，主要受压元件出现危及安全的缺陷、安全附件失灵、发生火灾等意外事故时，应立即采取紧急停运措施。紧急停运时应注意：

① 容器操作人员要熟练掌握本岗位紧急停运程序及操作要领，及时做好上报和前后岗位协同工作，并做好个人防护。

② 对于压力来自器外的容器，应迅速切断压力来源；对于器内产生压力的容器，应迅速采取降压措施，如反应容器超压，应立即停止投料，同时，两种情况下都需迅速开启放空阀、安全阀或排污阀泄压。

③ 停运后，应立即查明问题原因，迅速采取措施加以排除。

4. 在役压力容器的定期检验

在役压力容器的定期检验是指在压力容器的设计使用期限内，每隔一定时间，对压力容器本体以及安全附件进行必要的检查和试验而采取的一些技术手段。压力容器在运行和使用过程中，要受到反复升压、卸压等疲劳载荷的影响，有的还要受到腐蚀性介质的腐蚀，或在高温、深冷等工艺条件下工作，其力学性能会随之发生变化，容器制造时遗留的小缺陷也会随之扩展增大。总之，随着使用年限的增加，压力容器的安全性日趋降低。因此，除了加强对压力容器的日常使用管理和维护保养外，还需要对压力容器进行定期的全面技术检验，保证压力容器安全运行。

1）在役压力容器定期检验的周期和内容

《固定式压力容器安全技术监察规程》将压力容器的定期检验分为外部检查，内、外部检验和耐压试验三种。检验周期应根据容器的技术状况、使用条件和相关规定来确定。

（1）外部检查。外部检查通常是指在役压力容器运行中的定期在线检查。外部检查以宏观检查为主，必要时再进行测厚、壁温检查和腐蚀性介质含量测定等项目检查。当出现危及安全的现象及缺陷时，如受压元件开裂、变形、严重泄漏等，应立即停车，再做进一步的检查。

外部检查的主要内容包括：

① 容器的防腐层、保温层及设备铭牌是否完好。

② 容器外表面有无裂纹、变形、局部过热等不正常现象。

③ 容器的接管焊缝、受压元件等有无泄漏。

④ 安全附件是否齐全、灵敏、可靠。

⑤ 紧固螺栓是否完好，基础有无下沉、倾斜等异常现象。

检验人员必须把握必要的专业知识，具有一定的检验经验并取得相应的资格。外部检查是容器操作人员巡回检查的日常工作，压力容器检验人员每年应至少检查一次。

（2）内、外部检验。内、外部检验是指在役压力容器停机时的检验。内、外部检验应由检验单位有资格的压力容器检验员进行，其检验周期分为：安全状况较好（指工作介质无明显腐蚀性及不存在较大缺陷的容器）的，每 6 年至少进行一次内、外部检验；安全状况不太好的，每 3 年至少进行一次内、外部检验，必要时检验期限可适当缩短。压力容器内、外部检验的主要内容有：

① 外部检验的全部项目。

② 容器内壁的防护层（如涂层或镀层）是否完好，有无脱落或被冲刷、刮落等现象；有衬里的容器，衬里是否有鼓起、裂开或其他损坏的迹象。

③ 容器的内壁是否存在腐蚀、磨损以及裂纹等缺陷，缺陷的大小及严重程度。

④ 容器有无宏观的局部变形或整体变形，变形的严重程度。

⑤ 对于工作介质在操作压力和操作温度下对器壁的腐蚀有可能引起金属材料组织恶化（如脱碳、晶间腐蚀等）的容器，应对器壁进行金相检验、化学成分分析和表面硬度测定。

（3）耐压试验。耐压试验是指压力容器停机检验时，所进行的超过最高工作压力的液压试验或气压试验，耐压试验应遵守《固定式压力容器安全技术监察规程》等有关规定。压力容器的水压试验，每两次内、外部检验期间内至少进行一次。

2）常用的在役压力容器定期的检验方法

（1）宏观检查。宏观检查是利用直尺、卡尺、卷尺、放大镜、锤子等简单工具和器具，用肉眼或耳朵对压力容器的结构、几何尺寸、表面质量进行直观检验的一种方法。

（2）测厚检查。测厚检查是利用超声波测厚仪对压力容器筒体、法兰、封头、接管等主要受压元件实际壁厚进行检查测量的方法。

（3）壁温检查。壁温检查是利用测温笔、远红外测温仪、热电偶测温仪等工具和仪器，对压力容器使用过程中实际器壁温度进行检查测定的方法。

（4）腐蚀介质含量测定。腐蚀介质含量测定是利用化学分析等方法，对腐蚀介质含量进行测定的方法。

（5）表面探伤。表面探伤是利用渗透剂对压力容器表面开口缺陷或利用电磁场对压力容器表面和近表面缺陷进行检测的方法。

（6）射线探伤。射线探伤是利用 X 射线或 γ 射线等高能射线穿透压力容器欲检查部位，使被检部位内部缺陷投影到胶片上，通过暗室处理得到具有黑白差的底片，从而检测出被检部位内部缺陷大小、数量和性质的一种检测方法。

（7）超声波探伤。超声波探伤利用超声波在工件中遇到异质界面将产生反射、透射和折射的原理，对压力容器材料和焊缝中的缺陷进行检测的方法。

（8）硬度测定。硬度测定是利用布氏、洛氏硬度计等对压力容器器壁硬度进行测定，借以考核压力容器器壁材料的热处理状态和材料是否劣化的一种检测方法。

（9）金相检验。金相检验是利用酸洗、取样，借助显微镜观察，以检查压力容器器壁材料表面金相组织变化的检验方法。

（10）应力测定。应力测定是利用应变片和接收仪器以测定压力容器的整体或局部区域应力水平的一种检测方法。

（11）声发射检测。声发射检测是利用传感器将压力容器器壁中的缺陷在负载状态下扩展增大时，开裂过程中发出的超声波信号予以接收、放大、滤波，以监控压力容器能否继续安全运行的一种监测手段。

（12）耐压试验。耐压试验是利用不会导致危险的液体或气体，对压力容器进行的一种超过设计压力或最高工作压力的强度试验。

（13）气密试验。气密试验是利用惰性气体对盛装有毒或易燃介质的压力容器整体密封性能所进行的试验方法。

（14）强度校核。强度校核是在对压力容器壳体进行测厚的基础上，根据其结构特点，利用不同时期的不同计算标准，对压力容器壳体应力水平进行复核计算，以确定压力容器能否满足使用要求的检测方法。

（15）化学分析。化学分析是通过取样用化学分析法测定材料化学成分的检测方法。

（16）光谱分析。光谱分析是利用光谱仪对金属材料火花中各种合金元素谱线的测定分析，粗略估算金属材料种类的一种检测方法。

3）压力容器安全状况等级评定

压力容器经定期检验后，应根据检验结果对其安全状况进行评定，并以等级的形式反映出来。压力容器的安全状况可划分为五个等级：

（1）1 级。压力容器出厂技术资料齐全；设计、制造质量符合有关法规和标准的要求；在法规规定的定期检验周期内，在设计条件下能安全使用。

（2）2 级。出厂技术资料基本齐全；设计、制造质量基本符合有关法规和标准的要求；根据检验报告，存在某些不危及安全的可不修复的一般性缺陷；在法规规定的定期检验周期内，在规定的操作条件下能安全使用。

（3）3 级。出厂技术资料不够齐全、主体材质、强度、结构基本符合有关法规和标准的要求；对于制造时存在的某些不符合法规或标准的问题或缺陷，根据检验报告，未发现由于使用而发展或扩大；焊接质量存在超标的体积型缺陷，经检验确定不需要修复；在使用过程中造成的腐蚀、磨损、损伤、变形等缺陷，其检验报告确定为能在规定的操作条件下，按法规的检验周期安全使用；对经安全评定的，其评定报告确定为能在规定的操作下，按法规规定的检验周期安全使用。

（4）4 级。出厂技术资料不全；主体材质不符合有关规定，或材质不明，或虽属选用正确，但已有老化倾向；强度经校核尚满足使用要求；主体结构比较严重的不符合有关法规和标准的缺陷，根据检验报告，未发现由于使用因素而发展或扩大；焊接质量存在线性缺陷；在使用过程中造成磨损、腐蚀损伤、变形等缺陷；其检验报告确定为不能在规定的操作条件下，按法规规定的检验周期安全使用；对经安全评定的，其评定报告确定为不能在规定的操作条件下，按法规规定的检验周期安全使用。必须采取有效措施，进行妥善处理，改善安全状况等级，否则只能在限定的条件下使用。

（5）5 级。缺陷严重，难以或无法修复，无修复价值或修复后仍难以保证安全使用的压力容器，应予判废。

需要说明的是，安全状况等级中所述缺陷是压力容器最终存在的状态，如果缺陷已消除，则以消除后的状态确定该压力容器的安全状况等级。压力容器只要具备安全状况等级中所述问题与缺陷之一，即可确定该容器的安全状况等级。

评定压力容器安全状况等级的依据是检验结果，主要包括材质检验、结构检验、缺陷检验的检验结果。定级时，先对各分项检验结果划分等级，最后以其中等级最低的一项作为该压力容器的最后等级。

（1）材质检验。主要受压元件的材质应符合设计和使用要求，但检验中常遇到用材与原设计不符、材质不明和材质劣化三种情况，此时，安全状况等级划分如下：

① 用材与原设计不符。其定级的主要依据是判断所用材质是否符合使用要求。如果材质清楚，强度校核合格，经检验未查出新生缺陷，即材质符合使用要求，可定为 3 级；如使用中产生缺陷，并确认是用材不当所致，可定为 4 级或 5 级。

② 材质不明。材质不明是指材质查不清楚。在用压力容器中，经常遇到材料的代用、混用情况，彻底查清需花费较大代价。因而对于经检验未查出新的缺陷，并按 Q235 钢的材料校核其强度合格，在常温下工作的一般压力容器，可定为 2 级或 3 级；如有缺陷，可根据相应条款进行安全状况等级评定。有特殊要求的压力容器，可定为 4 级。

③ 材质劣化。压力容器使用后，如果因工况条件而产生石墨化、应力腐蚀、晶间腐蚀、氢损伤、脱碳、渗碳等脆化缺陷，材质已不能满足使用要求，可定为 4 级或 5 级。

（2）结构检验。存在不合理结构的压力容器，其安全状况等级划分如下：

① 封头主要参数不符合现行标准，但经检验未发现新生缺陷，可定为 2 级或 3 级；如有缺陷，可根据相应的条款进行安全状况等级评定。

② 封头与筒体的连接形式如采用单面对接焊，且存在未焊透，可定为 3～5 级；采用搭接结构的，可定为 4 级或 5 级；按规定应采用全焊透结构的角接焊缝或接管角焊缝，而没有采用全焊透结构的主要受压元件，如未查出新生缺陷，可定为 3 级，否则定为 4 级或 5 级。

③ 开孔位置不当，经检查未查出新生缺陷，一般压力容器可定为 2 级或 3 级；有特殊要求的压力容器，定为 3 级或 4 级。

④ 若孔径超过规定，但补强满足要求，可不影响定级；补强不满足要求的，定为 4 级或 5 级。

（3）缺陷检验。对检验中发现的内、外表面裂纹，处理以后定级的基本原则如下：

① 打磨处理不需补焊的，不影响定级；动火补焊的，定为 2 级或 3 级。

② 机械损伤和电弧灼伤，打磨后不需补焊的，不影响定级；补焊合格的可定为 2 级或 3 级。

③ 变形可不处理的，不影响定级；根据变形原因分析，继续使用不能满足强度和安全要求者，可定为 4 级或 5 级。

④ 对低温压力容器的焊缝咬边，应打磨消除，不需补焊的，不影响定级；经补焊合格的，

可定为 2 级或 3 级。

⑤ 错边量和棱角度超标，属一般超标的，可打磨或不做处理，并可定为 2 级或 3 级；属严重超标，经该部位焊缝内、外部无损探伤抽查，如无较严重缺陷存在，可定为 3 级；若伴有裂纹、未熔合、未焊透等严重缺陷，应通过应力分析，确定在规定的操作条件下和检验周期内，能安全使用的定为 3 级，否则定为 4 级或 5 级；若是均匀腐蚀，如按剩余最小壁厚（扣除到下一次检验期腐蚀量的 2 倍）校核强度合格，不影响定级；经补焊合格的，可定为 2 级或 3 级。

⑥ 使用过程中产生的鼓包，应查明原因，并判断其稳定情况，可定为 4 级或 5 级。

⑦ 耐压试验不合格，属于本身原因的，可定为 5 级。

5. 压力容器的维护保养

做好压力容器的维护保养工作，可以使容器经常保持完好状态，提高工作效率，延长容器的使用寿命。压力容器的维护保养主要包括以下几方面的内容：

（1）保持完好的防腐层。工作介质对材料有腐蚀作用的容器，常采用防腐层来防止介质对器壁的腐蚀，如涂漆、喷镀或电镀、衬里等。如果防腐层损坏，工作介质将直接接触器壁而产生腐蚀，所以经常检查，保持防腐层完好无损。若发现防腐层损坏，即使是局部的，也应该先经修补等妥善处理以后再继续使用。

（2）消除产生腐蚀的因素。有些工作介质在某种特定条件下才会对容器的材料产生腐蚀。因此要尽力消除这种能引起腐蚀的，特别是应力腐蚀的条件。例如，盛装氧气的容器，常因底部积水造成水和氧气交界面的严重腐蚀。要防止这种腐蚀，最好进行氧气干燥，或在使用中经常排放容器中的积水。

（3）消灭容器的“跑、冒、滴、漏”，经常保持容器的完好状态。“跑、冒、滴、漏”不仅浪费原料和能源，污染工作环境，还常常造成设备的腐蚀，严重时还会引起容器的破坏事故。

（4）加强容器在停用期间的维护。对于长期或临时停用的容器，应加强维护。对于停用的容器，必须将内部的介质排除干净，腐蚀性介质要经过排放、置换、清洗等技术处理。要注意防止容器的“死角”积存腐蚀性介质。要经常保持容器的干燥和清洁，防止大气腐蚀。试验证明，在潮湿的情况下，钢材表面有灰尘、污物时，大气对钢材才有腐蚀作用。

（5）经常保持容器的完好状态。容器上所有的安全装置和计量仪表，应定期进行调整校正，使其始终保持灵敏、准确；容器的附件、零件必须保持齐全和完好无损；连接紧固件残缺不全的容器，禁止投入运行。

6. 压力容器的修理与改造

压力容器进行修理或改造前，由使用车间编制修理、改造方案，若分厂机动部门和分厂总机械师（或设备副厂长）同意，还应经专职管理人员审核和公司总机械师审批。

施工单位必须是取得相应制造资格的单位或是经省级安全监察机构审查批准的单位。施工单位的资格经专职管理人员审查合格后才能接受施工任务。施工单位根据车间的修理、改造方案编制施工方案，并应经过专职管理人员审核和公司总机械师批准。重大修理（指主要受压元件的更换、矫形、挖补、筒体与封头对接接头焊缝的焊补）和重大改造（指改变主要受压元件的结构和改变压力容器的运行参数、介质或用途等）还须报安全监察机构审查备案（如改变移动式压力容器的使用条件应经省级以上安全监察机构同意）。

专职管理人员应对修理、改造质量进行监督检查。施工单位修理、改造后的图样、施工质量证明文件等技术资料经专职管理人员审查合格后存档。

对经过重大修理或改造后的压力容器应进行耐压试验检验。

使用车间改变安全阀、爆破片的型号规格，必须经过设计部门的核算和安全部门、专职管理人员的同意。

7. 停用与判废的处理

经检验判废的压力容器不得继续作为压力容器使用、转让或销售。

对判废或因其他原因停止使用或不作为压力容器使用的压力容器，使用车间应报告专职管理人员，由专职管理人员到安全监察机构办理注销手续。

三、压力容器监督管理

压力容器属于一种最重要的特种设备，一旦发生事故，后果极其严重，因此，安全监督管理部门必须对其加强监督管理。压力容器的设计、制造、安装、改造、维修、使用、检验检测，均应当严格执行《固定式压力容器安全监察规程》等法律法规，并按照特种设备信息管理的有关规定，及时将所要求的数据输入特种设备信息化管理系统。

四、压力容器事故管理

1. 压力容器事故分类

压力容器事故根据事故造成的人员伤亡、直接经济损失、中断运行时间、受事故影响的人数等情况，划分为特别重大事故、重大事故、较大事故和一般事故四级。

2. 事故处理

压力容器发生超温、超压、产生裂纹、筒体变形和鼓包以及发生泄漏等异常现象及一般事故，使用车间必须按操作规程及时处理并向分厂和公司有关领导和单位报告，专职管理人员参与组织检验鉴定和事故处理工作。发生特别重大事故、重大事故和较大事故后，按照《特种设备事故报告和调查处理规定》，事故现场有关人员应当立即向事故发生单位负责人报告；事故发生单位的负责人接到报告后，应当于 1 小时内向事故发生地的县以上质量技术监督部门和有关部门报告。情况紧急时，事故现场有关人员可以直接向事故发生地的县以上质量技术监督部门报告。事故发生单位的负责人接到事故报告后，应当立即启动事故应急预案，采取有效措施，组织抢救，防止事故扩大，减少人员伤亡和财产损失。

3. 应急救援

压力容器发生事故有可能造成严重后果或者产生重大社会影响的使用单位，应当制订应急救援预案，建立相应的应急救援组织机构，配置与之适应的救援装备，并且适时演练。

思　考　题

1. 阐述压力容器的宏观管理与微观管理。
2. 压力容器管理的总体要求是什么？
3. 压力容器生命周期全过程的安全管理内容是什么？
4. 阐述压力容器事故的分类。

参 考 文 献

[1] 崔政斌，王明明. 机械安全技术[M]. 第 2 版. 北京：化学工业出版社，2009.
[2] 徐格宁，袁化临. 机械安全工程[M]. 北京：中国劳动社会保障出版社，2012.
[3] 陆庆开. 机械安全技术[M]. 北京：中国劳动出版社，1993.
[4] 何际泽，张瑞明. 安全生产技术[M]. 北京：化学工业出版社，2010.
[5] 吴宗之，樊晶光，吴庆善，等. 安全生产技术[M]. 北京：中国大百科全书出版社，2011.
[6] 江涛. 论本质安全[J]. 中国安全科学学报，2000，10（5）：1–8.
[7] 许正权，等. 本质安全管理理论基础：本质安全的诠释[J]. 煤矿安全，2007，9（27）：75–78.
[8] 吴宗之. 基于本质安全的工业事故风险管理方法研究[J]. 中国工程科学，2007，9（5）：46–49.
[9] 吴宗之，等. 基于本质安全理论的安全管理体系研究 [J]. 中国安全科学学报，2007，17（7）：54–58.
[10] 吴同性. 基于文化塑造的煤矿本质安全管理研究[D]. 北京：中国地质大学，2012.
[11] 王钦方. 企业本质安全化模型研究[J]. 中国安全科学学报，2005，15（12）：34–37.
[12] 林柏泉，张景林. 安全系统工程[M]. 北京：中国劳动社会保障出版社，2010.
[13] 陈蕾，王生. 职业卫生概论[M]. 北京：中国劳动社会保障出版社，2012.
[14] 张礼敬，张明广. 压力容器安全[M]. 北京：机械工业出版社，2012.
[15] 孟燕华，程乃伟. 锅炉压力容器安全[M]. 北京：中国劳动社会保障出版社，2008.
[16] 张武平，罗誉国，等. 压力容器安全管理与操作[M]. 北京：中国劳动社会保障出版社，2011.
[17] 生产过程危险和有害因素分类与代码（GB 13861—2009）[Z]. 北京：中国标准出版社，2009.
[18] 危险货物分类和品名编号 GB 6944—2005 [Z]. 北京：中国标准出版社，2005.
[19] 职业健康安全管理体系要求 GB/T 28001—2011 [Z]. 北京：中国标准出版社，2011.
[20] 企业职工伤亡事故分类 GB/T 6441—1986 [Z]. 北京：中国标准出版社，1986.
[21] 生产安全事故报告和调查处理条例（国务院令第 493 号）[Z]. 北京：中国标准出版社，2015.
[22] 中华人民共和国特种设备安全法[Z]. 北京：中国标准出版社，2013.